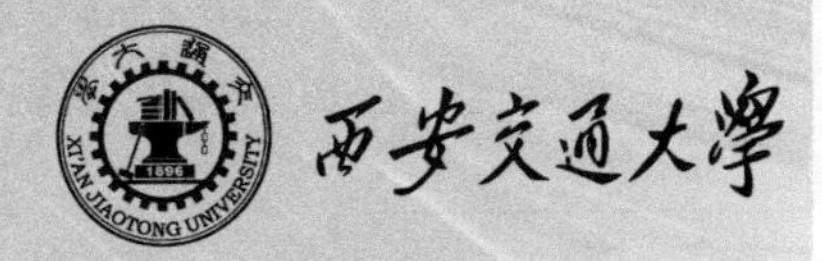

研究生创新教育系列教材

机械故障诊断理论与方法

屈梁生　张西宁　沈玉娣　编著

图书在版编目(CIP)数据

机械故障诊断理论与方法/屈梁生等编著．—西安：西安交通大学出版社，2009.12(2023.2 重印)

(西安交通大学研究生创新教育系列教材)

ISBN 978-7-5605-3245-5

Ⅰ.机…　Ⅱ.屈…　Ⅲ.机器-故障诊断-研究生-教材　Ⅳ.TH17

中国版本图书馆 CIP 数据核字(2009)第 158904 号

书　　名　机械故障诊断理论与方法
编　　著　屈梁生　张西宁　沈玉娣
责任编辑　屈晓燕　毛　帆

出版发行　西安交通大学出版社
　　　　　(西安市兴庆南路 1 号　邮政编码 710048)
网　　址　http://www.xjtupress.com
电　　话　(029)82668357　82667874(市场营销中心)
　　　　　(029)82668315(总编办)
传　　真　(029)82668280
印　　刷　西安日报社印务中心

开　　本　727 mm×960 mm　1/16　**印张**　20.25　**字数**　371 千字
版次印次　2009 年 12 月第 1 版　2023 年 2 月第 8 次印刷
书　　号　ISBN 978-7-5605-3245-5
定　　价　50.00 元

如发现印装质量问题，请与本社市场营销中心联系。
订购热线：(029)82665248　(029)82667874
投稿热线：(029)82664954
读者信箱：eibooks@163.com

总　序

创新是一个民族的灵魂，也是高层次人才水平的集中体现。因此，创新能力的培养应贯穿于研究生培养的各个环节，包括课程学习、文献阅读、课题研究等。文献阅读与课题研究无疑是培养研究生创新能力的重要手段，同样，课程学习也是培养研究生创新能力的重要环节。通过课程学习，使研究生在教师指导下，获取知识并理解知识创新过程与创新方法，对培养研究生创新能力具有极其重要的意义。

西安交通大学研究生院围绕研究生创新意识与创新能力改革研究生课程体系的同时，开设了一批研究型课程，支持编写了一批研究型课程的教材，目的是为了推动在课程教学环节加强研究生创新意识与创新能力的培养，进一步提高研究生培养质量。

研究型课程是指以激发研究生批判性思维、创新意识为主要目标，由具有高学术水平的教授作为任课教师参与指导，以本学科领域最新研究和前沿知识为内容，以探索式的教学方式为主导，适合于师生互动，使学生有更大的思维空间的课程。研究型教材应使学生在学习过程中可以掌握最新的科学知识，了解最新的前沿动态，激发研究生科学研究的兴趣，掌握基本的科学方法，把教师为中心的教学模式转变为以学生为中心教师为主导的教学模式，把学生被动接受知识转变为在探索研究与自主学习中掌握知识和培养能力。

出版研究型课程系列教材，是一项探索性的工作，有许多艰苦的工作。虽然已出版的教材凝聚了作者的大量心血，但毕竟是一项在实践中不断完善的工作。我们深信，通过研究型系列教材的出版与完善，必定能够促进研究生创新能力的培养。

西安交通大学研究生院

前　言

创新是一个民族进步的灵魂，是国家兴旺发达的不竭动力之源。一个没有创新的民族，难以屹立在世界民族之林。要迎接科学技术突飞猛进和知识经济迅速兴起的挑战，最重要的还是坚持创新。高等院校作为国家经济建设人才培养的基地和原创成果的摇篮，肩负着创新性人才培养，新知识发现，新技术发明等重任。为适应我校国家"985"创新性人才培养计划中研究生创新性课程建设的需要，以及我校研究生教学和研究生培养方案中人才培养要着眼于提高学生的创新意识、创新能力，实施素质教育等要求，我们编写了这本《机械故障诊断理论与方法》教材。

机械状态监测与故障诊断是一个多学科多行业交叉的研究方向，近年来随着信息技术、计算机技术、人工智能以及机械故障机理研究的深入和发展，新的技术不断地被移植、应用到机械状态监测和故障诊断之中，极大地丰富了机械状态监测和故障诊断理论和技术，推动了监测和诊断向更深和更高层次的发展。为此，本教材在内容上吸收了近年来机械状态监测和故障诊断中出现的新方法、新技术等前沿研究，体现了机械监测和诊断这一研究方向的最新发展，具有了新颖性、创造性和学科交叉等特点。本教材的内容大多来源于近年来作者所在单位承担的科研项目的最新进展和研究成果，包括了机械状态监测和故障诊断的信息原理，监测诊断中用于特征提取的最新信号处理理论和方法，以及作为监测诊断技术核心的模式识别新理论和方法。在编写上兼顾了方法原理的介绍和实际应用举例，目的在于使读者在学习基本原理、基本理论的基础上，掌握如何在实践中应用，从而达到举一反三、触类旁通，有利于研究生创新意识和创新能力的培养。

本教材由屈梁生教授担任主编，张西宁教授和沈玉娣副教授担任副主编，三人共同负责全书的统稿及修改工作。全书校正工作由张西宁教授完成。全书内容共分 13 章，其中，第 1、4 章由屈梁生教授、张西宁教授合编；第 2 章由廖与禾讲师、王琇锋博士、张西宁教授编写；第 3、7 章由屈梁生教授、沈玉娣副教授编写；第 5 章由耿中行、沈玉娣副教授编写；第 8、11 章由沈玉娣副教授、瞿雷编写；第 6 章由吴芳基、张西宁教授编写；第 9、10、13 章由温广瑞副教授、张西宁教授合编；第 12 章由唐浩、张西宁教授编写。

西安交通大学张优云教授为本教材主审，从教材的提纲到细节内容为本教材提出了许多宝贵的改进意见和合理建议。从审稿到定稿过程中无不浸含着她大量的心血和汗水，在此特向张优云教授表示最诚挚衷心的感谢。在本教材出版之际，作者感谢我校研究生院创新教育教材建设项目的资助，感谢西安交通大学出版社为本教材出版所付出的辛勤劳动。

由于作者水平有限，书中难免会存在错误和不妥之处，本书编者衷心期望使用本教材的教师、研究生和相关工程技术人员能在使用中为我们提出宝贵的意见和指正。

张西宁
2008 年 12 月于西安

目　录

第1章 机械零部件失效信息

机械运行状态监测和故障诊断技术是现代信息技术在传统机械学中应用的一项突出的成果,它已经为我国国民经济创造了亿万元财富。传统的凭经验的机器运行管理方式,依靠“耳听、眼看、手摸”来获取机器的信息。随着测试技术和计算机技术的发展,涌现出了许多先进的机器信息获取方法和手段。依据获取的机器信息,可以判断机器的运行状态或辨识机器零部件失效。因此,捕捉和辨识机器零部件失效的信息,理所当然的是监测和控制机器运行的基础。

本章从机器运行信息入手,介绍了机器运行信息的多样性、信息传输的选择性、机器失效信息间的关联性、信息的非平稳性、微弱性、非线性等特点。阐述了机器零部件信号的获取方法、机器零部件信息提取方法以及应注意的问题。介绍了机器运行信息在机械故障诊断和机器设计改进方面的应用,最后总结并给出了机械故障诊断的本质。

1.1 概述

一台运行中的机器,如何判断它当前的运行状态,判断的依据是什么,当前运行中隐含的主导故障是什么,发展的趋势是什么,这台机器还能连续运行多久……要科学地、负责地回答这些问题,就必须以机器运行的行为为依据,首先掌握机器零部件运行的各种信息。

机器零部件的运行信息有哪些特点呢?第一,它是机器运行中伴随的各种物理现象:零部件运行的状态一旦发生变化,这些物理现象也跟着变化。例如,经过精密磨齿的直齿轮副,即使齿形误差中凹量控制到1 μm,啮合时用耳朵也能听到轮齿的撞击声。长期使用的齿轮箱,工作齿面磨损,齿与齿之间的侧间隙加大,撞击声也会加大;当一个轮齿的工作表面出现新的裂纹乃至断裂时,又会出现新的撞击声。除了振动、声音外还有声发射信息、温升信息,其产生机理非常复杂。这些就是机器运行信息的多样性。

第二,机器运行信息的传输有选择性。从系统论的观点来看,一个层级式系统是近似可分解的系统。信息是由最短的路径优先由子系统向大系统汇总,或者向相反方向扩散。对于层级式的系统,信息的传输总是先经过临近的层或子系统,再向外层或其它子系统传输。信息经过长路径传输后,信息的强度会减弱,同时有用信息所占的比例(或用信噪比表示)会减小。例如,对于一个由两个子系统组成的层级式系统如图1-1所示,热源位于左端子系统的中间。从最短路径A处得到的温度信息,较从右边子系统B处得到的温度信息,能更好地反映热源的温度信息。另外,信息传输的选择性与信息本身也有关系。信息的频率高,传输的距离就短;反之,低频信息传输的距离就长。这是高频信息传输的阻尼比低频信息大的缘故。

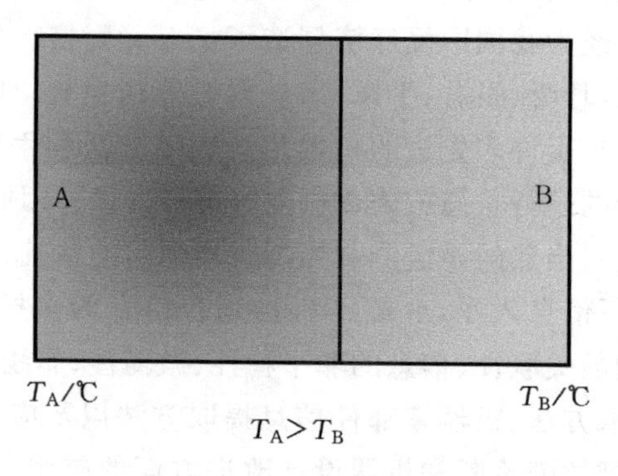

图1-1　信息传输的路径选择性

第三,机器失效信息间的关联性。机器运行中机器各个零部件的运行信息和机器整体的运行信息之间既存在联系又存在区别。机器的整体信息不等于零件信息,动态信息不等同于静态信息,出厂信息也不等于服役信息。例如将转子通过联轴节连接成轴系,虽然各个转子在连接前是平衡好的,但并不能保证连接后轴系一定是平衡的。再如,一台新机器出厂服役多年以后,其当前的服役信息较出厂信息已发生很大的变化。

机器整体信息较之个别零件信息会产生质的变化或量的增减。个别零件的振动、温升、磨损、腐蚀、结垢等,都会以机器整体的形式表现出来。虽然零部件的失效与系统功能参数之间的联系不是直接的,但机器零部件的失效最终将导致系统功能参数的变化。

第四,机器零部件失效信息,经常具有非平稳性。例如,发动机连杆磨损的程度可以用磨损量来反映。在发动机服役期间磨损量是一个缓慢变化的量,因此可以认为是平稳的。但是由磨损产生的间隙,会导致连杆在工作中产生非平稳的冲击振动,这种非平稳的冲击振动与机器的工作方式直接相关。因此,从根本上看,机器零部件失效信息的非平稳性,是零部件工作过程非平稳性的体现。

机器中很多零部件的工作过程都具有非平稳性,因此以非平稳方式表现出来的机器零部件信息具有普遍性。回转机械起停车过程中转子的运动,往复式压缩机以及内燃机工作过程中气阀、连杆、活塞的运动等均是非平稳的。对于具有非平稳信息的机器零部件监测或诊断，必须采用适合于非平稳信息的处理方法。图 1-2给出了发动机工作中产生的非平稳冲击振动，以及回转机械由于流体激励产生的非平稳振动轴心轨迹。

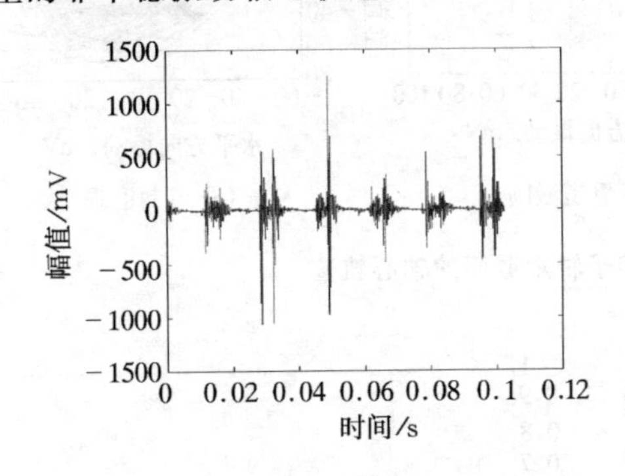

(a)发动机缸体的非平稳振动信号

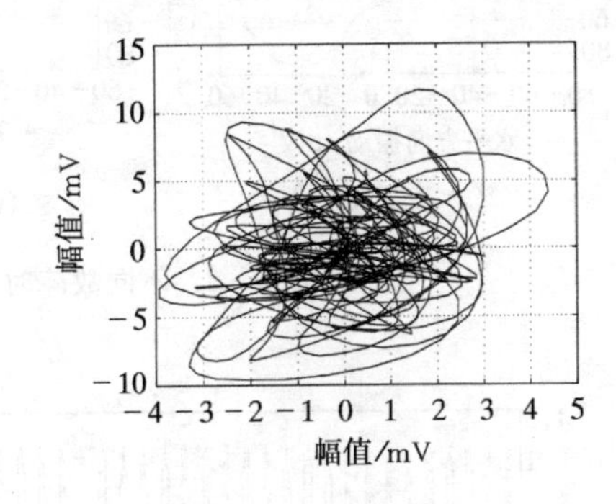

(b)流体激励产生的非平稳振动轴心轨迹

图 1-2　机器工作中产生的非平稳振动

第五，机器零部件失效信息的微弱性。机器零部件失效一般是一个渐变的过程，与它相对应的机器性能的丧失也是渐变的。机器零部件在失效初期，其运行状态与正常状态相差无几。微小的早期零件失效所产生的失效信息在幅值上非常有限。这些微弱的失效信息往往会被淹没在其它的信息中，导致人们很难觉察和发现。如何及早发现零部件失效，是人们进行机器状态监测和故障诊断所追求的目标。要做到这一点就必须实现从大量信息中检测和提取相关零部件的微弱失效信息。因此，如何从机器的状态信息中检测和提取这种微弱的零部件失效信息，一直是监测诊断中的核心问题。

第六，机器零部件失效信息的非线性特征。从严格意义上讲，机器系统均是非线性系统。在一定条件下，我们可以将机器简化为一个线性系统。例如转子正常运行时，其表现的状态行为大多比较简单，整个系统的非线性较弱，如图 1-3(a)所示，而当机器零部件失效时，其非线性特征就表现出来的。失效程度不同，失效信息的表现行为也大不相同。有些失效信息的表现行为较为简单，如图 1-3(b)所示，而有些失效信息则很复杂，如图 1-3(c)所示。

当机器零部件失效而出现故障后，其非线性往往会大大增强。下面举一个简单的例子加以说明。对于如下简单的质量—弹簧—阻尼系统，这个线性系统的输出位移 x 的波形及频谱图如图 1-4 所示。系统的输出是一个简单的正弦波，其频率和激励力的频率同为 0.16 Hz。

$$\ddot{x} + 0.25\dot{x} + x = 0.3\cos t \tag{1-1}$$

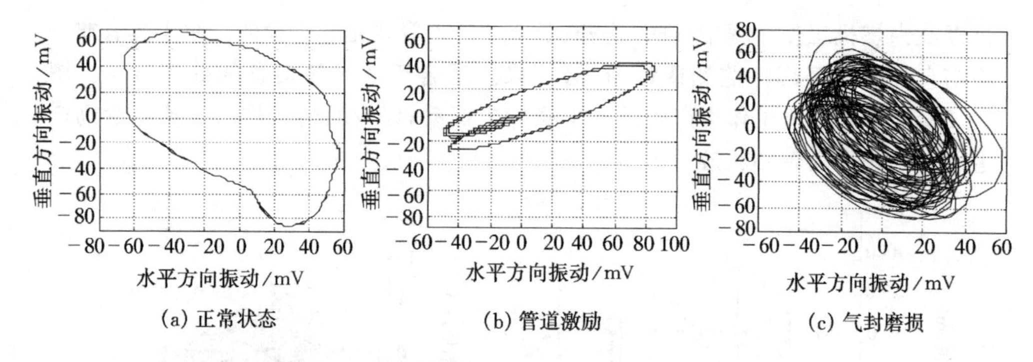

图 1-3 不同故障时转子轴承截面的轴心轨迹

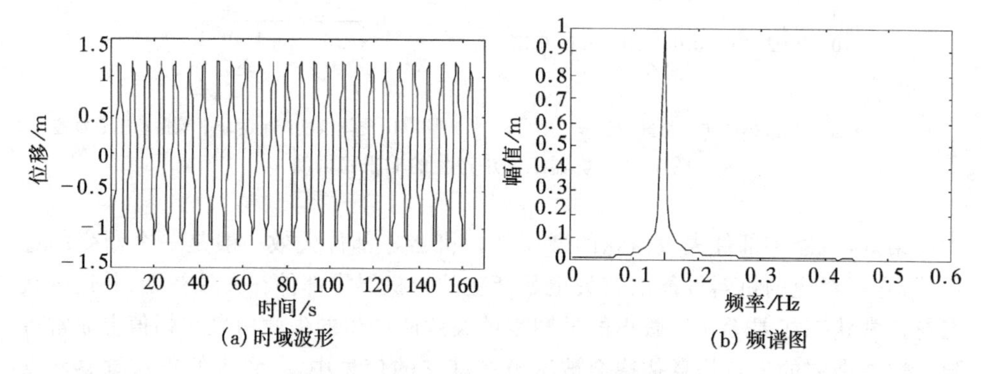

图 1-4 线性系统输出的波形和频谱图

当弹簧刚度、阻尼与位移 $x(t)$、速度 $\dot{x}(t)$ 成非线性关系，这时方程为：

$$\ddot{x}+0.25\dot{x}+\dot{x}^2+x+x^3=0.3\cos t \tag{1-2}$$

这个方程表示的非线性系统的输出位移 x 的波形及频谱图见图 1-5 所示。虽然

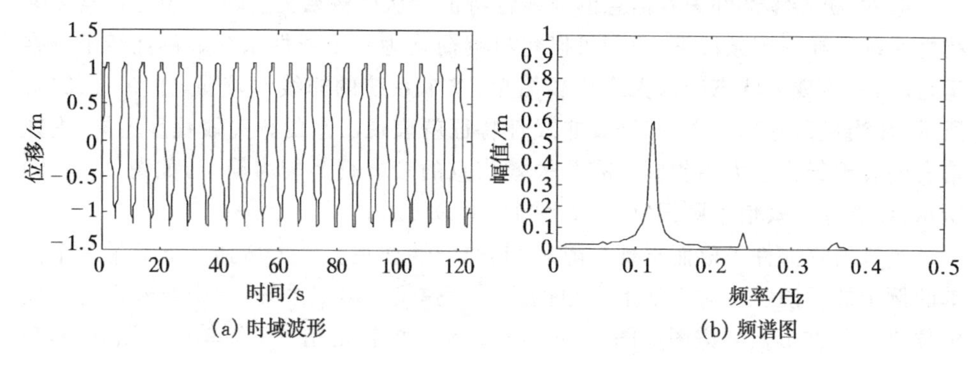

图 1-5 非线性系统输出的波形和频谱图

激励力没变,但这时系统的输出已不再像线性系统那样是一个简单的正弦波,而是由三个正弦波组成的。

1.2 机械运行信息的获取

机械运行信息反映了机械的工作状态。获取这些信息是了解机械工作状态及失效的第一步。机械运行信息的获取包括了以下两个方面的内容:一是反映机械失效信息的信号测量;二是测量信号中机械失效信息的提取。

1.2.1 包含零部件失效信息的信号测量

机械零部件失效信息测量中常用的方法可分为两大类:静态测量法和动态测量法。静态测量方法即对机器零部件失效的静态信息进行测量。静态测量方法直接对机械零部件的失效信息进行测量,不需要进行推导计算,有时也称为直接观测法。例如直接测量齿轮的啮合间隙得到齿轮齿面磨损情况;直接测量机床导轨表面的磨损量得到导轨的磨损情况;还有用着色渗透剂探查零件表面,了解零部件的微裂纹;直接观测已经拆卸的滚动轴承内、外滚道,由此判断轴承的腐蚀、剥落情况。静态测量得到的信息直接反映了机械零部件的失效情况,比较直观、可靠。静态测量必须在机器停止状态下,零部件能直接观察到或机器已经拆开的状态下进行。因此,静态测量法难以实现机器工作过程中零部件失效信息的在线测量。

机械零部件失效信息的动态测量是指对含有机械零部件失效信息的动态物理量信息的测量。这些动态物理量随着时间变化,可以是由零部件的失效产生的,也可以是反映机器总体或部分零部件性能或效能的一些物理量。动态测量的物理量值或信号,需要进行某种函数关系运算、变换或加工处理后,才能得到需要的机械零部件的失效信息。例如,为了了解磨床上砂轮的平衡状态,可以测量磨床工作过程中砂轮头架的振动信号,通过对测量得到的动态信号中转频分量幅值的计算来判断砂轮的平衡情况,计算砂轮的失衡校正量。虽然测量到的振动信号本身并不直接反映砂轮的失衡大小和方位,但经过加工或计算后就可提取出与失衡大小和失衡方位相关的信息。同样,滚动轴承失效时会产生振动,对轴承工作过程中的振动信号进行测量,经过对振动信号的频谱分析等加工处理,最终可判断轴承失效的元件和严重程度。

为了能准确地得到机械零部件的失效信息,在机械零部件失效信息的测量和提取中,还应注意以下的问题:

(1) 由于机械零部件运行信息的多样性,在信息的收集和测量中采用的测量方式、测量方法、选用的传感器、选择的测量参数等也应根据机器的结构、零部件信息的特点等进行选定。例如,轴承作为一种基本的机械零部件,在运行过程中会产生振动、噪声、声发射、温升、接触电阻值等的变化。前三种均是快速变化的信息,而后两种均属于慢变信息。显然,快变信息测量和慢变信息测量时采用的测量方法、传感器、测量参数等也不同。如果测试是以了解轴承元件表面剥落失效为目的,则测试振动或声音的效果好。如果想了解轴承的摩擦、磨损等状态,则声发射、温度有较好的反映。如果测试是为了了解轴承的润滑状况,则测量接触电阻值能给予较好的反映。

(2) 机械零部件运行信息获取中,测试点的选择也是一个重要的问题。根据机器零部件运行信息传输选择性,测试点应该根据机器结构尽量选择在离被测零部件距离最近的地方,并确保测试信息的传输路径短、传输路径对信息的衰减和歪曲程度小。同时,测试点的选择还应充分考虑传感器安装要求,以及机器外形结构等实际情况。例如,对于一些风机轴承振动测量,由于轴承周围设计有降温水套,振动传感器的安装应避开水套壁安装在顶部。

(3) 对于机械零部件早期失效所表现出来的微弱失效信息,在收集和测量时还应进行适当的放大、消噪等处理,以突出有用信息成分,同时还要注意测量仪器的连接、接地、屏蔽等测量环节。因此,微弱失效信息的测量是获取机械零部件信息的重要步骤,准确的测量是获取机器零部件信息的保障。

1.2.2 零部件失效信息的提取

正确、有效地提取机器的运行信息,是及早识别机器零部件失效的关键。机器零部件的失效信息往往可以通过一些特征量来反映。这些特征量可以直接选用产品的功率、油耗等功能参数,也可以是数学模型中的系数,比如时序模型的系数、状态空间方程的系数,或者是可通过信息处理方法得到的量。特征可以分为简单特征和复合特征,线性特征和非线性特征,单维与多维特征等。现以柴油机供油系统的状态监测为例,说明复合特征的作用。

图 1-6 是某类型的柴油机供油系统,在高压油管上用了两个传感器来测量高压油管压力的变化。图 1-7 是典型的油压变化曲线,P_r 是油管的剩余压力,P_{max} 是最大压力。我们用平均压力和最大压力这两个参数作为复合特征来分类(图 1-8)。图中,A 为正常,B 为喷油嘴堵塞,C 为柱塞泵轻度磨损,D 为柱塞泵和喷油嘴严重磨损。

由于机器失效信息具有多样性、传输选择性、非平稳性和微弱性等特点,因此在特征信息提取中应针对不同机器零部件信息的特点,选用相应合适的方法。下面是一些常用的机器运行失效信息的特征提取方法。

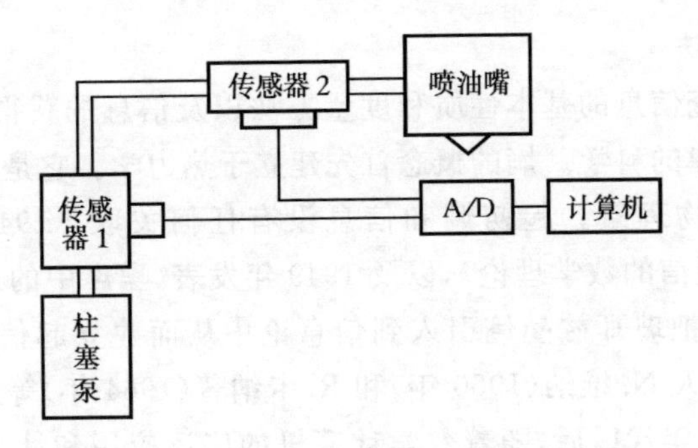

图 1－6　柴油机供油系统的压力检测示意图

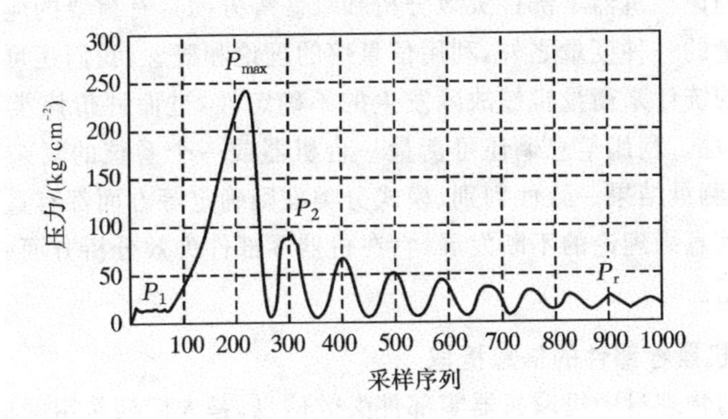

图 1－7　油压变化曲线

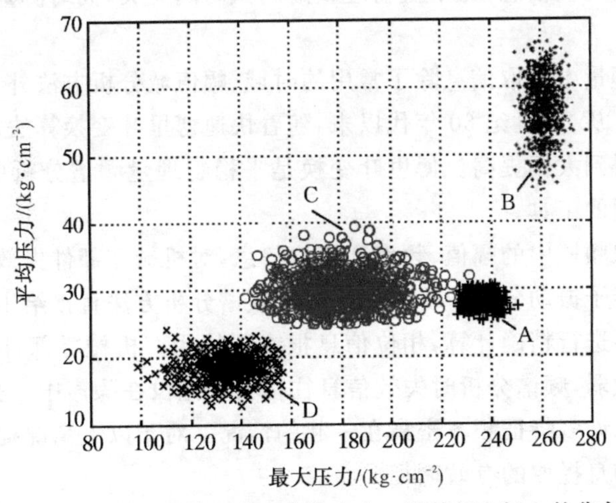

图 1－8　供油系统四种工作状态在二维特征空间上的分布

1. 信息论方法

信息论是研究信息的基本性质和度量方法以及信息的获得、传输、存储、处理和交换等一般规律的科学。熵的概念首先建立于热力学。它是用来反映系统微观粒子无序程度的物理量。起初熵和信息没有任何关联。1948年,美国数学家C.E.香农出版《通信的数学理论》,以及1949年发表《噪声中的通信》,把信息定义为信源的不定度,把玻耳兹曼熵引入到信息论中从而建立起信息熵的理论基础。后来,控制论创始人N.维纳(1950年)和R.卡纳普(1964年)等进一步发展了信息理论。20世纪70年代以后,随着数学计算机的广泛应用和社会信息化的迅速发展,信息论迅速渗透到各个不同学科领域。

信息熵理论在机器零部件失效分析和维修等方面具有重要的应用。信息熵除了作为信息量的一种度量之外,利用信息熵的理论和概念,我们还可以通过对某类型机械故障的统计来衡量机械故障发生的不确定性,进而评价该类型机器的可诊断性、可维修性。利用信息熵还可衡量一台机器或一个系统的复杂程度。除此之外,信息熵在测量结果一致性判别、模式分类准则确定等方面都有重要的应用。可以相信随着信息熵理论的不断发展,它在机器零部件失效分析方面必将取得更多、更广泛的应用。

2. 平稳机器零部件的信息提取

从平稳的物理量中提取机器零部件失效信息,是人们最常用的信息提取方法。这里平稳的物理量是指,其统计特征不随时间的变化而变化。因此,从平稳物理量中提取零部件的失效信息,与平稳物理量的测试时间无关,同时测量到的信号具有代表性。

从平稳物理量中提取信息除了常用的时域、幅值域分析方法外,频域分析方法是重要的方法。从20世纪60年代以来,随着快速傅里叶变换算法的出现,频谱分析的运算速度得到大幅提高。傅里叶变换是平稳物理量频谱分析中最基本、最有效和最广泛使用的工具。

准确地获取频域中的幅值、频率和相位信息,对机械零部件失效信息提取具有重要意义。在转子振动分析中普通的傅里叶频谱分析方法直接给出的相位信息误差很大。如果不进行精确计算,相位信息根本不能用。机械零部件失效初期由于失效信息比较微弱,频谱分析时失效信息往往会被淹没在噪声中。另外,实际应用时往往还会遇到许多特征频率密集在一起的情况。对于以上情况提高频谱分析精度是实现失效信息提取的有效途径。

从20世纪70年代中期开始,提高离散频谱分析的精度已经逐渐为人们所重视。许多学者开始致力于傅里叶频谱精度的研究,提出了多种频谱校正方法,有效地提高了幅值、频率和相位信息的分析精度。常用的方法如:比值内插法、频谱细化法、连续细化频谱法等。从算法的具体实现上可分为:二分法、遗传算法、黄金分割法等。

全息谱是一种基于傅里叶分析、并广泛用于回转机器状态监测和诊断的理论和方法。全息谱的概念由屈梁生院士于 1989 年提出,它集成了回转机器中转子振动的幅值、频率和相位信息,全面利用转子的振动信息,能准确反映和区分转子的不同工作状态和各种故障。全息谱理论得到了国内外学者的广泛认同,在石化、化工、电力、冶金等行业得到了广泛的应用,取得了显著的经济效益。

3. 非平稳机器零部件的信息提取

对于非平稳物理量中机器信息提取,首先应该选择非平稳的信息处理方法。这里的非平稳物理量是指,物理量的统计信息随时间的变化而变化。典型的例子如发动机气阀失效、往复式压缩机连杆活塞、刨床、冲压机等机器工作过程中的非平稳振动。如果仍然采用平稳的信息处理方法,就很难提取到有用的零部件失效信息。

在机器零部件失效和诊断研究领域,如何从非平稳信号中提取设备状态信息是众多学者研究的热点之一。传统的处理非平稳信号的方法以傅里叶分析和数字滤波技术为基础,概括起来有以下几种:

(1) 通过选择合适的窗函数,将非平稳信号分割为准平稳信号进行处理;

(2) 分析信号周期中的单一的信号成分,并进行周期平均;

(3) 变频采样(即跟踪测量)分析。

从 1948 年滑动窗傅里叶变换被采用,到 1980 年 Classen 将 Wigner 分布引入时频分析,再到 20 世纪 80 年代中期出现小波理论,人们才逐渐进入了非平稳信号处理的深入研究阶段。

由于小波分析窗函数拥有良好的时频分辨率,在提取非平稳特征方面具有优良的性质。小波滤波器具有最佳的时频分辨率,已经被广泛应用于各个领域,并取得了良好的效果。在信号压缩与编码等领域小波分析的应用已经相当成熟。在机械状态监测和故障诊断中,有许多研究人员和工程技术人员就小波分析的应用作了大量有益的工作。这些工作覆盖了回转机械、往复机械、齿轮箱、滚动轴承等的故障诊断、刀具磨损监测及机械零件的无损检测。

消噪和提纯是实现微弱故障信息检测和提取基本途径。例如发动机工作过程中曲柄连杆机构产生的微弱撞击声,往往被淹没在正常的振动声音中。通过消噪和提纯处理,突出撞击声成分,抑制正常的发动机噪声,可实现对该类失效的识别。传统的消噪和提纯方法包括:线性滤波处理、统计滤波处理、自适应滤波处理、相关消噪、基于频谱分析的信号重构等。随着信息处理技术的发展,新的消噪理论和方法也不断出现。在小波消噪方面,Donoho 等提出了的小波软、硬阈值消噪,有效地去除了信号中的高斯白噪声和有色噪声。Pasti. L. 等也提出了小波消噪的最优化方法。神经网络消噪也是一种很有前景的消噪方法。总之,新的消噪方法研究也一直是信息处理领域中的一个研究热点。

4. 统计模拟方法

统计模拟方法首先由 Efont 提出,其基本思想是原始数据的“再采样”。统计模拟将经典的统计计算方法与计算机数值模拟技术结合起来,通过计算机模拟实现信息的再利用。在信息处理领域,统计模拟方法特别适合于对“小样本”数据进行统计分析。在时间序列分析中,统计模拟是模式识别和对自回归谱进行准确估算的强有力工具。

5. 主分量分析和核主分量分析

在信息的浓缩和提取方面,主分量分析、核主分量分析实现了对大量测量结果中信息的压缩和浓缩,是信息提取的重要手段。主分量分析方法基于线性变换实现了对线性特征信息的提取,因此无法有效地提取隐含在数据中的非线性信息。Schölkopf 等人将主分量分析线性特征提取方法推广到非线性领域,形成了核主分量分析方法。它借助于核函数来实现某种非线性映射,通过非线性映射将输入矢量映射到高维特征空间,使之在高维空间具有更好的可分性,然后对高维空间的映射数据做主分量分析,得到原始数据的非线性主分量,实现了隐含的非线性特征信息的提取。以上两种信息浓缩和提取方法在机器零部件失效信息提取和识别中取得了良好的应用效果。

6. 遗传算法和遗传编程

遗传算法作为基于自然进化过程模拟的优化方法,是自然界生物“物竞天择,适者生存”机制在优化方法上的体现。进化计算具有全局搜索、计算简单、对优化对象的限制少等优点。进化过程以编码进行,进化操作(杂交、遗传、变异)以概率方式选择,因此具有强的优化性能。近些年来,遗传方法在机器失效信息处理方面取得了重要的应用。

在遗传算法的发展中,将线性编码改进为非线性编码,是一种新的思路。1992年 J. R. Koza 首先提出了一种在编码方式上与常规遗传算法有本质不同的仿生进化算法。它采用了层式编码结构,是对遗传算法的改进,被称为遗传编程。遗传编程更适合于层式结构的优化,在机器失效模型的建立、失效模式判别函数优化等方面有重要的应用。

7. 其它的信息处理方法

随着信息处理技术的发展,许多新的信息处理方法在机器失效分析和信息提取中崭露头角，为机器零部件信息处理提供了重要的手段。盲源分离、信息融合、时域平均、支持向量机等方法为失效信息的提纯和净化提供了有效的工具。信息融合利用了机器信息间的关联性，通过信息融合提高特征的信息量。时域平均通过对长时间观测信息的叠加，提高了有用信息的含量和信噪比。盲源分离方法尽管还有待于进一步的发展，但在实践中的初步应用也展现了良好的应用前景。目前有关盲源分离方面的研究也是该领域的一个研究热点。

支持向量机是近年来在统计学习理论基础上发展起来的一种性能优良的学习器。支持向量机将原始模式空间映射到高维特征空间，并在该特征空间中寻找最优分类超平面进行分类。与传统的基于经验风险最小化学习方法相比，它解决了传统方法在实践中所遇到的小样本、高维数、局部极值等问题。因而支持向量机方法较传统的识别方法具有了更好的识别能力。

1.3　机械运行信息的利用

机器运行信息本质上是机器零部件状态的表露，同时机器运行信息也包含了与机器结构有关的特征。因此，通过对机器运行中零部件失效信息等的提取，不但可以了解机器零部件的工作状态、失效情况，同时也可以分析机器在设计、制造方面的特征参数，以及存在的问题和缺陷。例如，转子是回转机械重要的部件，通过对转子运行过程振动信息的采集、提取，不但可以了解转子的失衡、对中、裂纹等失效信息，还可以得到转子共振频率、阻尼、刚度等与结构、设计相关的信息。

1.3.1　机械零部件故障的识别

机械零部件失效的识别，是机器零部件失效信息提取的主要目的之一。机器零部件的失效，往往会直接或间接地引起机器整体功能或性能的变化。通过对机械零部件信息的分析，确定失效的零部件，从而才能有目的地对失效零部件进行更换、修复或调整。因此机械零部件失效信息的分析，是机械运行维护中重要的保障技术。下面是两个对失效的机械零部件进行分析和识别的例子。

图1-9是从一台300 MW汽轮机低压缸的3＃轴瓦和4＃轴瓦上得到的振动信号。2003年4月21日，机组起车后振动不断增加，到4月25日3＃轴瓦振动报警。这段时间内机组的功率和载荷都没变化。将25日的三维全息谱和21日的三维全息谱相减，得到的转频响应形成了一个倒锥。这说明受到一个力偶的作用，分析认为是由于机体热膨胀导致标高的变化从而引起附加的力偶，如图1-10所示。调节机组标高后，振动减小，问题得以解决。

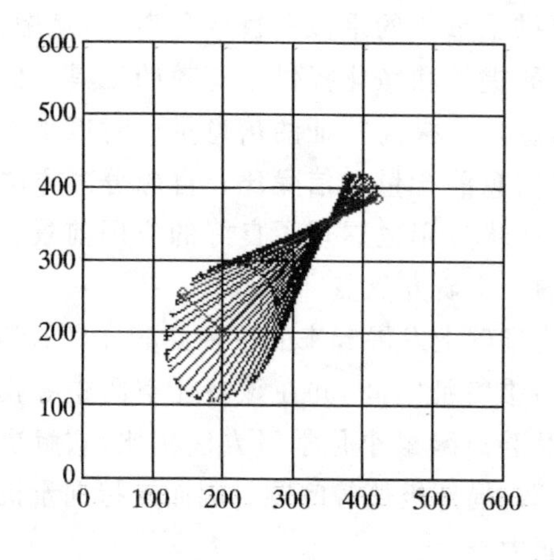

图 1-9 故障机组的三维全息谱

图 1-10 转子热变形示意图

图 1-11 是一台德国(GHH)生产烟机的振动全息谱图。该烟机经过大修启动加载后,由于装配问题叶片根部不均匀受热导致的转子临时热弯曲,转子振动不断升高。从图 1-11 上可以明显看出,虽然转子的振动幅值不断变化,但转子振动的全息初相点保持不变。全息初相点稳定正是转子临时热弯曲时所具有的特征。

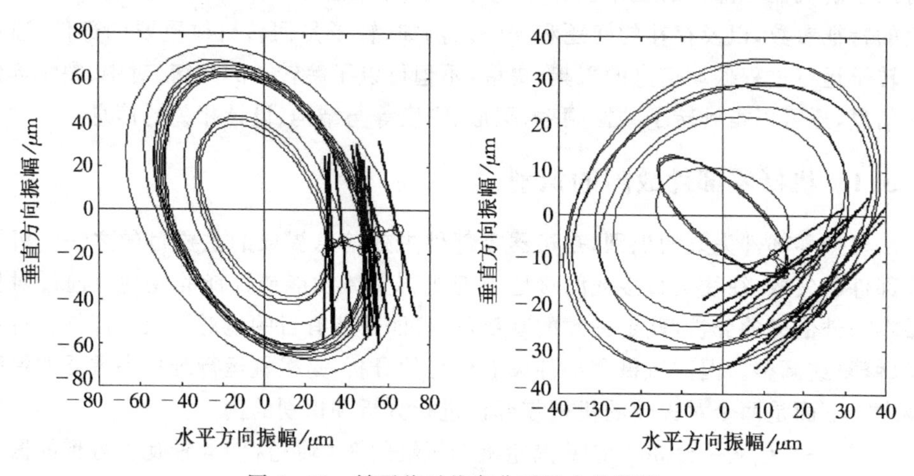

图 1-11 转子临时热弯曲时的全息谱图

1.3.2 机械设计、制造缺陷的识别

机械零部件失效信息提取的另外一个重要用途就是分析机器或某一零部件设计设制造上存在的问题和缺陷。机器的某个零部件或某个子系统在设计和制造上的缺陷,往往会引起机器整体功能的下降。通过对各个零部件或子系统失效信息

的提取和分析，有助于发现存在缺陷的部件，为进一步改进设计、提高制造精度提供了依据。下面是两个机器零部件或子系统设计缺陷分析的例子。

图1-12是一台蜗杆砂轮磨齿机分齿传动链(工作台部分)，它必须保证砂轮的转速和工件的转速保持严格的比例。我们用地震式传动链精度测量仪测出整个链的误差后，用图1-13所示的自回归谱进行分析，谱图上每根谱线的位置都相当

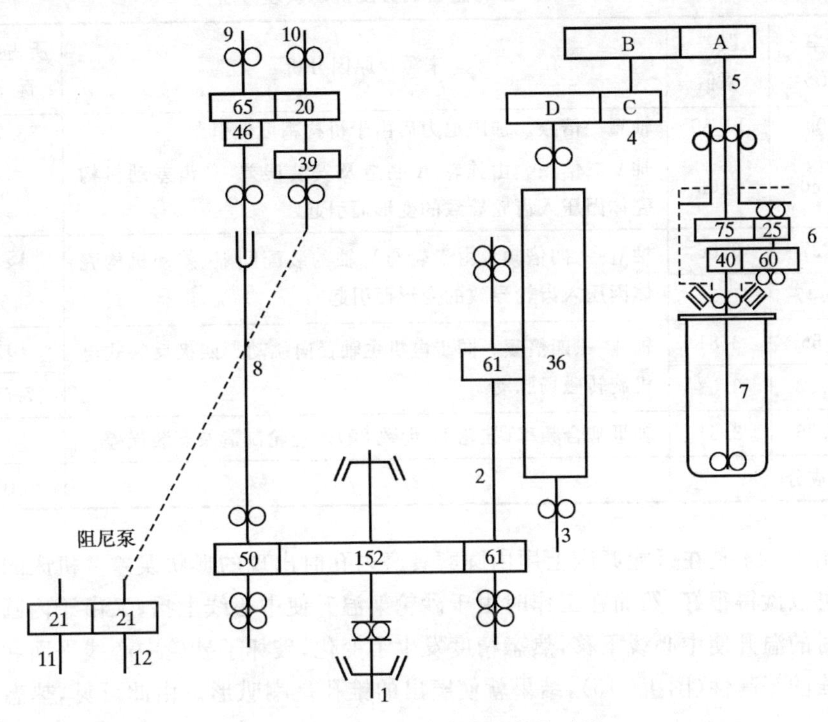

图1-12　蜗杆砂轮磨齿机的传动链

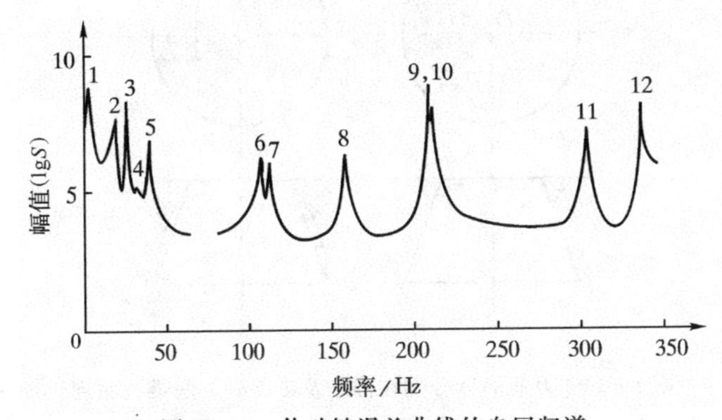

图1-13　传动链误差曲线的自回归谱

于一对齿轮的啮合频率，有的是高速齿轮副，有的是低速齿轮副，如图 1-12 所示。其中，用于消除主轴反向时齿轮侧隙的阻尼泵（轴 12）和挂轮 A—D 的误差占有很大的比重，通过改进它们的结构提高了传动链的精度。进一步还可以在产品上设计反馈补偿系统，以提高产品的性能。表 1-1 为砂轮磨齿机分度链的误差分析。

表 1-1　砂轮磨齿机分度链的误差分析

频率（Hz）	误差幅值	来源及原因分析	所占误差百分比
3.09	13.50	轴Ⅷ一倍频。加阻尼力后由于机构精度低引起	33.7%
19.60	3.03	轴Ⅴ二倍频。由挂轮 A 制造及安装误差、分齿差动机构壳体因压入齿轮导致的变形而引起	7.5%
26.37	6.06	轴Ⅵ一、四倍频。由齿轮与Ⅵ轴的装配间隙、差动机构壳体因压入齿轮导致的变形而引起	15%
106.47	1.52		4%
39.56	3.81	轴Ⅶ一、四倍频。同步电机主轴径向跳动。四极反映式电机旋转磁场脉动	10%
158.33	3.03		7.5%
337.76	3.81	轴Ⅲ啮合频率（挂轮 D，齿数 80）。挂轮制造及安装误差	10%
其它成分			<10%

图 1-14 是在万能磨床上用内圆磨具磨内孔时出现的形状误差。机床的静态精度可以做得很好，然而在工作时由于砂轮架温升使中心线上抬，又由于内圆磨具工作时的温升使中心线下移，热态精度发生了变化，破坏了砂轮中心线平面和工件中心线的等高性（图 1-15），结果就使磨出的锥孔呈喇叭形。由此可见，热态的精

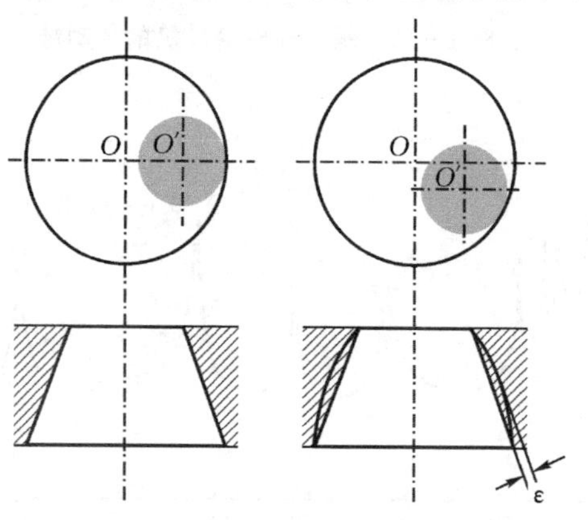

图 1-14　万能磨床分别在静态及热态时磨削锥孔精度

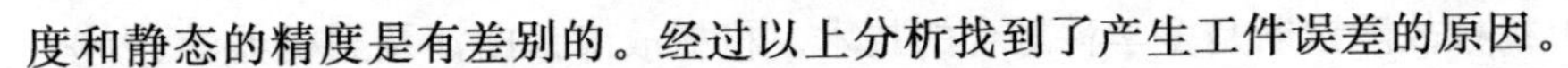

度和静态的精度是有差别的。经过以上分析找到了产生工件误差的原因。

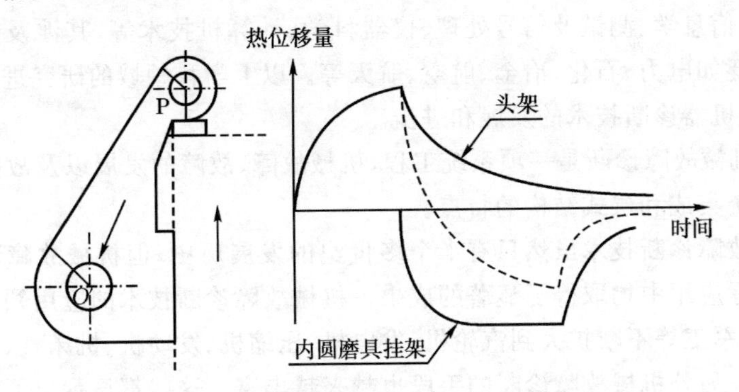

图 1－15　万能磨床的结构及热位移图

1.4　机械故障诊断的本质

从前面各节的介绍，我们不难看出机械故障诊断实际上是依据机器运行中的各种信息对机器运行状态或故障的判断。因此，机械故障诊断是识别机器运行状态的科学，它研究的是机器运行状态的变化在诊断信息的反映。机械故障诊断的内容包括了运行状态的监测、识别和预测三方面的内容，其任务和目的是获得机器运行状态的信息，通过分析比较及早发现机械状态异常或故障，从而指导维修、保证机器的正常运行、减少或消除机械故障或事故的发生、提高设备的利用率，以及为机器结构的改进设计服务。因此，机械故障诊断的目标可概括为以下四个方面：

(1) 揭示运行机械的潜在故障；

(2) 改进机械设计和提高制造质量；

(3) 提高机械的运行效益；

(4) 提高机械诊断的可靠性。

机械故障诊断过程一般包括：机械状态信号的测量、机器状态或失效信息的提取、状态识别、诊断结论几个步骤。其中，机械状态信息提取的结果往往表现为提取得到的状态特征参数。状态识别过程实质上是一个比较、分类过程。通过将当前状态特征与标准状态或故障特征的比较，得出当前机械状态或故障类别。

机械故障诊断具有如下的特点。

(1) 机械故障诊断过程是典型的逆命题。它遵循了运行信息—机器行为—机器性能—动态模型的求解方向，从整体的状态信号逐步分析、确定零部件的故障或失效。

(2) 机械故障诊断是多学科融合的技术。机械故障诊断涉及到机器学、力学、材料科学、信息学、测试及信号处理、仪器科学、计算机技术等,其涉及的应用领域也非常广泛如电力、石化、冶金、航空、航天等。以上学科领域的研究进展或技术进步,会促进机器诊断技术的发展和进步。

(3) 机械故障诊断是一项系统工程,机械故障、故障的发展以及故障信息的传播具有系统集成和层式结构的特点。

机械故障诊断技术虽然只有半个多世纪的发展历史,但机械故障诊断技术在理论和实际应用中均取得了显著的成果。机械故障诊断技术的应用领域也从最早期的航天、军工等不断扩大到汽轮机、发电机、压缩机、发动机、机床,以及电子工业中的设备。另外机械故障诊断的手段也越来越丰富。这些都显示出了机械故障诊断技术强大的生命力。实质上机械故障诊断技术发展背后的支撑是其在实践中所取得的成功,即机械故障诊断的准确性及机械故障诊断所取得的效益。因此不断提高机械故障诊断的准确性是该技术发展的基础和前提。

影响机械故障诊断准确性的因素很多,主要的影响因素包括:

(1) 机械的可维护性,即不同设备故障诊断难易程度的差别。

(2) 潜在故障的类型。机械故障多种多样,有原发性的故障、继发性的故障,有突发性的故障、渐变性的故障,有主导故障,也有伴随或次要故障之分,不同故障诊断的难易程度也不同。

(3) 诊断信息的完整性。完整、准确地收集机器的诊断信息有助于提高诊断的准确性。

(4) 诊断特征的提取。准确地提取和运用机器的诊断信息也是提高诊断准确性的重要手段。

(5)诊断经验的积累。

参考文献

1. 马孝江. 机械系统的非线性识别[D]. 大连:大连理工大学,1989.
2. Moon F C. Chaotic and Fractal Dynamics: An introduction for Applied Scientists and Engineers[M]. USA: A wiley-Intersection Publication,1992.
3. 孟建. 大型回转机械故障特征提取的若干前沿问题[D]. 西安:西安交通大学,1996.
4. 孙瑞祥. 进化计算及智能诊断[D]. 西安:西安交通大学,2000.
5. Thomas Grandke. Interpolation algorithms for discrete Fourier transforms of weighted signals[J]. IEEE Transactions on Instrumentation and Measure-

ment,1983,32(2):350－355.
6. Carlo Offelli. Dario Petri The influence of windowing on the accuracy of multifrequency signal parameter estimation[J]. IEEE Transactions on Instrumentation and Measurement,1992,41(2):256－261.
7. Xie Ming, Ding Kang. Correction for the frequency, amplitude and phase in FFT of Harmonic signal[J]. Mechanical Systems and Signal Processing,1996, 10(2):211－221.
8. 谢明,丁康. 频谱分析的校正方法[J]. 振动工程学报,1994,7(2):172－179.
9. Ding Kang, Xie Ming. Phase difference correction method for phase and frequency in spectral analysis[J]. Mechanical Systems and Signal Processing, 2000,14(5):835－843.
10. Qu Liangsheng, Liu Xiong, Chen Yaodong. Discovering the holo-spectrum [J]. Journal of noise & vibration worldwide,1989(2):58－63.
11. Qu Liangsheng, Liu Xiong, Peyronne Gerad, et al. The holo-spectrum: a new method for rotor surveillance and diagnosis[J]. Journal of mechanical systems and signal processing,1989(3):255－267.
12. Qu Liangsheng, Chen Yaodong, Liu Xiong. A new approach to computer-aided vibration surveillance of rotating machinery[J]. International journal of computer application in technology,1989(2):108－117.
13. Qu Liangshegn, Xu Guanghua. One decade of holo-spectrum technique: review and prospect[C]. Proceedings of the 1999 ASME Design Engineering Technical Conference,1999.
14. 科恩 L. 时-频分析:理论与应用[M]. 白居宪,译. 西安:西安交通大学出版社, 1998.
15. 陈涛. 小波分析理论及其在机械监测与诊断中的应用研究[D]. 西安:西安交通大学,1997.
16. 赵纪元. 基于小波理论神经网络的实用诊断技术研究[D]. 西安:西安交通大学,1997.
17. 王鸿飞,王江萍. 小波分析在柴油机监测信号处理中的应用[J]. 机械科学与技术,1998, 17(3): 440－441.
18. 刘刚. 应用连续小波变换检测机器中的撞击与故障定位[D]. 西安:西安交通大学,2001.11.
19. 耿中行,屈梁生. 小波包原理及其在机械故障诊断中的应用[J]. 信号处理, 1994, 10(4): 244－249.

20. 耿中行. 小波分析方法及其在机械状态监测信号处理中的应用[D]. 西安:西安交通大学,1993.
21. Geng Zhongxing, Qu Liangsheng. Vibrational diagnosis of machine parts using the wavelet packet technique[J]. The British J of NDT, 1994, 36:11-15.
22. Donoho D L: De-noising by soft-thresholding[J]. IEEE Transactions on Information Theory, 1995, 41(3): 613-627.
23. Coifman R P, Donoho D L. Translation invariant denoising[J]. Wavelets and Statistics, Springer-Verglag Press, 1995, 103: 125-150.
24. Donoho D L. Smooth wavelet decomposition with blocky coefficient kernels [M]. Recent Advances in Wavelet Analysis, Academic Press, 1994.
25. Braun S, The extraction of periodic waveforms by time domain averaging[J]. Acoustica 1975,32:69-77.
26. McFadden P D. A revised model for the extraction of periodic waveforms by time-domain averaging [J]. Mechanical Systems and Signal Processing, 1987, 1(1): 83-95.
27. Comon P. Independent component analysis: A new concept[J]. Signal Processing, 1994,36(3):287-314.
28. Bell A J, et al. An information maximization approach to blind separation and blind deconvolution[J]. Neural Computation, 1995,7(6):1129-1159.
29. Hyvarinen A, Oja E. Independent Component Analysis: Algorithms and Applications[J]. Neural Networks, 2000,13(4-5):411-430.
30. 王峰. 基于现代信号处理的微弱机械故障特征提取方法的研究[D]. 西安:西安交通大学,2008. 6.
31. Diamantaras K I, Kung S Y. Principal component neural networks: theory and applications[M]. New York: Wiley, 1996.
32. Jolliffe I T. Principal component analysis[M]. New York: Springer-Verlag, 1986.
33. Richard Q D, Peter E H, David G S. Pattern Classification[M]. Beijing: China Machine Press, 2005.
34. Schölkopf B, Smola A, Muller K R. Nonlinear Component Analysis as a Kernel Eigenvalue Problem[J]. Neural Computation, 1998, 10(5): 1299-1319.
35. Schölkopf B, Burges C, Smola A. Kernel principal component analysis[M].

Cambridge MA：MIT Press，1999.
36. Sun Ruixiang，Tsung Fugee，Qu Liangsheng. Integrating KPCA with an Improved Evolutionary Algorithm for Knowledge Discovery in Fault Diagnosis[C]. Proceedings of the 2nd International Conference on Intelligent Data Engineering and Automated Learning，Hong Kong，2000.
37. 孙瑞祥. 进化计算及智能诊断[D]. 西安：西安交通大学，2000. 4.
38. Koza J R. Genetic Programming：On the programming of computers by means of natural selection[M]. MIT Press，1992.
39. Koza J R. Survey of genetic algorithms and genetic programming[C]. Microelectronics Communications Technology Produing Quality Products Mobile and Portable Power Emerging Technologies. Conference of WESCON/'95 (San Francisco California). New York：Institute of Electrical & Electronics Engineers，1995.
40. Efront B. Computers and the theory of statistics：thinking the unthinkable [J]. SIAM Review，1979，4：460－480.
41. Efront B. Six questions raised by the Bootstrap[M]. Exploring the limits of Bootstrap. John Wiley & Sons Inc，1992.
42. Amari S，Wu Si. Improving support vector machine classifiers by modifying kernel functions[J]. Neural Networks，1999，12(6)：783－789.
43. 刘石. 基于全息谱技术的柔性转子动平衡新方法[D]. 西安：西安交通大学，2005.
44. 屈梁生，陈人亨，崔东印，等. 自回归谱在机械故障诊断中的应用[J]. 工具技术，1982，7：40－47.

第2章 机械故障诊断动力学基础

机械量或力学量，如物体的位移、速度、加速度、应力及应变等作时增时减的反复变化称为机械振动。机械的振动是机械故障的外在反映，是分析识别机械故障、评价机械运行状态、安全性和稳定性的重要标准。本章以单自由度系统的振动及轴承—转子系统振动为例，介绍机器振动的动力学基础。在此基础上本章还对转子、齿轮和轴承的常见故障、振动特征及机理进行了分析。

2.1 简谐振动

振动及系统可以按图2-1所示分类。描述线性振动的方程为线性微分方程，相应的系统称为线性系统，线性振动的一个重要特征是线性叠加原理成立。描述非线性振动的方程称为非线性微分方程，相应的系统称为非线性系统。固有振动是无激励时系统所有可能的运动的集合。固有振动并非实际振动，而是系统振动固有属性的反映。自由振动是激励消失后系统所作的振动。强迫振动是系统在外界激励下所作的振动。随机振动是系统在非确定性的随机激励下所作的振动，此外物理参数具有随机性质的系统发生的振动也属于随机振动。自激振动是系统受到由其自身运动诱发出来的激励作用而产生和维持的振动。参数振动是激励因素以系统本身的参数随时间变化的形式出现的振动。

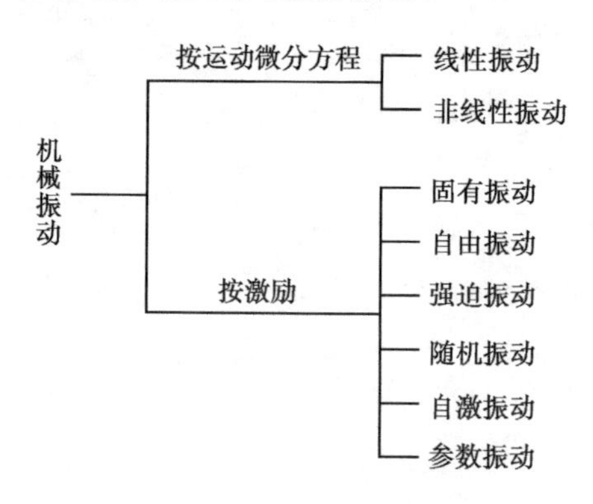

图2-1 机械振动分类

能够用数学表达式描述为时间的函数的振动，按其运动的表现形式分为周期振动和非周期振动。简谐振动是最基本的一种周期振动，用余弦函数表达为：

$$x = A\cos(\omega t - \varphi) \tag{2-1}$$

式中：$\omega = 2\pi f = 2\pi / T$；

A 是振幅，表示作简谐振动物体离开平衡位置的最大距离；

φ 为初相位，转子从时刻 0 到达振动最高点所需要转过的角度，弧度(rad)；

ω 为圆频率，弧度/秒(rad/s)；

f 是振动频率，每秒振动次数，赫兹(Hz)；

T 为振动周期，秒(s)。

公式(2-1)的简谐振动如图 2-2 所示，通过振幅、频率及初相位便可以确定简谐振动。如果公式中所示 x 表示位移，那么对时间 t 求导便可以得到速度及加

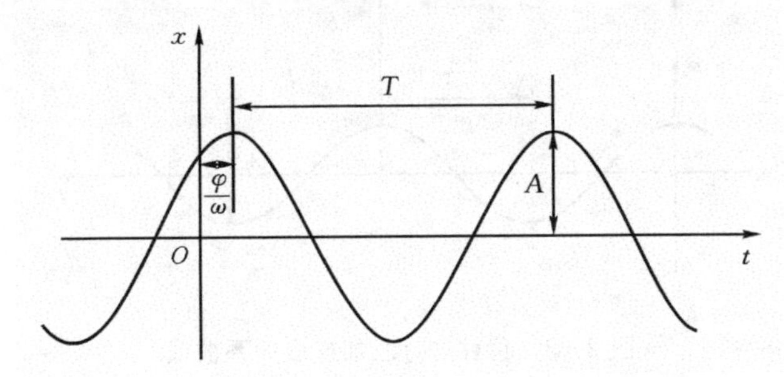

图 2-2　简谐振动曲线

速度的表达式：

$$v = \frac{dx}{dt} = A\omega\cos(\omega t - (\varphi - \frac{\pi}{2})) \tag{2-2}$$

$$a = \frac{dv}{dt} = A\omega^2\cos(\omega t - (\varphi - \pi)) \tag{2-3}$$

通过式(2-1)～式(2-3)可以发现，简谐振动的位移、速度和加速度都随时间以同样的频率变化，速度的相位超前位移$\frac{\pi}{2}$。加速度的相位超前速度$\frac{\pi}{2}$。时域图中的位移、速度和加速度之间关系如图 2-3 所示。

实际测得的振动量往往耦合了不同频率或者幅值的简谐振动，因此有必要对经常遇到的几个简谐振动合成问题加以阐述。

(1) 两个相同频率的简谐振动的合成仍然是简谐振动，并且保持原来的频率。

证明如下，设

$$x_1 = A_1\sin(\omega t + \varphi_1),\quad x_2 = A_2\sin(\omega t + \varphi_2) \tag{2-4}$$

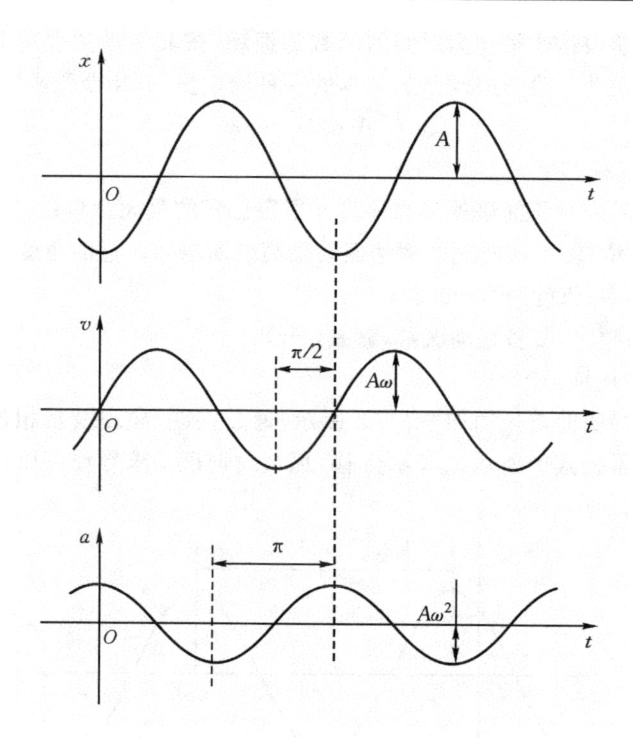

图 2－3　位移、速度、加速度关系曲线

则有：

$$
\begin{aligned}
x &= x_1 + x_2 \\
&= (A_1\cos\varphi_1 + A_2\cos\varphi_2)\sin(\omega t) + (A_1\sin\varphi_1 + A_2\sin\varphi_2)\cos(\omega t) \\
&= A\sin(\omega t + \varphi) \qquad (2-5)
\end{aligned}
$$

其中：

$$
\begin{aligned}
A &= \sqrt{(A_1\cos\varphi_1 + A_2\cos\varphi_2)^2 + (A_1\sin\varphi_1 + A_2\sin\varphi_2)^2} \\
\varphi &= \arctan\left(\frac{A_1\sin\varphi_1 + A_2\sin\varphi_2}{A_1\cos\varphi_1 + A_2\cos\varphi_2}\right) \qquad (2-6)
\end{aligned}
$$

(2) 频率不同的两个简谐振动的合成不再是简谐振动，频率比为有理数时，合成为周期运动；频率比为无理数时，合成为非周期振动。

(3) 频率很接近的两个简谐振动的合成会出现“拍”的现象。

2.2　单自由度系统的自由振动

质点在三维空间中有三个自由度，如果限定质点只能在一个方向上运动则该质点只有一个自由度。单自由度系统是指只能在一个方向运动的可以简化为一个质点的振动系统。简化为多个质点的系统是多自由度系统。工程上许多问题通过简化,用单自由度系统的振动理论就能得到满意的结果,因此研究单自由度系统的振动具有工程意义。

根据系统中是否含有阻尼,可以将系统分为无阻尼系统和有阻尼系统。有粘性阻尼的系统的运动根据阻尼的大小可以分为过阻尼、临界阻尼和欠阻尼三种状态,只有欠阻尼状态才产生自由振动,表现为振幅按指数规律衰减的简谐振动。如果不考虑阻尼的影响,那么典型的单自由度转子—支承系统可以简化为单自由度弹簧—质量系统,系统如图 2-4 所示。

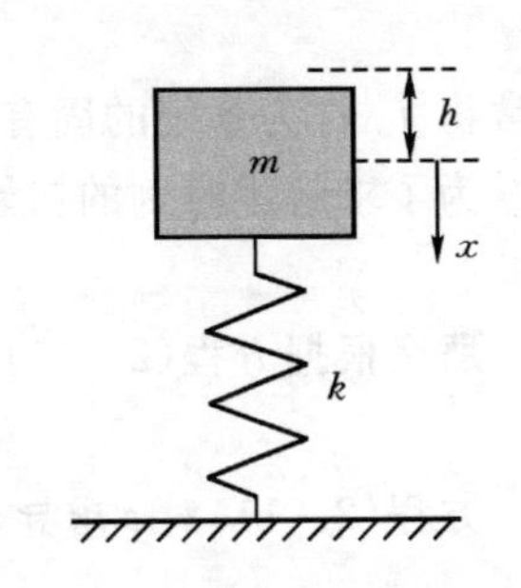

图 2-4 弹簧—质量系统

图中 k 为弹簧刚度,定义为使弹簧产生单位长度变形所需要的力,国际单位为牛顿/米(N/m),m 为振动质点的质量,国际单位为千克(kg)。一般情况下系统的 k 值并非线性,但当振动在一定范围内变化时弹性体的变形与受力之间关系符合虎克定律,在此范围内可以得到固定 k 值。

取垂直向下的坐标 x,以质量块静平衡位置为坐标原点,那么重块静止状态下的伸长量 h 为:

$$h = mg/k \tag{2-7}$$

当系统受到初始扰动时,根据牛顿第二定律可以得到:

$$m\ddot{x} = mg - k(h + x) \tag{2-8}$$

由式(2-7)和式(2-8)可以得到弹簧—质量系统的自由振动微分方程:

$$m\ddot{x} + kx = 0 \tag{2-9}$$

引入 $\omega_n=\sqrt{\dfrac{k}{m}}$,那么方程(2-9)可以写成:

$$\ddot{x} + \omega_n^2 x = 0 \tag{2-10}$$

方程(2-10)的通解为:

$$x = c_1\cos\omega_n t + c_2\sin\omega_n t \tag{2-11}$$

式(2-11)中的 c_1 和 c_2 是由初始条件确定的任意常数,设

$$A = \sqrt{c_1^2 + c_2^2},\quad \varphi = \arctan(\frac{c_1}{c_2}) \tag{2-12}$$

那么通解也可表达为:

$$x = A\sin(\omega_n t + \varphi) \tag{2-13}$$

由前述论述可知,公式(2-13)中的 A,ω_n 和 φ 即为确定某正弦运动的三要

素，对应振幅、振动圆频率和初始相位。可以发现，振动圆频率 ω_n 和系统进入运动状态的初始条件无关，一旦系统的刚度 k 和质量 m 确定，振动频率也随之确定。对某一系统而言，振动频率与弹簧刚度的平方根成正比，与质量的平方根成反比。振动圆频率 ω_n 对应的振动频率为：

$$f_n = \omega_n / 2\pi \tag{2-14}$$

通常将 f_n 称为系统的固有频率或自振频率。

为了求解零时刻的初始条件，假设 $t=0$ 时有：

$$x(0) = x_0, \quad \dot{x}(0) = \dot{x}_0 \tag{2-15}$$

那么根据方程(2－11)有：

$$c_1 = x_0 \tag{2-16}$$

方程(2－11)对 t 求导，那么有：

$$c_2 = \frac{\dot{x}_0}{\omega_n} \tag{2-17}$$

因此 $t=0$ 时刻为初始条件的振动函数为：

$$x = x_0 \cos\omega_n t + \frac{\dot{x}_0}{\omega_n} \sin\omega_n t \tag{2-18}$$

式(2－18)的结果表明无阻尼状态下弹簧—质量系统的自由振动为正弦运动。实际情况下，工程中的机械系统总是存在各种阻尼因素，如摩擦阻尼、电磁阻尼、介质阻尼和结构阻尼。粘性阻尼是最常用的一种阻尼力学模型，在流体中低速运动或沿润滑表面滑动的物体，通常认为受到粘性阻尼，考虑粘性阻尼系统的运动方程可以表达为：

$$m\ddot{x} + c\dot{x} + kx = 0 \tag{2-19}$$

方程(2－19)中的 c 即为粘性阻尼系数，简称阻尼系数，单位为 N·s/m。系统如图 2－5 所示。

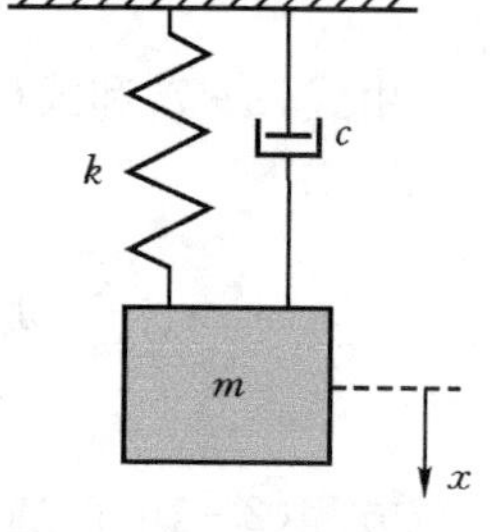

图 2－5　单自由度带阻尼弹簧—质量系统

代入无阻尼弹簧—质量系统的固有频率 $\omega_n = \sqrt{\dfrac{k}{m}}$，设相对阻尼系数 $\zeta = \dfrac{c}{2\sqrt{km}}$，那么动力学方程(2－19)可以表达为：

$$\ddot{x} + 2\zeta\omega_n\dot{x} + \omega_n^2 x = 0 \tag{2-20}$$

求解方程(2－20)二次线性齐次方程，设 $x = e^{\lambda t}$，代入方程(2－20)可以得到：

$$\lambda^2 + 2\zeta\omega_n\lambda + \omega_n^2 = 0 \tag{2-21}$$

方程(2－21)的特征根为：

$$\lambda_{1,2} = -\zeta\omega_n \pm \omega_n\sqrt{\zeta^2 - 1} \tag{2-22}$$

设
$$\omega_d = \omega_n \sqrt{1-\zeta^2} \tag{2-23}$$
可以得到动力学方程(2-20)的通解为：
$$x(t) = \mathrm{e}^{-\zeta\omega_n t}(c_1\cos\omega_d t + c_2\sin\omega_d t) \tag{2-24}$$
其中 c_1，c_2 由初始条件决定。当阻尼系数 $\zeta<1$ 时为欠阻尼状态，$\zeta=1$ 时为临界阻尼状态，$\zeta>1$ 为过阻尼状态。欠阻尼状态在工程实践中较为常见，因此选取该状态讨论。设初始条件，$x(0)=x_0$，$\dot{x}(0)=\dot{x}_0$，由方程(2-24)可求得通解：
$$x(t) = \mathrm{e}^{-\zeta\omega_n t}\left(x_0\cos\omega_d t + \frac{\dot{x}_0+\zeta\omega_n x_0}{\omega_d}\sin\omega_d t\right) \tag{2-25}$$

设 $A=\sqrt{x_0^2+\left(\dfrac{\dot{x}_0+\zeta\omega_n x_0}{\omega_d}\right)^2}$，$\theta=\arctan\dfrac{x_0\omega_d}{\dot{x}_0+\zeta\omega_0 x_0}$，则可得：
$$x(t) = \mathrm{e}^{-\zeta\omega_n t}A\sin(\omega_d t+\theta) \tag{2-26}$$
那么在欠阻尼状态下，阻尼固有频率和自由振动周期分别为：
$$\omega_d = \omega_0\sqrt{1-\zeta^2} \tag{2-27}$$
$$T_d = \frac{2\pi}{\omega_d} = \frac{2\pi}{\omega_0\sqrt{1-\zeta^2}} = \frac{T_0}{\sqrt{1-\zeta^2}} \tag{2-28}$$
欠阻尼状态下的自由振动如图2-6所示。

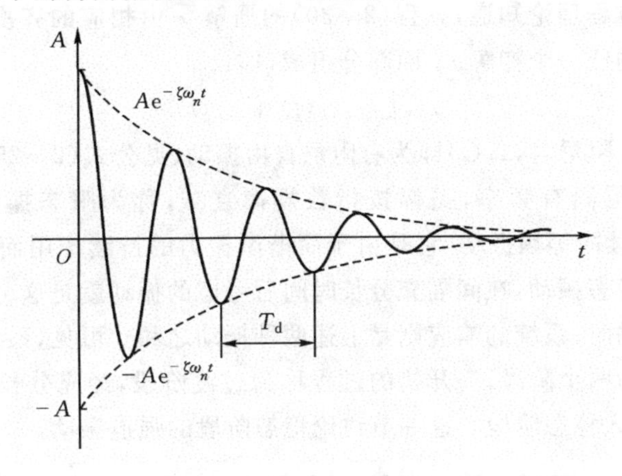

图2-6 欠阻尼自由振动

2.3 单自由度系统的强迫振动

单自由度系统在持续激励时的振动为强迫振动。按照其激励来源可以分为两类：一类是力激励，例如旋转机械中不平衡质量，或者作用在电机转子上的电磁力激励；另一类是由于支承运动而导致的激励，例如由于热状态改变而引起的轴承座标高变化。按照随时间变化的规律，激励可以分为简谐激励、周期激励和任意激励。典型的简谐激励如回转机械中不平衡质量激励，简谐激励的系统响应由初始条件引起的自由振动、伴随强迫振动发生的自由振动以及等幅的稳态强迫振动组成。前两部分受系统阻尼影响，将逐步衰减的瞬态振动，被称为瞬态响应；最后一个部分振动频率与激励频率相同且同时存在，被称为稳态响应。在回转机械的启停车过程中就是一个典型的例子，在启停车过程中的振动是自由振动与强迫振动合成的效果，当到达工作转速并稳定一段时间，自由振动衰减到一定程度后，只有强迫振动，选取强迫振动数据作为不平衡响应是现场动平衡中应该注意的问题。

2.3.1　简谐激励下的强迫振动(稳态阶段)

设图 2-5 中质量块上作用有简谐激振力：

$$P(t) = P_0 \sin\omega t \tag{2-29}$$

其中，P_0 为激振力振幅，ω 为激振频率。以静平衡位置为坐标原点，建立图示的坐标系，得到运动微分方程为：

$$m\ddot{x} + c\dot{x} + kx = P_0 \sin\omega t \tag{2-30}$$

由常微分方程理论知道，方程(2-30)的通解 x 由相应的齐次方程的通解 x_h 和非齐次方程的任一个特解 x_p 两部分组成，即：

$$x(t) = x_h(t) + x_p(t) \tag{2-31}$$

当阻尼为欠阻尼时，$x_h(t)$即为有阻尼自由振动(见公式(2-25))，它的特点是振动频率为阻尼固有频率，振幅按指数规律衰减，称为瞬态振动或瞬态响应。$x_p(t)$是一种持续的等幅振动，它是由于简谐激振力的持续作用而产生的，称为稳态强迫振动或稳态振动，在间隔充分长时间后考虑的振动就是这种稳态振动，而在刚受到外界激励时，系统的响应则是上述两种振动之和。可见，系统受简谐激励后的响应可以分为两个阶段，一开始的过程称为过渡阶段，经充分长时间后，瞬态响应消失，这时进入稳态阶段。这一节讨论稳态阶段的强迫振动。

将方程(2-30)两端同除以质量 m，并且令$\frac{c}{m}=2\zeta\omega_n$，$\frac{k}{m}=\omega_n^2$，其中 ζ 为相对阻尼系数，ω_n 为相应的无阻尼系统的固有频率。则方程(2-30)成为：

$$\ddot{x} + 2\zeta\omega_n\dot{x} + \omega_n^2 x = \frac{P_0}{m}\sin\omega t \tag{2-32}$$

上述方程的特解可以通过设 $x=B\sin(\omega t-\varphi)$或者 $x=A\cos\omega t+B\sin\omega t$ 来求得，这里介绍用复数方法求式(2-32)的特解。先将式(2-32)写为下列的复数形式：

$$\ddot{x}+2\zeta\omega_n\dot{x}+\omega_n^2x=\frac{P_0}{m}e^{i\omega t} \tag{2-33}$$

其中 x 是复数,设复数形式的特解为:

$$x=\overline{B}e^{i\omega t} \tag{2-34}$$

其中 $\overline{B}$ 为复振幅,其意义是包含有相位的振幅。将式(2-34)代入式(2-33),解得:

$$\overline{B}=\frac{P_0}{m}\frac{1}{\omega_n^2-\omega^2+i2\zeta\omega_n\omega} \tag{2-35}$$

记 λ 为频率比,它定义为:

$$\lambda=\frac{\omega}{\omega_n} \tag{2-36}$$

则式(2-35)可以写成:

$$\begin{aligned}\overline{B}&=\frac{P_0}{k}\frac{1}{1-\lambda^2+i2\zeta\lambda}\\&=\frac{P_0}{k}\frac{1}{\sqrt{(1-\lambda^2)^2+(2\zeta\lambda)^2}}e^{-i\phi}\\&=Be^{-i\phi}\end{aligned} \tag{2-37}$$

式中

$$B=\frac{P_0}{k}\frac{1}{\sqrt{(1-\lambda^2)^2+(2\zeta\lambda)^2}} \tag{2-38}$$

$$\phi=\arctan\frac{2\zeta\lambda}{1-\lambda^2} \tag{2-39}$$

将式(2-37)代入式(2-34),得到复数形式的特解为

$$x=Be^{i(\omega t-\varphi)} \tag{2-40}$$

比较方程(2-32)和(2-33),可知方程(2-32)中位移 x 是方程(2-33)中复数 x 的虚部,因此方程(2-40)的虚部就是方程(2-32)的特解,即有

$$x=B\sin(\omega t-\varphi) \tag{2-41}$$

式中:B 为振幅,φ 为相位差。

2.3.2 简谐激励下的强迫振动(过渡阶段)

系统在过渡阶段对简谐激励的响应是瞬态响应与稳态响应的叠加。先考虑在给定初始条件下无阻尼系统对简谐激励的响应。系统的运动微分方程和初始条件写在一起为:

$$\begin{cases} m\ddot{x} + kx = P_0 \sin\omega t \\ x(0) = x_0, \dot{x}(0) = \dot{x}_0 \end{cases} \tag{2-42}$$

它的通解是相应的齐次方程 $m\ddot{x}+kx=0$ 的通解与特解的和,即:

$$x(t) = c_1 \cos\omega_n t + c_2 \sin\omega_n t + \frac{P_0}{k} \frac{1}{1-\lambda^2} \sin\omega t \tag{2-43}$$

式中:常数 c_1,c_2 根据式(2-42)中的初始条件确定。由于系统是线性的,根据叠加原理,式(2-42)的解也可以表示为下列两个方程的解的和:

$$\begin{cases} m\ddot{x} + kx = 0 \\ x(0) = x_0, \dot{x}(0) = \dot{x}_0 \end{cases} \tag{2-44}$$

$$\begin{cases} m\ddot{x} + kx = P_0 \sin\omega t \\ x(0) = 0, \dot{x}(0) = 0 \end{cases} \tag{2-45}$$

式(2-44)的解为:

$$x_1(t) = x_0 \cos\omega_n t + \frac{\dot{x}_0}{\omega_n} \sin\omega_n t \tag{2-46}$$

从(2-45)不难解出:

$$x_2(t) = -\frac{P_0}{k} \frac{\lambda}{1-\lambda^2} \sin\omega_n t + \frac{P_0}{k} \frac{1}{1-\lambda^2} \sin\omega t \tag{2-47}$$

于是得到式(2-42)的全解为:

$$\begin{aligned} x(t) &= x_1(t) + x_2(t) \\ &= x_0 \cos\omega_n t + \frac{\dot{x}_0}{\omega_n} \sin\omega_n t - \frac{P_0}{k} \frac{\lambda}{1-\lambda^2} \sin\omega_n t + \frac{P_0}{k} \frac{1}{1-\lambda^2} \sin\omega t \end{aligned} \tag{2-48}$$

式中右端前两项即无激励时的自由振动,又称为系统对初始扰动的响应;第三项是伴随激励而产生的自由振动,称为自由伴随振动,其特点是振动频率为系统的固有频率,但振幅与系统本身的性质及激励因素都有关;第四项则为稳态强迫振动。对于存在阻尼的实际系统,自由振动和自由伴随振动的振幅都将随时间逐渐衰减,因此它们都是瞬态响应。由式(2-47)看到,即使初始位移和初始速度都为零,过渡阶段中仍包含有自由伴随振动这样的瞬态响应。

现在考虑共振时的情况,假设初始条件为 $x(0)=0$,$\dot{x}(0)=0$,由式(2-47)得:

$$x(t) = \frac{P_0}{k} \frac{-\lambda \sin\omega_n t + \sin\lambda\omega_n t}{1-\lambda^2} \tag{2-49}$$

由共振的定义,$\lambda=1$ 时上式是 $\frac{0}{0}$ 型未定式,利用洛必达法则算出共振时的响应为:

$$x(t) = \frac{P_0}{k} \lim_{\lambda \to 1} \frac{-\sin\omega_n t + \omega_n t \cos\lambda\omega_n t}{-2\lambda}$$

$$= \frac{P_0}{2k}(\sin\omega_n t - \omega_n t\cos\omega_n t)$$

$$= -\frac{P_0}{2k}\sqrt{(\omega_n t)^2 + 1}\cos(\omega_n t - \alpha) \tag{2-50}$$

其中：

$$\alpha = -\arctan\frac{1}{\omega_n t} \tag{2-51}$$

可见，当 $\omega = \omega_n$ 时，无阻尼系统的振幅随时间无限增大。经过短暂时间后，共振响应可以表示为：

$$x(t) = -\frac{P_0}{2k}\omega_n t\cos\omega_n t$$

$$= \frac{P_0\omega_n}{2k}t\sin(\omega_n t - \frac{\pi}{2}) \tag{2-52}$$

此即共振时的强迫振动，反映出共振时位移在相位上比激振力滞后$\frac{\pi}{2}$。式(2-50)及式(2-52)的无量纲响应曲线分别如简图2-7中的实曲线及虚曲线。

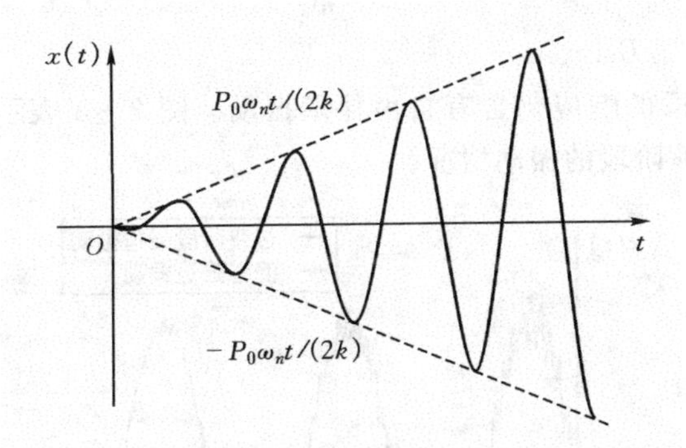

图2-7　共振时的无量纲响应曲线

由图看到，即使是无阻尼系统，要达到理论上的无穷大振幅，也需要无限长时间。所以，如果机械的工作运转速度设计在共振转速以上，穿越共振区并没有很大困难，但是穿越的时间应该尽可能短。

下面讨论有阻尼系统在过渡阶段对简谐激励的响应。

在给定初始条件下的运动微分方程为：

$$\begin{cases} m\ddot{x} + c\dot{x} + kx = P_0\sin\omega t \\ x(0) = x_0, \dot{x}(0) = \dot{x}_0 \end{cases} \tag{2-53}$$

用前面所述方法得到式(2-53)的全解为：

$$x(t) = e^{-\zeta\omega_n t}\left(x_0\cos\omega_d t + \frac{\dot{x}_0 + \zeta\omega_n x_0}{\omega_d}\sin\omega_d t\right) +$$
$$Be^{-\zeta\omega_n t}\left[\sin\varphi\cos\omega_d t + \frac{\omega_n}{\omega_d}(\zeta\sin\varphi - \lambda\cos\varphi)\sin\omega_d t\right] +$$
$$B\sin(\omega t - \varphi) \tag{2-54}$$

式中：

$$\omega_n = \sqrt{\frac{k}{m}},\qquad \zeta = \frac{c}{2\omega_n m},\qquad \omega_d = \omega_n\sqrt{1-\zeta^2}$$
$$\lambda = \frac{\omega}{\omega_n},\quad B = \frac{P_0/k}{\sqrt{(1-\lambda^2)^2 + (2\zeta\lambda)^2}},\quad \varphi = \arctan\frac{2\zeta\lambda}{1-\lambda^2} \tag{2-55}$$

式(2-54)中右端的三项分别是系统在无激励时的自由振动、自由伴随振动及稳态强迫振动。显然，当经过充分长时间后，作为瞬态响应的前两种振动都将消失，只剩下稳态强迫振动。

如果初始位移与初始速度都为零，则式(2-54)成为

$$x(t) = Be^{-\zeta\omega_n t}\left[\sin\varphi\cos\omega_d t + \frac{\omega_n}{\omega_d}(\zeta\sin\varphi - \lambda\cos\varphi)\sin\omega_d t\right] +$$
$$B\sin(\omega t - \varphi) \tag{2-56}$$

可见过渡阶段的响应仍含有自由伴随振动。图2-8表示出零初始条件下ω/ω_d时系统在过渡阶段的振动情况。

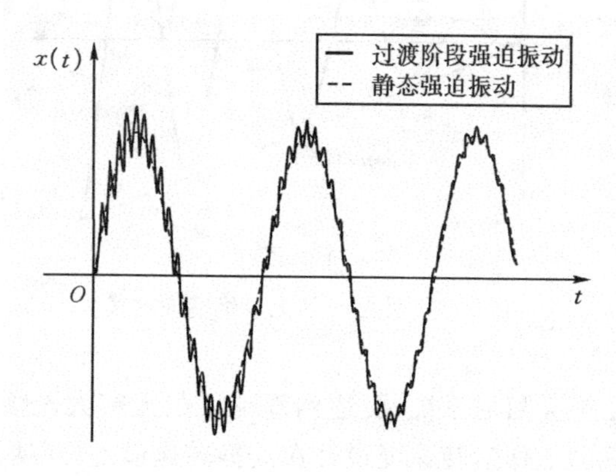

图2-8　过渡阶段振动

2.4　转子的不平衡响应和临界转速

大型回转机械如汽轮发电机组的振动是影响机组长期稳定运行的重要参数，

采取积极有效的手段消除不合格振动越来越为现场所重视，以下从激励源加以阐述。转子不平衡质量所引起的振动属于强迫振动，振动的角频率和转动角速度相等。不平衡故障是现场最常见的现象，本节重点介绍单自由度转子的不平衡振动响应及其临界转速下的振动行为。

图 2－9 是一单盘转子模型，设转子的总质量为 M，转子的偏心质量为 m，偏心距为 e，转子的转动角速度为 ω。

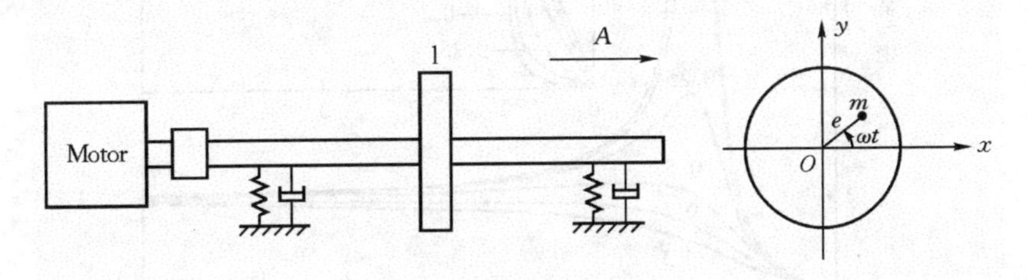

图 2－9　单盘转子系统示意

如图 2－9 所示，用 y 坐标表示转子离开平衡位置的垂直位移，那么偏心质量的垂直位移为 $y+e\sin(\omega t)$，得到运动方程为：

$$M\ddot{y}+c\dot{y}+ky=me\omega^2\sin\omega t \tag{2-57}$$

式中：me 被称为不平衡量，kg · cm；$me\omega^2\sin\omega t$ 则是不平衡量产生的离心力在 y 轴上的投影，相当于方程(2－29)中的简谐激振力 $P(t)$。

设

$$\omega_n=\sqrt{\frac{k}{M}},\quad \zeta=\frac{c}{2\omega_n M},\quad \lambda=\frac{\omega}{\omega_n} \tag{2-58}$$

则简谐振动下强迫振动响应为：

$$y(t)=B\sin(\omega t-\varphi) \tag{2-59}$$

其中：

$$B=\frac{me}{M}\frac{\lambda^2}{\sqrt{(1-\lambda^2)^2+(2\zeta\lambda)^2}},\quad \varphi=\arctan\frac{2\zeta\lambda}{1-\lambda^2} \tag{2-60}$$

可见不平衡量引起的强迫振动振幅与不平衡量 me 成正比，同时 λ 和 ζ 也将影响振幅。根据方程(2－60)可以作出单自由度转子的幅频和相频曲线如图2－10所示。

不平衡量引起的强迫振动具有以下特点：

(1) 线性系统对简谐激励的稳态响应是频率等于激振频率而相位滞后于激振力的简谐振动。

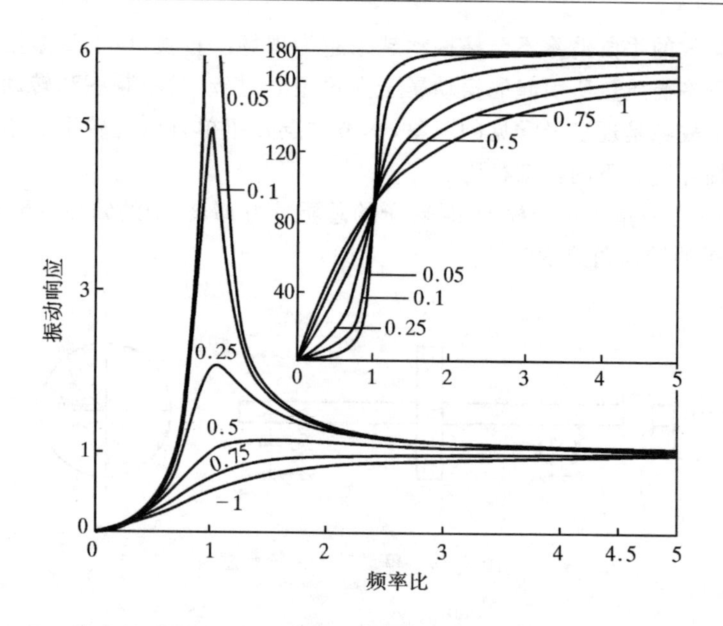

图 2-10 单自由度系统幅频响应曲线

(2) 稳态响应的振幅及相位差只取决于系统本身的物理特性(质量、刚度和阻尼)和激振的频率及振幅,而与系统进入运动的初始条件无关。

(3) 转速远小于临界转速时振幅接近于系统静刚度的弹性变形,大于临界转速后趋近于一常数。

(4) 当转速等于临界转速时,系统发生共振,振动急剧增大。该转速下振动的大小与阻尼成反比,当阻尼趋近于 0 时振动趋向于无穷大。同时相位在该转速附近发生 180°左右翻转,翻转角度大小与阻尼成反比。

通过转子系统启停车过程的数据中可以得到系统幅频响应曲线,常用的处理以上瞬态响应数据图形如下:

(1) 伯德图:在笛卡尔坐标内绘制 $n\times$(典型值为 1× 或 2×)振动幅值和相位随转子转动速度而变化的函数曲线,图 2-11 是某大型汽轮发电机组启动过程中低压缸转子的伯德图。

(2) 极坐标图:在极坐标内绘制 $n\times$(典型值为 1× 或 2×)振动幅值和相位随转子转动速度而变化的函数曲线。图 2-12 是某大型汽轮发电机组启动过程中低压缸转子的极坐标图。

(3) 瀑布图:表示为一系列频谱曲线随转子转动速度变化的函数线。图 2-13 是某大型汽轮发电机组启动过程中低压缸转子的瀑布图。

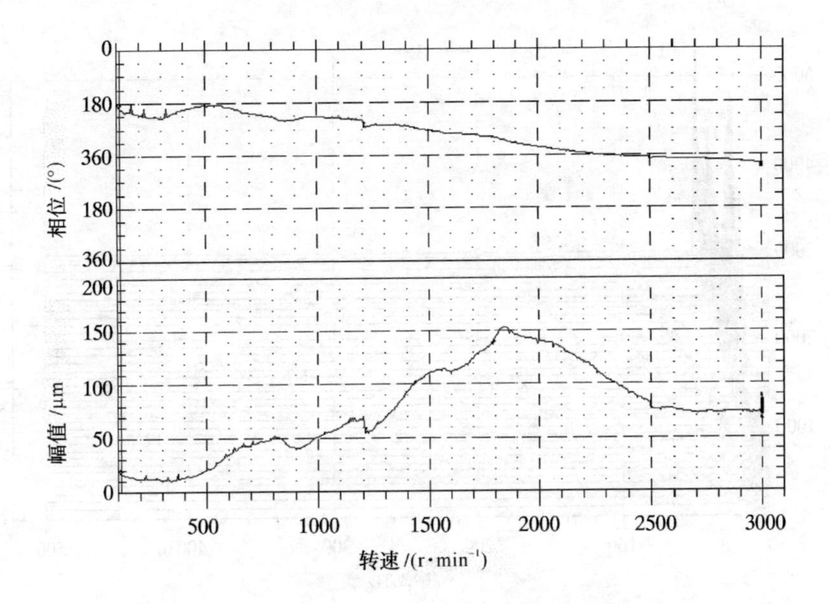

图 2-11　某汽轮发电机组启动过程伯德图

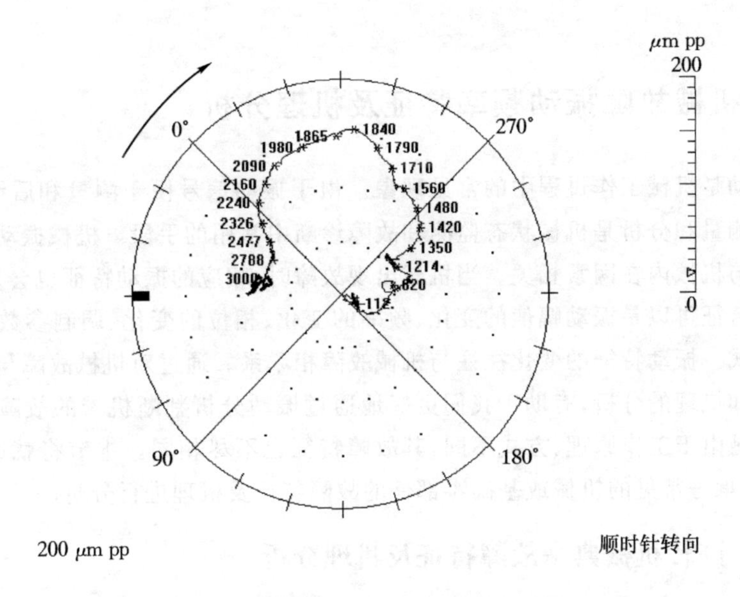

图 2-12　某汽轮发电机组启动过程极坐标图

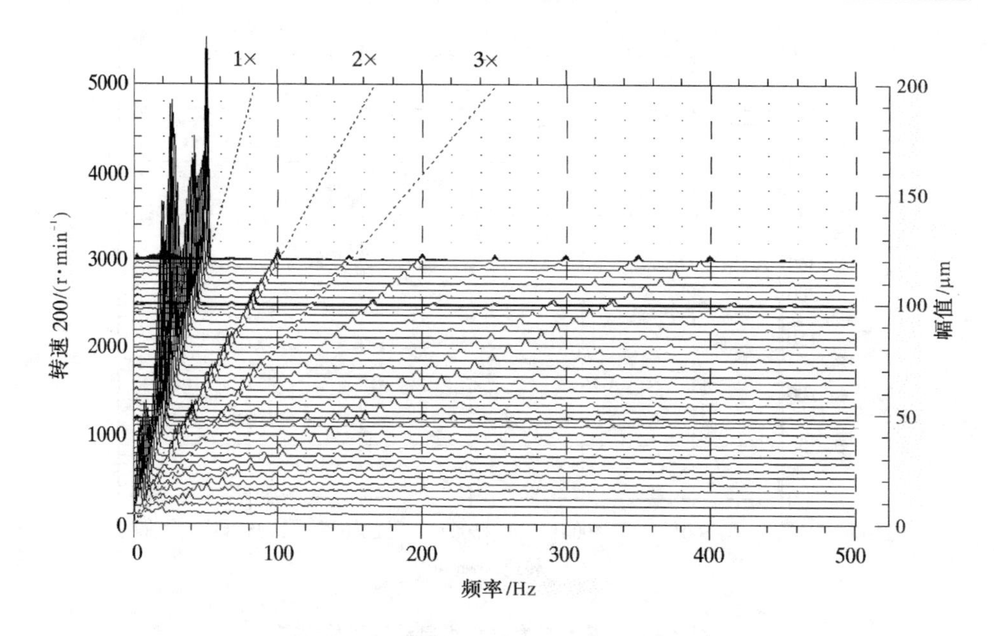

图 2-13 某汽轮发电机组启动过程瀑布图

2.5 机械故障振动频率特征及机理分析

振动是机械工作过程中的常见现象。由于振动信号便于测量和后续分析，机械振动测量和分析是机械状态监测和故障诊断中常用的手段。机械振动的频率特征往往与机械内在因素相关。当机械出现故障时，相应的振动特征也会发生变化。这里的特征可以是振动幅值的变化、频率的变化、相位的变化、调制参数的变化等多种形式。振动特征的变化往往与机械故障相联系。通过对机械故障与振动特征间关系和机理的分析，有助于我们更好地通过振动分析判断机械的故障。不同类型的机械由于工作原理、方式不同，其故障特征也不尽相同。本节将就回转机械、齿轮、轴承等常见的机械或基础零部件的故障特征及机理进行分析。

2.5.1 回转机械典型故障特征及机理分析

回转机械结构一般包括了转轴组件和支承两部分。转轴组件的运动主要是回转运动。支承主要是指轴承及轴承支座。根据支承形式的不同，轴承有滑动轴承和滚动轴承两类。转轴组件的工作转速若低于其一阶横向固有频率，这时转子自身的变形可忽略，称为刚性转子。常见的刚性转子如电机的转子。若转轴组件的工作转速高于其一阶横向固有频率,这时转子因不平衡离心力的作用产生的自身变形比较明显,故称为柔性转子。

转子的横向振动分为强迫振动(或称同步振动)和自激振动(又称亚同步振动)两类。常见的强迫振动如由转子不平衡、不对中、安装不良等故障引起的振动。强迫振动的频率是转子回转频率及其倍频。转子产生的强迫振动在临界转速前随转子回转频率的升高而增大,超过临界转速后随转子回转频率升高而降低。转子升降速过程中在通过临界转速时会产生共振,因此通过在转速曲线上的共振峰我们可以确定转子的临界转速位置,这一点对于现场进行故障的处理非常重要。

转子自激振动往往与转子本身内阻尼、转子的工况、工作条件等有关,对环境条件的变化十分敏感,机器状态或工况的微小差异都会导致振动稳定性的极大差异。由于自激振动的频率往往低于回转频率,因此自激振动会在转子中产生交变应力,对转子的危害性很大。

转子系统的常见故障有失衡、不对中、松动、油膜涡动、裂纹、摩擦等。下面将分别对常见故障的原因、机理和振动特征进行简要分析。

1. 失衡故障

本章前面几节已经从理论上对失衡故障振动特征进行了分析。这里仅对失衡故障的振动特征进行必要的总结。转子产生失衡有以下几方面的原因:设计不对称、单面键连接、材料内部组织不均匀、热变形、加工误差、装配偏心、回转部件的断裂脱落以及积灰或积垢等。转子存在失衡故障时失衡质量产生的离心力会激发转子的振动,振动频率与转子转频相同。在相互垂直的两方向振动的相位差接近90°,轴心轨迹为圆或椭圆。值得注意的是,除了转子失衡以外,还有其它一些故障也是以转频分量为主要特征频率,比如热弯曲、轴瓦间隙过大等,因此不能简单的根据信号频谱中存在的转频分量直接判断故障的性质,还需根据机组的其它运行信息进行综合判断。

在转速不变的情况下,失衡故障产生的振动主要表现为幅值和相位均比较稳定转频振动。转速变化时振幅、相位会随转速变化。振动幅值在临界转速前随转速升高,在临界转速后随转速升高降低(在转子动力学中,称之为自定心现象)。

2. 不对中故障

转子不对中指多根转子通过联轴节相连,由于安装时的转子中心误差或在运转过程中转子支承基座受热发生大小不一的标高变化时,导致转子中心线不共线。转子不对中,可以分为平行不对中、交角不对中以及混合不对中三种形式(图2-14)。转子由于不对中激发的振动中含有转频、二倍转频、三倍转频及高倍转频分量,并且一般都伴有较明显的轴向振动。文献[9,10]以齿式联轴节为例对不对中故障振动的特征进行了分析。实际上，当不对中转子通过联轴器连接在一起旋转时，两根转子上对应连接点经过不对中方向时均会受到最大连接力作用。转子旋转一周连接力会出现两次最大值，由此将导致转子振动产生二倍及高倍转频的振动分量。

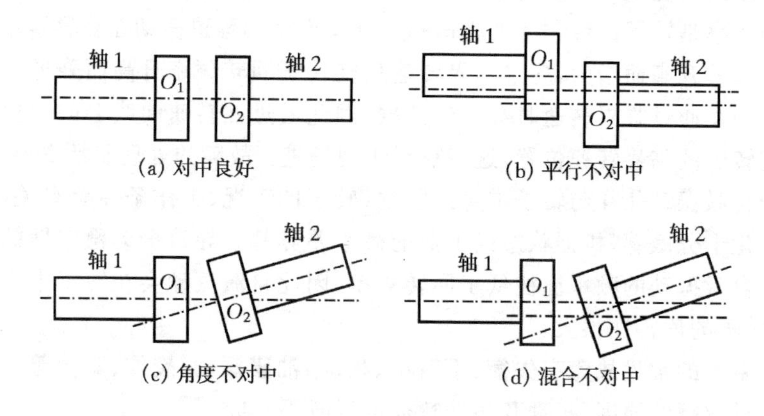

图 2-14 转子的各种不对中情况

3. 装配松动故障

由机器装配松动产生的振动，其振动幅值和相位往往不稳定，轴心轨迹紊乱。当机组逐渐停止时由松动产生的振动会减小或停止。松动产生振动以转频振动为主，同时伴有低于或高于转频的振动分量。

4. 油膜涡动和油膜振荡故障

油膜涡动是由滑动轴承支撑的转子中心绕着轴承中心转动的亚同步振动现象，其回转频率约为转子回转频率的一半(0.42～0.48 倍的回转频率)，因此通常又称为半速涡动。产生半速油膜涡动的原因与轴颈轴瓦之间油膜速度的分布有关。正常情况下轴瓦表面的油膜速度为零，而轴颈表面油膜速度与轴颈表面速度相同，在圆周上的任一径向油膜剖面上油膜的平均速度都等于转子转速的一半。转子的自转将润滑油从轴颈间隙大的地方带入，从间隙小的地方带出。当带入的油量大于带出的油量时，由于液体的不可压缩性，多余的油就推动转子轴颈向前运动，形成了与轴自转方向相同的涡动运动。由于油膜平均速度为轴颈表面速度的一半，转子轴涡动的速度也为转子转速的一半。由于轴瓦表面粗糙度的影响以及油液的端面泄漏，实际转子涡动速度小于轴颈表面轴向速度的一半。

一旦产生油膜涡动，随着转子转速的升高油膜涡动的频率也升高。当转频达到一阶固有频率的二倍时，涡动频率(接近系统固有频率)不再随转频的升高而升高。这时油膜涡动与系统共振共同作用，使转子出现强烈的振动，即产生了油膜振荡。油膜涡动和油膜振荡的产生和消失均有突发性的特点，并具有一定的惯性效应。油膜振荡是一种非线性的油膜共振，激振频率包括了油膜振荡频率和转频。油膜振荡时转子的挠曲呈一阶振型。当产生激烈的油膜振荡时，会导致油膜破裂而引发摩擦，损伤轴承和密封。事实上油膜涡动的规律十分复杂，出现油膜涡动与油膜振荡现象情况也多种多样。有时不出现油膜涡动，一发生就是油膜振荡；也有先出现油膜涡动，然后才出现油膜振荡。

除了滑动轴承外，密封、转子内部封存的流体、压缩机或涡轮机等转子顶隙不均、螺旋桨振荡等在一定条件下均会产生与油膜涡动相同的半速涡动现象。

5. 裂纹故障

转子产生裂纹的原因主要是疲劳、蠕变和腐蚀开裂。转子稳定运行时，裂纹会导致转子刚度的周期变化。裂纹轴的振动响应除了一倍频分量外，还有二倍、三倍等高倍频分量。升速过程中裂纹转子在二分之一、三分之一的临界转速转速时，其相应的二倍、三倍频分量会被共振放大，形成次谐共振现象。在恒定转速下，裂纹轴振动的各阶谐波幅值及其相位不稳定。

6. 转子摩擦故障

转子摩擦从机理上分有转子与静子间的干摩擦及转子内部内摩擦。干摩擦较轻时，如转子与密封间的摩擦、轴颈与轴承表面的轻微摩擦，由于摩擦力不大不会产生大的转子振动，也不会影响转子的运动特性。摩擦严重时产生的摩擦力较大，将引起转子很大的振动。高速旋转中转子局部碰磨产生的反弹力和摩擦力，可改变转子的进动方向，并产生次谐振分量和谐振分量。当摩擦持续的角度范围增大，甚至发生整周摩擦时，大的持续摩擦力可使转子由正向涡动变为反向涡动。转子摩擦会引发转子热弯曲变形，形成新的不平衡。转子摩擦引发的次谐振分量和谐振分量，在转子轴心轨迹上表现为小圆环内圈和尖角。

2.5.2　齿轮故障特征及机理分析

齿轮啮合运动是一个复杂的非线性系统。国内外许多学者通过建模和分析，针对不同工况下的齿轮振动文献[11,12,13]进行了大量的研究。为了对齿轮啮合传动副进行适当简化，假设齿轮表面粗糙度低并且润滑良好，这样将齿轮传动副简化为一个振动系统，其简化模型如图 2-15 所示。

其振动方程为：

$$M\ddot{x} + C\dot{x} + k(t)x = k(t)E_1 + k(t)E_2(t) \tag{2-61}$$

式中：M 为当量质量，$M=(m_1m_2)/(m_1+m_2)$；x 是沿啮合线上齿轮的相对位移，$x=x_1-x_2$；C 为啮合阻尼；$k(t)$为啮合刚度；E_1 为齿轮受载后的平均静弹力变形；

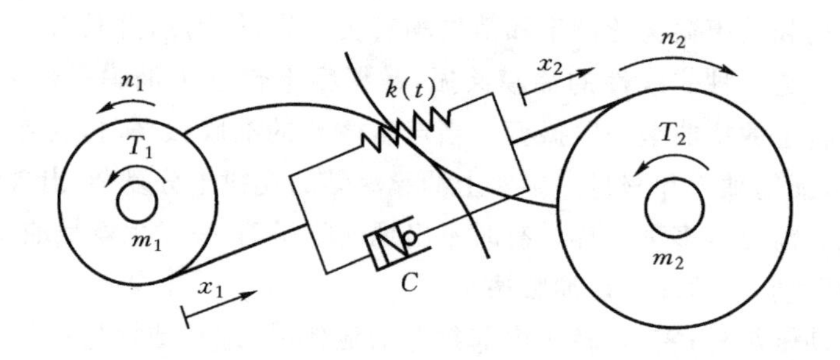

图 2-15 齿轮啮合简化模型

$E_2(t)$为齿轮误差和故障造成的两齿轮间的相对位移，也称为故障函数。

该公式的左侧表示齿轮副的振动特性，右侧表示激振函数。激振函数有两个组成部分：齿轮受载后由弹性变形引起的，与齿轮缺陷和故障状态无关的常规振动$k(t)E_1$，及齿轮综合刚度和故障函数激起的振动$k(t)E_2(t)$。后一部分较好地解释了齿轮信号中边频的存在及其与故障的对应关系。

齿轮的啮合刚度$k(t)$是个很复杂的参量，它是研究齿轮动态性能的基础。由于受到传递载荷、载荷分布、齿轮变形和啮合位置等因素的影响，啮合刚度$k(t)$以该对齿轮啮合频率为周期变化。图 2-16 为直齿轮和斜齿轮的刚度变化曲线。其中斜齿轮的刚度变化较为平缓，使得斜齿轮的传动较直齿轮平稳。由于啮合刚度呈现随时间的非线性变化，使得齿轮的啮合振动具有了明显的非线性特征。由啮合力激发的振动不但包含了一倍啮合频率的振动，也包含了二倍及高倍啮合频率的振动。同样由故障函数激起的振动也将出现复杂的调频调幅现象。

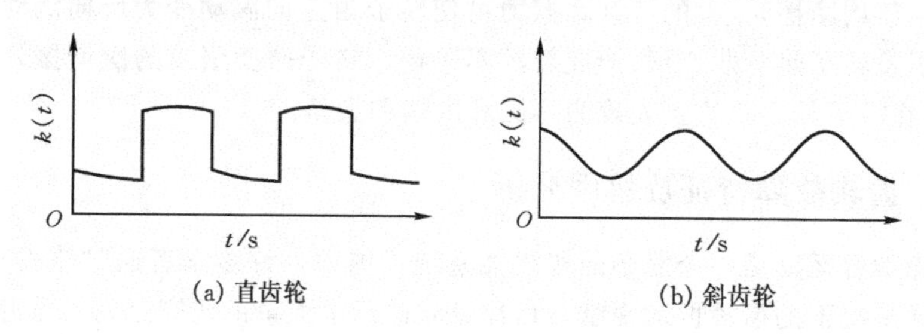

图 2-16 齿轮啮合刚度变化曲线

由于啮合刚度$k(t)$和齿轮受载后的平均静弹力变形E_1都不为零，即使在没有缺陷和故障的理想条件下($E_2(t)=0$)，齿轮传动系统也会存在振动。此时振动频率为齿轮的啮合频率(啮合刚度的变化频率)及其倍频。当齿轮存在故障时，故障函数$E_2(t)$不再为零，故障信息以$k(t)E_2(t)$的形式在齿轮振动信号中体现了出来。故障类型不同，其啮合刚度 $k(t)$ 与故障函数 $E_2(t)$ 作用形式也会存在差异，其振动信号的特点也不相同。

齿轮的常见故障有偏心、磨损、点蚀、剥落、裂纹、断齿等。下面将对这些故障以及相应的振动信号特点进行总结[14]。

1. 齿轮偏心故障

齿轮偏心是指齿轮的中心与旋转轴的中心不重合，这种故障往往是由于加工、装配造成的。当啮合的齿轮存在偏心时，其振动信号的转频成分会有所增加，并出现以齿轮转频为调制频率，以啮合频率为载波频率的调幅和调频现象。

2. 齿轮磨损故障

齿轮磨损是指轮齿接触表面上出现材料的摩擦损伤现象。这种故障主要是由于齿轮啮合齿面间落入沙粒、铁屑，润滑油不足或油质不清洁引起的。磨损故障会使齿轮的齿形改变，齿厚变薄，严重时会导致齿轮失效。磨损使齿轮振动信号的时域波形特征偏离正弦波，并且磨损越均匀、严重，波形就越接近方波。轮齿磨损时啮合频率及其谐波分量会有所增加，并且高次谐波分量幅度增加相对较大。均匀磨损时齿轮的振动信号中无明显冲击，也没有明显的调制现象。

3. 齿轮裂纹故障

裂纹是一种范围很广的缺陷或损伤，它主要包括由于淬火应力而产生的裂纹，因磨削加工的条件不当，载荷过大，或因材料弯曲疲劳出现的裂纹等。当裂纹齿轮啮合时，振动信号的幅值和相位会发生变化，并产生幅值和相位调制现象。

4. 齿轮点蚀故障

当齿面受到循环变化的脉动接触应力超过一定重复次数后，轮齿表层或次表层就会产生不规则的、细微的疲劳裂纹，疲劳裂纹蔓延扩展使金属脱落后在齿面形成麻点状凹坑即为点蚀。点蚀故障在振动信号上表现为啮合频率被转频调制的现象。

5. 齿面剥落故障

剥落是由于齿轮表面在相对滚动和相对滑动的切应力反复作用下而产生的金属表面剥落。剥落可分为麻点剥落、浅层剥落和硬化层剥落。麻点剥落是接触应力作用在齿轮工作表面形成的痘斑状，片状的疲劳剥落。浅层剥落是呈鳞片状的，比麻点剥落更深的剥落形式，但仍在硬化层以内。硬化层剥落是比较严重的剥落形式，它呈大块状剥落，并且深度达到了硬化层过渡区。齿轮存在剥落故障时其振动波形会表现出以齿轮旋转频率为周期的冲击脉冲，剥落严重时会激起齿轮的固有频率。

6. 断齿故障

断齿是由于轮齿根部受到较高的弯曲应力反复作用而产生裂纹、扩展、断裂，或由于严重的冲击和过载以及材质不均等原因导致的轮齿断裂现象。断齿是比较严重的齿轮故障，一般情况下，它会激起齿轮和箱体的固有频率，并在振动信号的时域波形中表现出明显的以齿轮转频为周期的冲击现象。

2.5.3 滚动轴承故障特征及机理分析

滚动轴承是机械中最基本，也是最易损坏的元件。由于滚动轴承本身结构上的特点、制造和装配方面的因素以及承载状态，轴承工作过程中会产生复杂的振动。振动监测方法仍然是滚动轴承的主要监测方法。

滚动轴承主要有六种基本的失效形式：疲劳、磨损、腐蚀、断裂、压痕和胶合。下面分别对以上失效形式的机理、特征等进行逐一分析。

1. 疲劳

疲劳是滚动轴承的一种常见失效形式，指滚动体或滚道表面剥落或脱皮在表面上形成的不规则的凹坑等。造成疲劳的主要原因是疲劳应力、润滑不良或强迫安装，另外过载、轴颈或轴承座孔不圆、内外圈安装不正、装配偏心等也会引发疲劳。当轴承零件反复承受载荷到达一定时间后，在接触表面一定深度处形成裂纹。然后裂纹逐渐扩展到接触表面，是表层金属呈片状剥落下来。

2. 磨损

滚动轴承磨损是指轴承滚道、滚动体、保持架、座孔或安装轴承的轴颈，由于机械原因产生表面磨损。产生磨损的原因有磨料的存在、滚道润滑不良、安装配合太松等。磨损量较大时，轴承游隙增大，不仅降低了轴承的运转精度，也会带来机器的振动和噪声。对于精密机器上使用的轴承，磨损量就成为了限定轴承使用寿命的主要因素。轴承磨损时磨损带的亮度与磨粒有关。不同的磨料产生的磨损特征也不同，粗磨粒产生的磨损带颜色暗，细磨粒产生的磨损带亮。

3. 腐蚀和电蚀

轴承表面腐蚀的原因有三种：一是润滑油中的水分、湿气的化学腐蚀；二是电流通过表面造成的电腐蚀；三是微振作用下形成的腐蚀。腐蚀将形成轴承表面的锈斑、早期剥落，使轴承安装间隙增大。严重的腐蚀也会造成轴承的振动和噪声。

4. 断裂

轴承零件的裂纹和断裂是一种严重的损坏形式。零件断裂的原因主要是由于轴承负荷过大、零件材料缺陷、热处理不良、压配过盈量太大、热应力等。

5. 压痕

压痕是由于装配不当,过载或撞击造成的表面局部凹陷。当轴承的静载荷过大、锤击组装力大、装配时承受冲击载荷时,局部接触面产生了塑形变形,形成了凹陷。一旦有了压痕,轴承工作过程中就会产生振动和噪声。

6. 胶合

胶合是发生在滑动接触的两个表面,一个表面的金属粘附到另一个表面上的现象。产生胶合的主要原因是滚动轴承速度太高、润滑不足和惯性力大,这样导致了局部接触高温。胶合使得滚道、滚动体等表面变得粗糙,并产生振动和噪声。

滚动轴承工作时,由于外部激励及自身原因产生振动、噪声和热。外部激励包括如不平衡、不对中、流体激励、共振等原因。自身原因产生振动机理及特征如下:

(1) 滚动体承载变化引起的振动。滚动体承受载荷随滚动体的位置变化,由此引起的振动频率与滚珠的个数和保持架的转速有关。

(2) 滚道和滚动体波纹度激发的内外圈的固有振动。滚道和滚动体表面粗糙度、波纹度是引起滚动轴承振动一个主要原因。由以上原因引起的冲击性激励力往往会激发起轴承各元件的固有振动,如外圈各阶径向弯曲振动、各阶轴向弯曲振动。这些固有振动会随时间逐渐衰减,其振动频率在几千赫到几十千赫的范围内。

(3) 滚动体大小不均和内外圈偏心引起的振动。滚动体大小不均及内外圈偏心会引起转轴中心的进动,振动频率包括了轴的转频和倍频分量。

(4) 润滑不良时,由摩擦引起的振动。由滚动轴承的摩擦包括滚动体与滚道之间的滚动和滑动摩擦、滚动体与保持架间的滑动摩擦等。摩擦导致了元件的磨损、擦伤、疲劳剥落、裂纹等损伤,同时摩擦也产生了大量的热量,最终使轴承产生材料胶合、振动和噪声。

(5) 轴颈偏斜产生的振动。轴承装歪或转轴弯曲会使轴承产生变形,此变形相当于转子产生角度不对中的情形,使得振动信号的频率以转频为特征,同时也具有滚动体的通过频率特征。

(6) 滚道接触表面局部性缺陷引起的振动。滚道局部缺陷包括工作表面的剥落、裂纹、压痕、腐蚀凹坑和胶合等。当轴承零件上产生了疲劳剥落、压痕、腐蚀、胶合后,在轴承运转中就会因为碰撞而产生冲击脉冲(图2-17以夸大的方式画出了疲劳剥落坑)。图2-18给出了钢球落下产生的冲击过程的示意图。在冲击的第一阶段,在碰撞点产生很大的冲击加速度(图2-18(a)和(b)),它的大小和冲击速度成正比(在轴承中与疲劳

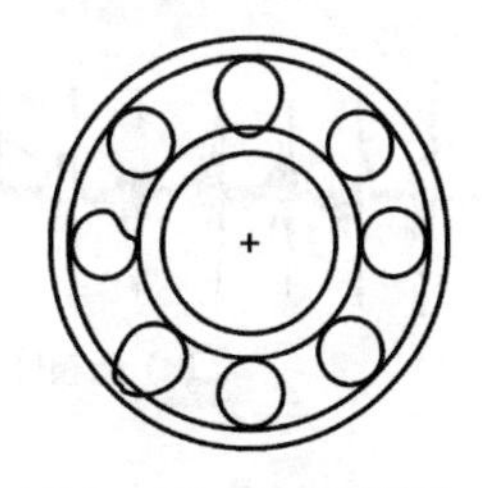

图2-17　轴承零件上的疲劳剥坑

损伤的形状、大小等有关)。第二阶段,构件变形产生衰减自由振动(图 2－18(c)),振动频率为其固有频率(图 2－18(d)),振幅的增加量也与冲击速度成正比(图 2－18(e))。

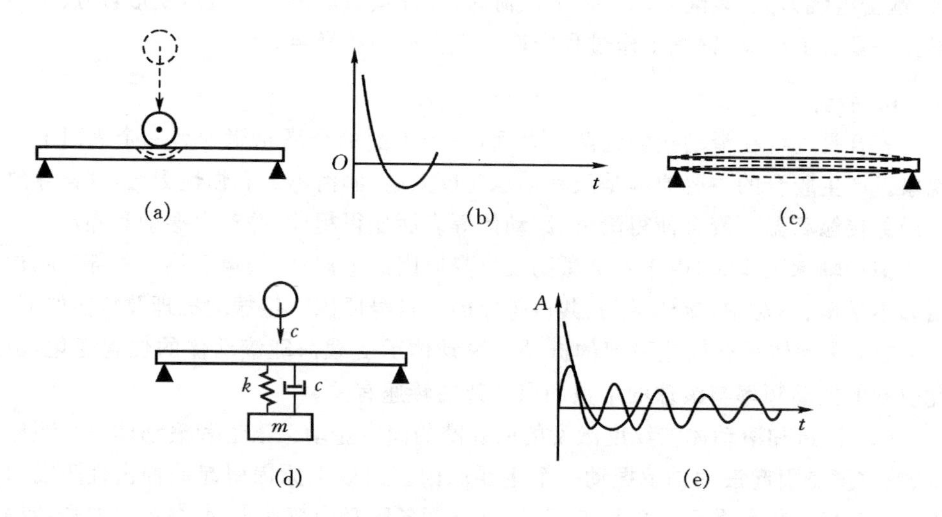

图 2－18　轴承存在剥落故障时的冲击过程示意图

轴承存在疲劳剥落故障时,当滚动体和滚道接触处遇到一个局部缺陷时,就有一个冲击信号。信号中会出现作用时间短,形状陡峭的低频脉冲,如图 2－19 (a)所示。图 2－19 (b)为其简化的波形,T 为两次冲击之间的时间间隔。不同元件上存在缺陷时,脉冲出现的频率为 $1/T$。滚动轴承不同元件缺陷产生的振动信号,表现为滚动体在滚道上的通过率 f_i、f_o 或滚动体自转频率 f_b 对外环固有频率调制现象。滚道和滚动体故障的特征频率可根据轴承的转速、轴承零件的形状和尺寸由轴承的运动关系分析得到。下面是不同元件上存在缺陷时信号的特征频率计算公式。

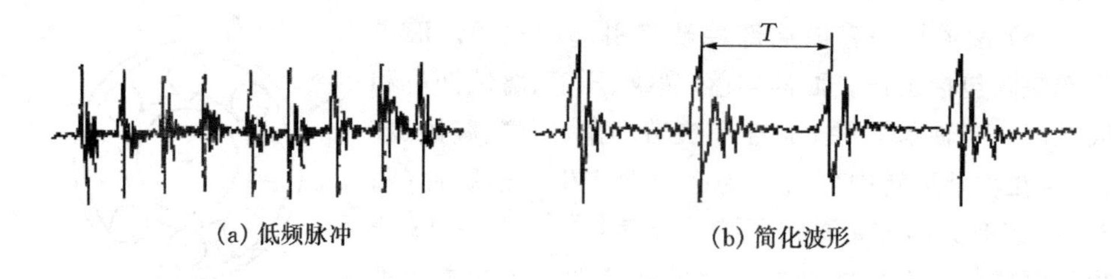

图 2－19　轴承存在故障时的振动信号

内圈缺陷：

$$f_i = 0.5zf\left(1 + \frac{d}{E}\cos\alpha\right) \tag{2-62}$$

外圈缺陷：

$$f_o = 0.5zf\left(1 - \frac{d}{E}\cos\alpha\right) \tag{2-63}$$

钢球缺陷：

$$f_b = \frac{E}{d}f\left[1 - \left(\frac{d}{E}\right)^2\cos^2\alpha\right] \tag{2-64}$$

式中：z 是钢球数；f 是回转频率；d 是钢球直径；E 是滚道节径；α 是接触角。

以上公式的推导过程，假定了外圈固定，内圈与轴一体旋转，同时滚动为纯滚动，即滚动体上接触点与滚道上相应点速度相等。同时假设了内圈滚道、外圈滚道或滚动体上有一处局部缺陷。

参考文献

1. 倪振华. 振动力学[M]. 西安：西安交通大学出版社，1989.
2. 王子延. 热能与动力工程测试技术[M]. 西安：西安交通大学出版社，1998.
3. Steve Sabin. Understanding and Using Dynamic Stiffness: A Tutorial[J]. Orbit-Second quarter, 2000:44 - 54.
4. 屈梁生，何正嘉. 机械故障诊断学[M]. 上海：上海科学技术出版社，1986.
5. Stakiotakis V G, Anifantis N K. Finite element modeling of spur gearing fractures[J]. Finite Elements in Analysis and Design, 2002(39):79 - 92.
6. James C L, Hyungdee L. Gear fatigue crack prognosis using embedded model gear dynamic model and fracture mechanics[J]. Mechanical Systems and Signal Processing, 2005,19(4):836 - 846.
7. Mackaldener M, Olsson M. Analysis of crack propagation during tooth interior fatigue fracture[J]. Engineering Fracture Mechanics, 2002,69(2):2147 - 2162.
8. 丁康，李巍华，朱小勇. 齿轮及齿轮箱故障诊断实用技术[M]. 北京：机械工业出版社，2006.
9. 刘占生，赵广，龙鑫. 转子系统联轴器不对中研究综述[J]. 汽轮机技术，2007，10,49(5).
10. 韩捷. 齿式联接不对中转子的故障物理特性研究[J]. 振动工程学报，1996，9(3):297 - 301.

11. Stakiotakis V G, Anifantis N K. Finite element modeling of spur gearing fractures[J]. Finite Elements in Analysis and Design, 2002(39):79 - 92.
12. James C L, Hyungdee L. Gear fatigue crack prognosis using embedded model gear dynamic model and fracture mechanics[J]. Mechanical Systems and Signal Processing, 2005,19(4):836 - 846.
13. Mackaldener M, Olsson M. Analysis of crack propagation during tooth interior fatigue fracture[J]. Engineering Fracture Mechanics, 2002,69(2):2147 - 2162.
14. 丁康,李巍华,朱小勇. 齿轮及齿轮箱故障诊断实用技术[M]. 北京:机械工业出版社,2006.
15. 沈庆根,郑水英. 设备故障诊断[M]. 北京:化学工业出版社,2006,3.
16. 黄文虎,夏松波,刘瑞岩. 设备故障诊断原理、技术及应用[M]. 北京:科学出版社,1996.

第3章 信息熵

信息熵是1949年由香农(Shannon)提出来的。他写了一本书叫《通信的数学原理》,这本书对后来信息论的发展影响很大。这里边一个很重要的内容就是信息熵,与之相对应的就是大家在物理学里边学到的热工熵,就是热力学第二定律。但是它们是两个不同的内容,热工熵与信息熵在概念上有本质的区别。信息熵最基本的就是不确定性。所谓不确定性的指标,一个很重要的概念就是怎么样来衡量信息,对于一个系统增加信息就等于这个系统的不确定性的变化。

这一章我们将首先讨论信息熵的概念。信息熵是一个量度,是度量不确定性的一个指标。设备的可维护性、系统的复杂程度、分布的不均匀性、诊断的容易程度等等,都可以用信息熵来度量。在不同的场合可以用作不同的用途。

3.1 信息熵的定义与性质

3.1.1 熵的定义

假定系统A,可以处于n个互不相容的随机状态$A_1,A_2,\cdots,A_n$,相应的处于这些状态的概率分别为$P(A_1),P(A_2),\cdots,P(A_n)$,则这些概率之总和

$$\sum_{i=1}^{n} P(A_i) = 1$$

系统状态的不确定程度是随着状态的数目n的增加而增加的。显而易见,投掷骰子可能出现的状态有六种,投掷钱币可能出现的状态却只有两种。自然,前者的不确定程度比后者为大。但是系统状态的不确定程度不单纯取决于状态的数目,还与每个状态的概率大小有关。如果一个系统有六种可能的状态,其概率为$P(A_1)=0.95,P(A_2),\cdots,P(A_6)=0.01$,那么事先就有足够的把握判断系统的状态为$A_1$,这一系统的不确定程度很小。

如果系统每一个状态出现的概率是相等的,则系统的不确定程度可用状态总数目n的对数$\log_a n$来表示,在信息论中这个对数称为熵。而在n增大时熵值也随之增大。

如果系统具有m或n个等概率(即相应概率$P(A_i)=\frac{1}{m}$或$\frac{1}{n}$)状态时,其熵等

于 $\log_a m$ 或 $\log_a n$ ，那么每一个可能状态的熵应等于 $\frac{1}{m}\log_a m$ 或 $\frac{1}{n}\log_a n$，即 $-\frac{1}{m}\log_a\frac{1}{m}$或$-\frac{1}{n}\log_a\frac{1}{n}$。

推而广之，当系统可能处于 n 种不同状态，每种状态出现的概率分别为 $p(A_1),p(A_2),\cdots,p(A_n)$时，系统的熵等于各个状态熵之和，即：

$$H(A)=-\sum_{i=1}^{n}P(A_i)\log_a P(A_i) \tag{3-1}$$

如果采用以 2 为对数底，即：

$$H(A)=-\sum_{i=1}^{n}P(A_i)\log_2 P(A_i) \tag{3-2}$$

采用 2 为对数底的对数有其优越性：当 $P(A_1)=P(A_2)=0.5$ 时，由式(3-2)可以求出：

$$H(A)=-P(A_1)\log_2 P(A_1)-P(A_2)\log_2 P(A_2)=1$$

这样，具有单位熵的系统可以看作是一个具有两种等概率状态的系统。这时以熵为 1 的值作为度量单位，该度量单位称为二进制单位或比特(无量纲单位)。

3.1.2 熵的性质

(1) 熵具有可加性。因为熵具有概率的性质。

(2) 系统的熵值总是非负的。因为系统处于 A_i 状态的概率：$0\leqslant P(A_i)\leqslant 1$。

(3) 如果系统 A 仅有一个状态 A_k，其概率 $P(A_k)=1$，则该系统的熵 $H(A)=0$，系统 A 没有不确定性，换言之，系统 A 完全确定。

(4) 系统的状态数 n 增大时，系统的熵值也增大，但增长的速度要比 n 慢得多。

最基本的，熵是一个度量不确定性(uncertainty)的尺度(measure)。它还可以引伸作为别的度量尺度：如设备的可维护性，概率分布的不均匀性，一台设备故障诊断的难易程度，一个系统的复杂程度……，像这些都可以用信息熵来度量，在不同的场合，可有可无、似是而非的事物，都可以用来作为定量的指标，从程度上的差异加以区别。但是，万变不离其宗，最基本的就是不确定性。

3.1.3 信息熵的作用

信息熵在设备诊断中可以判断系统的复杂性、分布的不均匀性、系统的依赖性、设备的可维护性。

1. 系统的复杂性

(1) 时域中的复杂度

对于一个系统的复杂性,我们可分析它的运动轨迹。在时域里面我们把系统的信号作分解,叫 PCA(principal component analysis),即主分量分析。作 m 阶主分量分析就可以得到 m 个主分量 σ_i,$i=1,2,\cdots,m$,归一化就得到 q_i:

$$q_i = \frac{\sigma_i}{\sum_{i=1}^{m}\sigma_i} \tag{3-3}$$

在时域里把一个信号分解成为主分量之和,就能够保证各主分量之间是相互随机独立的和解的唯一性。时域里面的复杂度 IT 可由下式得到:

$$\mathrm{IT} = \frac{-100\sum_{i=1}^{m} q(i)\lg q(i)}{\lg m} \tag{3-4}$$

(2) 频域中的复杂度

对时域信号作频谱,把谱图分成 n 等分,第 i 个等分的面积是 $S(i)$,那么频域的复杂度 IF:

$$\mathrm{IF} = \frac{-100\sum_{i=1}^{n} S(i)\lg S(i)}{\lg n} \tag{3-5}$$

(3) 系统的复杂度

IT 和 IF 相加除以 2,就是这个系统的复杂度,即:

$$I = \frac{\mathrm{IT}+\mathrm{IF}}{2} \tag{3-6}$$

按照上式,白噪声的复杂度接近于 100,有高倍频分量的信号的复杂度是 20,正弦信号的复杂度是 5 点几。

白噪声为什么是 100? 因为白噪声的 $q_i\lg q_i$ 都相等,都等于$\frac{1}{m}\lg\frac{1}{m}$,下面除上 $\lg m$ 就抵消了,就是 100。白噪声作主分量分析后,σ_i 是一个等概率分布,归一化之后就等于$\frac{1}{m}$,它接近 100;正弦信号最简单;有高次谐波的信号复杂一点,它等于 20。

2. 分布的不均匀性

熵可以用来度量一个系统属性分布的不均匀性。举个例子,西安的城墙范内是市区,城墙外是近郊区,近郊区外边是远郊区,再外边就是乡村,所以它的人口分布是不均匀的。如果分布状况是一样的,那么就是等概率分布,它的熵最大。如果全集中在市区，熵就等于零。也就是说，分布的不均匀性也可以用信息熵来表示。在化学里晶体溶解于水中，它在水中分布的不均匀性也可以用熵来衡量。

3. 系统的依赖性(dependency)

假定 x 是系统的输入，x 可以是材料，工艺，或其它，热处理方法等；y 是系统的输出，代表产品的质量，某一个质量指标。那么条件熵

$$H(y/x_1),\ H(y/x_2),\ \cdots,\ H(y/x_k)$$

表示系统输入和输出之间它的依赖关系。

4. 设备的可维护性

设备的可维护性同样也可采用信息熵来度量或描述。假定一台设备有 n 种故障，第 i 种故障发生的概率是 p_i，信息熵 H 越大，设备的可维护性就越差，不确定性越大。故障越多，设备越难于维护。据统计，一个炼油厂的设备可维护性统计量大约在 1.04 到 3.81 比特。

3.2 信息熵的极值

为了计算信息熵的极值，我们可采用变分法求解。首先采用变分法作出 Lagrange函数，并令约束条件为 $\sum_{i=1}^{n} p_i = 1$，即全概率，于是可得：

$$L = -\sum_{i=1}^{n} p_i \lg p_i - \lambda\left(\sum_{i=1}^{n} p_i - 1\right) \tag{3-7}$$

这里，L 等于我们要求极值的函数 $-\sum_{i=1}^{n} p_i \lg p_i$ 减去约束条件 $\sum_{i=1}^{n} p_i - 1$ 乘以一个 Lagrange 乘子 λ，式(3-7)对 p_i 求偏导，同时联立约束条件可以得到 $n+1$ 个方程。通过求解 $n+1$ 未知数，就可以求出极值点。

$$\frac{\partial L}{\partial p_i} = 0$$

$$-\lg p_i - 1 - \lambda = 0$$

得到

$$p_i = \mathrm{e}^{-1-\lambda}$$

所以，$p_1 = p_2 = \cdots = p_n = 1/n$，也即等概率分布。所以在等概率分布时熵最大。会不会是最小的呢？我们可观察它的海森矩阵，即二次偏微分矩阵：

$$\frac{\partial^2 L}{\partial p_i^2} = -\frac{1}{p_i},\quad p_i = \frac{1}{n},\quad i = 1,2,\cdots,n$$

$$\frac{\partial^2 L}{\partial p_i \partial p_j} = 0,\quad i \neq j$$

即主对角线上的元素为$-1/p_i$，其余位置都为零，所以它有一个极大值，而不是极小值。

信息熵在白噪声或等概率分布的时候具有极大值。白是指由幅值相等的赤橙黄绿青蓝紫光混合起来的颜色。这里的白噪声，是指等概率分布，所以白噪声等于等概率分布，其信息熵最大。

例如，一个具有两种状态的系统，其熵等于

$$H = -P\log_2 P - (1-P)\log_2(1-P)$$

其中，p为系统处于一种状态的概率，$(1-p)$为系统处于另一种状态的概率；当$p=0.5$时，熵值为最大，并等于1比特，如图3-1所示。

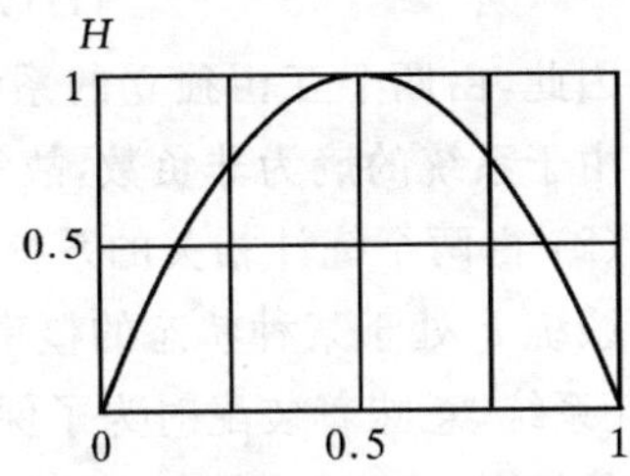

图3-1　系统有两种状态时的熵

3.3　复合系统、联合熵与条件熵

1. 复合系统

在很多情况下，我们需要考虑由多个单一系统组成的复合系统。例如，轴和孔的配合间隙是轴和孔的配合结果。

设一组孔(系统A)有n个尺寸(状态为$A_1, A_2, \cdots, A_n$)，其出现的概率为$P(A_1), P(A_2), \cdots, P(A_n)$；相应的一组轴(系统$B$)有$m$个尺寸(状态为$B_1, B_2, \cdots, B_m$)，其出现的概率为$P(B_1), P(B_2), \cdots, P(B_m)$，则配合间隙就是一个由系统$A$和$B$全部状态联合确定的复合系统$C=AB$，系统可以处于下列矩阵中$m \cdot n$个可能的状态之一：

$$n\text{行}\left\{\underbrace{\begin{bmatrix} A_1B_1 & A_1B_2 & \cdots & A_1B_m \\ A_2B_1 & A_2B_2 & \cdots & A_2B_m \\ \vdots & \vdots & & \vdots \\ A_nB_1 & A_nB_2 & \cdots & A_nB_m \end{bmatrix}}_{m\text{列}}\right.$$

2. 联合熵与条件熵

在该矩阵中的A_iB_j项，是指尺寸为A_i的孔与尺寸为B_j的轴的组合。为了计算复合系统AB的熵，应求出：

$$H(AB) = -\sum_{i=1}^{n}\sum_{j=1}^{m} P(A_iB_j)\log_2 P(A_iB_j) \tag{3-8}$$

复合系统熵的计算有如下几种情形：

(1) 由两个互相独立的系统组成的复合系统的熵

系统 A 出现某种状态时并不影响系统 B 处于某个状态的概率，反之亦然。我们有：

$$\begin{cases} P(A_iB_j) = P(A_i)P(B_j) \\ H(AB) = H(A) + H(B) \end{cases} \tag{3-9}$$

因此，由两个互相独立的系统组成的复合系统，其熵等于两个单一系统熵之和。由于系统的熵为非负数，故复合系统的熵或者保持不变，或者增大。

(2) 由两个统计相关的系统组成的复合系统的熵

系统 B 处于某种状态的概率取决于系统 A 所处的状态，反之亦然。对上述的轴、孔系统，意味着装配时为了保持间隙恒定，将大轴配大孔，小轴配小孔，即选择装配的情况。这时熵值仍由式(3-8)确定，但需要考虑条件概率公式

$$\begin{cases} P(A_iB_j) = P(A_i)P(B_j/A_i) \\ P(A_iB_j) = P(B_j)P(A_i/B_j) \end{cases}$$

$$\sum_{j=1}^{m} P(B_j/A_i) = 1$$

的条件，并取

$$\begin{cases} H(B/A) = \sum_{i=1}^{n} P(A_i)H(B/A_i) \\ H(B/A_i) = -\sum_{j=1}^{m} P(B_j/A_i)\log_2 P(B_j/A_i) \end{cases} \tag{3-10}$$

其中，$H(B/A)$称为系统 B 中有关系统 A 的平均条件熵，或简称条件熵；而 $H(B/A_i)$则是在系统 A 处于状态 A_i 的前提下系统 B 的熵。将上述各式代入式(3-8)化简后可以得到：

$$\begin{cases} H(AB) = H(A) + H(B/A) \\ H(AB) = H(B) + H(A/B) \end{cases} \tag{3-11}$$

一般情况下，当两个系统 A 与 B 熵不等，即 $H(A) \neq H(B)$时，它们的条件熵也不等，即 $H(A/B) \neq H(B/A)$。

假设两个互相独立的系统 A 和 B，A 有 n 个事件，概率为 $P(A_i)$；B 有 m 个事件，概率为 $q(B_j)$，则联合分布的联合熵 $H(AB)$为：

$$H(AB) = H(A) + H(B) = -\sum_{j=1}^{m}\sum_{i=1}^{n} P(A_iB_j) \cdot \log_2(P(A_iB_j))$$

在两个系统相互独立的条件下

$$P(A_iB_j) = P(A_i) \cdot P(B_j)$$

对上式两边取对数，可得：

$$\log_2(P(A_iB_j)) = \log_2(P(A_i)) + \log_2(P(B_j))$$

再代入式(3-12)整理就可以得到：

$$H(AB) = H(A) + H(B)$$

由上可知：如果A、B系统是各自独立的，它的联合熵就等于各自熵之和；如果互相不独立，那么联合熵小于各自熵之和，这时联合熵为：

$$H(AB) = H(A) + H(B/A)$$

或者

$$H(AB) = H(B) + H(A/B)$$

式中：$H(B/A)$和$H(A/B)$是条件熵，在A和B独立的时候$H(B/A)$就等于$H(B)$，$H(A/B)$也等于$H(A)$。平均条件熵

$$H(B/A) = \sum_{i=1}^{m} P(A_i)H(B/A_i)$$

式中：$H(B/A_i)$为A的子系统的熵，$P(A_i)$是它的加权。而$H(B/A_i)$就等于对B的子系统B_j求和。实际上，A_i没变，这就是求熵的基本公式。我们在求复杂问题的熵的时候，就要用到这两个式子。

在一般的情况下，A和B不互相独立，那么

$$\begin{cases} H(A) > H(A/B) \geqslant 0 \\ H(B) > H(B/A) \geqslant 0 \end{cases} \tag{3-12}$$

如果两个系统有确定的因果关系，那么

$$H(A/B) = 0 \quad 或 \quad H(B/A) = 0 \tag{3-13}$$

所谓确定的因果关系是什么呢？就是有A必有B，或者有B必有A，这个就是确定的因果关系。

如果一个复合系统有K个子系统，那么它的联合熵：

$$H(AB\cdots K) = H(A) + H(B/A) + \cdots + H(K/AB\cdots J) \tag{3-14}$$

例 3-1 偶然性检测表(contingency table)

设齿轮箱有两种失效模式：一是齿面疲劳剥落，造成表面有凹坑；二是齿面磨料磨损。假定说是在一个炼油厂和一个水泥厂里面调查。水泥厂的齿轮，理所当然是磨料磨损比较多；炼油厂的齿轮应该是疲劳剥落比较多。调查结果列于表3-1，在1 000台(其中，炼油厂720台，水泥厂280台)里边，炼油厂有404台是疲劳剥落，水泥厂有156台是疲劳剥落；齿面磨损呢，炼油厂有316台，水泥厂有124台，纵向总数即类总数是560台和440台，横向总数即各厂总数是720台和280台。现在我们要问，齿轮表面的失效和工厂的性质有没有关系？这个统计数字是纯粹偶然得到的，还是说它有必然的因果关系在里边？

表 3-1 调查结果

工 厂 A	齿轮失效模式 B		总 计
	剥落 B_1	磨损 B_2	
炼油厂 A_1	404	316	720
水泥厂 A_2	156	124	280
总计	560	440	1 000

在这个表里边,联合熵是什么? $H(AB)$既有工厂,又有齿轮失效的模式,工厂是 A,失效模式是 B。$H(AB)$等于什么呢? 总计是 1 000 台,A_i,B_j 中 i 从 1 到 2,j 也是从 1 到 2。A_1B_2 的概率就是 316/1 000,A_1B_1 的概率就是 404/1 000,我们求的是联合熵。$H(A)+H(B)$是什么呢? 它是 A 系统的含熵量加上 B 系统的含熵量。A_1 的数量等于 720,A_2 的数量等于 280,总体等于 1 000,这就是 A 系统的含熵量。B 系统的含熵量就可通过概率 560/1 000 及另一项概率 440/1 000 计算。这两个加起来就是 $H(A)+H(B)$。现在我们检验看,联合熵是否等于熵的和。相等的话就和工厂的性质没有关系,不相等的话就有依赖关系,依赖关系是多少呢? 就是 $H(AB)-H(A)-H(B)$的差值,差值有多少,依赖程度就是多少。

例 3-2 聚类问题

聚类和分类不同,例如有一堆苹果,我们做一个模板,上面有的洞大有的洞小。然后让苹果沿着模板滚过去,大的苹果就掉到大的筐里,小的就掉到小的筐里,这个过程就是分类的过程。聚类是什么呢? 聚类就是没有模板,要把苹果分成两堆。而且还有个条件:堆的内部苹果的大小都差不多,两堆之间相差要大,堆里面相差越小越好,堆之间相差越大越好。这样顾客可以用不同的价格买不同的苹果,这就是聚类问题。现在假定每一个单元,即每一个苹果 x_{ij} 是第 i 类里面的第 j 个元素。$i=1,2,\cdots,n$,即分成 n 堆,$j=1,2,\cdots,m$,就是每一堆里边有 m 个元素,总共有多少个元素呢? 即苹果总数就是 T。那么总的含熵量是什么呢? 就是每堆苹果的含熵量,各堆苹果之间的含熵量之和。

$$H_{\Sigma}=-\sum_{i=1}^{n}\sum_{j=1}^{m}\frac{x_{ij}}{T}\log_2\left(\frac{x_{ij}}{T}\right)$$

我们给前面一项和后面一项都分别乘以一个$\frac{T_i}{T_i}$(即 1),将上式分成两个和式:

$$H_{\Sigma}=-\sum_{i=1}^{n}\sum_{j=1}^{m}\frac{x_{ij}}{T_i}\frac{T_i}{T}\left[\log_2\left(\frac{x_{ij}}{T}\right)+\log_2\left(\frac{T_i}{T}\right)\right]$$

整理后得到:

$$H_{\Sigma}=-\sum_{i=1}^{n}\frac{T_i}{T}\sum_{j=1}^{m}\frac{x_{ij}}{T_i}\log_2\left(\frac{x_{ij}}{T_i}\right)-\sum_{i=1}^{n}\frac{T_i}{T}\log_2\left(\frac{T_i}{T}\right)$$

所以

$$H_{\Sigma}=-\sum_{i=1}^{n}\frac{T_i}{T}H_i+H_B=H_W+H_B$$

总的含熵量等于组内含熵量 H_W 加上组间含熵量 H_B，所以聚类问题就是要求组内含熵量最大，即差别最小；而组间含熵量最小，即差别最大。

3.4　最小互熵原理

3.4.1　最小互熵原理

假定有两个分布：一个是未知的分布 p，另一个是已知的分布 q，则这两个分布之间的距离为

$$D(p:q)=\sum_{i=1}^{n}p_i\log_2\left(\frac{p_i}{q_i}\right) \tag{3-15}$$

这两个分布之间的距离，称作伪距离，或者叫 Kullback_Liebler 距离。在给定的约束条件下，要确定最合适的 p_i，使 D 最小。这就是最小互熵原理。

假设有 $n+1$ 个约束条件，第一个约束条件就是全概率：

$$\sum_{i=1}^{n}p_i=1$$

另外 n 个约束条件：

$$\sum_{i=1}^{n}p_i\phi_{ri}=\mu_r,\quad r=1,2,\cdots,m$$

其中：μ_r 是中心矩，实际上就是这个分布的各次中心矩。

作一个 Lagrange 函数

$$L=\sum_{i=1}^{n}p_i\log_2\left(\frac{p_i}{q_i}\right)+(\lambda_0-1)\left(\sum_{i=1}^{n}p_i-1\right)+\sum_{r=1}^{m}\lambda_r\left(\sum_{i=1}^{n}p_i\phi_{ri}-\mu_r\right)$$

式中，我们把要求极值的式子写在最前面，将(λ_0-1)乘以第一个约束条件，这里用(λ_0-1)是为了简化，也可以用 λ_0，后面就是 $\sum_{r=1}^{m}\lambda_r\left(\sum_{i=1}^{n}p_i\phi_{ri}-\mu_r\right)$。上式对 p_i 求偏导数，并让它等于 0：

$$\frac{\partial L}{\partial p_i}=0$$

就得到

$$\log_2\left(\frac{p_i}{q_i}\right)+\lambda_0+\sum_{r=1}^{m}\lambda_r\phi_{ri}=0$$

$$p_i = q_i \exp(-\lambda_0 - \lambda_1 \phi_{1i} - \cdots - \lambda_m \phi_{mi}),\ i = 1,2,\cdots,n \tag{3-16}$$

这个式子一共有 n 个,还有 $m+1$ 个约束条件。这样有 $n+m+1$ 个变量,也有 $n+m+1$个方程式,可以解出 $p_1, p_2, \cdots, p_n$。

伪距离 D 的特性:

(1) 伪距离 D 是个 p 和 q 的连续函数,在 $p=q$ 时 $D=0$;

(2) 三角关系 $D(r:p)+D(p:q) \geqslant D(r:q)$;

(3) 最后还有一个 $D(p:q) \neq D(q:p)$,即分子和分母互换,它们的距离就不等了。伪距离如何解决呢?一个办法就是令:

$$\Delta = (D(p:q) + D(q:p))/2 \tag{3-17}$$

称为 J-div.,或 J 散度。

伪距离可以用来定量地表达两个分布之间的差异,也可以是两个时间序列,在频域中还可以是两个谱图之间的差异。

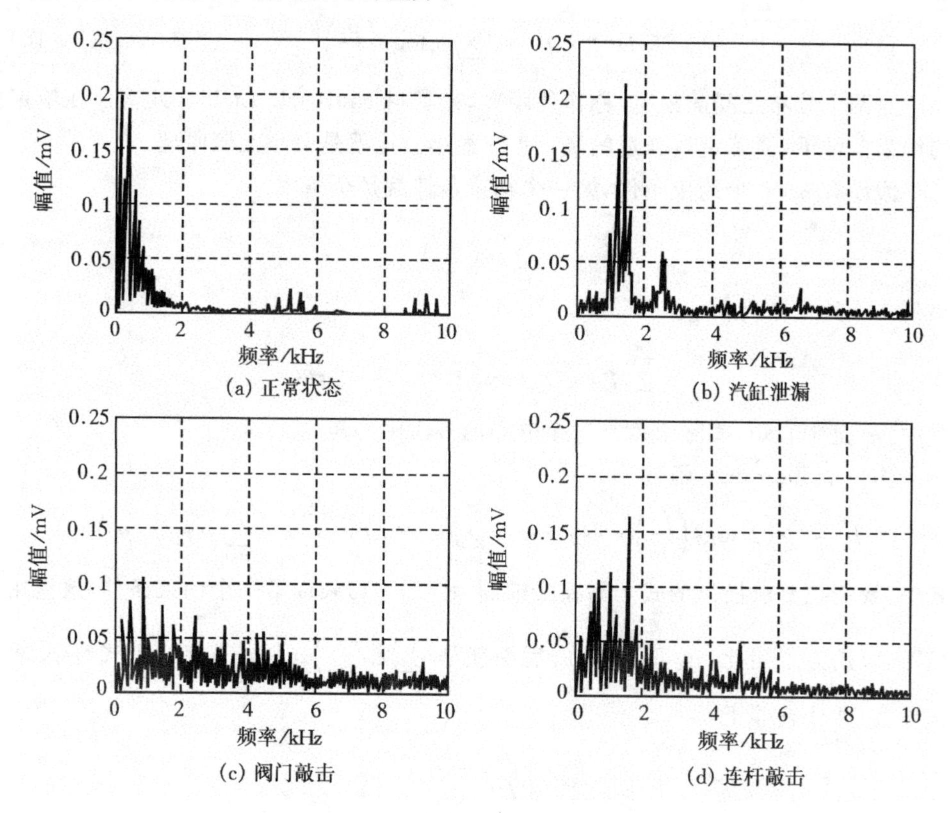

(a) 正常状态　(b) 汽缸泄漏　(c) 阀门敲击　(d) 连杆敲击

图 3-2 引擎声音信号的频谱

例 3-3 图 3-2 所示的四个异响谱之间的伪距离评定。我们采用 J 散度作为伪距离指标：

$$J(S_1,S_2)=\frac{1}{2N}\sum_{j}^{N}\left(\frac{S_{2j}}{S_{1j}}+\frac{S_{1j}}{S_{2j}}-2\right) \tag{3-18}$$

其中，N 为谱图上等分的频率间隔的等分数目；S_{1j}、S_{2j} 为第 j 个频率间隔内的全部谱线幅值的总和。

之所以将幅值谱划分为 N 个区间并取每一区间内全部谱线的幅值和，目的是消减幅值谱线的影响，提高 J 散度的稳定性。由式(3-18)可见，当两谱图完全相同时，其 J 散度等于零。两谱图间的差异越大，J 散度也越大。由 J 散度的定义还可看出：

$$J(S_1,S_2)=J(S_2,S_1)$$

即，第一个谱图 S_1 对于第二个谱图 S_2 的 J 散度等于第二个谱图 S_2 对于第一个谱图 S_1 的 J 散度。

对于图 3-2 所示的汽车引擎的四种异响谱(其中有一个正常状态的谱图)，可以用 Bootstrap 方法求出 J 散度的均值和置信区间，对其状态进行识别。其步骤如下：

① 对不同故障状态下的引擎异响采样，进行 A/D 转换，每组信号的长度为 8192。

② 将每组信号依次分为相互不重叠的四个时间序列，每个序列的长度为 2048。

③ 对每个样本序列进行 FFT 运算，得到相应的四个谱图，再将每个谱图依次等分成 20 等分。算出每等分中谱线的幅值和。

④ 随机数发生器产生 4 行、20 列的随机数组，数组中的数由 1、2、3、4(分别代表最初的四个谱图)组成，如下例所示。

```
4  3  4  4  2  3  …  2  3  4  4  2  4
4  4  3  1  2  2  …  1  3  3  1  2  4
3  2  1  2  1  3  …  3  1  2  3  4  4
4  2  1  3  4  2  …  4  2  3  1  1  4
```

以上述矩阵为依据，可将第一个引擎状态的四张谱图进行重构。新谱图的第一个频率间隔由原第四个谱图的对应间隔替代，其第二个频率间隔则由原第三个谱图的对应间隔替代。依次类推，即可在原谱图基础上得到四个新的谱图。

⑤ 用同样的方法可以对第二种状态下的信号的四个谱图进行重构。

⑥ 计算重构后的谱图之间的 J 散度，计算四个 J 散度的平均值。

⑦ 重复执行步骤(4)～(6)，执行 1 000 次，将所得到的 1 000 个 J 散度按递增方式排列，作出直方图，见图 3-3。

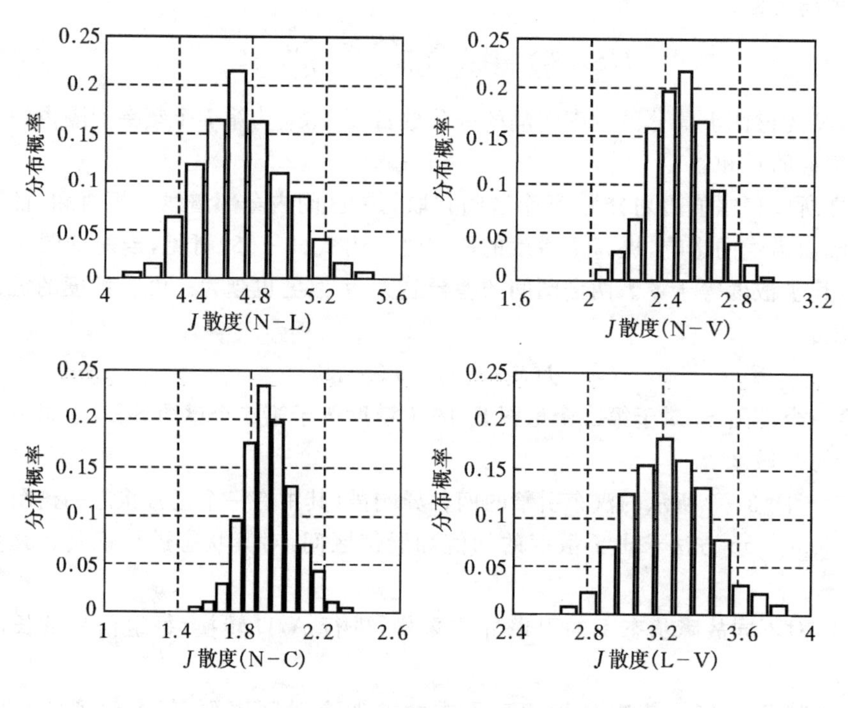

图 3-3 两状态间的 J 散度分布直方图

N——正常状态；L——汽缸泄漏；V——阀门敲击；C——连杆敲击

⑧ 确定 J 散度的平均值和 90%的置信区间如表 3-2 所示。

表 3-2 置信度为 90%下引擎声音信号谱之间的 J 散度

	正常状态	汽缸泄漏	阀门敲击	连杆敲击
正常状态	0.10—**0.15**—0.20	4.27—**4.71**—5.17	3.23—**3.49**—3.76	1.70—**1.90**—3.11
汽缸泄漏	4.27—**4.71**—5.17	0.19—**0.29**—0.38	3.96—**3.33**—3.67	3.21—**3.54**—3.86
阀门敲击	3.23—**3.49**—3.76	3.96—**3.33**—3.67	0.09—**0.14**—0.21	0.47—**0.57**—0.66
连杆敲击	1.70—**1.90**—3.11	3.21—**3.54**—3.86	0.47—**0.57**—0.66	0.07—**0.10**—0.14

用两个测试信号：一个在引擎正常状态下采集的信号，另一个是具有连杆撞击的异响信号进行测试，计算出的 J 散度和置信度为 90%的置信区间如表 3-3 所示。表中的结果说明了分类是正确的，置信限也非常接近。

表3-3 运用 *J* 散度对试验信号进行识别的结果

	正常状态	汽缸泄漏	阀门敲击	连杆敲击
试验信号1	0.11—**0.15**—0.19	4.43—**4.86**—5.27	3.26—**3.51**—3.74	1.80—**1.99**—3.19
试验信号2	1.53—**1.77**—3.03	3.30—**3.58**—3.88	0.51—**0.63**—0.73	0.13—**0.18**—0.23

3.4.2 最大熵分布

如果说,没有理由相信两个事件中有一个的可能性更大,那么应该对这两个事件给予相同的概率。就是说,如果没有足够的理由相信明天要下雨,那么明天可能就是下雨,或是不下雨,两者的概率相同,都是0.5。换句话说,应该用等概率事件来表示它,也就是等概率分布。

作为最小互熵分布的一个特例,如果 q 是一个等概率分布,即 $q_i=1/n$,根据前面的最小互熵原理应该是 $D(p:q)$ 最小,为:

$$D(p:q)=\log_2 n-\left(-\sum_{i=1}^{n}p_i\log_2 p_i\right) \tag{3-19}$$

也就是说,未知分布的熵应该是最大的,这个分布叫最大熵分布。因为 n 是一个常数,减掉一项得到最小,那么后面这一项应该是最大,也就是说熵应该最大。所以最大熵分布就是和等概率分布距离最近的那个分布。下面是一些常用的最大熵分布。

如果说这个分布是在常数 a 和 b 之间,且没有约束条件,应该是什么呢?应该是等概率分布。如果它已知期望值,那么它应该是指数分布,这个分布的两个参数 c 和 k 应该这样来确定:

它的概率密度函数的面积应该等于1;

同时它的一阶中心矩:$c\int_a^b x\mathrm{e}^{-kx}\,\mathrm{d}x=\mu_1$。

根据这两个关系可以把 c 和 k 求出来。这样这个指数分布就可以确定了。如果只知道它的范围在 a 和 b 之间,没有一次矩二次矩这些作为约束条件,它的分布就应该用等概率分布;如果给出了期望值,那么应该用指数分布。

如果说它在 a 到无穷大之间分布,且已知期望值,那么它的最大熵分布是一个指数分布 $f(x)=\frac{1}{\mu_1}\mathrm{e}^{-\frac{x}{\mu_1}}$,$\mu_1$ 为期望值,它的熵就是 $1+\log_2\mu_1$。

如果已知期望和几何期望,那么约束条件就是:

$$\sum p_i x_i=\mu_1,\quad \sum p_i\log_2 x_i=\mu_2$$

这个分布就是Gamma分布。

例如，假设我们已经知道一台机器的平均寿命是7年，那么它的最大熵分布是什么呢？期望是7年，所以是指数分布：

它的概率密度应该是：$f(\tau)=\frac{1}{7}\exp\left(-\frac{1}{7}\tau\right)$

积分以后求面积得到：$F(\tau)=1-\exp\left(-\frac{1}{7}\tau\right)$

3年损坏的概率是0.3486，4年的是0.4353，5年的是0.5105，6年的是0.5766，7年的是0.6321。大家注意，期望寿命是7年，它到第7年损坏的可能性不是0.5，而是0.6321。这是一个什么概念呢？就是说，一个日光灯管，有的可以用到14年，而有的可能装上去就坏了，这两种可能性都有。概率密度说明什么呢？说明平均寿命并不等于每一根灯管的寿命。

3.4.3 不确定性重要度测度(概率安全评价 probability safety assessment)

不确定性重要度指标UI描述输入的不确定性和输出不确定性之间的关系，换句话说就是，某个输入的贡献对于输出的影响。

$$\mathrm{UI}(pq)=\int p\log_2\left(\frac{p}{q}\right)\mathrm{d}\lambda \tag{3-20}$$

式中，p为输入分布变化以前输出的分布；q为输入分布变化以后输出的分布。

例如，假定现在要描述加工过程中的质量和它的原材料之间有关系。用一种次一点的材料加工出来产品的强度有一个分布；现在换了一种材料，它的质量好了，那么加工出来产品的强度就高了，它有另外一种分布。这两个分布之间的距离就是不确定性重要度测度。如果材料的影响不大，那么p和q就相等，距离等于零，即毫无关系。$\mathrm{d}\lambda$就是它的维数，三维的是$\mathrm{d}x\mathrm{d}y\mathrm{d}z$，二维的就是$\mathrm{d}x\mathrm{d}y$。因为前面用的是积分，用$\Sigma$的话就没有$\mathrm{d}\lambda$了。这个指标在制造过程中可以用的很多，像反应堆一类的流程工业也用的很多，反映了输入变化对输出的影响。

3.5 信息量的量度

一个系统有了新的信息，系统的不确定性将会变化，不是减少，就是增加。不确定性增加或减少了多少，就是信息的量度。

$$H=-100\sum_{i=1}^{m}q_i\log_2 q_i\Big/\log_2 m$$

$$\Delta H=|H_1-H_2|$$

例如，气象预报，假定说我今天晚上看电视中央台说西安明天要下雨，下雨的可能性是0.8，不下雨的概率是0.2。这个气象预报的信息熵

$$H_1 = -0.8\log_2 0.8 - 0.2\log_2 0.2$$

这个结果就是它的熵，比较接近1，就是说确定性比较强，基本上会下雨。如果早上起来，看到刮的风向，不是西北风，是东南风。在西安有这样一个说法"自古长安西风雨"，这样的话大概不会下雨了。这样一个信息加进来之后，下雨的可能性减小了，假设减小到0.6，不下的可能性是0.4。

$$H_2 = -0.6\log_2 0.6 - 0.4\log_2 0.4$$

计算的结果是H_2比H_1大，不确定性变大了。有了信息不确定性反而大了，H的最大值在$q=0.5$的地方，$-0.5\log_2 0.5$最大，H_2比较接近0.5，所以它比H_1大；在1的地方，$1\log_2 1$等于0最小，完全肯定要下雨。有了信息后，不确定性反而增加了，所以H不能用信息的增加或减少来考虑，而要用变化量来衡量，也就是ΔH来考虑。ΔH就是信息量，用熵的增减来衡量所获得的信息量，这是一个重要的指标，否则信息很难定量来衡量。

假定在给定的时刻，系统处于正常或异常状态的概率相同。当温度传感器指示的温度变化小于40℃时，则系统以60%的概率处于正常状态；当压力传感器指示的压力大于15Pa，则系统可以保证处于正常状态(概率等于1)。问哪一种传感器的信号中含有较多的信息量？很明显，由于压力传感器完全消除了系统所处状态的不确定性，因此具有更多的信息。这个结论可以通过在得到信息前后系统的不确定性，即熵的差值(定义为带入系统的信息量J)进行比较得出。假定系统原来的熵为$H_0(A)$，而在得到信息后为$H_1(A)$，则：

$$J = H_0(A) - H_1(A) \tag{3-21}$$

在上例中，系统原来的熵：

$$H_0(A) = -\left(\frac{1}{2}\log_2\frac{1}{2} + \frac{1}{2}\log_2\frac{1}{2}\right) = 1$$

而在压力传感器指示信息后，系统所处状态的概率为1与0，因此

$$H_1(A) = -(1\cdot\log_2 1 + 0\cdot\log_2 0) = 0$$

于是，引入的信息量为：$J=H_0(A)-H_1(A)=1$比特。

一般情况下，有关系统A的信息量是从观察与A有联系的系统B得到的。此系统B可称为信号系统，它给出了有关基本系统A所处状态的信息，此信息的平均值，或即系统B中包含有关系统A的信息量，可由下式确定：

$$J_A(B) = H(A) - H(A/B)$$

上式中，右端是系统A原来的熵与已知信号系统B的状态后系统A的熵之差。由于基本系统A与信号系统B是互相联系的，因此有关系统A的状态的知识会改变系统B状态的先验概率。例如，如果已知系统A处于异常状态，则系统B某种信号出现的概率也会随之改变。

系统 A 所包含的有关系统 B 的平均信息量：

$$J_B(A) = H(B) - H(B/A) \tag{3-22}$$

根据式(3-11)，有：

$$J_A(B) = J_B(A) \tag{3-23}$$

等式(3-23)反映了信息的一个重要性质，即相对性。又因

$$H(A/B) = H(AB) - H(B)$$

故有：

$$J_A(B) = H(A) + H(B) - H(AB) \tag{3-24}$$

由式(3-8)得：

$$J_A(B) = -\sum_{i=1}^{n} P(A_i)\log_2 P(A_i) - \sum_{j=1}^{m} P(B_j)\log_2 P(B_j) + \sum_{i=1}^{n}\sum_{j=1}^{m} P(A_iB_j)\log_2 P(A_iB_j)$$

考虑到

$$P(A_i) = \sum_{j=1}^{m} P(A_iB_j)$$

$$P(B_j) = \sum_{i=1}^{n} P(A_iB_j)$$

故

$$J_A(B) = -\sum_{i=1}^{n}\sum_{j=1}^{m} P(A_iB_j)\log_2 P(A_i) - \sum_{i=1}^{n}\sum_{j=1}^{m} P(A_iB_j)\log_2 P(B_j) + \sum_{i=1}^{n}\sum_{j=1}^{m} P(A_iB_j)\log_2 P(A_iB_j)$$

也即：

$$J_A(B) = \sum_{i=1}^{n}\sum_{j=1}^{m} P(A_iB_j)\log_2 \frac{P(A_iB_j)}{P(A_i)P(B_j)} \tag{3-25}$$

当系统 A 与 B 互相独立时

$$P(A_iB_j) = P(A_i)\cdot P(B_j)$$

由式(3-25)可知

$$J_A(B) = J_B(A) = 0$$

从物理意义上来看，这一结果意味着：如果两个系统之间的状态没有联系，则观察一个系统不能得到下个系统的信息。

$J_A(B)$是系统 B 中有关系统 A 全部状态的平均信息量。如果取 $J_{A_i}(B)$——系统 B 中有关状态 A_i 的平均信息，则：

$$J_A(B) = \sum_{i=1}^{n} P(A_i) J_{A_i}(B) \tag{3-26}$$

比较式(3-25)与式(3-26)，可以写出：

$$J_{A_i}(B)=\sum_{j=1}^{m}P(B_j/A_i)\log_2\frac{P(A_iB_j)}{P(B_j)P(A_i)} \tag{3-27}$$

式(3-27)是整个系统 B 所给予的有关状态 A_i 的信息量。由系统 A 与 B 的联系可知,系统 B 中的每一个状态都包含了系统 A 某个状态的信息(反之亦然,因为信息联系是相互的)。因此,状态 B_j 中有关状态 A_i 的信息量可如下定义:

$$\begin{aligned}J_{A_i}(B_j)&=\log_2[P(B_j/A_i)/P(B_j)]\\&=\log_2[P(A_i/B_j)/P(A_i)]\\&=\log_2\frac{P(A_iB_j)}{P(B_j)P(A_i)}\end{aligned} \tag{3-28}$$

这时 $J_{A_i}(B)$是整个系统 B 的全部状态中的有关状态 A_i 的平均信息量:

$$J_{A_i}(B)=\sum_{j=1}^{m}P(B_j/A_i)J_{A_i}(B_j)$$

最后一个公式是由式(3-27)和式(3-28)导出的。

$J_{A_i}(B_j)$值称为状态 B_j 中有关状态 A_i 的单元信息。它是把系统相互信息的一般概念分解后得到的最后环节。$J_{A_i}(B)$和 $J_A(B)$值是有关单元信息的平均值。单元信息具有确定的物理概念。假定系统 B 是信号系统,它与基本系统 A 的状态有联系。如果 $P(B_j/A_i)=P(B_j)$那么信号 B_j 中不会带有关于状态 A_i 的信息。由式(3-28)知,这时 $J_{A_i}(B_j)=0$。如果状态 A_i 的先验概率等于 $P(A_i)$,而在获得信息 B_j 后将变为 $P(A_i/B_j)$,则有关状态 B_j 的知识会给予有关 A_i 的某些信息:

$$J_{A_i}(B_j)=\log_2\left[\frac{P(A_i/B_j)}{P(A_i)}\right]$$

但是,根据 A_i 和 B_j 两个状态间的联系性质,获得信号 B_j 后,状态 A_i 的概率可以大于或小于先验概率。例如,增加温度,就可以减少系统处于正常状态的概率。这样,$J_{A_i}(B_j)$既可以是正值,也可以是负值,而 $J_{A_i}(B)$和 $J_A(B)$总是正值,最小值等于零。如果在得到信号 B_j 后,状态 A_i 的概率减小,则单元信息 $J_{A_i}(B_j)$将为负值。

在式(3-26)中,$J_A(B)$是系统 B 中有关系统 A 每个状态所含的平均信息量,但平均的方法可以不同。例如,我们可以引入"状态 B_j 中有关系统 A 的信息"这个概念,则可写为

$$J_A(B)=\sum_{j=1}^{m}P(B_j)\cdot J_A(B_j) \tag{3-29}$$

由式(3-25)有

$$J_A(B_j)=\sum_{i=1}^{n}P(A_i/B_j)\log_2(P(A_iB_j)/P(A_i)P(B_j)) \tag{3-30}$$

在一般情况下 $J_A(B_j) \neq J_{A_i}(B)$。

上面分析了系统 B 或系统 B 的个别状态 B_j 中包含的有关系统 A 的信息。由于系统 A 与 B 是统计相关的，故系统 A 的状态给出了有关系统 B 的信息。由式(3－24)和式(3－29)，类似的可写出

$$J_B(A) = \sum_{i=1}^{n} P(A_i) \cdot J_B(A_i) \tag{3-31}$$

式中，$J_B(A_i)$为状态 A_i 中有关系统 B 的信息量。

比较式(3－31)与式(3－26)有

$$J_B(A_i) = J_{A_i}(B) \tag{3-32}$$

由信息的相对性质，还可以找到其它类似的关系，其移置规则如下：

$$J_\alpha(\beta) = J_\beta(\alpha)$$

式中，α 与 β 为一个系统或一个系统的某个状态。这一规则的应用是式(3－24)和式(3－31)。同样可以证明：

$$J_{A_i}(B_j) = J_{B_j}(A_i)$$

需要说明的是式(3－30)和式(3－32)并不矛盾，因为式(3－30)中移置了不同性质的单元，因此不能采用式(3－32)所示移置规则。

下面是有关信息量的计算举例。为了诊断轴承的状态而调查了 100 台发动机，根据油中铁的含量，其中 64 台发动机的轴承处于正常状态(状态 A_1)，其余 36 台发动机处于异常状态(状态 A_2)。按含铁量(g/t)的差异将信号系统划分成三种状态，如表 3－4 所示。

表 3－4　按含铁量划分信号系统的状态

含铁量(g/t)	测量系统状态	基本系统状态	
		A_1(正常)	A_2(异常)
＜4	B_1	40	0
4～8	B_2	20	6
＞8	B_3	4	30

概率 $P(A_iB_j)$、$P(A_i)$和 $P(B_j)$的计算结果如表 3－5 所示。即在 100 台发动机中，如果有 40 台同时属于状态 A_1 和 B_1(正常状态的发动机，油中含铁量为4 g/t 以下)，则 $P(A_1B_1)=0.40$。在 100 台发动机中不论属于正常或异常状态，如油中含换量大于 8 g/t，则 $P(B_3)=0.34$。

表 3-5　概率值

A_i	B_j			$P(A_i)$
	B_1	B_2	B_3	
A_1	0.40	0.20	0.04	0.64
A_2	0.00	0.06	0.30	0.36
$P(B_j)$	0.40	0.26	0.34	

计算在油中含铁量(系统 B)时所含的有关发动机轴承状态的平均信息量(系统 A),由式(3-25)可知:

$$J_A(B) = \sum_{i=1}^{2}\sum_{j=1}^{3}P(A_iB_j)\log_2\frac{P(A_iB_j)}{P(A_i)P(B_j)}$$
$$= \frac{1}{\lg 2}[0.40\times\lg\frac{0.40}{0.64\times 0.40}+0.20\times\lg\frac{0.20}{0.64\times 0.26}+$$
$$0.04\times\lg\frac{0.04}{0.64\times 0.34}+0\times\lg\frac{0}{0.36\times 0.40}+$$
$$0.06\lg\frac{0.06}{0.36\times 0.26}+0.30\lg\frac{0.30}{0.36\times 0.34}]$$
$$= 0.56$$

接着可以确定分析油中含铁量时所包含的关于轴承处于正常状态的信息量:

$$J_{A_1}(B) = \sum_{j=1}^{3}P(B_j/A_1)\log_2\frac{P(A_1B_j)}{P(B_j)P(A_1)} = 0.33$$

在上述计算中,$P(B_j/A_1)=P(A_1B_j)/P(A_1)$。

关于轴承处于异常状态的信息量为:

$$J_{A_2}(B) = \sum_{j=1}^{3}P(B_j/A_2)\log_2\frac{P(A_2/B_j)}{P(A_2)P(B_j)} = 0.97$$

在已知油中含铁量后,关于发动机轴承状态的信息量可如下计算:当油中含铁量小于 4 g/t(状态 B_1)时有:

$$J_A(B_1) = \sum_{i=1}^{2}P(A_i/B_1)\log_2\frac{P(A_iB_1)}{P(B_1)P(A_i)} = 0.64$$

同理,可以得到:

$$J_A(B_2) = \sum_{i=1}^{2}P(A_i/B_2)\log_2\frac{P(A_iB_2)}{P(B_2)P(A_i)} = 0.05$$

$$J_A(B_3) = \sum_{i=1}^{2}P(A_i/B_3)\log_2\frac{P(A_iB_3)}{P(B_3)P(A_i)} = 0.85$$

由此可见,状态 B_1 各 B_3 具有较大的信息量。

最后，计算在状态 B_j 中关于状态 A_i 的信息量：

$$J_{A_i}(B_j) = \frac{1}{\lg 2}\lg\frac{P(A_iB_j)}{P(A_i)P(B_j)}$$

其具有数值如表 3-6 所示。由表中可见，$J_{A_2}(B_3)$具有最大值，它的含义是：当油中含铁量大于 8 g/t 时，可以较明确地认为，发动机轴承处于异常状态；而当油中含铁量小于 4 g/t 时，发动机轴承不会处于异常状态。

表 3-6 信息量 $J_{A_i}(B_j)$

A_i	B_j		
	B_1	B_2	B_3
A_1	0.64	0.26	−2.45
A_2	$-\infty$	−0.64	1.29

最后需要说明的是：在信息论中，有关系统状态的概率是精确已知的。但实际上这些概率是从统计数据中得到的，不可能精确无误。只有在抽样数目无穷大时，才是精确的。另外，上述统计量的置信区间可以用数理统计方法确定。

参考文献

1. Qu Liangsheng. Some applications of statistical simulation engineering diagnostics[J]. Insight, 2000,8,42(8):512-519.
2. 屈梁生，何正嘉. 机械故障诊断学[M]. 上海：上海科学技术出版社，1986.

第 4 章　信号频域分析基础及应用

经过 100 多年的发展傅里叶分析成为了工程中应用最为广泛的分析工具。利用傅里叶变换将时域信号转换成频域信号，可方便地从频域了解信号的频率分量和频谱构成，进而判断和识别失效的机械零部件。因此傅里叶变换是机械故障诊断中最常用的处理方法。本章将系统介绍傅里叶分析的理论，并对信号频谱分析中的有关关键问题进行讨论。本章的具体内容包括：傅里叶级数与离散频谱、傅里叶变换与连续频谱、快速傅里叶变换、信号频谱分析、频谱分析中常见问题的讨论以及频谱分析在机械故障诊断中的应用。

4.1　傅里叶级数与离散频谱

根据傅里叶级数理论，任何周期性信号均可展开为若干简谐信号的叠加。设 $x(t)$ 为周期信号，则有：

$$\begin{aligned} x(t) &= a_0 + \sum_{n=1}^{\infty}(a_n\cos 2\pi nf_0t + b_n\sin 2\pi nf_0t) \\ &= A_0 + \sum_{n=1}^{\infty}A_n\sin(2\pi nf_0t + \phi_n) \end{aligned} \tag{4-1}$$

其中，A_0 是静态分量，f_0 是基波频率，nf_0 是第 n 次谐波（$n=1,2,3,\cdots$），$A_0=a_0$，$A_n=\sqrt{a_n^2+b_n^2}$ 是第 n 次谐波的幅值，$\phi_n=\tan^{-1}\dfrac{a_n}{b_n}$ 是第 n 次谐波的初相值。

$$\begin{cases} a_0 = \dfrac{1}{T}\displaystyle\int_0^T x(t)\mathrm{d}t \\ a_n = \dfrac{2}{T}\displaystyle\int_0^T x(t)\cos 2\pi nf_0t\mathrm{d}t \quad (n=1,2,\cdots) \\ b_n = \dfrac{2}{T}\displaystyle\int_0^T x(t)\sin 2\pi nf_0t\mathrm{d}t \quad (n=1,2,\cdots) \end{cases} \tag{4-2}$$

其中，$T=\dfrac{1}{f_0}$ 是基本周期，$\omega_0=\dfrac{2\pi}{T}$ 是圆频率。

由图 4-1 可见，周期信号是由一个或几个、乃至无穷多个不同频率的谐波迭加而成的。如果以频率为横坐标，幅值 A_n 或相角 ϕ_n 为纵坐标可以得到信号的幅频谱或相频谱。由于 n 取整数，相邻频率的间隔均为基波频率 f_0，因而周期信号的频谱是离散的。

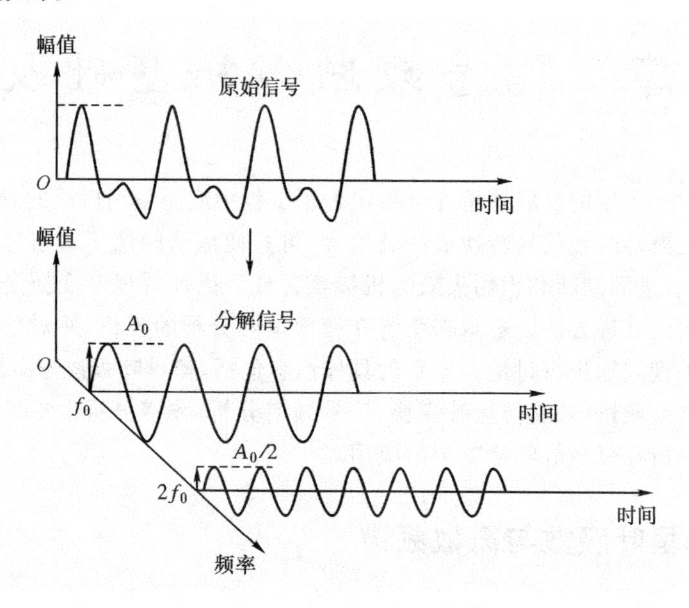

图 4－1　周期信号的傅里叶级数分解

由此可见，信号的时域和频域实际上是从两个不同的侧面分析同一个问题，就好像是从一个人的不同侧面照了两张相片一样。换一个角度来观察问题，可能会更清晰、更深刻。

傅里叶级数也可以写成复指数函数的形式。根据欧拉公式

$$e^{\pm j2\pi ft} = \cos 2\pi ft \pm j\sin 2\pi ft \tag{4-3}$$

$$\cos 2\pi ft = \frac{1}{2}(e^{-j2\pi ft} + e^{j2\pi ft}) \tag{4-4}$$

$$\sin 2\pi ft = j\,\frac{1}{2}(e^{-j2\pi ft} - e^{j2\pi ft}) \tag{4-5}$$

式(4－1)可写为：

$$x(t) = \sum_{n=-\infty}^{\infty} C_n e^{j2\pi n f_0 t} \quad (n = 0, \pm 1, \pm 2, \cdots) \tag{4-6}$$

其中，C_n 是展开系数，其计算公式如下：

$$C_n = \frac{1}{T}\int_{-\frac{T}{2}}^{\frac{T}{2}} x(t)e^{-j2\pi n f_0 t}\mathrm{d}t \tag{4-7}$$

因此，C_n 为一复数，由周期信号 $x(t)$ 确定。它综合反映了 n 次谐波的幅值及初相信息。这里需要注意的是，周期信号 $x(t)$ 展开为复数形式傅里叶级数，频率 f

的取值范围也扩展到负频率。应用中频率的正负可理解为简谐信号角频率的正负，成对出现的正负角频率对应的复展开系数 C_n 和 C_{-n}，在实轴上的合成结果正好形成了代表谐波幅值的实向量，而在虚轴上的合成结果正好抵消为零（见图 4－2）。

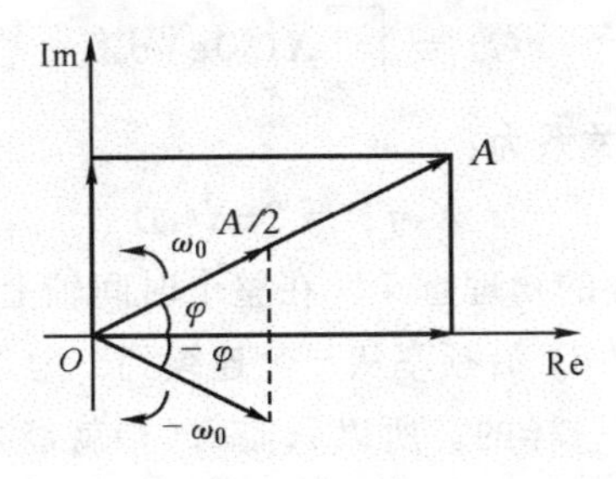

图 4－2　谐波幅值的向量分解

4.2　傅里叶变换与连续频谱

当周期信号 $x(t)$ 的周期 T 趋于无穷大时，则该信号可看成非周期信号。此时，信号频谱的谱线间隔 $\Delta f=f_0=\frac{1}{T}$ 趋于无穷小。非周期信号的离散频谱变为连续的频谱。

由前面可知，周期信号 $x(t)$，在 $(-\frac{T}{2},\frac{T}{2})$ 区间以傅里叶级数表示为：

$$x(t)=\sum_{n=-\infty}^{\infty}\left[\frac{1}{T}\int_{-\frac{T}{2}}^{\frac{T}{2}}x(t)\mathrm{e}^{-\mathrm{j}2\pi nf_0t}\mathrm{d}t\right]\mathrm{e}^{\mathrm{j}2\pi nf_0t}$$

当 T 趋于∞时，频率间隔 Δf 成为 $\mathrm{d}f$，离散谱中相邻的谱线紧靠在一起，nf_0 就变成连续变量 f，符号 Σ 就变成积分符号∫了，于是得到傅里叶积分

$$x(t)=\int_{-\infty}^{+\infty}\left[\int_{-\infty}^{+\infty}x(t)\mathrm{e}^{-\mathrm{j}2\pi ft}\mathrm{d}t\right]\mathrm{e}^{\mathrm{j}2\pi ft}\mathrm{d}f \tag{4-8}$$

由于时间 t 是积分变量，故上式括号内积分之后仅是 f 的函数，记作 $X(f)$。

$$X(f)=\int_{-\infty}^{\infty}x(t)\mathrm{e}^{-\mathrm{j}2\pi ft}\mathrm{d}t \tag{4-9}$$

$$x(t)=\int_{-\infty}^{\infty}X(f)\mathrm{e}^{+\mathrm{j}2\pi ft}\mathrm{d}f \tag{4-10}$$

式(4－9)为 $x(t)$ 的傅里叶变换，式(4－12)为其傅里叶逆变换，两者互称为傅里叶变换。

把 $f=\frac{\omega}{2\pi}$ 代入式(4-8),则式(4-9)、式(4-10)变成:

$$X(\omega)=\frac{1}{2\pi}\int_{-\infty}^{+\infty}x(t)\mathrm{e}^{-\mathrm{j}\omega t}\mathrm{d}t \tag{4-11}$$

$$x(t)=\int_{-\infty}^{+\infty}X(\omega)\mathrm{e}^{\mathrm{j}\omega t}\mathrm{d}\omega \tag{4-12}$$

式(4-9)和式(4-11)的关系为:

$$X(f)=2\pi X(\omega) \tag{4-13}$$

傅里叶变换有着明确的物理意义。在整个时间轴上的非周期信号 $x(t)$,是由频率 f 的谐波 $X(f)\mathrm{e}^{+j2\pi ft}\mathrm{d}f$ 沿频率从 $-\infty$ 连续到 $+\infty$,通过积分叠加得到的。由于对不同的频率 f,$\mathrm{d}f$ 是一样的。所以只需 $X(f)$ 就能真实反映不同频率谐波的振幅和初相位的变化。因此我们称 $X(f)$ 为 $x(t)$ 的连续频谱。一般 $X(f)$ 是复函数,可写成:

$$X(f)=|X(f)|\mathrm{e}^{\mathrm{j}\phi(t)} \tag{4-14}$$

式中,$|X(f)|$ 为信号的连续幅值谱,$\phi(f)$ 为信号的连续相位谱。

必须指出的是,尽管非周期信号的幅值谱 $|X(f)|$ 和周期信号的幅值谱 $|C_n|$ 很相似,但两者是有差别的。其差别突出表现在 $|C_n|$ 的量纲与信号幅值的量纲一样;而 $|X(f)|$ 的量纲与信号幅值的量纲不一样,它是单位频宽上的幅值。

通常,我们称由信号 $x(t)$ 求出它的频谱 $X(f)$ 的过程为对信号作谱分析。时域信号可以通过傅里叶变换表示为一系列不同频率、幅值和初相位的正弦或余弦分量的叠加。信号的时域波形与它的频域谱图包含完全相同的信息,可以将时域波形完全等价地变换到频域,也可以将信号的频域谱图通过傅里叶逆变换完全等价地变换为时域信号。通过这种等价变换,使振动信号中所包含的信息以不同的形式表现出来,使我们能够从不同的角度综合分析振动信号,从中提取尽可能多的有用信息。

下面是一个求矩形窗函数 $w(t)$ 频谱的例子。矩形窗函数 $w(t)$ 定义为

$$w(t)=\begin{cases}1 & |t|\leqslant\frac{T}{2}\\ 0 & |t|>\frac{T}{2}\end{cases}$$

根据傅里叶变换有:

$$W(f)=\int_{-\infty}^{+\infty}w(t)\mathrm{e}^{-\mathrm{j}2\pi ft}\mathrm{d}t=\int_{-\frac{T}{2}}^{\frac{T}{2}}\mathrm{e}^{-\mathrm{j}2\pi ft}\mathrm{d}t=T\frac{\sin\pi fT}{\pi fT}=T\mathrm{sinc}(\pi fT)$$

定义 $\mathrm{sinc}x\triangleq\frac{\sin x}{x}$,该函数在信号分析中有重要的应用。矩形窗函数的频谱图如图

4-3 所示。

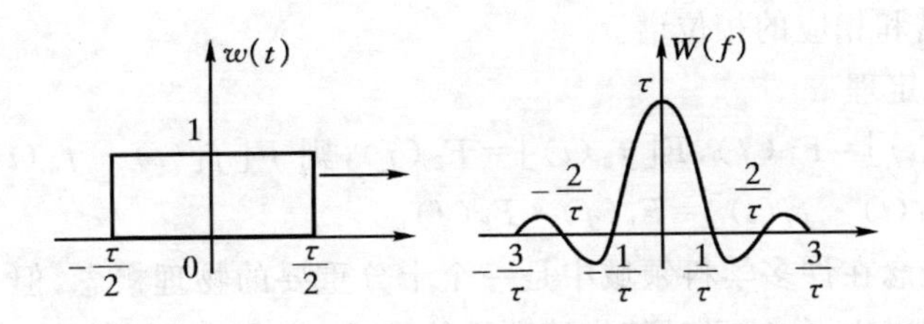

图 4-3　矩形窗函数及其频谱

傅里叶变换有很多很好的性质，下面是对几个常用基本性质讨论。

(1) 平均

傅里叶变换在理论上是对信号从$-\infty$到$+\infty$的积分，因此，是在整个积分区间内的平均。而它对非平稳信号的平均作用，说明傅里叶变换不适用于非平稳信号的处理，往往频谱上不能反映非平稳信号的瞬时变化。

(2) 线性性质

若 $x(t)\leftrightarrow X(f)$，则 $ax(t)\leftrightarrow aX(f)$（齐次性）

若 $x_1(t)\leftrightarrow X_1(f)$，$x_2(t)\leftrightarrow X_2(f)$，则$[x_1(t)+x_2(t)]\leftrightarrow[F_1(f)+F_2(f)]$（叠加性）

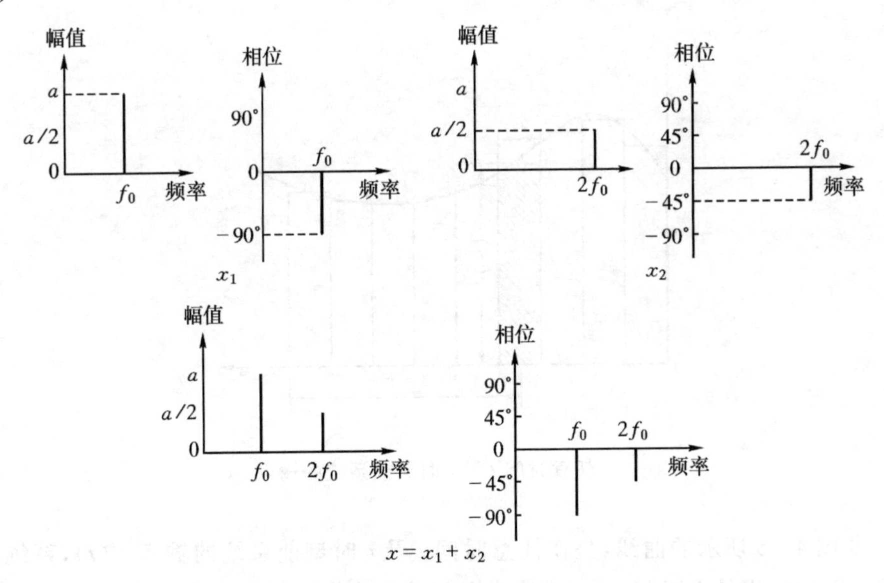

图 4-4　傅里叶变换的线性性质

综合二者有$[a_1x_1(t)+a_2x_2(t)]\leftrightarrow[a_1X_1(f)+a_2X_2(f)]$。由此可见，傅里叶

变换是线性变换。图 4-4 所示是信号 x_1 与 x_2 的幅值谱和相位谱合成为一个信号 x 的幅值谱和相应的相位谱。

(3) 卷积定理

若 $F[f_1(t)]=F_1(f)$，$F[f_2(t)]=F_2(f)$，则 $F[f_1(t)*f_2(t)]=F_1(f)\cdot F_2(f)$ 及 $F[f_1(t)\cdot f_2(t)]=F_1(f)*F_2(f)$。

卷积的概念在许多学科领域中是一个十分重要的物理概念，但一般介绍傅里叶变换的参考书中，往往只对其作纯数学的描述，而难以理解其物理本质。两个函数的卷积表示为 $x(t)*h(t)$，它的积分表达式是：

$$y(t)=x(t)*h(t)=\int_{-\infty}^{\infty}x(\tau)h(t-\tau)\mathrm{d}\tau \tag{4-15}$$

又因为在实际中 t 时刻以后的输入不会对 t 时刻的响应起作用，这相当于当 $\tau>t$ 时，$h(t-\tau)=0$，所以式(4-15)变为：

$$y(t)=x(t)*h(t)=\int_{-\infty}^{t}x(\tau)h(t-\tau)\mathrm{d}\tau \tag{4-16}$$

式(4-16)所示的卷积积分，我们可以通过一个线性、时间反演系统的行为来解释。设系统的输入为 $x(t)$，脉冲响应函数为 $h(t)$，那么系统在任意时刻的输出 $y(t)$ 就等于系统在该时刻及该时刻以前各输入乘以相应时刻脉冲响应函数的输出累积。一般脉冲响应函数是可以通过试验加以确定的，这样，系统的输出也就可以确定了。

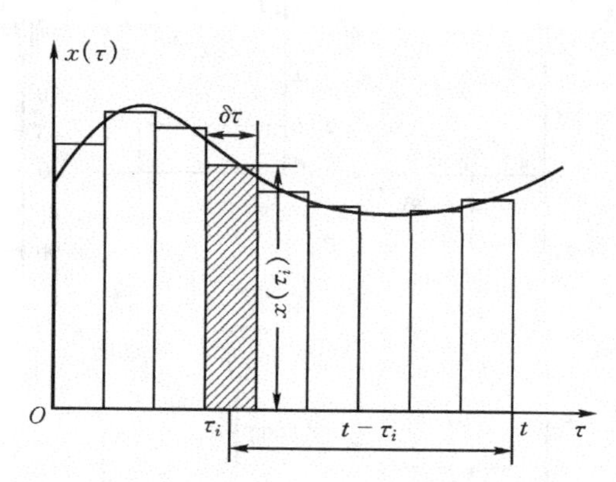

图 4-5　任意时间 t 及 t 时刻前系统的输入 $x(t)$

如图 4-5 所示的曲线，是在任意时间 t 及 t 时刻前系统的输入 $x(t)$，系统在时间 t 时的输出是由时间 $0\sim t$ 所接收全部输入作用的结果。将区间$[0,t]$等分为 n 等分，在区间宽度为 δ_τ 中，函数 $x(\tau)$ 可用一系列发生在时间 τ_i 的脉冲近似，其强度为 $x(\tau_i)\delta_\tau$。当系统的输入 $x(\tau)$ 在 τ_i 处为单位脉冲时，系统的输出称为脉冲响

应 $h(t-\tau_i)$，$t\geqslant\tau_i$。将 n 个脉冲叠加，可以求出系统的输出为：

$$y(t)\approx\sum_{i=1}^{n}h(t-\tau_i)x(\tau_i)\delta_\tau$$

不断增加 n 的数目，并使区间 $\delta_\tau\to0$，可得积分式(4-15)。由此可见，所谓卷积积分就是系统在时刻 t 时的输出，相当于接收了由时间 $0\sim t$ 的间隔内全部输入对输出所产生的效应之总和。

进一步，让我们对式(4-15)的等式两端作傅里叶变换，有：

$$\int_{-\infty}^{\infty}y(t)\mathrm{e}^{-\mathrm{j}2\pi ft}\mathrm{d}t=\int_{-\infty}^{\infty}\left[\int_{-\infty}^{\infty}x(\tau)h(t-\tau)\mathrm{d}\tau\right]\mathrm{e}^{-\mathrm{j}2\pi ft}\mathrm{d}t$$

$$Y(2\pi f)=\int_{-\infty}^{\infty}x(\tau)\left[\int_{-\infty}^{\infty}h(t-\tau)\mathrm{e}^{-\mathrm{j}2\pi ft}\mathrm{d}t\right]\mathrm{d}\tau$$

令 $\sigma=t-\tau$，方括号内各项成为：

$$\int_{-\infty}^{\infty}h(\sigma)\mathrm{e}^{-\mathrm{j}2\pi f(\sigma+\tau)}\mathrm{d}\sigma=\mathrm{e}^{-\mathrm{j}2\pi f\tau}\int_{-\infty}^{\infty}h(\sigma)\mathrm{e}^{-\mathrm{j}2\pi f\sigma}\mathrm{d}\sigma$$
$$=\mathrm{e}^{-\mathrm{j}2\pi f\tau}H(2\pi f)$$

最后有

$$Y(2\pi f)=X(2\pi f)\cdot H(2\pi f)$$

卷积定理诉我们：在时域中两个函数的卷积，等价于频域中两个函数相乘。用同样的方法可以证明它的逆定理也成立，即在时域中两个函数相乘，等价于频域中两个函数的卷积。

4.3　离散傅里叶变换及快速算法

前节介绍的傅里叶变换及其逆变换均为连续傅里叶变换，不能用计算机进行计算。对于离散的数字信号进行傅里叶变换，需借助离散的傅里叶变换公式 DFT (discrete fourier transform)。

离散傅里叶变换公式为：

$$X\left(\frac{n}{NT}\right)=\sum_{k=0}^{N-1}x(kT)\mathrm{e}^{-\mathrm{j}2\pi nk/N}\quad(n=0,1,2,\cdots,N-1)\qquad(4-17)$$

式中，$x(kT)$是波形的采样值，N 是序列点数，T 是采样间隔，n 是频域离散值的序号，k 是时域离散值的序号。离散傅里叶的逆变换为：

$$x(kT)=\frac{1}{N}\sum_{n=0}^{N-1}X\left(\frac{n}{NT}\right)\mathrm{e}^{\mathrm{j}2\pi nk/N}\quad(k=0,1,2,\cdots,N-1)\qquad(4-18)$$

式(4-17)和式(4-18)构成了离散傅里叶变换对。它将长度为 N 的时间域采样序列和长度为 N 的频率域采样序列联系了起来。基于这种对应关系，考虑到参量

T 的具体数值不影响离散傅里叶变换的实质。所以，通常略去参量 T，而把式(4－17)和式(4－18)写成：

$$X(n)=\sum_{k=0}^{N-1}x(k)W_N^{nk}\quad(n=0,1,2,\cdots,N-1)\tag{4－19}$$

$$x(k)=\frac{1}{N}\sum_{n=0}^{N-1}X(n)W_N^{-nk}\quad(k=0,1,2,\cdots,N-1)\tag{4－20}$$

式中，$W_N=\mathrm{e}^{-\mathrm{j}2\pi/N}$。在需要具体计算离散频率值时，还需引入参量 T 的具体值进行计算。

当 $N=4$ 时，式(4－19)写成

$$\begin{bmatrix}X(0)\\X(1)\\X(2)\\X(3)\end{bmatrix}=\begin{bmatrix}W_N^0&W_N^0&W_N^0&W_N^0\\W_N^0&W_N^1&W_N^2&W_N^3\\W_N^0&W_N^2&W_N^0&W_N^2\\W_N^0&W_N^3&W_N^2&W_N^1\end{bmatrix}\begin{bmatrix}x(0)\\x(1)\\x(2)\\x(3)\end{bmatrix}\tag{4－21}$$

由于 W_N 和 $x(k)$ 是复数，计算所有的离散值 $X(n)$，需要进行 $N^2=16$ 次复数乘法和 $N(N-1)=12$ 次复数加法的运算。当序列长度 N 增大时，离散傅里叶变换的计算量以 N^2 增长。因此，直接按照离散傅里叶变换公式计算，需要消耗大量时间。

1965 年美国学者 Cooley 和 Tukey 提出了傅里叶变换快速算法(fast fourier tansform，FFT)。快速算法的基本思想是把整个数据序列 $\{x_k\}$ 按奇、偶分成两个较短的序列分别进行变换。然后再把它们合并起来，得到整个序列 $\{x_k\}$ 的离散。

根据离散傅里叶变换计算公式 $x(k)=\sum_{n=0}^{N-1}x(n)\mathrm{e}^{-\mathrm{j}2\pi kn/N}$ 有

$$X(k)=\sum_{n=0}^{N/2-1}\left[x(2n)W_N^{2nk}+x(2n+1)W_N^{(2n+1)k}\right]\qquad k=0,1,\cdots,N-1\tag{4－22}$$

因为 $W_N^2=\mathrm{e}^{-2\mathrm{j}(2\pi/N)}=\mathrm{e}^{-\mathrm{j}2\pi/(N/2)}=W_{N/2}^1$，则有：

$$\begin{aligned}X(k)&=\sum_{n=0}^{N/2-1}\left[x(2n)W_{N/2}^{nk}+x(2n+1)W_{N/2}^{nk}W_N^k\right]\qquad k=0,1,\cdots,N-1\\&=G(k)+W_N^kH(k)\end{aligned}\tag{4－23}$$

其中，$G(k)=\sum_{n=0}^{N/2-1}x(2n)W_{N/2}^{nk}$，$H(k)=\sum_{n=0}^{N/2-1}x(2n+1)W_{N/2}^{nk}(k=0,1,\cdots,N-1)$。

$G(k)$ 和 $H(k)$ 的周期是 $N/2$，所以 $G(k)=G(k+N/2)$，$H(k)=H(k+N/2)$。又因为，$W_N^{N/2}=\mathrm{e}^{-\mathrm{j}(2\pi/N)\cdot N/2}=-1$，故 $W_N^{k+N/2}=W_N^k\cdot W_N^{N/2}=-W_N^k$。

$$X(k)=G(k)+W_N^kH(k)\qquad k=0,1,\cdots,N/2-1\tag{4－24}$$

$$X(k+N/2)=G(k)-W_N^k H(k) \quad k=0,1,\cdots,N/2-1 \tag{4-25}$$

将两个半段 $X(k)$ 和 $X(k+N/2)$ 相接后得到整个序列的 $X(k)$。合成时偶序列的离散傅里叶变换 $G(k)$ 不变，奇序列的离散傅里叶变换 $H(k)$ 要乘以权重函数 W_N^k。二者合成时前半段用加，后半段用减。

快速逆变换的计算 $x(n)=\dfrac{1}{N}\sum\limits_{n=0}^{N-1}X(k)W_N^{-kn}$，也可以按照上述方法进行。只是需将其中的 $x(n)$ 改为 $X(n)$，并将系数 $1/N$ 分解为 n 个 1/2 的连乘，每一级迭代乘上一个 1/2 因子。

4.4　窗函数与泄漏

上面简述了离散傅里叶变换及其计算，我们还必须研究离散傅里叶谱的形成和误差的产生过程。

考虑一个向无限远延伸的余弦信号，对这个信号进行采样，相当于对这个信号乘以一个单位脉冲序列，如图 4-6 所示。在频域中余弦信号是两根对称于原点的谱线，单位脉冲序列映射到频域中，仍然是由谱线形成的脉冲序列，其幅值为 $1/T=80$，节距等于 $1/T=80\text{Hz}$。二者卷积时，只要把余弦的两根谱线叠置到谱线序列上即可。

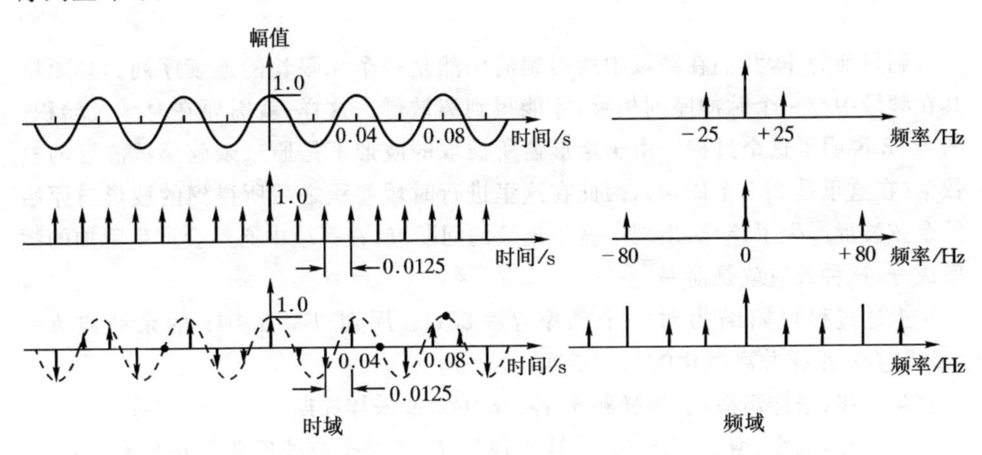

图 4-6　信号时域采样及其频域变化

如图 4-7 所示，现在我们要从无限长的序列中截取一段信号。这等于用一个幅值为 1 的窗与这个序列相乘。最常用的窗是矩形窗，它在频域中幅值谱呈 $|\sin\theta/\theta|$ 的形式。和前面一样，当它与一个脉冲序列卷积时，只要把它叠置在各个

脉冲上面即可。经过了两次卷积后，频域中幅值谱的纵坐标是 $H(f)*\Delta_0(f)*X(f)$的模：

$$|H(f)*\Delta_0(f)*X(f)|=\left|H(f)*\Delta_0(f)*T_0\cdot\frac{\sin(\pi T_0 f)}{\pi T_0 f}\right|$$

其中，$H(f)$是原始信号的傅里叶谱，$\Delta_0(f)$是单位脉冲序列的傅里叶谱，$X(f)$是矩形窗的傅里叶谱。

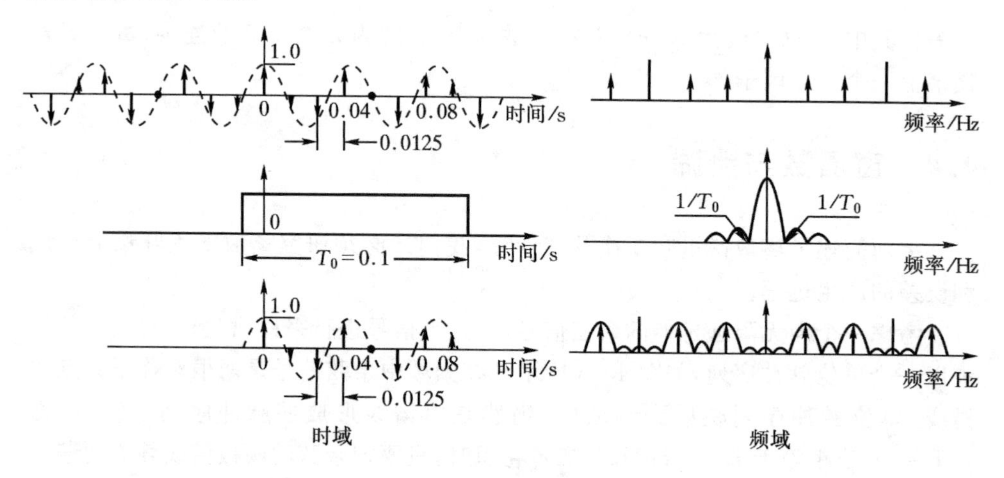

图 4-7 采样后信号时域加矩形窗及其频域变化

到目前为止，我们在频域中所得到的仍然是一个无限长的连续序列。必须将其在频域中与一个脉冲序列相乘，才能得到离散谱。这样，就需要在时域做卷积。图 4-8 说明了这个过程。由于矩形窗所截取的波形不是原来余弦函数波形的整数倍(在这里是 2.5 个周期)，因此在这里进行时域卷积之后所得到的波形与原始的余弦波形产生了差异，出现一些不连续的间断点，在频域中必然会产生附加的频率成分，这种效应就是泄漏。

上述过程可归纳为对一个频率 $f=25\text{Hz}$，周期 $T=0.04\text{s}$ 的余弦波 $h=\cos(2\pi ft)$，采样并离散化的三个步骤：

第一步：采样离散化，采样频率 $f_S=80\text{Hz}$，或采样周期 $t_S=0.0125\text{s}$；

第二步：加窗，窗长 $T_0=0.1\text{s}$，这里窗长 T_0 不是余弦波周期 T 的整数倍；

第三步：在频域中以频率间隔 $\Delta f=1/T_0=10\text{Hz}$ 采样。

经过上述一系列操作，在所得到的离散谱上，频率轴上 25Hz 处并没有谱线，只是在 25Hz 左右两侧有两根谱线。如上所述，造成这个现象的原因是在离散化时，信号本身的周期 0.04s 不等于所加脉冲序列周期 0.0125s 的整数倍(图 4-6)。如果所加脉冲序列的周期改为 0.02s，那么离散化后得到的将是余弦曲线的正负

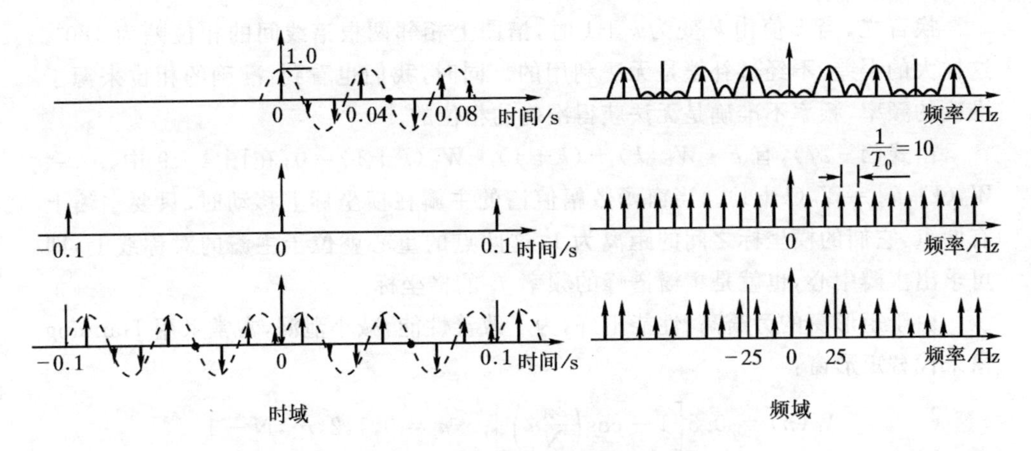

图 4-8　信号频域采样及其时域变化

峰值。由于泄漏的存在，我们从频谱上得不到正确的幅值、频率、相位值，必须加以校正。如图 4-8 所示，校正的原则是已知窗函数的幅值谱曲线和上面两点的幅值，确定两点之间窗函数的最大幅值。换言之，就是用任意一种优化方法确定图中谱线 k 与 $k+1$ 之间的最大值。

4.5　谱校正方法

比例内插频谱校正方法是工程中一种最为常用的校正方法。它由 Renders，Schoakens(1984)和 Grankle(1983)提出。这种方法首先确定一个待内插的谱峰；然后求出主瓣内最高峰与次高峰的幅值比(这一比值取决于窗函数的类型，频率间隔的宽度，以及主峰在区间内的位置)；再建立一个以校正频率为变量的方程，解出校正频率，然后进行幅值和相位的校正。

矩形窗是最普通的一种窗。在时域中幅值为 1 的矩形窗定义为：

$$w(k)=1,\ k=0,1,2,\cdots,N \tag{4-26}$$

如前所述，由于窗函数是实数序列，它的傅里叶变换，即频谱函数 $W(k)$ 应为复数序列：

$$\begin{aligned} W(k) &= \frac{\sin(\pi k)}{\sin(\pi k/N)}\mathrm{e}^{-\mathrm{j}\pi k(N-1)/N} \\ W_0(k) &= |\ W(k)\ | \approx \frac{N\sin(\pi k)}{\pi k} \end{aligned} \tag{4-27}$$

式中，$W_0(k)$ 为 $W(k)$ 的模。矩形窗频谱函数的相位角为：

$$\angle W(k)=-\frac{N-1}{2}\cdot\frac{2\pi}{N}k=-\frac{N-1}{N}\pi k\approx-\pi k \tag{4-28}$$

换言之，当 k 值由 k 变为 $k+1$ 时，谱图上相邻两根谱线间的相位差为 180°。这样大的误差，不经过补偿是无法利用的。同时，我们也看到：准确的相位来源于准确的频率，频率不准确是无法获得准确的相位的。

由式(4-27)，有 $k\cdot W_0(k)+(k+1)\cdot W_0(k+1)=0$；在图 4-9 中，$h_-=W_0(k)$，$h_+=W_0(k+1)$。当窗函数幅值谱的主瓣在横坐标上移动时，只要主瓣上有两点，它们的横坐标之间的距离为 1；这两点的重心就位于主瓣的对称线上，即可求出主瓣中心，也就是主瓣谱峰的频率 f_i 的横坐标。

由于矩形窗的旁瓣高，性能不好，为了改善性能，减小泄漏，常常采用 Hanning 窗来代替矩形窗：

$$W(n)=0.5\left[1-\cos\left(\frac{2\pi}{N}n\right)\right];\quad n=0,1,2,\cdots,N-1$$

Hanning 窗的旁瓣比较小，所以泄漏比矩形窗小。主瓣上谱峰的频率 f_i 可以用相同的方法确定。主瓣谱峰的频率 f 确定后，各阶倍频分量的幅值和相位校正量也可以确定，现归纳如下：

设 h_- 为主瓣上左侧谱线的幅值；f_- 为主瓣上左侧谱线的频率；h_+ 为主瓣上右侧谱线的幅值；f_+ 为主瓣上右侧谱线的频率；N 为样本数目；T 为采样间隔。

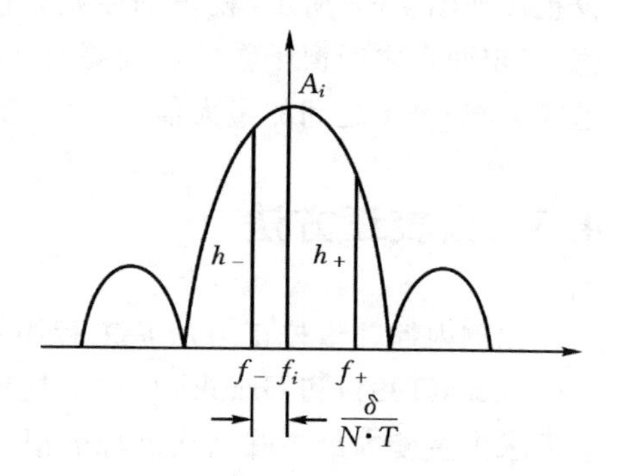

图 4-9 窗函数幅值谱插值图

(1) 频率的校正

设频率分量 i 主瓣谱峰的频率 f_i 可如下确定：

$$f_i=f_-+\left(\frac{\delta}{N\cdot T}\right)$$
$$f_i=f_+-\left(\frac{1-\delta}{N\cdot T}\right)\qquad(4-29)$$

对矩形窗：
$$\delta=\frac{h_+}{h_-+h_+}$$

对 Hanning 窗：
$$\delta=\frac{2h_+-h_-}{h_++h_-}$$

(2) 幅值的校正

频率分量 i 主瓣谱峰的幅值可如下确定：

对矩形窗：
$$A_i=\frac{\pi\cdot\delta\cdot h_-}{\sin(\pi\delta)}$$

对 Hanning 窗：
$$A_i=\frac{\pi\cdot\delta\cdot h_-\cdot(1-\delta^2)}{\sin(\pi\delta)}$$

(3) 相位的校正

初相位的确定：

$$\theta = \text{phase}(h_-) - \pi \cdot \delta - 0.5\pi$$

$$\theta = \text{phase}(h_+) - \pi \cdot (\delta - 1) - 0.5\pi$$

在通常情况下，上述比例内插法的计算精度是足够的。但在一些特殊情况下，如当两条谱线靠得非常近，或者噪声很大的场合，也会出现误差较大的情况。这是因为在式(4-27)中，用 x 代替 $\sin(x)$，只能在 x 很小的情况下才是成立的。为此，许多学者又不断寻找新的方法。其中一种方法是两分法。其基本思想如下：设有一时间序列，去平均值后加窗，如乘以 Hanning 窗，得到一个离散序列：

$$x(n),\quad n = 0,1,2,\cdots,N-1$$

此序列的数据长度为 N，采样频率为 f_S，其离散傅里叶变换的频谱为：

$$X(k) = \frac{1}{N}\sum_{n=0}^{N-1} x(n)\mathrm{e}^{-\mathrm{j}2\pi nk/N}$$
$$X(2\pi f) = \frac{1}{N}\sum_{n=0}^{N-1} x(n)\mathrm{e}^{-\mathrm{j}2\pi nf/f_s} \tag{4-30}$$

在上式中如果 k 值在$[0, f_s/2]$间有连续值，频率间隔 $1/(NT)$ 又足够小的话，频率 f 可在$[0, f_s/2]$的区间中选取任意值。加 Hanning 窗后的离散序列是满足这个条件的。

用两分法搜索极值的步骤如下：首先确定一个频率搜索的范围，设频率下限为 f_-，频率上限为 f_+，将此上下限值代入式(4-30)，求出 $X(f_-)$ 和 $X(f_+)$；以 $f_m = 0.5 \cdot (f_- + f_+)$ 代替 f_- 与 f_+ 中幅值比较小的一个，这时极值必然在新的区间内，而且这个新区间比原来的区间小一半。如此经过多次迭代，极值便可以很快求出。对于样本数目小的序列，迭代的效率是非常高的。

为了校验两分法的精度和有效性，选择一个模拟信号作为例子：

$$x = 25\sin(2\pi \times 77.2 \cdot t + 68 \times \pi/180)$$

采样频率为 2000Hz。校正结果如下表所示：

表 4-1　频谱插值结果

	实际值	两分法	内插法	两分法＋10%噪声	内插法＋10%噪声
频率/Hz	77.2000	77.2104	77.1352	77.2273	77.0937
幅值/mV	25.0000	24.9865	24.9768	24.9775	24.9463
相位/度	68.0000	68.0001	69.0172	67.3006	69.5554

实践证明,用两分法校正误差具有如下优点:在处理短数据时其精度比内插法为高,计算的复杂性二者几乎相同,两分法的校正精度还不随采用的窗函数改变,这种方法对噪声不敏感,具有宏观性。

4.6 信号的频谱分析

4.6.1 确定性信号的傅里叶谱分析

对确定性信号进行傅里叶谱分析,实质是对信号进行时域到频域的转换。确定性信号的谱分析,只需对其中的任意一个信号样本进行傅里叶变换,不必进行平均运算。对于确定性信号 x_n 的傅里叶谱 X_m 是复数,它包含实频、虚频或幅频、相频等信息。工程中为了方便起见,常采用以下几种表示方法。

(1) 实频特性及虚频特性表示

将 X_m 写成 $X_m = X_{mR} + jX_{mI}$ 的形式。其中,X_{mR} 为 X_m 的实部,称为实频图,X_{mI} 为 X_m 的虚部,称为虚频图。

(2) 幅频特性及相频特性表示

将 X_m 写成 $X_m = A_m e^{j\phi_m}$ 的形式。其中,A_m 为 X_m 的幅值,称为幅频图,ϕ_m 为 X_m 的相位,称为相频图。

(3) 幅、相频率特性或奈魁斯特图表示

将 X_m 视为极坐标中的一矢量,用此矢量端点随频率 m 而变化的轨迹来表示 X_m 的方法,称为 X_m 的幅、相频率特性或奈魁斯特表示法。这样的矢端轨迹曲线,称为幅、相频率特性曲线或奈魁斯特图。显然,端轨迹上任意一点均综合反映了 X_m 的实频、虚频及幅频相频信息。

傅里叶谱的幅值信息,根据应用的场合不同,也有三种不同的表示方法。

(1) 幅值谱 A_m。它是 X_m 的模,即 $A_m = |X_m|$。幅值谱客观地反映了信号 X_m 中各频率分量的实际贡献,并同等地看待它们对信号的重要性,因而是一种等权(权重均为 1)谱。

(2) 均方谱 S_m。它是用 X_m 的幅值平方表表示的,即 $S_m = A_m^2 = |X_m|^2$。它对贡献大的频率分量加大权,贡献小的频率分量加小权,突出主要矛盾。显然,这是一种变权谱,且权重为每个频率分量的幅值本身。

(3) 对数谱 L_m。X_m 的对数谱,定义为 $L_m = \ln A_m = \ln|X_m|$。它对贡献小的频率分量加大权,而对贡献大的频率分量加小权,突出次要矛盾。显然,这也是一种变权谱。

4.6.2 信号的功率谱分析

信号的功率谱分析分为自功率谱和互功率谱分析。自功率谱密度函数是自相关函数 $R_x(\tau)$ 的傅里叶变换，其定义为：

$$S(\omega) = \frac{1}{2\pi}\int_{-\infty}^{\infty} R_x(\tau)\mathrm{e}^{-\mathrm{j}\omega\tau}\mathrm{d}\tau \tag{4-31}$$

由自相关函数性质可知，对于均值为零的随机振动，当 $\tau\to\infty$ 时自相关函数趋于零。所以，$R_x(\tau)$ 满足绝对可积条件。同样，据傅里叶理论 $S(\omega)$ 的逆变换为 $R_x(\tau)$。

$$R_x(\tau) = \int_{-\infty}^{\infty} S(\omega)\mathrm{e}^{\mathrm{j}\omega\tau}\mathrm{d}\omega \tag{4-32}$$

当 $\tau=0$ 时可看出，函数 $S(\omega)$ 的物理意义为信号能量的度量。函数 $S(\omega)$ 沿频率轴的积分等于信号的均方值，因此 $S(\omega)$ 又称为均方谱密度函数。

$$R_x(0) = \Psi_x^2 = \int_{-\infty}^{\infty} S(\omega)\mathrm{d}\omega \tag{4-33}$$

由于 ω 可取正值，也可取负值，所以 $S(\omega)$ 又称为双边功率谱。实际中常用单边功率谱，单边功率谱的定义为：

$$\begin{cases} G(\omega) = 2S(\omega) & (\omega > 0) \\ G(\omega) = 0 & (\omega < 0) \end{cases} \tag{4-34}$$

与自功率谱密度函数相似，两组随机信号的互谱密度函数定义为互相关函数的傅里叶变换：

$$S_{xy}(\omega) = \frac{1}{2\pi}\int_{-\infty}^{\infty} R_{xy}(\tau)\mathrm{e}^{-\mathrm{j}\omega\tau}\mathrm{d}\tau \tag{4-35}$$

相应的逆变换为：

$$R_{xy}(\tau) = \int_{-\infty}^{\infty} S_{xy}(\omega)\mathrm{e}^{\mathrm{j}\omega\tau}\mathrm{d}\omega \tag{4-36}$$

同样，单边互谱密度函数可定义为：

$$\begin{cases} G_{xy}(\omega) = 2S_{xy}(\omega) & (\omega > 0) \\ G_{xy}(\omega) = 0 & (\omega < 0) \end{cases} \tag{4-37}$$

由于互谱密度函数是复函数，所以又可写成：

$$G_{xy}(\omega) = |G_{xy}(\omega)|\,\mathrm{e}^{-\mathrm{j}\theta_{xy}(\omega)} = C_{xy}(\omega) - \mathrm{j}\theta_{xy}(\omega) \tag{4-38}$$

其中，$G_{xy}(\omega)$ 称为（单边）共谱、协谱或余谱，$\theta_{xy}(\omega)$ 称为（单边）正交谱、方谱或重谱。

4.6.3 信号的相干分析

相干函数(或凝聚函数)分析建立在平稳机械信号自功率谱密度函数和互功率谱密度函数之上。相干函数的定义如下:

$$\gamma_{xy}^2(f)=\frac{|S_{xy}(f)|^2}{S_x(f)S_y(f)} \qquad 0\leqslant\gamma_{xy}^2(f)\leqslant 1 \tag{4-39}$$

相干函数不同于时域中的相关函数,是频率的函数。它在频域内描述信号 $x(t)$和 $y(t)$的相关性。$\gamma_{xy}^2(f)$具有明确的物理意义,它反映了信号 $y(t)$中频率为 f 的分量在多大数量上来源于信号 $x(t)$。当 $\gamma_{xy}^2(f)=1$,说明信号 $y(t)$频率为 f 的分量完全来源于信号 $x(t)$,称为全相干。此时计算出的 $S_{xy}(f)$及 $y(t)$与 $x(t)$之间的传递函数 $H(f)$完全可信;当 $\gamma_{xy}^2(f)=0$,说明信号 $y(t)$和 $x(t)$关于频率为 f 的分量完全不相干,是统计独立的。此时计算的 $S_{xy}(f)$和 $H(f)$毫无意义。因此在用相关辨识方法测算系统传递函数时,总要同时计算相干函数。

一般情况下相干函数 $\gamma_{xy}^2(f)$取值在 0~1 之间,其原因有以下四种:

(1) 测量中存在外部噪声;

(2) 谱估计中存在分辨率偏差;

(3) 系统是非线性的;

(4) 除了输入信号 $x(t)$之外还有其它输入。对线性系统可理解为在各频率处信号 $y(t)$有一部分来源于信号 $x(t)$,而其余则来源于其它的信号源或外界噪声的干扰。另外需要注意的是,如果输入的平稳随机信号其均值不等于零,在求$\gamma_{xy}^2(f)$时还需要进行零均值化处理。

4.7 频谱分析的应用

频谱分析在机械故障诊断中有很多重要的应用。频谱分析可用来确定机械动态信号的频率组成和频率结构,进而可实现对机械故障的判断和分析。如对铁路桥梁墩台基础冲刷的分析判断,根据自谱的变化来判断大型设备、飞机、火箭、汽轮机以及火车、汽车发动机、变速箱等故障的发生及原因。互功率谱分析可用于测量系统的传递函数、信号的滞后时间等。相干函数可以用于判断系统输出与某特定输入的相关程度、谱估计和系统动态特性(传递函数)测量精度的估计等。下面是频谱分析的一些应用实例。

例 4-1 用谱分析技术监视磨床砂轮的平衡状态,测试原理如图 4-10 所示。

对于一定的砂轮转速,砂轮不平衡的离心惯性力所引起的机床振动的频率成分在频谱图上的位置是一定的,于是根据这一位置上谱线幅值的变化,即可查知砂

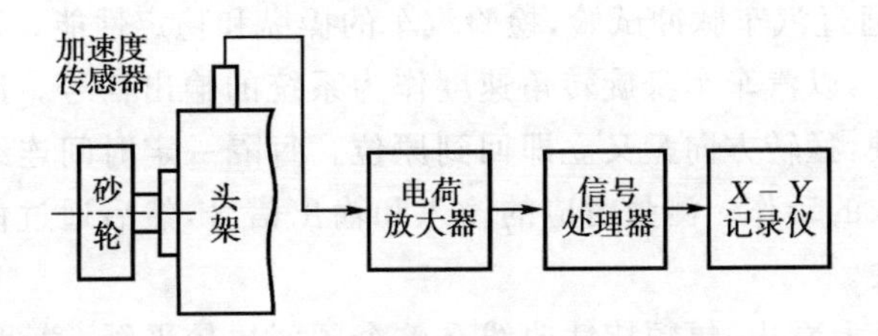

图 4－10　磨床砂轮平衡状态监测系统

轮的平衡状态变化情况。

例 4－2　应用功率谱监视齿轮运转情况。图 4－11(a)为齿轮空载时的振动功率谱图,图中包括了由于旋转引起的 40Hz、80Hz 和 120Hz 为三个主要频率。图 4－11(b)是负载为 5.7kg·m 时的振动频谱,图中增加了因齿轮啮合引起的 250Hz,280Hz 等几个谱峰。图 4－11(c)是负载为 17.1kg·m 时的振动频谱,图上齿轮啮合引起的频率 250Hz 和 280Hz 的谱峰增大了。因此,通过频谱变化可以反映机械状态的变化。

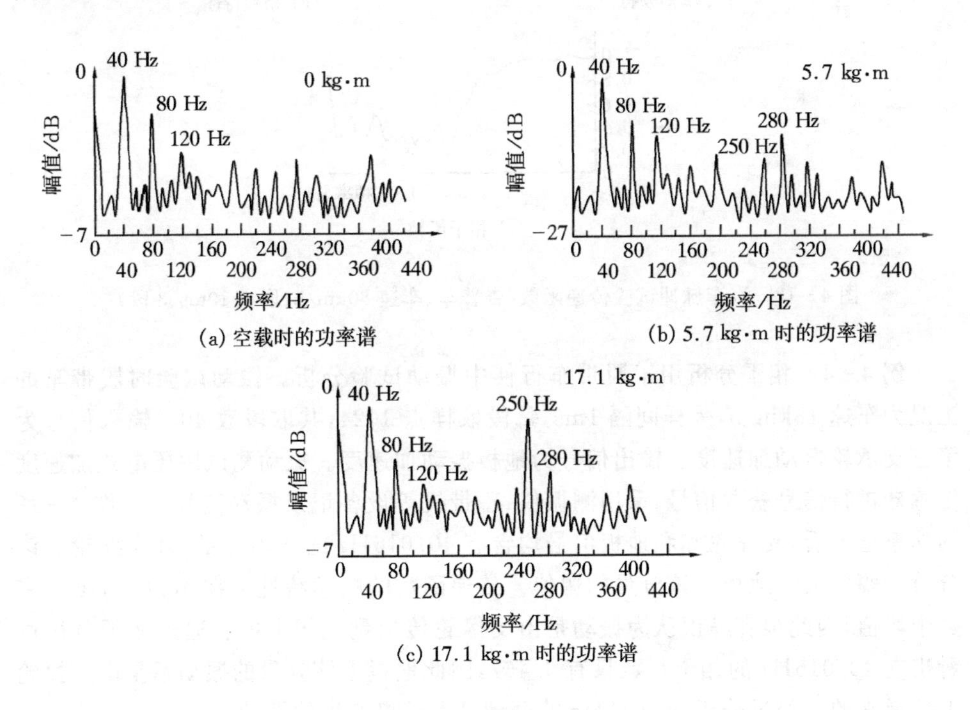

(a) 空载时的功率谱

(b) 5.7 kg·m 时的功率谱

(c) 17.1 kg·m 时的功率谱

图 4－11　齿轮箱的振动功率谱

例 4-3 通过汽车脉冲试验，检验汽车的操纵和稳定性能。试验以方向盘转角作为输入信号，以汽车车身旋转角速度作为系统的输出信号。试验时汽车以一定车速直线行驶，猛转方向盘又立即回到原位。每隔一定时间连续重复这种脉冲方向盘转角输入的动作。测量对应的输入和输出信号，然后通过信号处理计算出幅频和相频特性。

从图 4-12 上看出，幅频特性曲线在整个频区比较平缓，说明幅频特性较好。如果曲线上有很高的尖峰起伏，则说明汽车在这些频率点上过于敏感，不好驾驶。同时，若相频特性的相位差较大，则汽车反应迟纯或发飘，也不好驾驶。因此，脉冲试验传递函数的分析结果可以反映汽车的操纵、稳定性等动力特性。

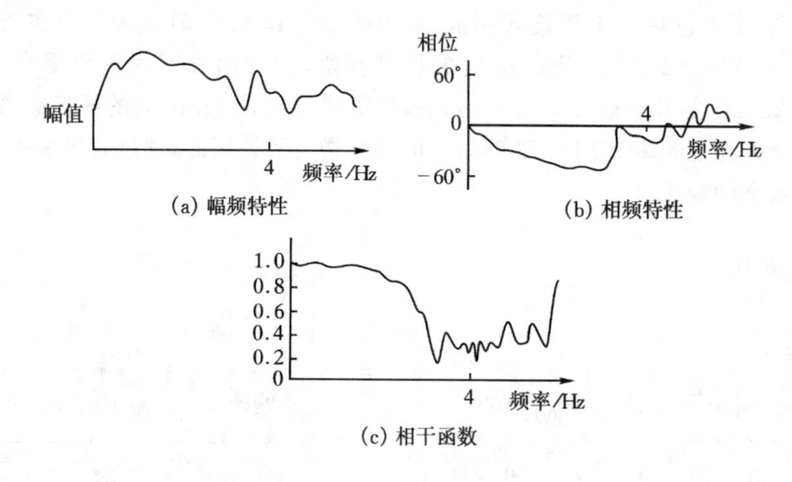

(a) 幅频特性　(b) 相频特性

(c) 相干函数

图 4-12 汽车脉冲试验传递函数(吉普车、车速 80km/h、取样 10ms、3 段)

例 4-4 相干分析用于履带车行使中振动试验分析。振动试验时履带车的工况为车速 18km/h，采样间隔 1ms，每段取样点 1024，共取段数 40。输入信号为第三支承轮振动加速度。输出信号为地板振动加速度。振动测试用压电式加速度传感器进行信号获取信号，采用测振仪、磁带机等设备记录振动信号。从图 4-13 的功率谱上看，支撑轮和和地板信号均含有 40.016Hz 的振动分量，且支撑轮上该分量的幅值大于地板上该分量的幅值。传递函数的幅频特性上在 40.016Hz 也有一个峰值，因此很容易误认为振动是由支撑轮传递到地板上的。通过相干分析可看出在 40.016Hz 的相干系数只有 0.467，因此地板上该分量的振动不是由支撑轮上传递来的。经过分析 40.016Hz 的振动是发动机产生的振动。

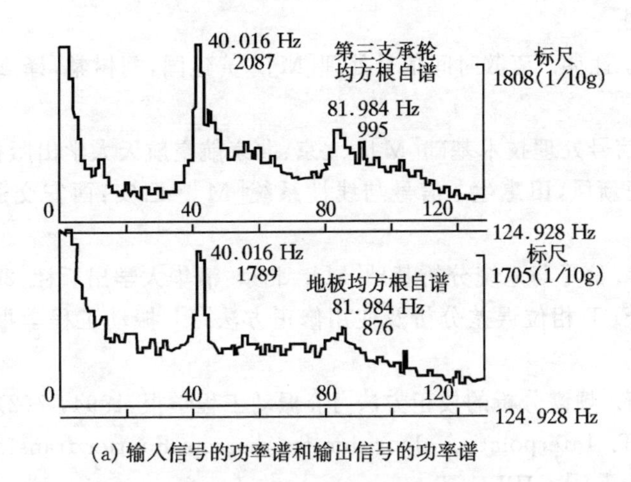

(a) 输入信号的功率谱和输出信号的功率谱

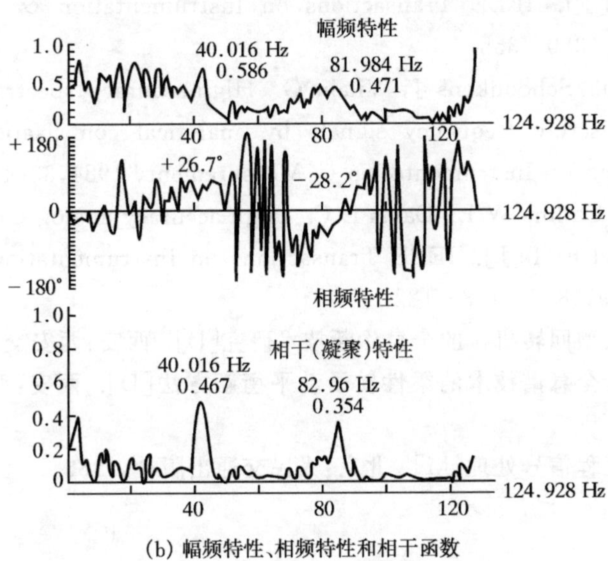

(b) 幅频特性、相频特性和相干函数

图 4-13　履带车行使中振动试验

参考文献

1. Openham A V, Willsky A S. 信号与系统:第 2 版[M]. 刘树堂,译. 西安:西安交通大学出版社,1998. 3.
2. 卢文祥,杜润生. 机械工程测试・信息・信号分析[M]. 武汉:华中理工大学出版社,1990.

3. 奥本海姆,谢弗. 离散时间信号处理[M]. 黄建国,刘树棠,译. 北京:科学出版社,1998.
4. 周浩敏. 信号处理技术基础[M]. 北京:北京航空航天大学出版社,2001.
5. 阎鸿森,王新凤,田惠生. 信号与线性系统[M]. 西安:西安交通大学出版社,1999.
6. 姜建国,等. 信号与系统分析基础[M]. 北京:清华大学出版社,2006.
7. 黄迪山. FFT相位误差分析及使用修正方法[J]. 振动工程学报,1994, 7(2): 185-189.
8. 谢明,丁康. 频谱分析的校正方法[J]. 振动工程学报,1994, 7(2): 172-179.
9. Grandke T. Interpolation algorithm for discrete Fourier transforms of weighted signals [J]. IEEE Transactions on Instrumentation & Measurement, 1983,32(2): 350-355.
10. Renders H, Schooukens J, Vilain G. High-accuracy spectrum analysis of sampled discrete frequency signals by analytical comensation [J]. IEEE Transactions on Instrumentation & Measurement, 1984,33(4): 287-292.
11. Jian V K, Collins W L, Davis D C. High-accuracy analog measurement via interpolated FFT[J]. IEEE Transactions on Instrumentation & Measurement, 1979,28(2):113-122.
12. 史东锋. 大型回转机械的全息诊断技术研究[D]. 西安:西安交通大学,1998.
13. 刘石. 基于全息谱技术的柔性转子动平衡新方法[D]. 西安:西安交通大学,2005.
14. 黄世霖. 工程信号处理[M]. 北京:人民交通出版社,1986.

第5章 信号的时频分析

傅里叶变换对于提取信号的频域特征是很有效的,然而对于时变信号来说,傅里叶变换不能反映信号频率随时间变化的规律,它描述的只是信号的统计频率特性。能够描述信号的时变频率特性的方法叫做时频分析方法。

1946年Dennis Gabor在《通讯理论》一文中系统地总结了短时傅里叶分析,也叫做加窗傅里叶分析方法,开创了时频分析这一新领域。1948年J. Ville在信号分析中引入了维格纳(Wigner)分布,这种分布是E. Wigner1932年在研究量子理论时提出来的。1980年Classen和Mecklenbräuker系统地论述了维格纳分布作为时频分析工具的理论和应用。

1980年代后期,小波理论出现为时频分析开创了一个新领域。小波函数具有良好的时频定位特性,信号的小波变换是对于信号的时间-频带分解。小波变换的时-频窗口与短时傅里叶变换不同。短时傅里叶变换的分辨率在整个时频平面上是不变的,而小波变换的分辨率是随着尺度的改变而改变的,在低频带时间分辨率低而频率分辨率高,在高频带时间分辨率高而频率分辨率低。对于许多类型的信号来说,这种变化的分辨率能更好地反映信号的特征。然而小波分析的时频窗口在时频平面上的排列也是一种固定的形式,因此与短时傅里叶变换一样也缺乏对于信号的适应性。为了解决这一问题,Wichhauser提出了小波包分析方法,这是一种能够根据信号的特征自动调整分辨率的分析方法,更加适合对时变信号的分析。本章首先介绍时频分析的基本概念,然后对时频分析中常用的主要方法加以介绍。

5.1 时频分析的基本概念

5.1.1 信号的时频表示

待分析信号 $f(t)$ 通常是时域信号,时频分析的目的就是要确定信号在某一时刻所具有的频率成分。需要注意的是,我们这里所说的并不是指信号的瞬时频率,而是指信号频率的分布特性。

信号的瞬时频率指的是信号在某一时刻的变化率。瞬时频率是这样定义的:

对于信号 $f(t)$ 作希尔伯特变换 $g(t)=f(t)*\dfrac{1}{\pi t}$，得到复信号 $z(t)=f(t)+\mathrm{i}\cdot g(t)$。

定义信号 $f(t)$ 的瞬时相位为 $z(t)$ 的幅角 $\theta(t)=\arg[z(t)]$，则信号的瞬时频率为 θ 的导数：$\mu(t)=\dfrac{\mathrm{d}\theta}{\mathrm{d}t}$。

信号的瞬时频率是对于信号在某一时刻变化速率的描述，是假设信号在任何时刻都只具有单一频率，因而瞬时频率并不是我们所要讨论的时频分析。要讨论时频分析方法，首先要了解信号的时域表示和频域表示。

设时间 τ 处的单位脉冲函数为 $\delta_\tau(t)=\delta(t-\tau)$，$\delta_\tau(t)$ 是内积空间的标准正交基，信号 $f(t)$ 可以表示为它与 $\delta_\tau(t)$ 的内积：

$$f(\tau)=\langle f(t),\delta_\tau(t)\rangle \tag{5-1}$$

也就是说时域信号可以看作是它本身在正交基 $\delta_\tau(t)$ 上的展开，这就是信号的时域表示。我们引入这种表示形式是为了与信号的频域表示相对照，以便更好地理解信号的时频表示。

设 ω 是复指数函数 $\mathrm{e}^{\mathrm{i}\omega t}$ 的频率，$\mathrm{e}^{\mathrm{i}\omega t}$ 也同样是内积空间的标准正交基。信号与 $\mathrm{e}^{\mathrm{i}\omega t}$ 的内积，或者说信号在正交基 $\mathrm{e}^{\mathrm{i}\omega t}$ 上的展开叫做信号的频域表示：

$$\hat{f}(\omega)=\langle f(t),\mathrm{e}^{\mathrm{i}\omega t}\rangle \tag{5-2}$$

这个表达式也就是傅里叶变换的内积形式。可以看出信号的时域表示和频域表示是它在不同正交基上的展开，而展开的结果取决于正交基的特性。

我们比较一下两个基函数 $\delta_\tau(t)$ 和 $\mathrm{e}^{\mathrm{i}\omega t}$，它们在时域和频域上各有不同的特点。$\delta_\tau(t)$ 在时域上集中于一点 τ，而在整个频域 ω 上幅值均为 1，即 $|\hat{\delta}_\tau(\omega)|=1$。也就是说，$\delta$ 函数在时域有极高的分辨率，而不具有频域分辨能力。时域信号作为它本身在 δ 函数上的展开具有同样的特点。

相反，基函数 $\mathrm{e}^{\mathrm{i}\omega t}$ 分布在整个时间轴上，即 $|\mathrm{e}^{\mathrm{i}\omega t}|=1$，而在频域却集中于一点 ω，即 $(\mathrm{e}^{\mathrm{i}\omega t})^\wedge=\hat{\delta}(\Omega-\omega)$。也就是说 $\mathrm{e}^{\mathrm{i}\omega t}$ 函数具有极高的频率分辨率而缺乏时域分辨能力。因而信号的傅里叶变换 $\hat{f}(\omega)$ 作为信号在正交基 $\mathrm{e}^{\mathrm{i}\omega t}$ 上的展开虽有很高的频率分辨率，却失去了所有的时域信息。

由此看来，如果能够找到一个这样的正交基，它的基函数在时域和频域都集中在很小的范围内，或者说在时域和频域都具有良好的局部化特征，那么信号在这样的正交基上展开，就可以同时显示信号的时域和频域特征了。我们把这样的基函数称为窗函数，信号在窗函数上的展开称为信号的时频表示。

5.1.2 相平面、窗口和测不准原理

1. 相平面

相平面是指由时间轴和频率轴构成的一个二维平面。这个平面并不用来表示频率与时间的函数关系，例如前述的瞬时频率，其所在的平面不是相平面。相平面是一种状态平面，信号的时频表示布满整个相平面，相平面中的每一个点都有一个对应的状态值。

如前所述，窗函数是一个在时域和频域上都具有良好局部化特征的函数。如果它在时域上集中于某一点 τ 附近，在频域上集中于某一点 ω 附近，我们把它记为 $g_{\omega\tau}(t)$。信号 $f(t)$ 在窗函数 $g_{\omega\tau}(t)$ 上的展开 $\langle f(t), g_{\omega\tau}(t)\rangle$ 表明了信号在相平面上 (τ,ω) 这一点的状态。

2. 窗口

如果窗函数 $g_{\omega\tau}(t)$ 在时域上集中于的邻域 $[\tau-\delta,\tau+\delta]$ 之内，同时在频域上集中于 ω 的邻域 $[\omega-\varepsilon,\omega+\varepsilon]$ 之内，那么我们就把相平面上这一矩形区域称为窗函数的窗口，δ 称为窗口的时宽，ε 称为窗口的频宽。

以上只是对于窗口的一种直观的解释，实际上任何函数都不可能同时在时域和频域都是有限长的。如果某个函数在时域(频域)是有限长的，那么它在频域(时域)必然是无限长的。因此对于窗宽必须给出定义，一种比较实用的定义是能量矩密度定义。

如果窗函数的中心在相平面上一点 (t_0,ω_0)，这样的窗函数称为单窗函数。中心在 $(0,0)$ 点且 $\| g(t) \| =1$ 的窗函数称为标准窗函数，标准窗函数一定具有低通性质。一般的单窗函数通过一定的变换均可化为标准窗函数。窗函数化为标准窗函数后窗宽不变。

还有一类窗函数在频域上分别集中于 ω_0^- 和 ω_0^+ 两点，这一类窗函数称为双窗函数。双窗函数一般都是具有带通性质的，例如小波函数。

如果令 $\omega_0=\frac{1}{2}(\omega_0^- +\omega_0^+)$，那么双窗函数也可化为标准窗函数。

3. 测不准原理

窗口的宽度反映了窗函数的局部化特性，也直接影响了对信号进行时频分析的分辨率，因此希望窗宽越小越好。然而窗函数的时宽和频宽不可能同时取得任意小，它们之间存在着一定的制约关系，海森堡测不准原理说明了这种关系。

测不准原理：设窗函数 $g(t)$ 的时窗宽度和频窗宽度分别为 Δg 和 $\Delta\hat{g}$，则 $\Delta g\cdot\Delta\hat{g}\geqslant\frac{1}{2}$；若 $g(t)$ 为实函数，则仅当 $g(t)$ 为高斯函数时等号成立。

5.1.3 时频分析方法的分类

如前所述，时频分析就是将信号 f 在窗函数 g 上展开。这种展开是一种从一元函数到二元函数的变换，我们把 $f(t)$ 的这种变换记为 $f(t)\rightarrow T_f(t,\omega)$。从变换的性质来分，时频分析方法可以分为线性时频分析和非线性时频分析两大类。

(1) 线性时频分析方法

如果 a_1、a_2 为常数，信号 f 可以表示为：

$$f(t)=a_1 f_1(t)+a_2 f_2(t) \tag{5-3}$$

则有：

$$T_f(t,\omega)=a_1 T_{f_1}(t,\omega)+a_2 T_{f_2}(t,\omega) \tag{5-4}$$

那么 T_f 称为 f 的线性变换。两种最基本的线性变换是加窗傅里叶变换，也叫做短时傅里叶变换(STFT)和小波变换(WT)。

(2) 非线性时频分析方法

各种非线性时频分析方法都是为了改善时频分辨率而提出来的。尽管都受到海森堡测不准原理的制约，它们仍能在不同程度上改善分辨率。

非线性时频分析方法的种类很多，其中最常用的是二次时频分布。例如，维格纳分布、模糊函数(Ambiguous Function)、巴特沃斯(Butterworth)分布等。也有某些非线性时频分析方法不属于二次时频分析，如自适应星形高斯核分布、科恩(Cohen)非负分布和小波包等。

由于二次时频分析方法应用非常广泛，所以在这里对二次时频分析的特性做一些简要介绍。信号的二次时频表示通常可以看作相平面上信号的能量分布，或者说可以大致理解为信号在某一局部时刻的功率谱。如果我们把信号记为 $x(t)$，它的频域表示记为 $\hat{x}(f)$，这里 f 是频率：$f=2\pi\omega$。用 T^2 表示二次时频变换，信号 $x(t)$ 的二次时频变换就可以写为 $T_x^2(t,f)$；把信号的瞬时功率记为 $P_x(t)=|x(t)|^2$，信号的功率谱密度记为 $\hat{P}_x(f)=|\hat{x}(f)|^2$，则在理想情况下，二次时频分布与信号的瞬时功率和功率谱有如下关系：

$$\begin{cases}\int_R T_x^2(t,f)\mathrm{d}f=|\ x(t)\ |^2=P_x(t)\\ \int_R T_x^2(t,f)\mathrm{d}t=|\ \hat{x}(f)\ |^2=\hat{P}_x(f)\end{cases} \tag{5-5}$$

我们称满足此式的二次时频变换具有边缘特性。这一称呼源于概率论中的“边缘分布”，因为一维的瞬时功率 $P_x(t)$ 和功率谱密度 $\hat{P}_x(f)$ 可以看作是二次时频分布的边缘分布函数。

在理想情况下，信号的总能量 E_x 是 $T_x^2(t,f)$ 在整个相平面上的积分，即：

$$E_x=\iint_{R^2} T_x^2(t,f)\mathrm{d}t\mathrm{d}f=\int_R|\ x(t)\ |^2\mathrm{d}t=\int_R|\ \hat{x}(f)\ |^2\mathrm{d}f \tag{5-6}$$

并非所有的二次时频变换都具有边缘特性，但它们大致上都反映了信号的能量分布特点。例如，由加窗傅里叶变换的幅值平方得到的谱图 SPEC(Spectrogram)

$$\mathrm{SPEC}_x(\tau,\nu) = | T_x(\tau,\nu) |^2 \tag{5-7}$$

和由小波变换的幅值平方得到的尺度图 SCAL(Scalogram)

$$\mathrm{SCAL}_x(a,b) = | W_\Psi x(a,b) |^2 \tag{5-8}$$

以及声纳图(Sonagram)等等，均属于这一类二次时频变换。

(3) 二次叠加原理

二次时频变换不满足线性条件(5-4)，对于线性叠加信号 $x(t)=c_1x_1(t)+c_2x_2(t)$有如下的二次叠加原理：

$$T_x^2(t,f) = | c_1 |^2 T_{x_1}^2(t,f) + | c_2 |^2 T_{x_2}^2(t,f) + c_1\bar{c}_2 T_{x_1x_2}^2(t,f) + c_2\bar{c}_1 T_{x_2x_1}^2(t,f) \tag{5-9}$$

符号的上划线表示其共轭复数。其中 $T_{x_1}^2(t,f)$和 $T_{x_2}^2(t,f)$分别叫做两个信号分量 x_1 和 x_2 的自二次变换，而 $T_{x_1x_2}^2(t,f)$和 $T_{x_2x_1}^2(t,f)$叫做它们的互二次变换。互二次变换对 x_1 和 x_2 分别是线性的，或者说它们是双线性的。自变换项反映了信号的组成分量，是有用的信息。而互变换项是信号分量之间的交叉干扰，也叫做干涉项，是多余的信息。

公式(5-9)可以推广到 N 个线性叠加的信号 $x(t)=\sum_{k=1}^{N} c_k x_k(t)$。在 $x(t)$的二次时频变换 $T_x^2(t,f)$中共有 N 个自变换项$|c_k|^2 T_{x_k}^2(t,f)$，$k=1\sim N$。对于信号的任意两个分量 $c_ix_i(t)$和 $c_jx_j(t)$，$i\neq j$ 都有一个互变换项：$c_i\bar{c}_j T_{x_ix_j}^2(t,f)+c_j\bar{c}_i T_{x_jx_i}^2(t,f)$。因而共有 $C_N^2=N(N-1)/2$ 个互变换项。互变换项会造成对自变换项的干扰，而且它的数量与信号分量数目的平方成正比，严重时会使得信号难以辨识。在实际应用于时频分析时，一般都要对干扰项进行消除，目前已提出了许多消除干扰项的方法。但这里也同样受到测不准原理的制约，一般说来，时频分辨率高的方法交叉干扰也大，交叉干扰小的方法时频分辨率也低。

5.2 加窗傅里叶变换

加窗傅里叶变换属于线性时频变换，最早是由 Gabor 于 1946 年提出来的，因此也叫做 Gabor 变换。加窗傅里叶变换不仅是线性时频变换中最常用的一种，而且在一些其它时频分析中也会用到它的变形形式。

5.2.1 加窗傅里叶变换的基本概念

设 $g(t)$是一个标准单窗函数,令

$$g_{\tau\nu}(t) = g(t-\tau)\mathrm{e}^{\mathrm{i}\nu t} \quad \tau,\nu \in R \tag{5-10}$$

则 $g_{\tau\nu}(t)$是以(τ,ν)为中心的单窗函数,以下变换

$$T_f(\tau,\nu) = \langle f, g_{\tau\nu}\rangle = \int_R f(t)\,\overline{g(t-\tau)}\mathrm{e}^{-\mathrm{i}\nu t}\mathrm{d}t \tag{5-11}$$

叫做 $f(t)$的加窗傅里叶变换(式中上划线表示复共轭)。T_f 的频域表示为:

$$T_f(\tau,\nu) = \frac{1}{2\pi}\int_R \hat{f}(\omega)\,\overline{\hat{g}(\omega-\nu)}\mathrm{e}^{-\mathrm{i}(\nu-\omega)\tau}\mathrm{d}\omega \tag{5-12}$$

$g_{\tau\nu}(t)$是一个局部化的单窗函数,在时域上集中于区间$[\tau-\Delta g,\tau+\Delta g]$上,因而公式(5-11)的被积函数中的 $f(t)\overline{g(t-\tau)}$部分可以看作是用一个以 τ 为中心,宽度为 $2\Delta g$ 的窗口截取信号 $f(t)$的一部分。当 τ 移动时,信号的不同部分将被依次取入窗口,由公式(5-11),$T_f(\tau,\nu)$可以看作是窗内信号的傅里叶变换。窗口的时宽必然小于待分析信号的长度,从这个意义上讲,加窗傅里叶变换又叫做短时傅里叶变换(STFT)。当窗口依次移过所要分析的信号时,T_f 即可表示出不同时刻的频谱。以上解释见图 5-1 所示图形。

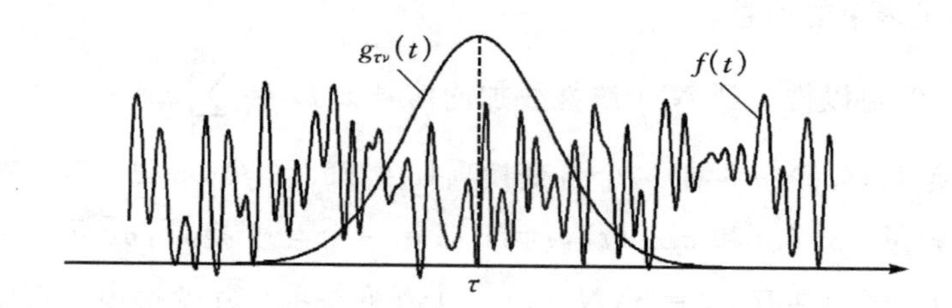

图 5-1 加窗傅里叶变换的移动窗表示

标准单窗函数 $g(t)$在频域上集中于$[-\Delta\hat{g},\Delta\hat{g}]$范围内,因此正如我们前面所说的,它是一个低通滤波器。在 $g_{\tau\nu}(t)$的表达式(5-10)中,$\mathrm{e}^{\mathrm{i}\nu t}$是一个频移因子。所以公式(5-11)还可以解释为将信号先进行频移 $f(t)\mathrm{e}^{-\mathrm{i}\nu t}$,然后再通过 $g(t)$进行低通滤波,从而得到在频率 ν 处的时域表示。这一解释可以用框图表示如下:

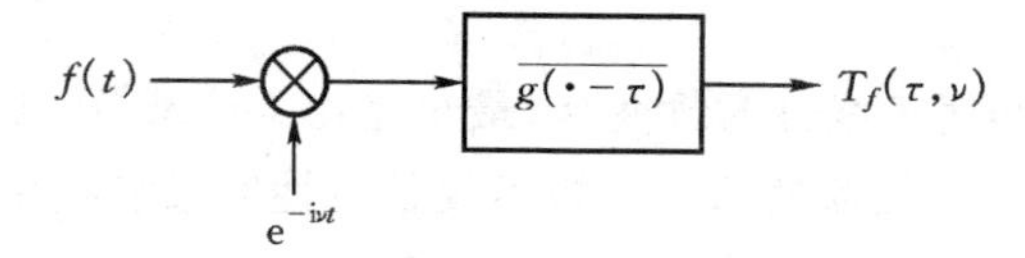

图 5-2 加窗傅里叶变换的滤波器表示

5.2.2 加窗傅里叶变换的特性

加窗傅里叶变换具有以下性质：

(1) 变换结果一般是复值二元函数。

(2) 频移不变性。设 $f_1(t)=f(t)\mathrm{e}^{\mathrm{i}\nu_0 t}$，则有：

$$T_{f_1}(\tau,\nu) = T_f(\tau,\nu-\nu_0) \tag{5-13}$$

(3) 时移线性相位特性。设 $f_1(t)=f(t-\tau_0)$，则有：

$$T_{f_1}(\tau,\nu) = T_f(\tau-\tau_0,\nu)\mathrm{e}^{-\mathrm{i}\tau_0\nu} \tag{5-14}$$

(4) 能量守恒特性

$$\| T_f \|_{2\times 2} = \| f \|_2 \tag{5-15}$$

(5) 相平面上的窗口特性

加窗傅里叶变换的窗口宽度是由窗函数的特性以及窗函数的长度所确定的。一旦窗函数确定下来，整个相平面上窗宽是保持不变的。也就是说，它的窗口在相平面上呈现为完全相等的矩形，如图 5－3 所示。

一般说来，当分析的数据总长度确定后，窗口的面积就确定了。所取的窗函数在时域上越长，频率分辨率越高，窗口呈宽扁的矩形；反之，若窗取得短，则时域分辨率高，频域分辨率差，窗口呈窄高的矩形。

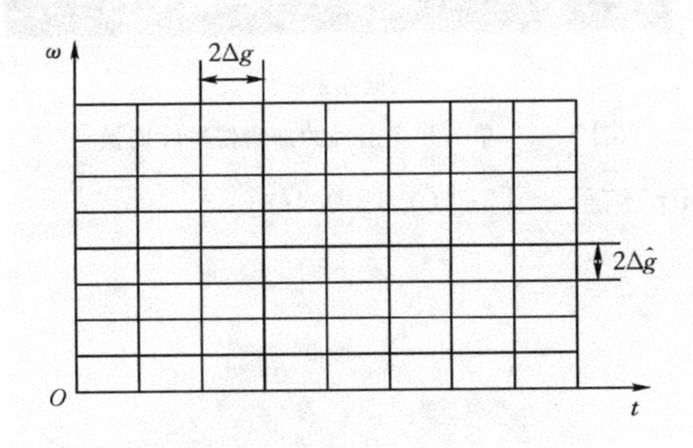

图 5－3 加窗傅里叶变换的窗口形状

(6) 存在逆变换

$$f(t) = \iint_R T_f(\tau,\nu)h(t-\tau)\mathrm{e}^{\mathrm{i}\nu t}\,\mathrm{d}\tau\mathrm{d}\nu \tag{5-16}$$

其中 $h(t-\tau)\mathrm{e}^{\mathrm{i}\nu t}=h_{\tau\nu}(t)$ 也是一个窗函数，称为合成窗。由于窗函数 $g_{\tau\nu}(t)$ 不构成 R^2 空间上的正交基，所以 $g_{\tau\nu}(t)\neq h_{\tau\nu}(t)$，而且 $g_{\tau\nu}(t)$ 对应的合成窗函数 $h_{\tau\nu}(t)$ 一般不是唯一的。

5.2.3 加窗傅里叶变换的分析实例

在实际应用中,可以选择不同的窗函数。常用的如高斯窗、哈明窗、海宁窗等,有时为了计算简单也可以直接用矩形窗。取不同的窗,分析效果是不同的,其中高斯窗具有最好的时频特性 $\Delta g \cdot \Delta\hat{g}=\frac{1}{2}$。以下给出一些典型信号的分析实例。所有数据的采样频率为 1600Hz,数据长度为 4096 采样点(2560ms),窗长 512 点。

(1) 单一频率信号 $\cos(2\pi ft)$,使用矩形窗,频率 $f=306\text{Hz}$。

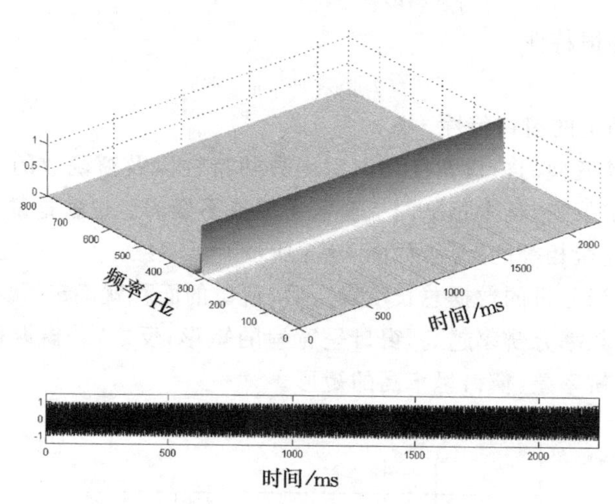

图 5-4 单一频率信号的加窗傅里叶变换

(2) 变频(Chirp)信号 $\cos[2\pi f(0.3+0.4t)]$。

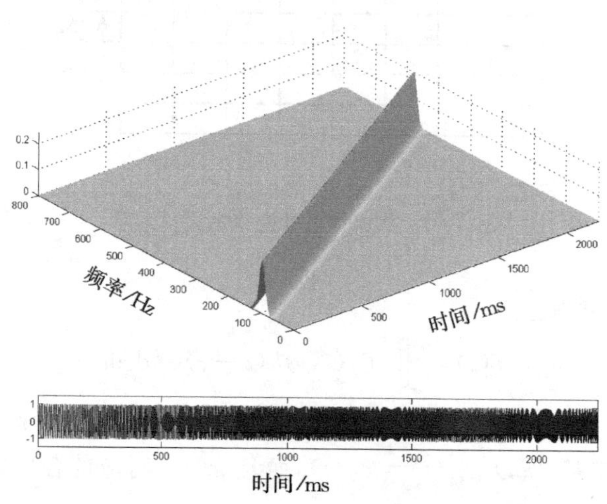

图 5-5 变频(Chirp)信号的加窗傅里叶变换

(3) 双变频(Chirp)信号 $\cos[2\pi f(0.3+0.4t)]+\cos[2\pi f(1.3-0.4t)]$。

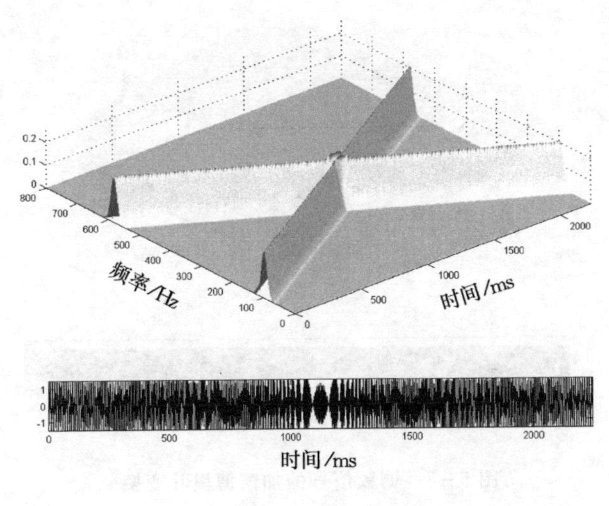

图 5-6　双变频信号的加窗傅里叶变换

(4) 调幅信号 $\cos(2\pi ft)[1+0.4\cos(2\pi f_a t)]$，使用高斯窗，频率 $f=300\text{Hz}$，$f_a=2.5\text{Hz}$。

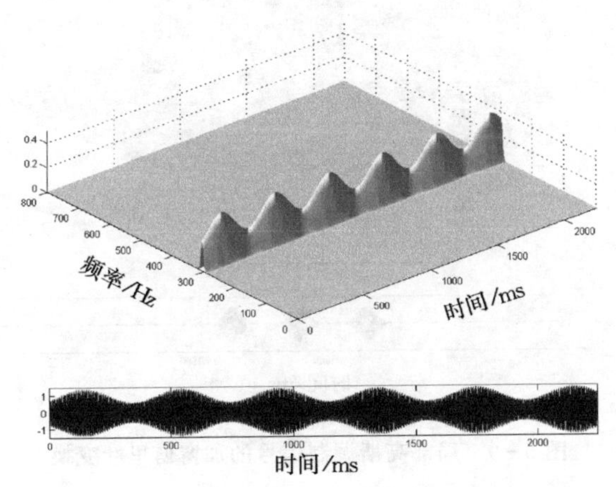

图 5-7　调幅信号的加窗傅里叶变换

(5) 调频信号 $\cos[2\pi ft+35\cos(2\pi f_a t)]$，使用高斯窗，频率 $f=300\text{Hz}$，$f_a=2.0\text{Hz}$。

(6) 信号，使用高斯窗，在不同时刻信号频率分别为 300Hz 和 550Hz。

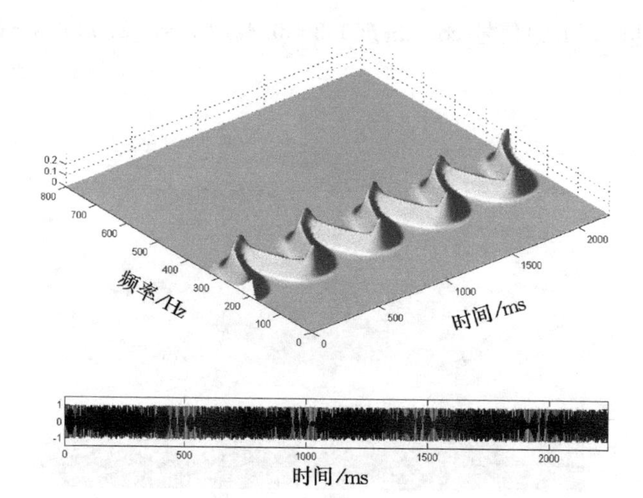

图 5-8　调频信号的加窗傅里叶变换

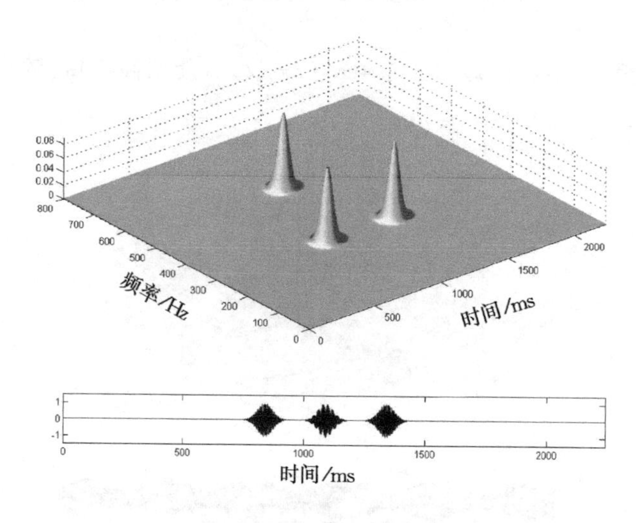

图 5-9　局部高斯调制信号的加窗傅里叶变换

5.3　小波变换

20 世纪初哈尔发现，如下函数 $H(x)=\begin{cases}-1, & -1/2\leqslant x<0\\ 1, & 0\leqslant x<1/2\end{cases}$ 的伸缩和平移系可以构成二维实数空间上的正交基。此后数学界一直认为除此以外，不存在其它

函数，尤其是不存在这样的连续函数，它的伸缩和平移系可以构成二维实数空间上的正交基。直到 20 世纪 80 年代中期，数学家与工程技术人员合作，发现了一大批具有如此特性的函数。由于这类函数在时域和频域都具有很好的局部化特性，所以被命名为小波函数。从此开辟了一个新的数学分析的领域，同时也为工程应用拓展了一片新的前景。

5.3.1　小波变换的基本概念

(1) 小波函数

简单说来，小波函数是在时域和频域上同时具有局部化特征的一类函数。

定义：设有函数 $\Psi(t)$，它的傅里叶变换为 $\hat{\Psi}(\omega)$，如果满足以下局部化条件(也叫做允许条件)：

$$\int_R |\Psi(x)|^2 |x|^{-1}\mathrm{d}x = \int_R |\hat{\Psi}(\omega)|^2 |\omega|^{-1}\mathrm{d}\omega < +\infty \tag{5-17}$$

则称 $\Psi(t)$ 为基本小波。

基本小波经过伸缩和平移形成的函数 $\Psi_{ab}(t)$ 叫做小波函数：

$$\Psi_{ab}(t) = |a|^{-\frac{1}{2}}\Psi\left(\frac{t-b}{a}\right) \tag{5-18}$$

其中，a 叫做尺度参数，b 叫做位置参数。

正如 5.1.2 节中所说，小波函数一般为双窗函数，窗口中心在 $(0,\omega_0^-)$ 和 $(0,\omega_0^+)$ 两点，也就是说它具有带通性质。以下是两种典型的基本小波以及它们的傅里叶变换，从频域可以看出它们的带通特点。

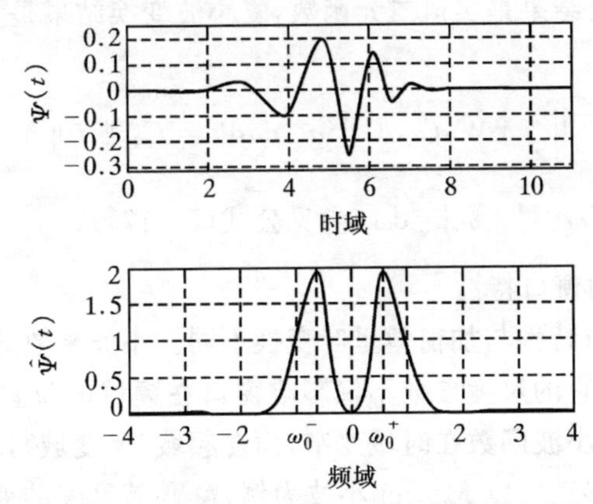

图 5 - 10　Daubechies 6 阶小波及其傅里叶变换

(2) 小波变换

信号 $f(t)$ 的小波变换就是它在小波函数上的展开：

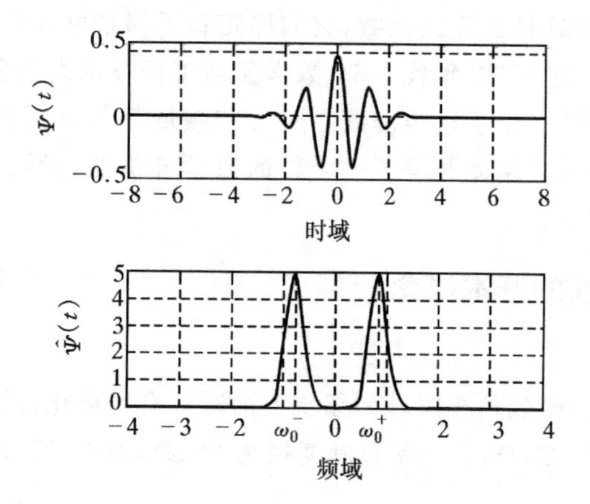

图 5 - 11 Morlet 小波及其傅里叶变换

$$W_f(a,b)=\langle f(t),\Psi_{ab}(t)\rangle=|a|^{-1/2}\int_R f(t)\,\overline{\Psi\left(\frac{t-b}{a}\right)}\mathrm{d}t \tag{5-19}$$

小波变换的频域表示：

$$W_f(a,b)=\frac{|a|^{1/2}}{2\pi}\int_R \hat{f}(\omega)\,\overline{\hat{\Psi}(a\omega)}\,\mathrm{e}^{ib\omega}\mathrm{d}\omega \tag{5-20}$$

5.3.2 小波变换的特性

小波变换具有以下性质：

(1) 实小波变换结果是实值二元函数，复小波变换结果是复值二元函数。

(2) 能量守恒：

$$\iint_{R^2}|W_f(a,b)|^2a^{-2}\mathrm{d}a\mathrm{d}b=C_\Psi\|f\|^2 \tag{5-21}$$

其中，$C_\Psi=\int_R|\hat{\Psi}(\omega)|^2|\omega|^{-1}\mathrm{d}\omega$（参见公式(5 - 17)）。

(3) 相平面上的窗口特性

小波函数的窗口特性与加窗傅里叶变换不同。小波函数的位置参数决定了它窗口的时域位置，而它的尺度参数不仅影响窗口在频域的位置也影响了窗口的形状。当尺度减小时，小波函数在时域变窄，而在频域(尺度域)，不仅窗宽增加，而且中心位置也向高频移动。以 Morlet 小波为例，窗宽随尺度的变化情况如图 5 - 12 所示。

因此对于小波变换，相平面上窗口的形状是变化的。大尺度时频率分辨率高，小尺度时时域分辨率高，如图 5 - 13 所示。

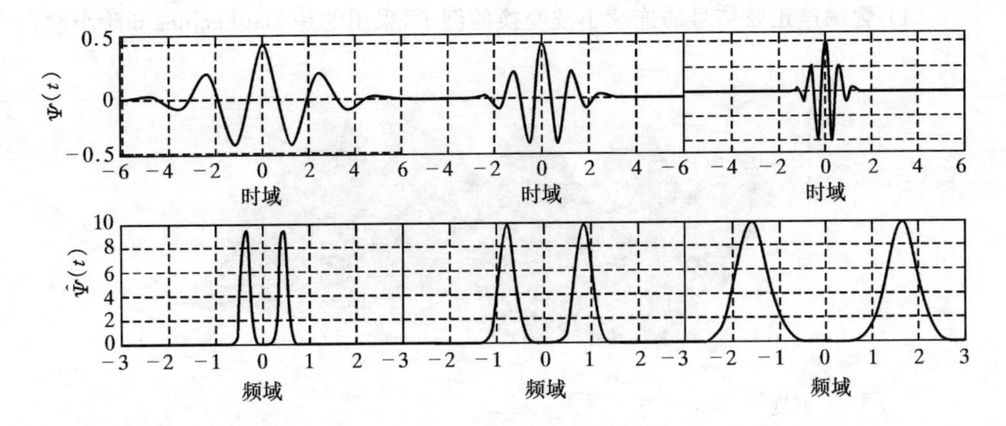

图 5－12　小波函数的伸缩及频域窗宽的变化

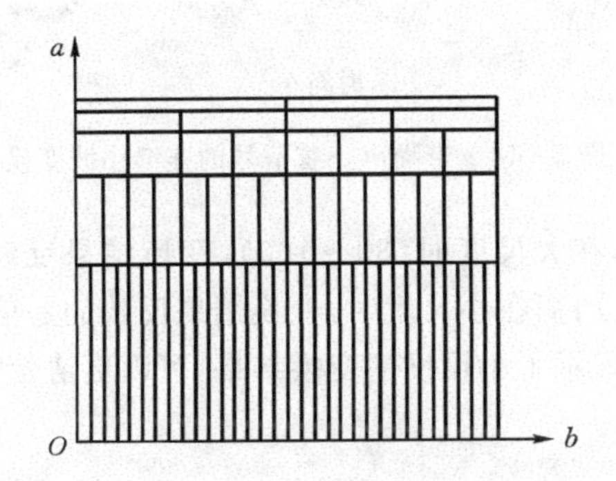

图 5－13　相平面上小波变换的窗口形状

由于分辨率不均匀，尺度 a 通常与频率不呈线性对应关系，所以在小波变换中我们通常称为尺度域而不称作频域，同样对 b 称为位置而不称为时间。

(4) 小波逆变换——信号重建

小波变换的逆变换为：

$$f(t) = C_{\Psi}^{-1}\iint_R W_f(a,b)\widetilde{\Psi}\left(\frac{t-b}{a}\right)a^{-2}\,\mathrm{d}a\mathrm{d}b \tag{5-22}$$

其中，$\widetilde{\Psi}$ 是小波函数的对偶。对于正交小波来说，它的对偶就是它本身。

5.3.3　连续小波变换的分析实例

在小波变换公式(5－19)中，如果令尺度参数和位置参数连续变化，那么我们得到的是连续小波变换。连续小波变换主要用于跟踪滤波、噪声控制和奇异性检测等场合。

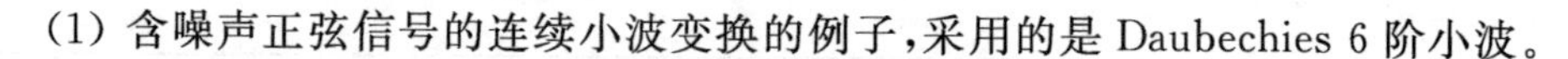

(1) 含噪声正弦信号的连续小波变换的例子，采用的是 Daubechies 6 阶小波。

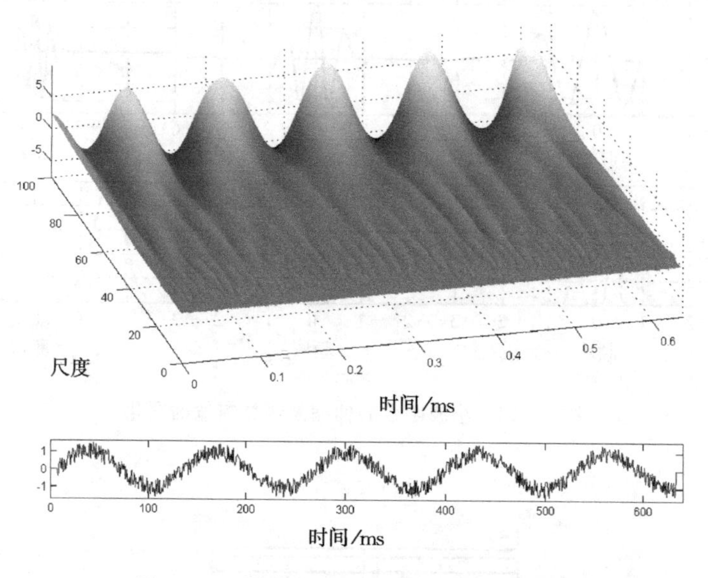

图 5 - 14　带噪声正弦信号的连续小波变换

从图中可以看出，在大尺度时(80～100)，变换结果反映的是信号的慢变(低频)部分，即正弦波成分；而在小尺度时，变换结果反映的是信号中快速变化(高频)的噪声部分。下图只显示了小尺度的变换结果，可以更清楚地看到噪声的影响。

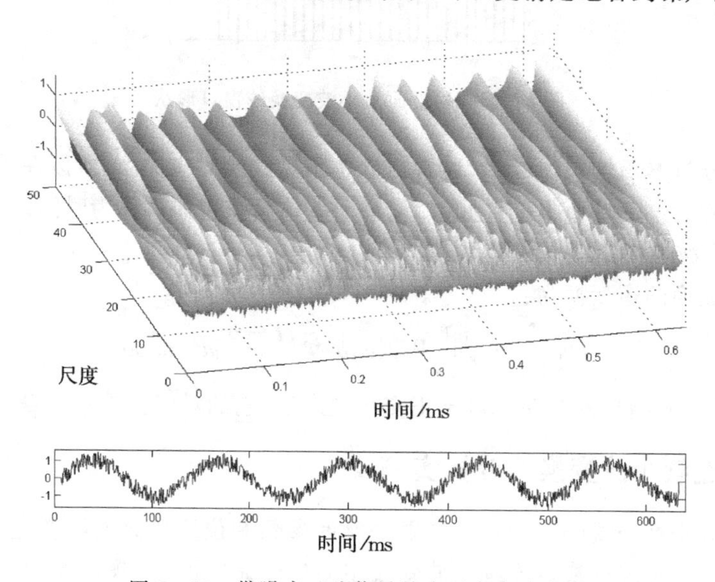

图 5 - 15　带噪声正弦信号的小尺度小波变换

(2) 奇异性检测

信号为一正弦波,它在较小的尺度下(1～20)小波变换基本为零。从中间的图中可以看出,除了两侧由于边缘效应外,其余部分全部为空白。如果信号中间部分产生一个微小的错位,相当于信号从这一点起相位滞后了1.4°,如图5-16中箭头所示。那么它的小波变换就会出现明显的变化,从最下面的图中可以看出这一变化。而该错位用其它方法是不易检测出来的。

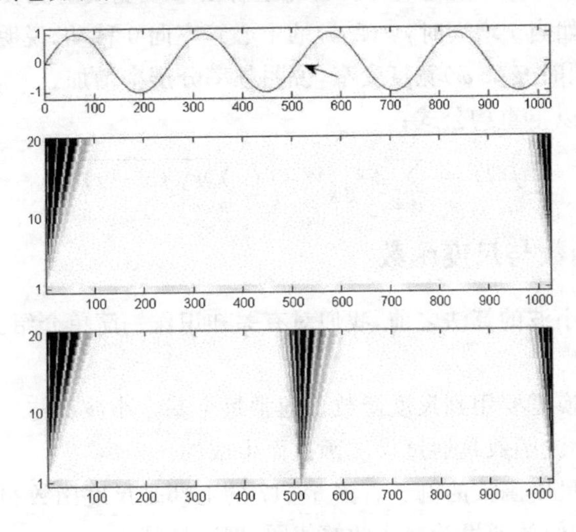

图5-16　小波变换检测信号突变点

5.4　离散小波变换

连续小波变换是冗余的变换,不仅计算量大,所占的存储空间也大。采用离散小波变换,可以在不损失信息的前提下,大大减少计算量和存储空间。

5.4.1　二进小波变换

离散小波变换通常是对尺度作二进离散化,即取 $a=2^j$,这里 j 是整数,记作 $j\in Z$。如果 $\Psi(t)$满足以下允许条件:

$$\sum_{j\in Z} |\hat{\Psi}(2^j\omega)|^2 = 1 \tag{5-23}$$

则 $\Psi(t)$称为基本二进小波,它的伸缩平移系 $\Psi_{2^j}(t-x)=2^{-j/2}\Psi\left(\frac{t-x}{2^j}\right)$称为二进小波。

二进小波变换定义为：

$$W_{2^j}f(x)=\langle f(t),\Psi_{2^j}(t)\rangle=2^{-j/2}\int_R f(t)\,\overline{\Psi\left(\frac{t-x}{2^j}\right)}\mathrm{d}t \tag{5-24}$$

对式(5-24)作傅里叶变换，得到

$$\hat{W}_{2^j}f(\omega)=2^{j/2}\,\hat{f}(\omega)\hat{\Psi}_{2^j}(\omega)=\hat{f}(\omega)\hat{\Psi}(2^j\omega) \tag{5-25}$$

$\Psi(t)$是带通滤波器，从此式可以明确地看出小波变换的滤波作用以及二进尺度j的作用。例如当j增大时，$\hat{\Psi}(2^j\omega)$的中心频率向0移动，说明变换结果反映信号的低频信息，同时$\hat{\Psi}(2^j\omega)$宽度变窄，说明频率分辨率增加。

二进小波有以下重构公式：

$$f(t)=\sum_{j\in Z}2^{-j}\int_R W_{2^j}f(x)\,\overline{\Psi_{2^j}(x-t)}\mathrm{d}x \tag{5-26}$$

5.4.2 小波函数与尺度函数

在介绍离散小波的算法之前，我们对有关知识作一简单介绍。

(1) 尺度函数

离散小波变换需要用到尺度函数。通常每个基本小波都与一个尺度函数相对应，甚至有许多小波函数是通过尺度函数而生成的。

以下是两个尺度函数的例子。图5-17的上部是尺度函数和对应小波函数的波形图，下部是它们的傅里叶变换的幅值图，即频域特性。

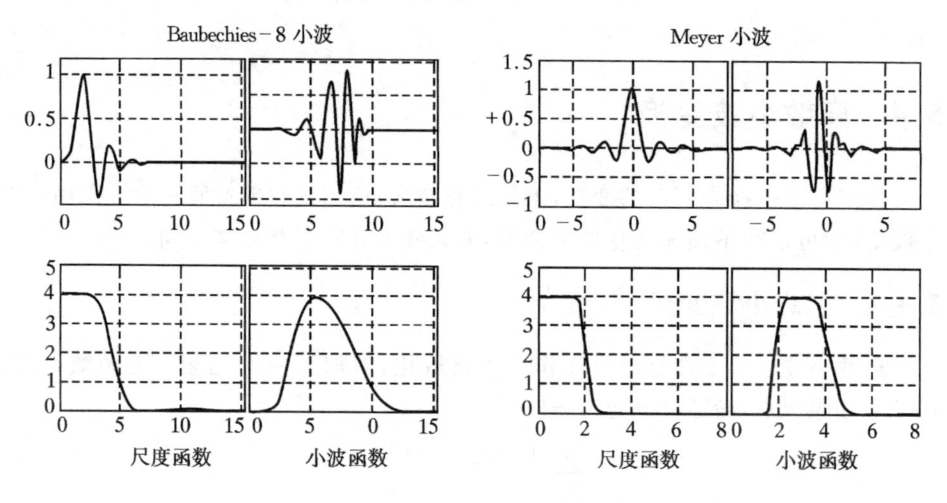

图5-17 尺度函数与小波函数

尺度函数与小波函数相反，它是一个低通滤波器，它与小波函数的关系通过频域观察可以了解得更清楚。我们已知道，当二进小波的尺度增大时(见图 5 - 12)，它的通带中心频率将下降，同时频带宽度减小，如图 5 - 18 所示。

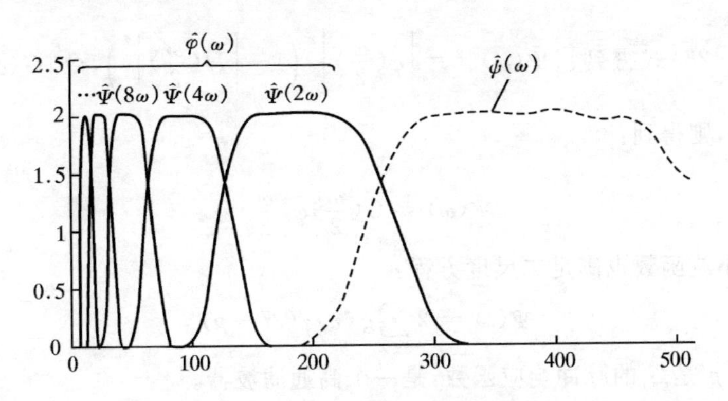

图 5 - 18 二进小波与尺度函数频域特性的关系

实际上当尺度不断增加时，我们把所有小波频域值相加，就得到一个低通滤波器的频域表示，这个低通滤波器就是尺度函数。也就是说，尺度函数有以下的频域表示：

$$|\hat{\varphi}(\omega)|^2=\sum_{j=1}^{\infty}|\hat{\Psi}(2^j\omega)|^2 \tag{5-27}$$

由此式可以得到：

$$|\hat{\Psi}(\omega)|^2=\left|\hat{\varphi}\left(\frac{\omega}{2}\right)\right|^2-|\hat{\varphi}(\omega)|^2 \tag{5-28}$$

可见，只要有一个尺度函数，就可以确定一个基本二进小波。

(2) 二尺度方程

尺度函数满足以下伸缩方程：

$$\varphi(t)=2\sum_{n\in Z}h(n)\varphi(2t-n) \tag{5-29}$$

也就是说尺度函数可以由比它小一级的尺度函数与函数 h 离散卷积得到，由于该方程反映了尺度函数之间的二倍伸缩关系，所以称之为二尺度方程。

(3) 共轭滤波器

由图 5 - 18 可以看出，大尺度的尺度函数在频域上占据了小尺度的尺度函数的低频部分，因此式(5 - 29)中的函数 h 实际是一个低通滤波器，对式(5 - 29)两边进行傅里叶变换，得到：

$$\hat{\varphi}(\omega)=H\left(\frac{\omega}{2}\right)\hat{\varphi}\left(\frac{\omega}{2}\right) \tag{5-30}$$

其中 $H(\omega)=\sum_{n}h(n)e^{-in\omega}$ 是函数 h 的频率响应。此式直接反映了函数 h 的低通滤波作用。

由(5－28)式得到：$|\hat{\Psi}(\omega)|^2=\left|\hat{\varphi}(\frac{\omega}{2})\right|^2\left(1-\left|H(\frac{\omega}{2})\right|^2\right)$，令 $|G(\omega)|^2=1-\left|H(\frac{\omega}{2})\right|^2$，则得到：

$$\hat{\Psi}(\omega)=G(\frac{\omega}{2})\hat{\varphi}(\frac{\omega}{2}) \tag{5-31}$$

因此小波函数也满足二尺度方程：

$$\Psi(t)=2\sum_{n\in Z}g(n)\varphi(2t-n) \tag{5-32}$$

其中，函数 g 是 G 的脉冲响应函数，是一个高通滤波器。

函数 g 和函数 h 是一对高低通滤波器，称为共轭滤波器，也叫做半带滤波器或镜像滤波器，它们满足

$$|G(\omega)|^2+|H(\omega)|^2=1 \tag{5-33}$$

共轭滤波器在离散小波变换中的作用很重要，它们不仅通过二尺度方程表达了小波和尺度函数的关系，而且是离散小波变换计算的基本元素。

5.4.3 离散二进小波变换——Mallat 算法

离散二进小波变换的算法是由 S. Mallat 提出来的，它在小波变换中的作用类似于快速傅里叶变换在傅里叶分析中的作用。它是一种无冗余的迭代算法，计算速度快，占用存储空间少，同时保存了信号原有的全部信息，因而可以通过逆变换完全恢复信号。

(1) Mallat 算法的基本概念

记 $\varphi_j(t)=2^{-j/2}\varphi(2^{-j}t)$，$\varphi_j(t)$ 的整数平移系构成了该尺度上的正交基。将信号在该正交基上展开，由于尺度函数的低通滤波作用，就得到了信号在该尺度上的近似值(Approximation)，即

$$A_j(n)=\langle f(t),\varphi_j(t-2^jn)\rangle \tag{5-34}$$

类似地，记 $\Psi_j(t)=2^{-j/2}\Psi(2^{-j}t)$，$\Psi_j(t)$ 的整数平移系也是该尺度上的正交基，同时 $\Psi_j(t)$ 与 $\varphi_j(t)$ 也相互正交。如果将信号在 $\Psi_j(t)$ 的整数平移系上展开，就得到了信号在该尺度上快速变化的信息，通常称之为细节(Detail)。

$$D_j(n)=\langle f(t),\Psi_j(t-2^jn)\rangle \tag{5-35}$$

(2) 递推算法

式(5－34)和式(5－35)的计算是很不方便的，S. Mallat 对此两式进行推导得到了以下递推算法。

$$\begin{cases} A_j(n)=\sqrt{2}\sum_{k\in Z}h(k-2n)A_{j-1}(k) \\ D_j(n)=\sqrt{2}\sum_{k\in Z}g(k-2n)A_{j-1}(k) \end{cases} \tag{5-36}$$

该算法所要处理的信号都是实际的连续信号 $f(t)$ 经过采样得到的离散的有限长度的信号 $f(n)$，我们认为该离散信号是实际的连续信号在该采样尺度上的最好的近似，因此算法的起始点为 $A_0(n)=f(n)$。

该算法仅对信号的近似部分进行处理，将信号在小尺度上的近似部分分解为大尺度上的近似系数和细节系数两部分，从而保留了信号的全部信息。同时我们看到，近似系数 A_j 不仅是 A_{j-1} 和 h 的卷积，而且是对计算结果进行了二抽一采样，或叫做隔点采样，因而计算结果的数据长度减少了一半。这样做是合理的，由于 h 的半带低通滤波作用，增大采样间隔不仅不会造成频率混淆，而是减少了数据冗余度。数据每分解一次都分解为两组，数据长度减少一半，数据总量保持不变。

该算法的计算过程可用图 5-19 表示：

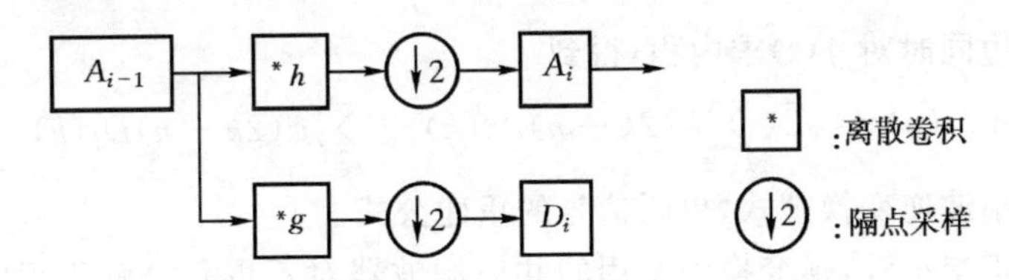

图 5-19 离散小波变换算法流程示意图

由于数据长度有限，分解到某一尺度后，继续分解将不会再提取出有效信息，这时就可以停止分解。分解的结果中除了各次分解得到的各尺度上的细节系数外，还包含最后一次分解结果中的近似系数。通常将分解结果的形态称为塔形结构，如图 5-20 所示。

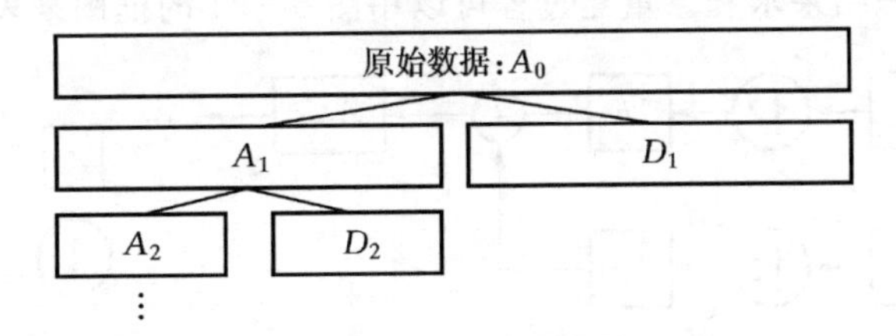

图 5-20 小波变换分解结果的塔形结构

(3) 边缘效应

在作离散卷积时，在数据两端，即 $n=1$ 和 $n=N$ 处由于数据截断会产生误差。

这种现象叫做边缘效应，它类似于傅里叶变换中的泄漏现象。为了减少边缘效应，可以采用以下方法。

① 周期延拓，即令：

$$A_0(n)=A_0(n+kN),\ k=\pm 1 \tag{5-37}$$

② 对称延拓

$$A_0(n)=\begin{cases}A_0(-n), & -N<n<0\\ A_0(2N-n), & N<n<2n\end{cases} \tag{5-38}$$

5.4.4 信号重建——二进小波逆变换

Mallat 算法是对信号的完备的、无冗余的分解，因而可以从结果重建原始信号。由于 $\Psi_j(t)$ 与 $\varphi_j(t)$ 相互正交，以下公式成立：

$$\varphi_{j-1}(t-2^{j-1}n)=\sqrt{2}\sum_{k\in Z}h(2k-n)\varphi_j(t-2^jk)+\sqrt{2}\sum_{k\in Z}g(2k-n)\Psi_j(t-2^jk) \tag{5-39}$$

公式两边同时对 $f(t)$ 求内积，得到

$$A_{j-1}(n)=\sqrt{2}(\sum_{k\in Z}h(2k-n)A_j(k)+\sum_{k\in Z}g(2k-n)D_j(k)) \tag{5-40}$$

这就是离散小波逆变换公式，也叫信号的重建公式。

对于非正交小波，逆变换中所用的共轭滤波器对不再是分解所用的共轭滤波器对 h 和 g，而是它们的对偶函数 h^* 和 g^*，它们满足：

$$H(\omega)H^*(\omega)+G(\omega)G^*(\omega)=1 \tag{5-41}$$

$$H(\omega+\pi)H^*(\omega)+G(\omega+\pi)G^*(\omega)=0 \tag{5-42}$$

逆变换公式仍为式(5-41)，只是用 h^* 和 g^* 代替式中的 h 和 g 即可。从式(5-41)可以看出，重建过程由以下步骤组成：首先对分解得到的近似系数 A_j 和细节系数 D_j 进行增 2 采样，即在每两个数之间插入一个零；然后分别与共轭滤波器卷积；最后对卷积结果求和。重建过程可以用图 5-21 的框图来表示。

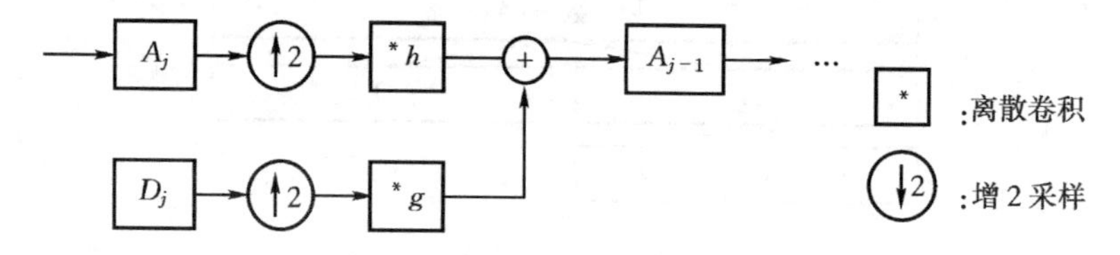

图 5-21 离散小波逆变换算法流程示意图

从理论上讲，信号的重建可以完全恢复信号。而在实际计算中，重建的信号与

原信号总是有误差的。如果不考虑有限字长引起的舍入误差,仅从计算过程来看,主要有以下两种误差:一是截断误差,例如正交样条小波的共轭滤波器是无限长的,实际计算中只能用有限长度,从而造成截断误差;二是边缘效应造成的误差。对于对称的滤波器,如果采用对称延拓,可以较好地抑制边缘效应。对于非对称的共轭滤波器,例如紧支集正交小波,即使采用对称延拓,由于在不同的尺度间对称性不能传递,使得边缘效应造成的误差较大。在实际应用中应针对不同的应用选取适当的小波。对于正交小波来说,要同时满足对称性和有限长度是不可能的,因而有时可以选择非正交小波,如 B 样条小波。如果选择适当,重建信号的信噪比可达 75dB 以上,完全满足一般的工程分析的要求。

5.4.5　二进小波变换的应用

(1) 多频率正弦信号的小波分解

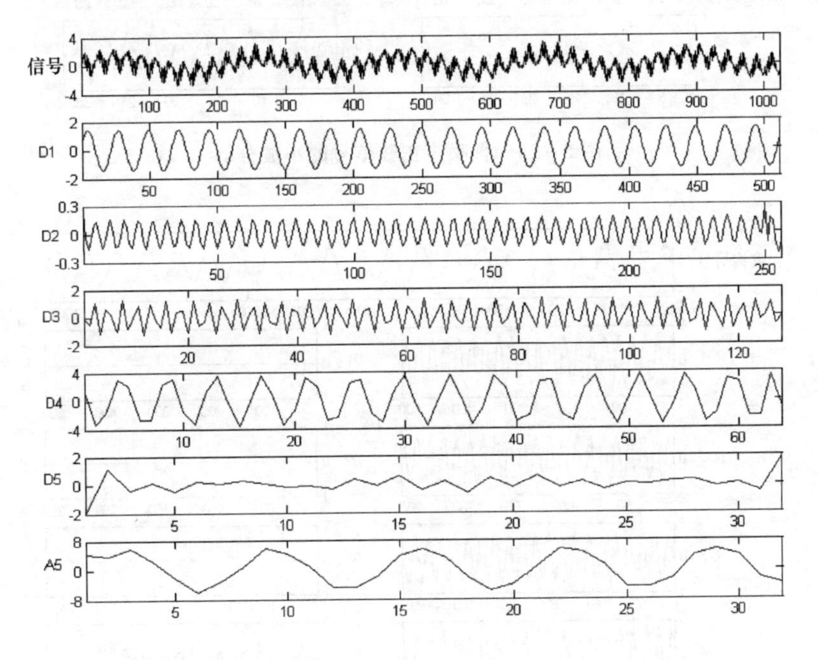

图 5－22　多个不同频率正弦信号的离散小波变换

(2) 信号的消噪

由于小波分解可以将信号按频带分离,因此可以在信号重构时将频率较高的噪声去除。下例就是一个有选择地进行信号重构,从而达到消噪目的的例子。消噪前信号的信噪比只有 1.7dB,消噪后信号的信噪比达到了 22dB。图 5－25 是消噪效果的对比图。

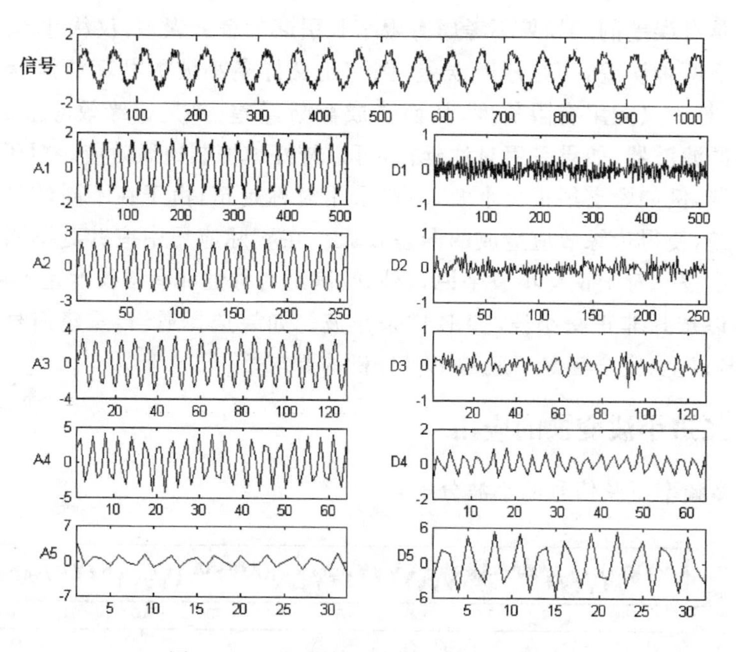

图 5-23 含噪声正弦信号的小波分解

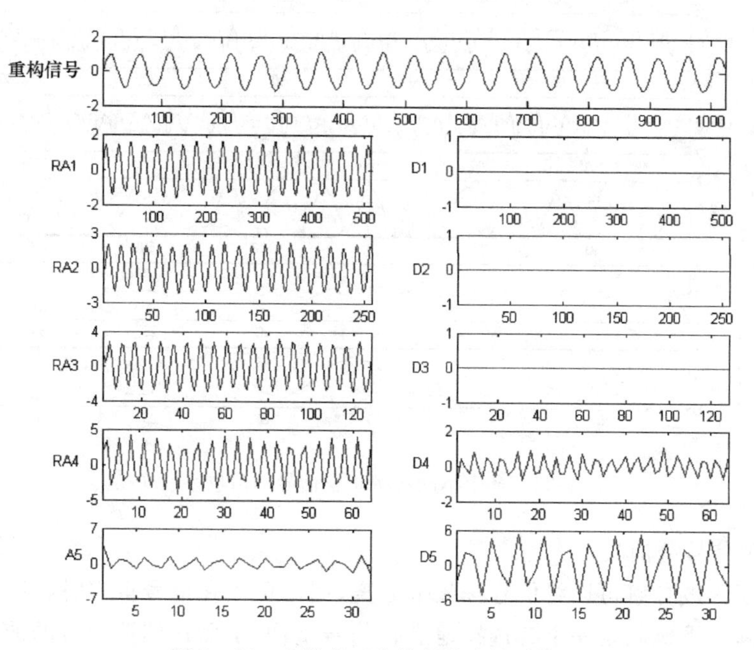

图 5-24 含噪声正弦信号的小波重构

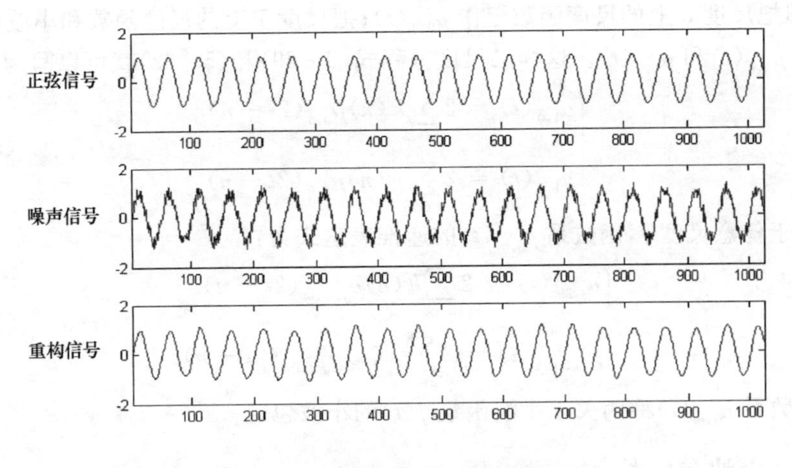

图 5－25　重构信号与原信号的对比

5.5　小波包变换

小波变换与短时傅里叶变换同样是线性时频分析方法，与短时傅里叶变换不同的是，它的时频窗口在相平面上不是均匀分布的。在大尺度(低频)时，频率分辨率高，时间分辨率低；在小尺度(高频)时，频率分辨率低，时间分辨率高。这种特性符合信号低频变化缓慢，高频变化迅速的特点，对于信号分析来说具有一定的优势。

但是，由于许多信号本身的复杂性，使得小波变换不能很好地适应信号的特点。为了改善小波分析的时频特性，Wickerhauser M V 提出了小波包方法。小波包方法不是线性分析方法，是属于一种自适应的非线性分析方法。因为它是由离散小波变换扩展而来的，因此我们把它放在小波变换的后面进行介绍。

5.5.1　小波包原理

在离散小波变换的递推过程中，每次都是仅对上一次分解的近似系数进行分解，而把上一次分解的细节系数作为计算结果保留，不再进行分解。这样在每个尺度上就固定了窗口的形状，也就是说使得小尺度的频率分辨率不能提高。而在大尺度时，由于仅保留了信号的近似部分，它的时间分辨率也不可能提高。

小波包的基本方法是在每次分解时不仅对信号的近似系数进行分解，同时对信号的细节系数也进行分解。

为了给出统一的计算公式，我们将尺度函数 $\varphi(t)$和小波函数 $\Psi(t)$统一记为

$\mu(t)$，即把尺度0上的尺度函数记作 $\mu_{0,0}(t)$；把尺度1上的尺度函数和小波函数分别记作 $\mu_{1,0}(t)$ 和 $\mu_{1,1}(t)$。这样二尺度方程式(5-29)和(5-32)就可以写为：

$$\begin{cases}\mu_{1,0}(t)=2\sum_{n\in Z}h(n)\mu_{0,0}(2t-n)\\ \mu_{1,1}(t)=2\sum_{n\in Z}g(n)\mu_{0,0}(2t-n)\end{cases} \tag{5-43}$$

对于任意尺度 j，函数系 $\mu_{j,m}(t)$ 的递推表达式为：

$$\begin{cases}\mu_{j,2m}(t)=2\sum_{n\in Z}h(n)\mu_{j-1,m}(2t-n)\\ \mu_{j,2m+1}(t)=2\sum_{n\in Z}g(n)\mu_{j-1,m}(2t-n)\end{cases} \tag{5-44}$$

函数系 $\mu_{j,m}(t)$ 称为关于小波函数 $\psi(t)$ 的小波包。

5.5.2 小波包结构

在小波分解中每个尺度上都有只一个尺度函数和一个小波函数。但是对于小波包来说，在同一尺度上 $\mu_{j,m}$ 的数量是不一样的，而呈现为二进增长的形式。在尺度1上的小波包函数有 $\mu_{1,0}$ 和 $\mu_{1,1}$，而在尺度2上小波包函数有 $\mu_{2,0}$、$\mu_{2,1}$、$\mu_{2,2}$ 和 $\mu_{2,3}$。一般地，在尺度 j 上小波包函数共有 2^j 个，分别为 $\mu_{j,0},\mu_{j,1},\cdots,\mu_{j,2^j-1}$。其中第二下标 $m=0$ 的是尺度函数，第二下标 $m=1$ 的是小波函数，其余的则既不是尺度函数，也不是小波函数，而是新增加的小波包函数。

对于正交小波来说，各尺度之间的小波包函数是相互正交的；同时，同一尺度之间的各个小波包函数也是相互正交的。

5.5.3 小波包变换

小波包变换就是将信号在小波包函数系上展开，也就是求信号与小波包函数的内积。设在尺度 j 上的分解系数为 $x_{j,m}(k)$，那么它可以表示为以下内积形式：

$$x_{j,m}(k)=(f(t),2^{-j/2}\mu_{j,m}(2^{-j}t-n)) \tag{5-45}$$

与离散小波变换(5-36)式类似，对此式进行推导，得到离散小波包分解的递推公式：

$$\begin{cases}x_{j,2m}(n)=\sqrt{2}\sum_{k\in Z}h(k-2n)x_{j-1,m}(k)\\ x_{j,2m+1}(n)=\sqrt{2}\sum_{k\in Z}g(k-2n)x_{j-1,m}(k)\end{cases} \tag{5-46}$$

此式可以简写为

$$x_{j,2m+i}(n)=\sqrt{2}\sum_{k\in Z}h_i(k-2n)x_{j-1,m}(k),\quad i=0,1 \tag{5-47}$$

其中 $h_0=h,h_1=g$。

$x_{j,m}(n)$是信号 $f(t)$在尺度 j 上对于小波包函数$\mu_{j,m}$的分解系数。与小波变换相同,我们认为信号的离散采样值就是信号在尺度0上的分解系数,也就是说计算的起始点为 $x_{0,0}(n)=f(n)$。

分解系数 $x_{j,m}(n)$的下标具有如下的含义:j 表示尺度;m 表示频带,m 越大则该组系数所处的频带越高;n 表示该点的时域位置。分解过程同样含有隔点采样的操作,因而 $x_{j,2m}$和 $x_{j,2m+1}$的数据长度均比 $x_{j-1,m}$的数据长度短一半,或者说二者之和与 $x_{j-1,m}$长度相同。下面用一个示意图(见图5-26)表示整个分解过程,图中不仅表示了分解过程,也表示了分解后的数据结构。设原始数据是具有8个采样值的数据,每一行表示一个尺度上的分解结果。为了简洁起见,图中省略了隔点采样的符号。

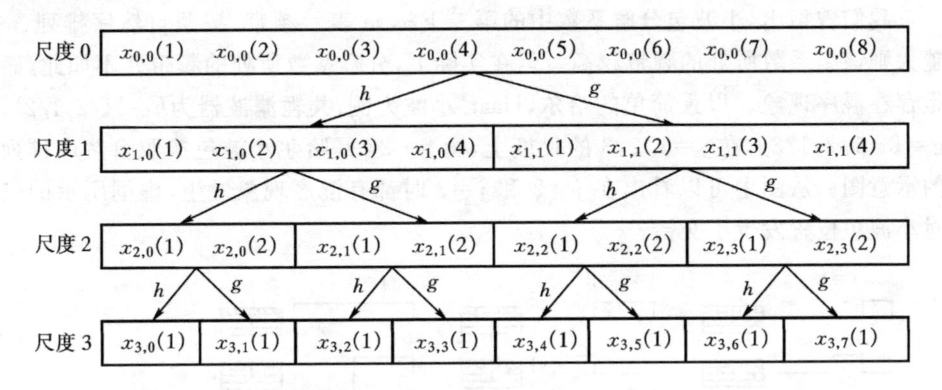

图5-26 小波包分解过程示意图

从图中可以看出,每个尺度上分解系数的组数增加,但每组的数据减少,所以每个尺度上的数据量是不变的,等于原始数据的大小。

5.5.4 小波包逆变换

小波包逆变换与离散小波逆变换相似,也是一个反向递推的过程。由于函数系 $\mu_{j,m}(t)$的正交特点,以下公式成立:

$$\mu_{j-1,m}(t-n)=\sqrt{2}\sum_{k\in Z}h(n-2k)\mu_{j,2m}(2^{-1}t-k)+\sqrt{2}\sum_{n\in Z}g(n-2k)\mu_{j,2m+1}(2^{-1}t-k) \tag{5-48}$$

公式两边同时对 $f(t)$求内积,得到

$$x_{j-1,m}(n)=\sqrt{2}\Big(\sum_{k\in Z}h(n-2k)x_{j,2m}(k)+\sum_{n\in Z}g(n-2k)x_{j,2m+1}(k)\Big) \tag{5-49}$$

这就是离散小波包的逆变换公式,也叫重建公式。每一组系数都可以由比它

尺度大一级的两组系数重建。但是全部信号的重建与分解时选择的基有关,选择的基不同,结果中保留的系数不同,重建的过程也不同。那么分解时如何选择基呢?下面进行介绍。

5.5.5 信号的小波包表示

用小波包分解系数表示信号必须解决两个关键问题:一是小波包分解中会出现混序现象,因此对分解结果必须重新排序;二是小波包变换是冗余变换,数据总量随着分解尺度增加而成倍增加,因此结果中含有大量重复信息,不是所有的分解系数都保留,必须解决如何选择最能代表信号特点的分解系数的问题。

(1) 小波包的混序现象

我们曾指出,小波包分解系数中的第二下标 m 表示频带,按照自然序排列,m 越大则该组系数所处的频带越高。但在实际上,分解系数所处的频带并不如此,而是存在混序现象。以最简单的哈尔(Haar)小波为例,共轭滤波器为$h=\{1/2,1/2\}$,$g=\{-1/2,1/2\}$,在 $j=1,2,3$ 的尺度上,图 5-27 是哈尔小波包按照自然序排列的示意图。从图中可以看出在 $j=2$ 和 $j=3$ 时都有混序现象发生,虚框所示的三对小波包位置发生了交错。

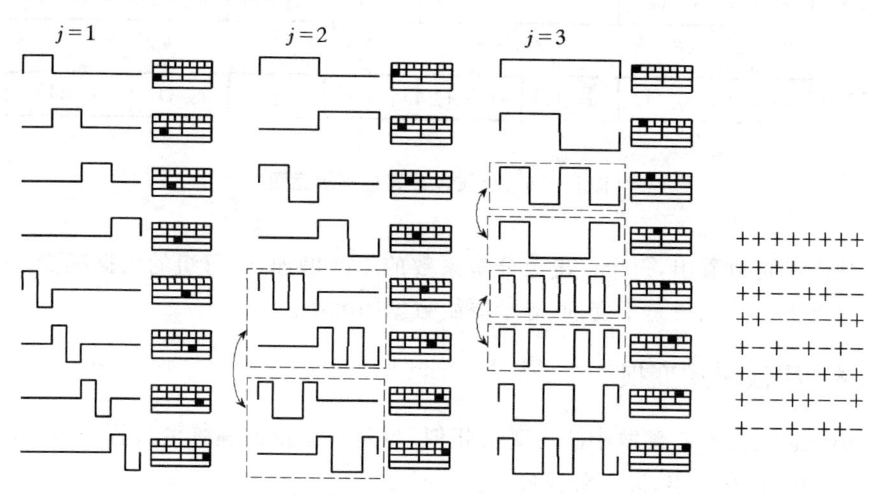

图 5-27 哈尔小波包自然序示意图

按照自然序排列的哈尔小波包最终分解结果就是离散沃尔什(Walsh)变换的结果,离散沃尔什变换通常写成矩阵形式:$\boldsymbol{X}=\frac{1}{\sqrt{N}}\boldsymbol{W}_N x$,其中变换矩阵由离散沃尔什函数组成,离散沃尔什函数是仅由 1 和 -1 组成的函数,$N=8$ 时,变换矩阵如下(仅用元素符号表示):

$$W_8 = \begin{pmatrix} + & + & + & + & + & + & + & + \\ + & + & + & + & - & - & - & - \\ + & + & - & - & + & + & - & - \\ + & + & - & - & - & - & + & + \\ + & - & + & - & + & - & + & - \\ + & - & + & - & - & + & - & + \\ + & - & - & + & + & - & - & + \\ + & - & - & + & - & + & + & - \end{pmatrix}$$

为了便于比较我们把变换矩阵 $\boldsymbol{W}_8$ 写在图 5-27 旁边，可以看出 $\boldsymbol{W}_8$ 与哈尔小波包 $j=3$ 是完全相同的。

(2) 排序方法

Wickerhauser 提出的纠正混序的方法是很简单的，在分解过程中，凡是遇到某组系数是由滤波器 g 卷积得到的，那么将它分解后得到的两组系数交换位置，然后继续分解即可。这是因为，用滤波器 g 分解后的系数已埋下了混序的种子。

对此方法我们多说几句。上述排序方法称为格雷(Gray)编码，编码规则如下：

设 n 为自然序号，以二进制表示为 $n=\sum_{i=0}^{j-1}2^i n_i$，其中带下标的 $n_i\in\{0,1\}$ 为 n 的二进制表示，j 为分解的次数，即最终的尺度，i 为二进制的位数。令

$$\begin{aligned} n'_{j-1} &= n_{j-1} \\ n'_i &= \text{mod}_2(n_i + n_{i+1}) \end{aligned} \tag{5-50}$$

n'_i 就是 n 的格雷编码 n' 的二进制表示。写成十进制为 $n'=\sum_{i=0}^{j-1}2^i n'_i$。例如：

$$n:0,1,2,3,4,5,6,7 \xrightarrow{\text{Gray}} n':0,1,3,2,6,7,5,4$$

按照格雷编码重新排序后的序列称为格雷序。格雷序的序号(位置)具有确切的含义，它等于沃尔什函数的零交叉次数，而零交叉次数是与频率直接相关的。图 5-28 就是按格雷序重新排序后的哈尔小波包，已消除了混序现象。

(3) 移频算法

频带混序的根本原因在于分解过程中的隔点采样。在离散小波变换中仅对信号的近似系数进行分解。我们曾说过，由于滤波器 h 的半带低通滤波作用，增大采样间隔不会造成频率混淆。但是对于小波包就不同了。信号的细节系数也要继续分解，由于滤波器 g 是半带高通滤波器，由它提取的细节部分仅含高频成分，如果隔点采样，就会造成频率折叠。频率折叠的影响，使得中间频率部分处于高频端，而高频端折叠到了低频端，下一步分解时，原本应该在高频端的信号就会出现在低

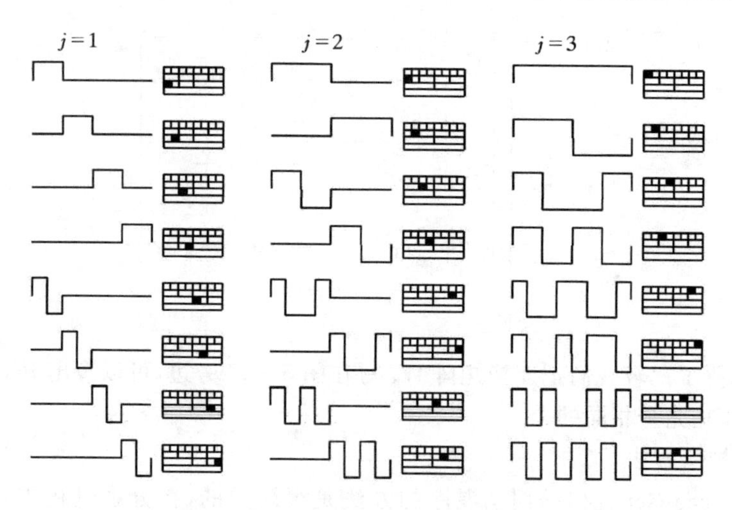

图 5-28 哈尔小波包格雷序示意图

频带，造成频带混序。不过好在 g 是半带滤波器，因此它的卷积结果中不含低频成分，高端频率完全折叠到低端后不会造成频率混淆，因此可以用移频方法恢复数据，避免分解结果混序。

设信号采样间隔为 Δt，则采样频率为 $f_s=\dfrac{1}{\Delta t}$，可分析的最高频率为 $f_h=\dfrac{1}{2}f_s=\dfrac{1}{2\Delta t}$。由于隔点采样使得采样频率降低为原来的二分之一，故可分析的最高频率也降低为原来的二分之一，即 $f'_h=\dfrac{1}{2}f_h=\dfrac{1}{4\Delta t}$。如果将信号的频率向低端移动 f'_h 就可以避免频率折叠。

根据傅里叶变换的频移特性：

$$[x(t)\mathrm{e}^{-\mathrm{i}\omega_0 t}]^{\wedge}=\hat{x}(\omega+\omega_0)$$

式中，$\mathrm{e}^{-\mathrm{i}\omega_0 t}$ 为移频因子，上角标 ^ 表示傅里叶变换。可见对于离散信号 $x(n)=x(n\cdot\Delta t)$，欲将其频率降低 f'_h，则令 $\omega_0=2\pi f'_h$，原信号乘以移频因子得到 $x'(n)=x(n)\mathrm{e}^{-\mathrm{i}2\pi f'_h t}$ 即为移频后的信号。将 $t=n\cdot\Delta t$ 代入移频因子，e 的指数为 $-\mathrm{i}2\pi f'_h\cdot n\Delta t=-\mathrm{i}n\pi/2$，移频因子为 $\mathrm{e}^{-\mathrm{i}n\pi/2}=(-\mathrm{i})^n$。

对小波包变换公式(5-46)中的第二式的计算结果进行移频。注意到式中隔点采样是以 $2n$ 代入，即公式右侧乘以移频因子 $(-\mathrm{i})^{2n}=(-1)^n$，得到移频算法的小波包计算公式：

$$\begin{cases}x_{j,2m}(n)=\sqrt{2}\sum\limits_{k\in Z}h(k-2n)x_{j-1,m}(k)\\x_{j,2m+1}(n)=(-1)^n\sqrt{2}\sum\limits_{k\in Z}g(k-2n)x_{j-1,m}(k)\end{cases}\tag{5-51}$$

移频算法实际计算很简单，只不过是对原第二式计算结果隔点变号而已，不需要再排序。此外优于传统的排序法的地方是它在每一组系数内已经消除了频率折叠。

(4) 小波包正交基

可以从小波包分解的全部结果中选取一部分来表示信号，如果满足一定的条件，所选择的分解系数可以构成正交基上的分解结果。例如，全部的近似系数和细节系数都包含在小波包的分解结果中。如果我们选择全部细节系数和最大尺度上的近似系数，那么我们选择的就是在小波正交基上的分解结果。

选择正交分解结果的方法如下所述。首先将所有分解系数按尺度排列，如果所选择的系数对原信号形成不交覆盖，则所选系数为正交分解结果，如图 5-29(a)所示。其余的选择，如(b)、(c)、(d)的情况，当所选系数向下投影时，或者是不能形成覆盖，或者是有重复的选择(相交)，都不能形成正交分解的结果。

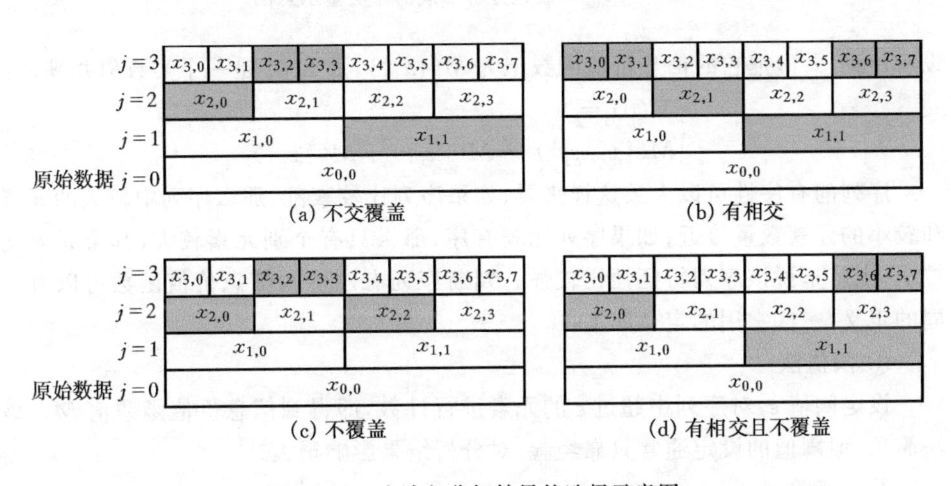

图 5-29　小波包分解结果的选择示意图

实际上可供选择的正交基非常多，如果分解尺度 j 上的正交基个数为 N_j，那么 $N_j=(N_{j-1}+1)^2$。$N_3=25$，N_5 已经大于 40 万了。以下是几个正交基的例子。其中如果所选系数都处于同一尺度，则选择的是子带基，或者叫做水平基。最高尺度上的子带基叫做沃尔什基，尽管小波函数不一定是哈尔小波。其中的小波基上的分解结果就是离散小波变换的结果。

(5) 信息价值函数

以下讨论如何在众多的正交基中寻找最能够体现信号特征的最佳基。

寻找最佳基必须有一定的判别标准，我们在这里使用信息价值函数。信息价值函数是对信号的有序性进行测试的一种实值函数。信息价值函数具有可加性，

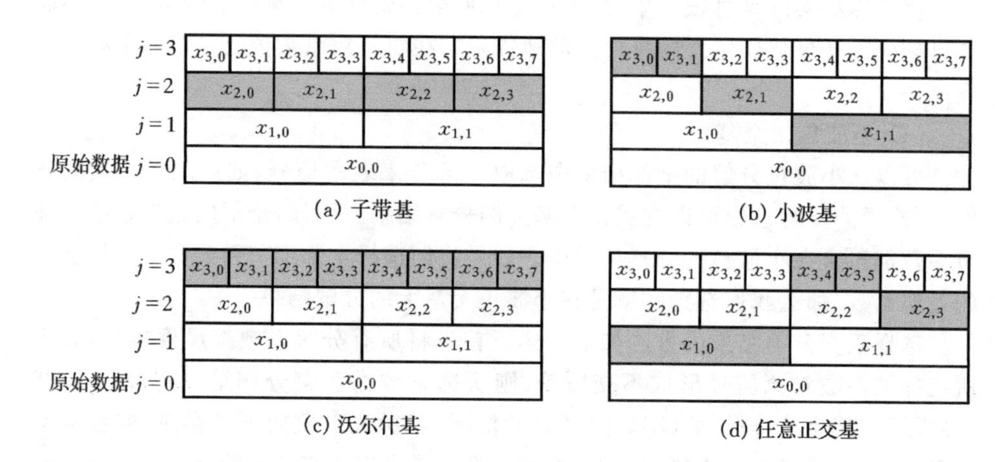

图 5-30 小波包分解形成的正交基示意图

设有序列$\{x_i\}$，把它的信息价值函数记为$M(\{x_i\})$，那么M是一个实数值并满足：

$$\begin{cases} M(0)=0 \\ M(\{x_i,x_j\})=M(\{x_i\})+M(\{x_j\}) \end{cases} \tag{5-52}$$

序列的有序性可以大致这样来看，如果序列比较紊乱，那么序列中较大的元素和较小的元素数量接近；如果序列比较有序，那么只有个别元素较大，其余元素均较小，也就是说该序列特征性比较强。判断序列有序性的信息价值函数可以有不同的定义，一些常用的定义如下：

① 阈值法

设定阈值ε，对序列中超过ε的元素进行计数，即得到信息价值函数值M。该法简单，但阈值的设定通常只靠经验，对分析结果影响很大。

② p范数法

设序列$x=\{x_i\}$的能量为1，即$\|x\|_2=1$，设$p<2$，令$M(x)=\|x\|_p$，$M(x)$越小，则序列有序性越强。

③ 香农(Shannon)熵法

设有序列$x=\{x_i\}$，令$p_i=|x_i|^2/\|x\|^2$，(当$p_i=0$时，令$p_i\ln p_i=0$)，则x的熵为：

$$H(x)=-\sum_i p_i \ln p_i \tag{5-53}$$

若x中不为零的元素数量为N，则$0\leqslant H(x)\leqslant \ln N$，由此可知熵的以e为底的指数在1和$N$之间，这一指数$D$叫做$x$的理论维数，$1\leqslant D\leqslant N$。$D$表示序列$x$可以用一个$D$维向量近似表示。熵越小，$D$就越小，序列的有序性就越强。

但是熵 H 不具有可加性，因而不能直接作为信息价值函数。我们定义：

$$\lambda(x) = -\sum |x_i|^2 \ln |x_i|^2 \tag{5-54}$$

很明显，$\lambda(x)$是具有可加性的。熵 H 可以用 $\lambda(x)$表示：$H(x)=\lambda(x)\|x\|^{-2}+\ln\|x\|^2$，从此式可以看出，$H(x)$与$\lambda(x)$变化规律一致，因此我们用$\lambda(x)$作为信息价值函数。

(6) 确定最佳小波包基的方法

我们不可能对所有的正交分解结果一一求出它们的信息价值函数值，再进行比较。但是我们可以利用信息价值函数的可加性，按节点递推查找。

首先从最大尺度 j 开始，对所有分解系数计算信息价值函数值 $M(x_{j,m})$，然后将该尺度 $M(x_{j,2m})$与$M(x_{j,2m+1})$两两之和与前一尺度上的$M(x_{j-1,m})$相比较，保留 M 值小者，依次比较直到 $j=1$ 为止。如此得到的不交覆盖系数组，就是最佳小波包基上的分解结果。

(7) 分解系数在相平面上的定位

最后我们要解决分解系数在相平面上的定位问题。

① 窗口形状

小波分解在相平面上的窗口形状是由尺度 j 决定的：j 越小，窗口越高而窄；j 越大，窗口越扁而宽。设相平面宽为 L，高为 H，数据长度为 N。当 $j=0$ 时，即对于原始采样信号 $x_{j,m}(n)=x_{0,0}(n)=f(n)$，窗宽 $W_{0,L}=L/N$，窗高 $W_{0,H}=H$。当 j 增大时，窗宽和窗高分别按二倍增大和缩小：$W_{j,L}=2^j W_{0,L}$，$W_{j,H}=2^{-j}W_{0,H}$。

② 窗口位置

每一个系数 $x_{j,m}(n)$对应相平面上一个窗口。下标 m 确定了该系数的窗口沿频率轴的纵向位置，m 越大，位置越高。前面所做的消除混序的工作就是为了在相平面上能够正确定位。n 确定了该系数的窗口沿着时间(水平)轴的位置。同一组系数的窗口从左至右，将占满该频带的时间轴。

③ 信号的表示

如果所分析的数据长度为 N，则相平面将被分为 N 个面积相同但形状不同的窗口。每一个分解系数占据一个窗口，排满整个相平面。如果我们将每一个系数的大小用灰度显示，那么我们就得到了小波包分解的平面表示。如果我们将系数的大小用垂直于相平面的高度显示，那么我们就得到了小波包分解的三维立体表示。

5.5.6 小波包变换的实例

(1) 变频信号小波包变换的例子

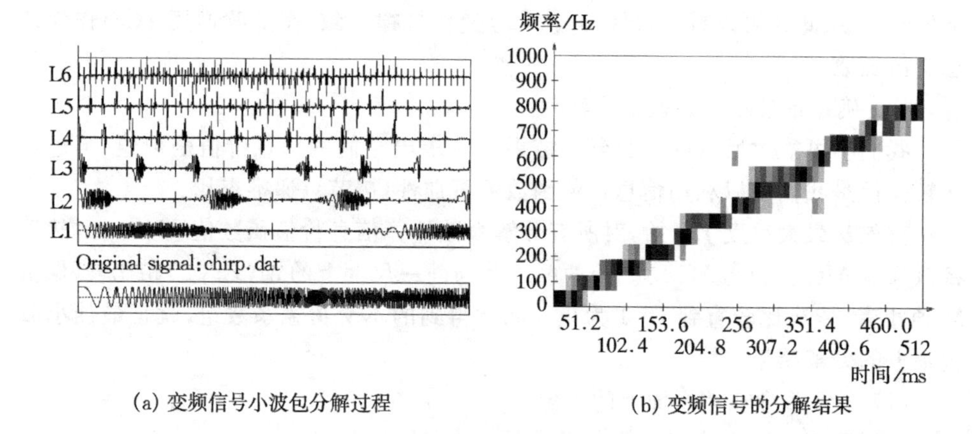

(a) 变频信号小波包分解过程　　(b) 变频信号的分解结果

图 5-31　变频信号的小波包变换

(2) 调频信号小波包变换的例子

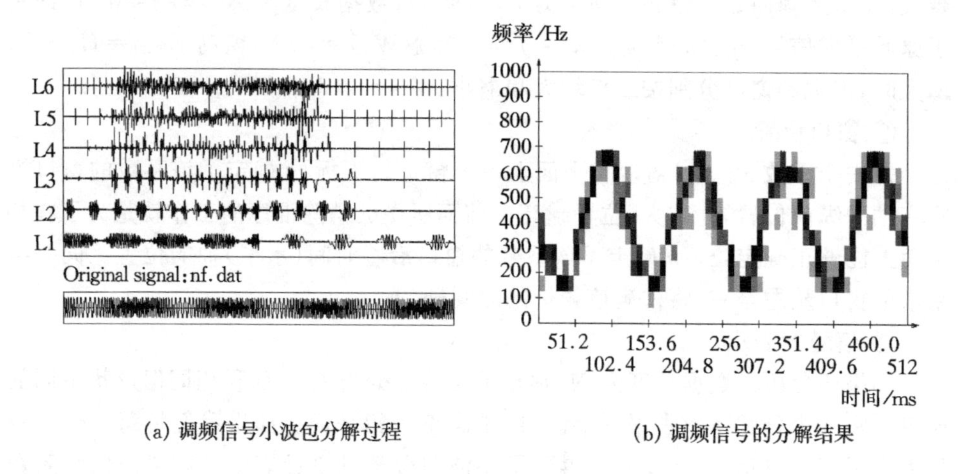

(a) 调频信号小波包分解过程　　(b) 调频信号的分解结果

图 5-32　调频信号小波包变换

(3) 衰减脉冲信号小波包变换的例子

该信号是在 150Hz 正弦波上叠加了一个 550Hz 的振荡衰减脉冲信号。

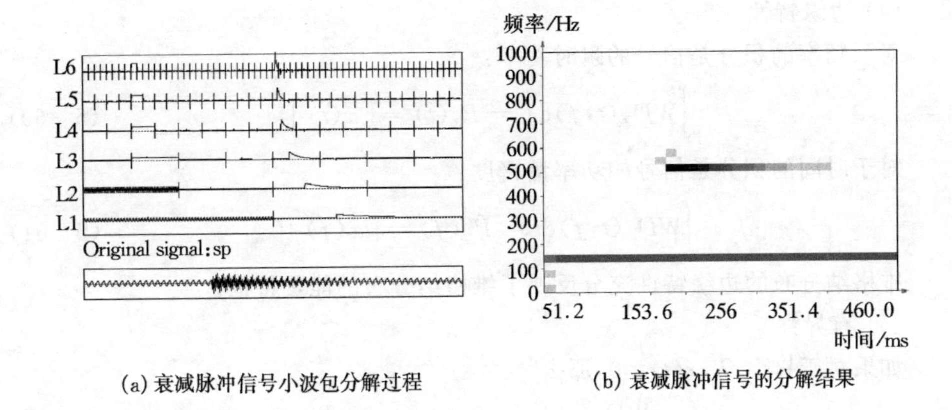

(a) 衰减脉冲信号小波包分解过程　　(b) 衰减脉冲信号的分解结果

图 5-33　衰减脉冲信号小波包变换

5.6　维格纳分布

5.6.1　维格纳分布的定义与性质

维格纳分布是二次时频分布中最重要的、也是应用最广的一种分布。维格纳分布可以看作是信号的能量在时频相平面上的分布。信号 $x(t)$ 的维格纳分布的定义如下：

$$WD_x(t,f)=\int_R x\left(t+\frac{\tau}{2}\right)\overline{x\left(t-\frac{\tau}{2}\right)}\mathrm{e}^{-\mathrm{i}2\pi f\tau}\,\mathrm{d}\tau \tag{5-55}$$

它的频域表示为：

$$WD_x(t,f)=\int_R \hat{x}\left(t+\frac{\nu}{2}\right)\overline{\hat{x}\left(t-\frac{\nu}{2}\right)}\mathrm{e}^{-\mathrm{i}2\pi f\nu}\,\mathrm{d}\nu \tag{5-56}$$

维格纳分布具有优良的数学特性，其主要性质有：

(1) 实值性

$$\overline{WD_x(t,f)}=WD_x(t,f) \tag{5-57}$$

(2) 时移不变性

对 $y(t)=x(t-t_0)$，有：

$$WD_y(t,f)=WD_x(t-t_0,f) \tag{5-58}$$

(3) 频移不变性

对 $y(t)=x(t)\mathrm{e}^{\mathrm{i}2\pi f_0 t}$，有：

$$WD_y(t,f)=WD_x(t,f-f_0) \tag{5-59}$$

(4) 边缘特性

对于频率的积分是信号的瞬时功率：

$$\int WD_x(t,f)\mathrm{d}f = P_x(t) = |\ x(t)\ |^2 \tag{5-60}$$

对于时间的积分是信号的功率谱密度：

$$\int WD_x(t,f)\mathrm{d}t = \hat{P}_x(f) = |\ \hat{x}(f)\ |^2 \tag{5-61}$$

维格纳分布的边缘特性充分反映了维格纳分布的能量特征。

(5) 有界性

如果对于$|t|>T, x(t)=0$,那么

$$WD_x(t,f) = 0, \quad |\ t\ | > T \tag{5-62}$$

如果对于$|f|>F, \hat{x}(f)=0$,那么

$$WD_x(t,f) = 0, \quad |\ f\ | > F \tag{5-63}$$

(6) 尺度特性

对于 $y(t)=|a|^{\frac{1}{2}}x(at)$,有：

$$WD_y(t,f) = WD_x(at,\frac{f}{a}) \tag{5-64}$$

(7) 瞬时频率

$$f_x(t) = \frac{\int f \cdot WD_x(t,f)\mathrm{d}f}{\int WD_x(t,f)\mathrm{d}f} \tag{5-65}$$

瞬时频率 $f_x(t)$是 $x(t)$的维格纳分布在时间 t 处的频率分布中心。

(8) 群延迟

$$t_x(f) = \frac{\int t \cdot WD_x(t,f)\mathrm{d}t}{\int WD_x(t,f)\mathrm{d}t} \tag{5-66}$$

群延迟 $t_x(f)$是 $x(t)$的维格纳分布在频率 f 处的时域分布中心。

5.6.2 维格纳分布的时频特性

维格纳分布具有很高的时频分辨率,但它也同样受到测不准原理的制约。这主要表现在信号的维格纳分布不具有正值性,这与信号功率总是正值这一事实相矛盾。因而维格纳分布不能简单地看作信号的时频功率谱分布。

维格纳分布在实际应用中受到限制的主要原因是由于存在交叉干涉。正如5.1.3节中二次叠加原理所述,如果信号存在两个以上的分量,就会存在它们之间的

互变换项。对于维格纳分布来说,互变换项的位置在两个分量之间,呈现正负交替的波动状态。其波动频率与两个分量之间的距离成正比,幅值与两个分量距离的负指数成正比。也就是说,两个分量距离越远,干涉项的幅值越小,而振动频率越高。

以下是一些典型信号的维格纳分布。

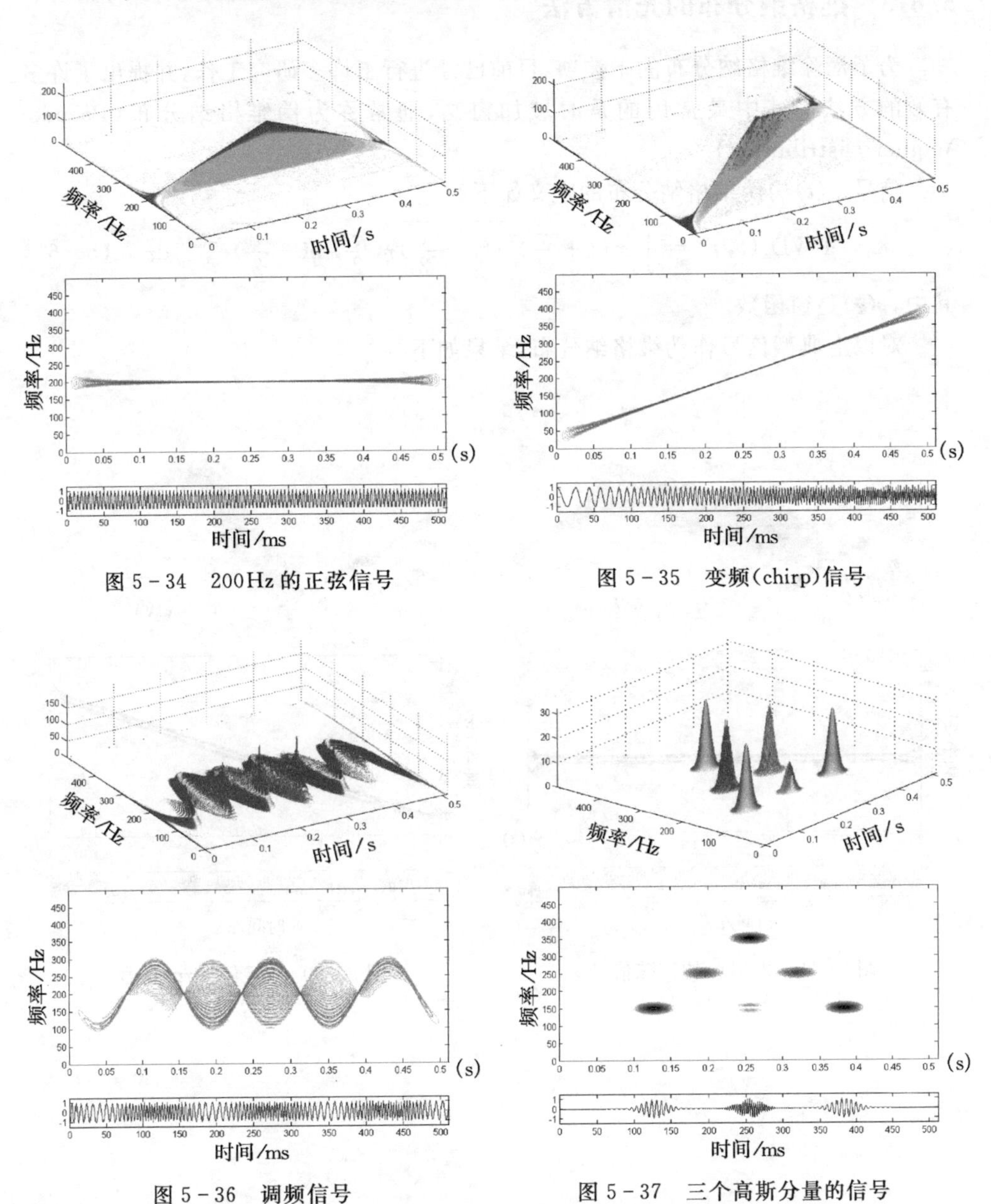

图 5-34　200Hz 的正弦信号

图 5-35　变频(chirp)信号

图 5-36　调频信号

图 5-37　三个高斯分量的信号

可以看出，对于单一频率的信号，维格纳分布的分辨率很高。但是对于多分量信号，维格纳分布的干涉项的值很大，而且往往会重叠在有用的信号分量之上，所以维格纳分布一般不能直接用于信号的时频分析。

5.6.3　维格纳分布的光滑方法

为了消除维格纳分布的干涉项，目前已经进行了许多研究工作，并提出了许多有效的方法。其中最常用的是时域加窗法，通常称为伪维格纳分布（Pseudo-Wigner Distribution）。

信号 $x(t)$ 的伪维格纳分布的定义如下：

$$\mathrm{PWD}_x(t,f)=\int_R x\left(t+\frac{\tau}{2}\right)\overline{x\left(t-\frac{\tau}{2}\right)}\eta\left(\frac{\tau}{2}\right)\overline{\eta\left(-\frac{\tau}{2}\right)}\mathrm{e}^{-\mathrm{i}2\pi f\tau}\mathrm{d}\tau \qquad (5-67)$$

其中，$\eta(\tau)$ 是窗函数。

对以上典型信号作伪维格纳分布，结果如下。

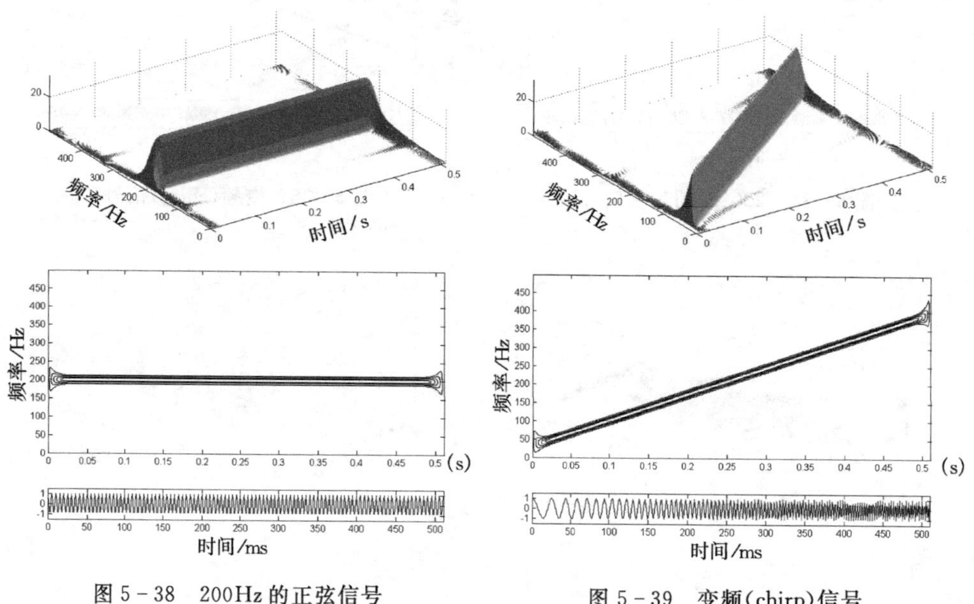

图 5-38　200Hz 的正弦信号　　　　图 5-39　变频(chirp)信号

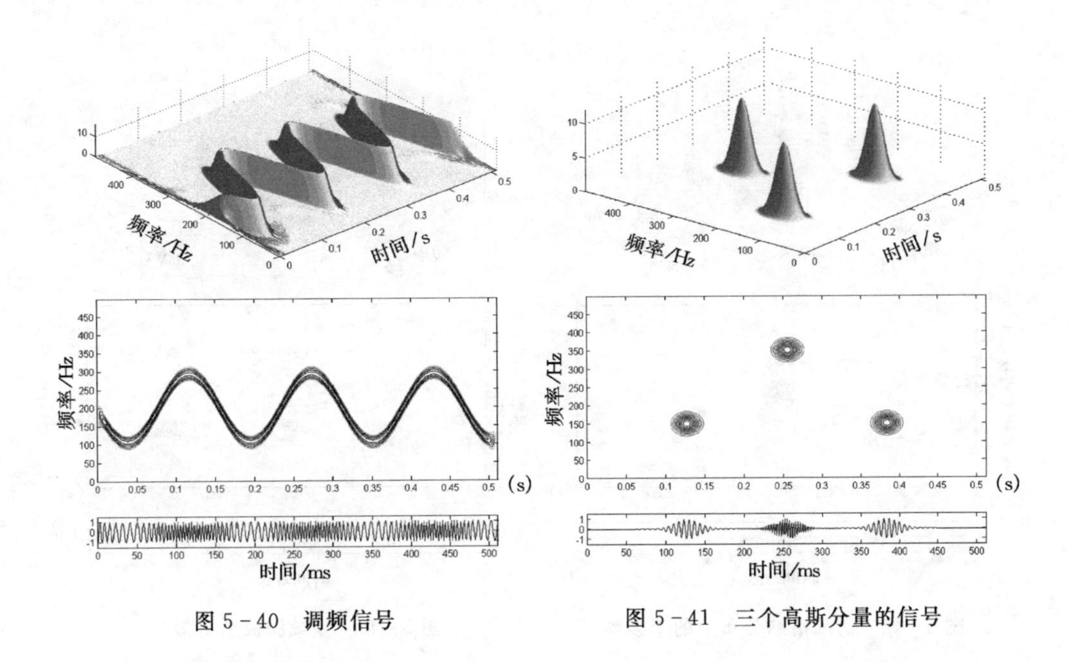

图 5-40　调频信号　　　图 5-41　三个高斯分量的信号

伪维格纳分布虽然消除了时域内重叠信号的交叉干涉,但是仍然存在频域内的干涉。对于某些信号,如果不同频率的信号分量在时域上重合,加窗也不能消除它们之间的干扰。为了解决此问题,可以采取频域滤波的办法。这种方法称为光滑伪维格纳分布(Smoothed Pseudo-Wigner Distribution),其公式如下:

$$\mathrm{SPWD}_x(t,f)=\int_R\left[\int_R g(t-t')x(t'+\frac{\tau}{2})\overline{x(t'-\frac{\tau}{2})}\mathrm{d}t'\right]\eta(\frac{\tau}{2})\overline{\eta(-\frac{\tau}{2})}\mathrm{e}^{-\mathrm{i}2\pi f\tau}\mathrm{d}\tau \tag{5-68}$$

以下是一个多分量信号的分析实例。在 0.25s 时,信号中同时含有 150Hz 和 350Hz 两个频率的分量,伪维格纳分布不能消除它们之间的干涉项,经过频域光滑后干涉项被消除。

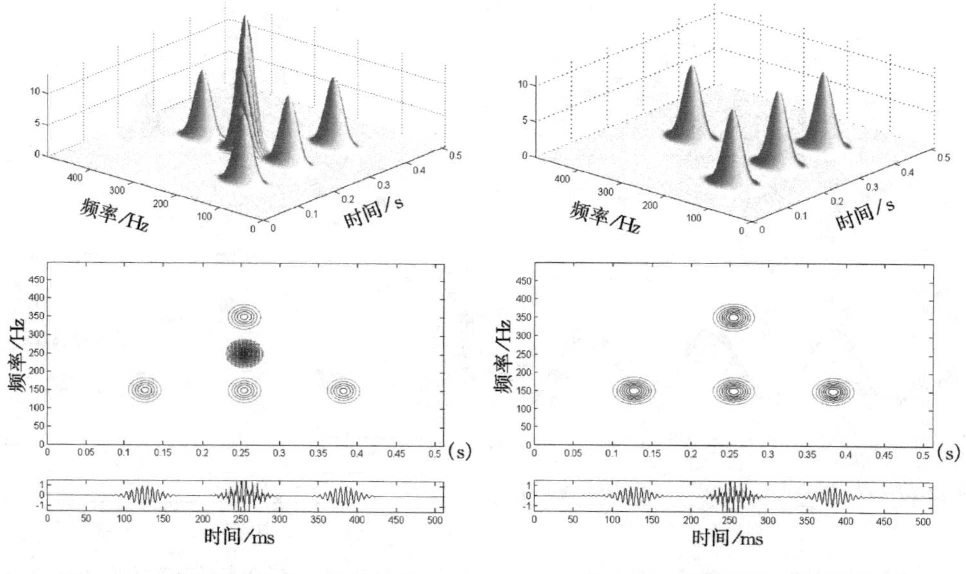

图 5-42 伪维格纳分布中的干涉项　　图 5-43 频域滤波后的效果

参考文献

1. Gabor D. Theory of communication[J]. Inst Elec Eng,1946,93(3):429-457.
2. 刘贵忠,邸双亮. 小波分析及其应用[M]. 西安:西安电子科技大学出版社,1992.
3. Mallat S. A Theory for Multiresolution Signal Decomposition:The wavelet Representation[J]. IEEE Transactions on pattern Analysis and Machine Intelligence,1989,11(7):674-693.
4. Mallat S. Multiresolution Approximations and wavelet Orthonormal Bases of $L^2(R)$[J]. Transactions of the American Mathematical Society,1989,313(1):68-87.
5. Wigner E P. On the Quantum Correction for Thermo-Dynamic Equilibrium [J]. Physics Review, 1932,40:749-759.
6. Classen T C, Mecklenbrauker W F G. The Wigner Distribution-A Tool for Time-Frequency Signal Analysis, Part Ⅰ: Continuous Signal[J]. Phillips Journal of Research, 1980,35(3):217-250.

第6章　希尔伯特-黄变换

希尔伯特-黄变换(Hilbert-Huang Transform)是由N.E.Huang等人于1998年提出的一种非线性、非平稳信号的分析处理方法。这种方法主要由经验模式分解和希尔伯特谱分析两个理论部分构成。经验模式分解可以将任意信号分解为一系列固有模式函数的集合;固有模式函数经过希尔伯特谱分析,可以得到瞬时频率。一个非线性、非平稳时间序列经过希尔伯特-黄变换,最终表示为幅值(能量)的时频谱图。本章首先介绍了希尔伯特-黄变换涉及到的瞬时频率(Instantaneous Frequency)、固有模式函数(Intrinsic Mode Functions)的概念,然后介绍了希尔伯特-黄变换的理论和两个主要步骤经验模式分解(Empirical Mode Decomposition)和希尔伯特谱分析(Hilbert Spectral Analysis)。通过典型的机械信号和实际机械信号分析,介绍了希尔伯特-黄变换的应用。最后,本章还对希尔伯特-黄变换中需要进一步研究的问题进行了讨论。

6.1　希尔伯特-黄变换中的基本概念

传统的傅里叶变换得到的是一种按频率分布的全局的能量谱图,由于它在各数据分析领域广泛运用,简单有效,导致人们对谱的认识几乎等同于傅里叶变换。另一方面,尽管傅里叶变换在许多情况下高度有效,它的运用也受到以下条件的限制:一是系统必须是线性的;二是数据必须具有严格的周期性或平稳性。否则,得到的谱图将几乎不具实际的物理意义。与传统的全局傅里叶变换不同,经验模式分解是基于数据自身的局部特征时间尺度进行分解,所以它可以高效率、自适应地分解非线性、非平稳信号。分解得到的固有模式函数经过希尔伯特变换,可以赋予瞬时频率合理的意义与求法,进而用于表征信号的时频特性。

在具体论述希尔伯特-黄变换方法之前,首先有必要论述其中的两个基本概念:一个是瞬时频率的概念;另一个是固有模式函数的概念。固有模式函数是希尔伯特-黄变换的基础,只有对固有模式函数进行希尔伯特变换,得到的时频谱图才具有明确的物理意义。

6.1.1　瞬时频率

瞬时频率是物理现象中比较直观的概念,音调变化着的声音和许多非周期性变化的现象都体现了它的存在。同样，在机械信号中也存在大量的非平稳信号，比如转子启动信号、故障齿轮调频信号等等。如果用常规的傅里叶谱对它们进行分析将不能得到令人满意的结果，而瞬时频率是描述非平稳信号的一个重要参数，利用瞬时频率的概念对它们进行处理会得到更好的解释。

瞬时频率这个概念在历史上一直存有争议。有学者认为应该将其完全消除，也有学者认为可以将其应用于特殊的"单分量"信号上。人们接受瞬时频率较困难的原因主要有两个：

(1) 傅里叶谱分析在人们的思维中留下了深刻影响，使得人们总是习惯用一个完整的正弦或余弦信号来定义频率，这种思维也影响了人们对瞬时频率的正确理解。实际上，对于一个频率随着时间变化的非平稳信号，这种定义没有实际意义。

(2) 瞬时频率没有唯一的定义方法。然而，当引入了希尔伯特变换进而将数据解析化以后，这个问题得到了很好地解决。

任意的一个时间序列 $g(t)$ 的希尔伯特变换 $\hat{g}(t)$，它的数学表达式是：

$$\begin{aligned}\hat{g}(t) &= \frac{1}{\pi}P\int_{-\infty}^{+\infty}\frac{g(\tau)}{t-\tau}\mathrm{d}\tau \\ &= \frac{P}{\pi t} * g(t)\end{aligned} \tag{6-1}$$

式中，P 为柯西主值，为简单计可取值为 1。由上式可见，信号 $g(t)$ 的希尔伯特变换 $\hat{g}(t)$ 是原信号 $g(t)$ 与 $1/(\pi t)$ 在时域内的卷积。这个卷积在时域内似乎很难理解；我们将它转换到频域中来看。时域中的卷积相当于频域中的相乘，而：

$$F\left(\frac{1}{\pi t}\right) = -j\mathrm{sgn}(f) = \begin{cases}-\mathrm{j}, & f>0\text{ 时}\\ +\mathrm{j}, & f<0\text{ 时}\end{cases} \tag{6-2}$$

$F(\cdot)$ 代表傅里叶变换。因此，希尔伯特变换的结果是给原来的实信号提供一个幅值和频率不变，但相位平移 90°的信号。例如，当 $g(t)=A\cos(2\pi f_0 t)$ 时，$g(t)$ 在频域中是两根分别位于 $+f_0$ 和 $-f_0$ 处的谱线。设 δ 为脉冲函数，则 $g(t)$ 的傅里叶变换为：

$$G(f) = A[\delta(f-f_0)+\delta(f+f_0)]/2$$

将其在频域中与 $F\left(\frac{1}{\pi t}\right)$ 相乘，可以得到：

$$\begin{aligned}F\left(\frac{1}{\pi t}\right)\cdot G(f) &= -\mathrm{j}\cdot A\cdot\delta(f-f_0)/2+\mathrm{j}\cdot A\cdot\delta(f+f_0)/2 \\ &= A[\delta(f-f_0)-\delta(f+f_0)]/2\mathrm{j}\end{aligned}$$

而 $A[\delta(f-f_0)-\delta(f+f_0)]/2\mathrm{j}$ 是对应于 $A\sin(2\pi f_0 t)$ 的傅里叶变换。因此，当 $g(t)=A\cos(2\pi f_0 t)$ 时，其希尔伯特变换对为：

$$\hat{g}(t) = A\cos(2\pi f_0 t - 90°) = A\sin(2\pi f_0 t)$$

当 $g(t) = A\sin(2\pi f_0 t)$时，其希尔伯特变换对为：

$$\hat{g}(t) = A\sin(2\pi f_0 t - 90°) = -A\cos(2\pi f_0 t)$$

由上可以看到：第一，希尔伯特变换是从时域到时域的变换，它是在时域内进行的，不同于在时域和频域间进行转换的傅里叶变换；第二，希尔伯特变换的结果是将原信号的相位平移了 90°，所以这种变换又称为 90°移相滤波器，如果对余弦信号重复作希尔伯特变换，就有：cos→sin→－cos→－sin→cos；第三，希尔伯特变换只影响原信号的相位，不会影响到原来信号的幅值；第四，希尔伯特变换前后，原信号的能量不会由于相位的移动发生变化；第五，由于变换只是将原信号作了 90°相移，原信号与它的希尔伯特变换构成正交副。

希尔伯特变换是生成解析信号的基础，图 6-1 所示是利用卷积定理在频域中确定希尔伯特变换副的方法。原信号 $g(t)$和它的希尔伯特变换对 $\hat{g}(t)$分别构成解析信号的实部和虚部，解析信号可表示为：

$$g_+(t) = g(t) + j\hat{g}(t) = a(t)e^{j\theta(t)} \tag{6-3}$$

其中幅值函数为：

$$a(t) = \sqrt{g(t)^2 + \hat{g}(t)^2} \tag{6-4}$$

相位函数为：

$$\theta(t) = \arctan\left(\frac{\hat{g}(t)}{g(t)}\right) \tag{6-5}$$

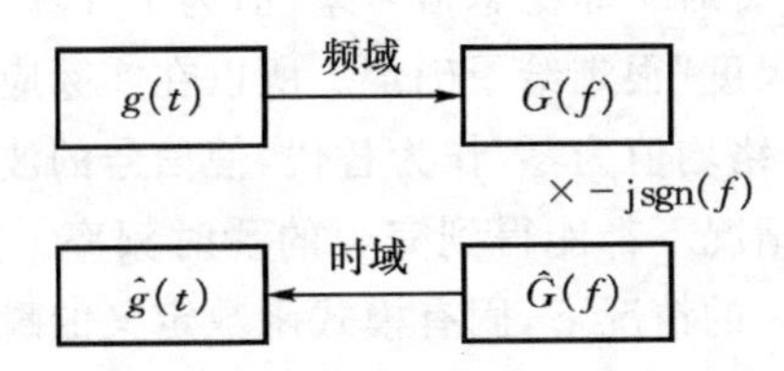

图 6-1　利用卷积定理在频域中确定希尔伯特变换副

理论上可以有许多种方法来定义一个虚部，但是唯有通过希尔伯特变换得到的虚部，才能构建出具有明确意义的解析函数。在此基础上瞬时频率定义为：

$$\omega(t) = \frac{d\theta(t)}{dt} \tag{6-6}$$

为了使按上式定义的瞬时频率为时间 t 的单值函数，原则上必须对所分析的数据做出必要的约束。这样在任一时刻，只存在一个频率值与之对应，也就是说，所分析的信号必须是“单分量”信号。由于对“单分量”信号没有明确的定义，人们很难保证一个信号可用于计算具有实际物理意义的瞬时频率。在这种情况下，“窄带"信号就被用于对所分析的数据进行约束。然而,对"窄带"信号的定义,本身都是在谱距离概念的基础上提出的,所以都是从全局意义上对带宽做出判断。因此,它既缺乏精确性又有过多的约束。

瞬时频率对信号的约束条件,给人们一种启示:在对信号进行希尔伯特变换之前,要先把信号分解为瞬时频率具有意义的各个分量。把信号进行分解的方法在希尔伯特-黄变换理论中称为经验模式分解。在此方法中 N. E. Huang 等人定义了一类函数,称为固有模式函数。利用这类函数的局部特性,可以使函数在任意一点的瞬时频率都有意义。经验模式分解的最大贡献是使信号符合了"单分量"的要求,进而使瞬时频率有了明确的物理意义,从而使得希尔伯特-黄变换比单纯的希尔伯特变换在时频分析方面有了很大地进步。下面就来具体论述这个概念。

6.1.2 固有模式函数

通过对不同的信号求瞬时频率以及对时域波形仔细观察和理论分析,N. E. Huang 等人提出了固有模式函数的概念。一个固有模式函数要满足以下两个条件:一是在整个数据集合中,极点的数目和过零点的数目必须相等或最多相差一个;二是由局部极大值和极小值所形成的包络均值都等于零。

第一个条件与传统稳态高斯信号处理过程中所要求的窄带条件相类似。第二个条件是一个新思想,它把对信号的全局要求改变为局部要求,目的是为了防止由于波形的不对称引起瞬时频率的不必要波动。在理想的情况下,第二个条件应为"数据的局部均值为零"。对于非稳态信号来说,为了计算"局部均值"需要"局部时间尺度",而"局部时间尺度"很难给予确定。所以在实际应用中,将其改用"信号局部极大值和极小值的包络均值为零"作为替代,使信号的波形局部对称。由于这种近似,不能保证在任何情况下都能得到完美的瞬时频率。然而,N. E. Huang 等人的研究表明:即使在最坏的情况下,固有模式函数定义的瞬时频率依然符合所研究系统的物理意义。

根据上述的定义,可以知道一个固有模式函数只包含一个单模式的振动,没有其它复杂的"骑"形波。例如,调幅或调频信号就是单模式信号。在这种定义下,固有模式函数不要求信号具有窄带特性,它既可以是幅值调制也可以是频率调制信号,还可以是非稳态的。一个典型的固有模式函数如图 6-2 所示。由图可见,极点的数目和过零点的数目相等;由局部极大值和极小值所形成的包络均值都等于零,两个条件都得到满足。这种信号很容易作 Hilbert 变换,从而求出有明确物理意义的瞬时频率。

在实际的信号处理中,由于被测量对象是复杂多样的,所以很难保证要处理的信号已经符合固有模式函数的要求。在这种情况下对原始信号进行分解处理,进

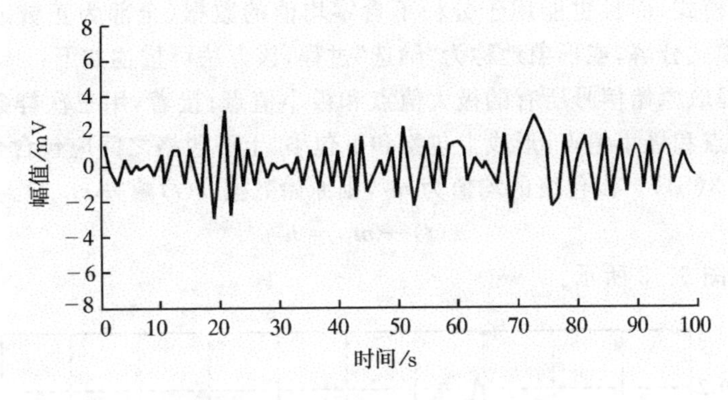

图 6－2　一个典型的固有模式函数

而化为多个固有模式函数集合的形式就很有必要。这就是下面要阐述的经验模式分解方法。

6.2　经验模式分解

6.2.1　经验模式分解的基本原理

经验模式分解方法能够很好地处理非平稳、非线性信号，与小波变换和其它的时频分析方法相比，这种方法具有许多优点。比如它是直观的、直接的、后验的和自适应的，其根本原因在于这种变换是基于数据本身的一种分解，而不是基于事先设定好的基函数，所以它具有很好地自适应性。

经验模式分解方法建立在以下假设的基础上：

(1) 信号至少有两个极值点：一个极大值点和一个极小值点；

(2) 特征时间尺度由极值点之间的时间间隔定义；

(3) 若数据缺乏极值点但具有变形点，则可对数据进行一次或几次微分来获得极值点，然后再通过积分获得相应的分解结果。

经验模式分解的本质是利用信号的特征时间尺度来获得信号的固有波动模式，据此进而对数据进行分解。根据经验信号分析的第一步是用眼睛观察数据。通过观察有两种方法能直接区分不同尺度的波动模式：一种是观察依次交替出现的极大、极小值点间的时间间隔；另一种是观察依次出现的过零点的时间间隔。交织出现的局部极值点和过零点形成了复杂的数据：一个波动骑在另一个波动上，同时它们又骑在其它的波动上。每个波动都定义了信号的一个内在特征时间尺度。下面采用极值点间的时间间隔作为固有波动模式的时间尺度，因为这样可以更好地分辨波动模式,而且也能用于分析不含零均值的数据(全部为正数或全部为负数)。经验模式分解,或形象地称为“筛选”过程,该方法可描述如下:

首先,提取原始信号所有的极大值点和极小值点;接着,用三次样条曲线分别连接极大值点和极小值点,形成上包络和下包络,上下包络之间应包含全部原始数据(如图 6-3(b))。设包络的均值为 m_1,则原始数据 $x(t)$减去 m_1 得到 h_1,即

$$x(t) - m_1 = h_1 \tag{6-7}$$

上述过程如图 6-3 所示。

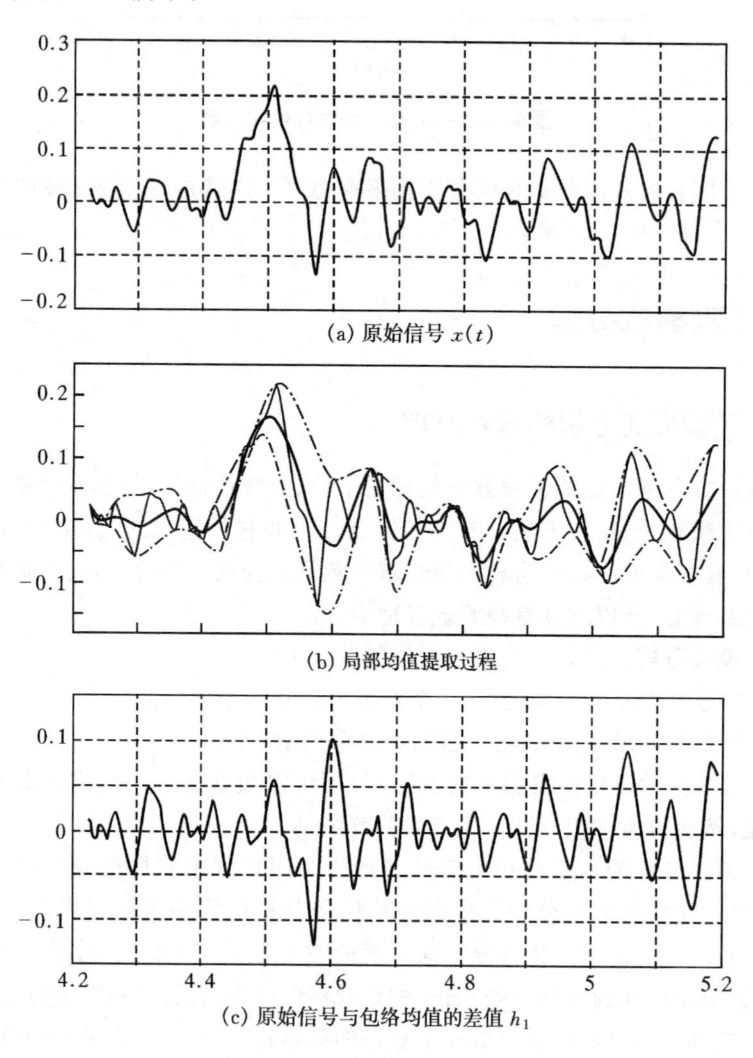

图 6-3 经验模式分解过程图示

一般情况下，h_1 不是一个固有模式函数，需要加以平滑化。在第二次平滑中，h_1 作为数据，有：

$$h_1 - m_{11} = h_{11} \tag{6-8}$$

其中 m_{11} 为 h_1 上下包络的均值，重复以上平滑过程 k 次，直到 h_{1k} 是一个固有模式函数为止，即：

$$h_{1(k-1)} - m_{1k} = h_{1k} \tag{6-9}$$

最后得到的第一个固有模式函数如图 6-4 所示。

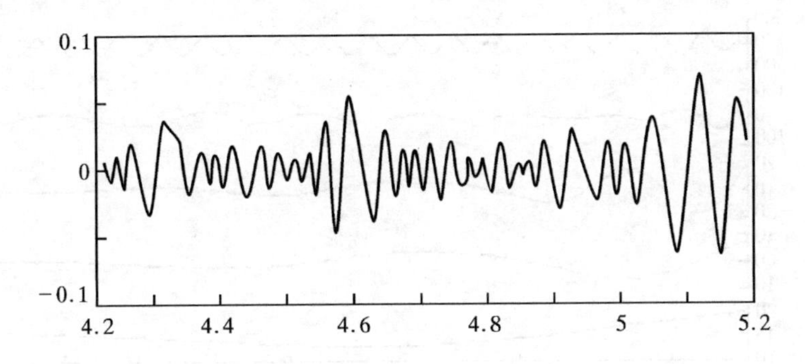

图 6-4　第一个固有模式函数 c_1

我们把第一个固有模式函数记为 c_1，即：

$$c_1 = h_{1k} \tag{6-10}$$

将 c_1 从原始序列中分离出来，得到残余项 r_1：

$$r_1 = x(t) - c_1 \tag{6-11}$$

之后，将残余项 r_1 作为新的数据，按与前面同样的办法平滑化，可以得到新的残余项 r_2：$r_2 = r_1 - c_2$；重复以上过程，直到 r_n：$r_n = r_{n-1} - c_n$ 小于给定值，或残余项 r_n 变成单调函数时，原始信号 $x(t)$ 的分解结束，最后得到：

$$x(t) = \sum_{i=1}^{n} c_i + r_n \tag{6-12}$$

这样，就获得了 n 个固有模式函数和一个残余量。原始信号 $x(t)$ 就是由这 n 个不同时间尺度下的固有模式函数和这个残余量所组成。

下面，我们取一个实际的例子作分析。原始数据来自发生动静碰磨的某旋转机械，图 6-5 是其分解的结果。从图中可以看出，c_1 包含了原始信号中的最高频率成分，并且有明显的周期性冲击存在；c_2 和 c_3 次之，它们对应发生动静碰磨引起的次高频分量；c_4 对应的是旋转机械的工频振动分量，其余的为低频分量以及趋势量。

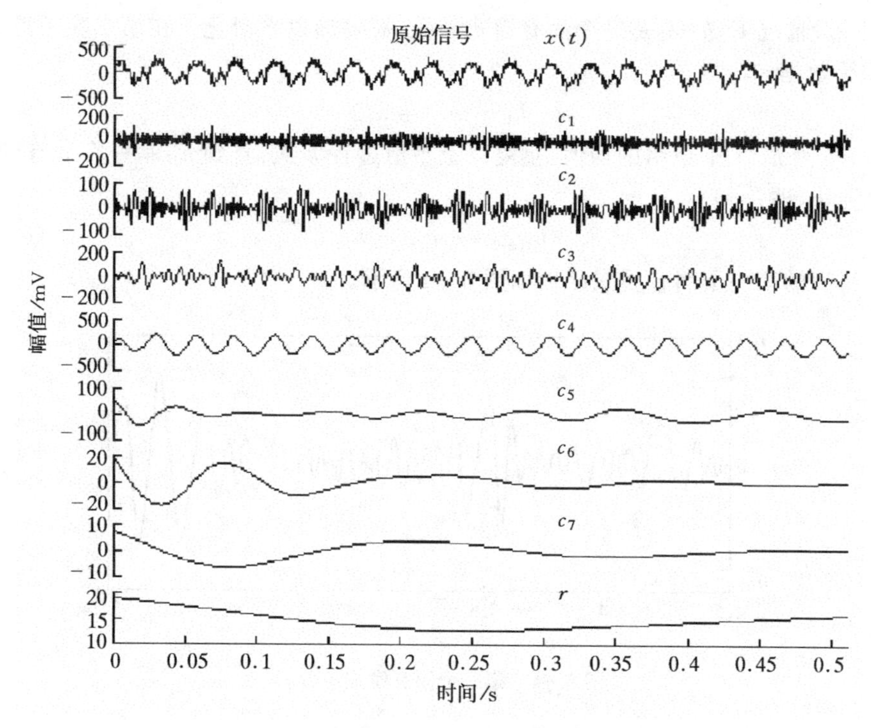

图 6-5 实际动静碰磨信号的经验模式分解结果

6.2.2 经验模式分解算法的完备性与正交性

经验模式分解的完备性由等式(6-12)可以证明。将图 6-5 分解得到的所有固有模式函数和残余项相加,得到的结果与原始信号相比较,它们的差小于 10^{-14},这个微小误差主要是由于计算机的计算精度引起的。因此,可以说这种分解方法是完备的。

经验模式分解算法的正交性,在理论上无法得到严格的保证,但是已可以达到实际运用的要求。究其原因,主要是由于在分解固有模式函数时用“信号局部极大值和极小值的包络均值为零”替代了“数据的局部均值为零”这个条件。经验模式分解的正交性,可以后验的通过分解后的数据进行计算验证。首先,把等式(6-12)改写成如下形式:

$$x(t) = \sum_{i=1}^{n+1} c_i \tag{6-13}$$

其中,把残余项 r_n 作为信号的最后一个附加成分 c_{n+1}。将上式两边平方后,可以得到如下表达式:

$$x^2(t) = \sum_{i=1}^{n+1} c_i^2(t) + 2\sum_{i=1}^{n+1}\sum_{k=1}^{n+1} c_i(t)c_k(t) \quad (i \neq k) \tag{6-14}$$

其中，$x(t)$为原始信号，c_i 和 c_k 分别是 i 和 k 阶的固有模式函数。如果此分解是严格正交的，那么等式(6－14)右边的第二项，即交叉项，应该等于零。在此基础上，定义正交性指标为 IO，表示如下：

$$\mathrm{IO} = \left| \sum_{t=0}^{T} \left(\sum_{i=1}^{n+1}\sum_{k=1}^{n+1} c_i(t)c_k(t)/x^2(t) \right) \right| \quad (i \neq k) \tag{6-15}$$

对于图 6－5 分解得到的结果，其 IO 为 0.034，基本可以认为分解是正交的。对于经验模式分解，其正交性的好坏取决于原始数据的点数、分解的停止标准以及经验模式分解算法本身。在相同的数据点数和分解停止标准的情况下，正交性指标可以作为经验模式分解算法优劣的一个检验标准。正交性指标越小，其算法相对越好。

6.3　希尔伯特谱分析

在经验模式分解的基础上，得到了固有模式函数，就可以根据公式(6－6)计算瞬时频率。对每一个固有模式函数进行希尔伯特变换后，解析信号可以表示为：

$$x(t) = \sum_{i=1}^{n} a_i(t) \mathrm{e}^{j\int \omega_i(t)\mathrm{d}t} \tag{6-16}$$

其中，$a_i(t)$表示第 i 个固有模式函数的幅值，$\omega_i(t)$表示第 i 个固有模式函数的瞬时频率。由于残余项 r_n 在一般情况下，包含的能量比较大，而我们感兴趣的却常常是高频率低能量的信息，为了避免残余项冲击其它信息，因此，在构建希尔伯特谱时可以不考虑残余项。

公式(6－16)给出了每一个模态随时间变化的幅值和频率。如果将原始数据用傅里叶级数展开，可表达成如下形式：

$$x(t) = \sum_{i=1}^{\infty} a_i \mathrm{e}^{j\omega_i t} \tag{6-17}$$

其中 a_i 和 ω_i 都是常数。对比公式(6－16)和(6－17)，可以明显地看出，用固有模式函数的形式来表达信号比傅里叶级数表达更一般化。随时间变化的幅值和频率不但提高了数据展开的效率，而且非常适于分析非平稳信号。

根据公式(6－16)，我们可以在一个三维平面内表达幅值和瞬时频率随时间的变化，这种幅值的时频分布谱图被称为希尔伯特幅值谱，即 $H(\omega,t)$，或简称为希尔伯特谱。若将幅值平方后表达在时频分布谱图上，便可以得到希尔伯特能量谱。

在希尔伯特谱的基础上，进一步定义希尔伯特边缘谱为：

$$h(\omega)=\int_0^T H(\omega,t)\mathrm{d}t \tag{6-18}$$

其中，T 代表信号的整个采样时间，由公式(6－18)可以看出，边缘谱 $h(\omega)$ 是时频谱中对时间轴的积分，它反映了每一个频率点上的幅值或能量分布。它体现的是概率意义上幅值在整个数据跨度上的积累。在边缘谱中的频率意义与傅里叶谱中频率的意义是完全不同的。在傅里叶谱中，只要某一频率处有能量存在，就意味着这个频率始终存在于信号的整个时间跨度中；而在边缘谱中，若在某一频率点有能量存在，说明在信号的整个时间跨度中有这种频率的波形在局部出现的可能性最大。实际上，基于经验模式分解的希尔伯特时频谱图是一个加权并且非归一化的联合幅值(能量)-频率-时间的分布谱图，每一个时频分布点的权值是此点的局部幅值(能量)。因此，边缘谱上的频率表明了可能有一个这样频率的波动存在，但是这种波动发生的确切时间只能在希尔伯特时频谱上得到。对于非稳态数据来说，傅里叶谱分析没有物理意义，因为傅里叶变换的前提是稳态信号。下面把傅里叶变换的频率与瞬时频率作一个比较：

(1) 傅里叶频率是一个与时间无关的量，而瞬时频率是时间的函数；

(2) 傅里叶频率与傅里叶变换相联系，而瞬时频率与希尔伯特变换相联系；

(3) 傅里叶频率是定义在整个信号长度的全局量，而瞬时频率是对某时刻局部频率的描述。

下面通过一个仿真信号来对希尔伯特谱和希尔伯特边缘谱做一些更加直观的分析。选用的模拟信号如下：

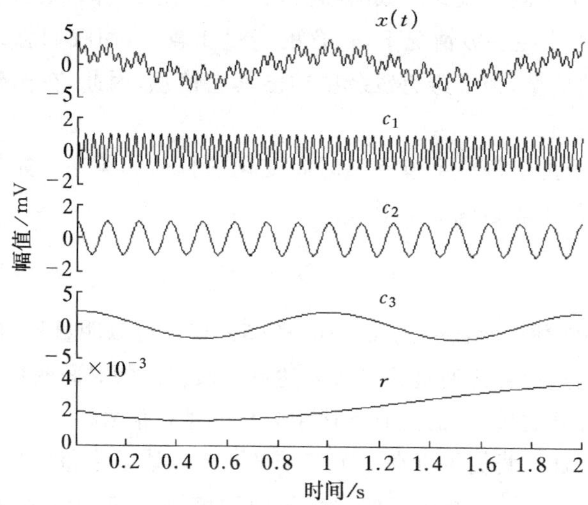

图 6－6 模拟信号的经验模式分解结果

$$x(t) = \cos(60\pi t) + \cos(16\pi t) + 2 \times \cos(2\pi t)$$

对上面的信号进行经验模式分解，得到的分解结果如上图 6 - 6 所示。

对图 6 - 7 的分解结果再进行希尔伯特变换，得到相应的幅值谱如图 6 - 7 所示。

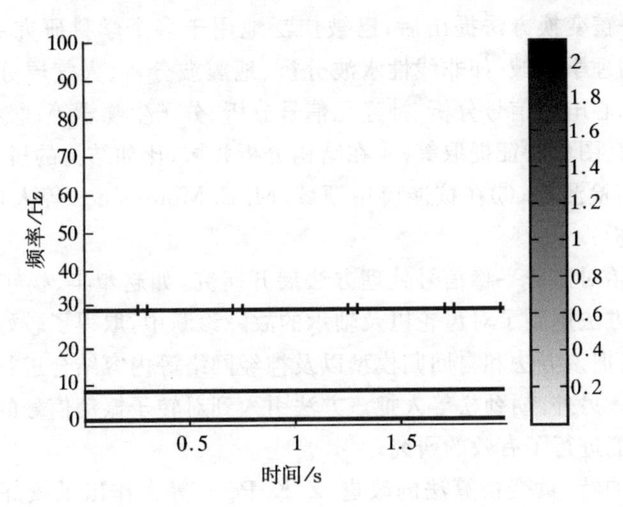

图 6 - 7　模拟信号的希尔伯特谱图

图 6 - 7 上虽然在一些地方有频率波动，原始信号中含有的三个余弦信号还是较好地反映出来，其中右边棒图颜色的深浅表示幅值的大小。小的频率波动主要是由于分解过程中存在误差造成，比如分解出一个幅值较小的残余量。同样，再对上面的信号作傅里叶谱和边缘谱，得到结果如图 6 - 8 所示。

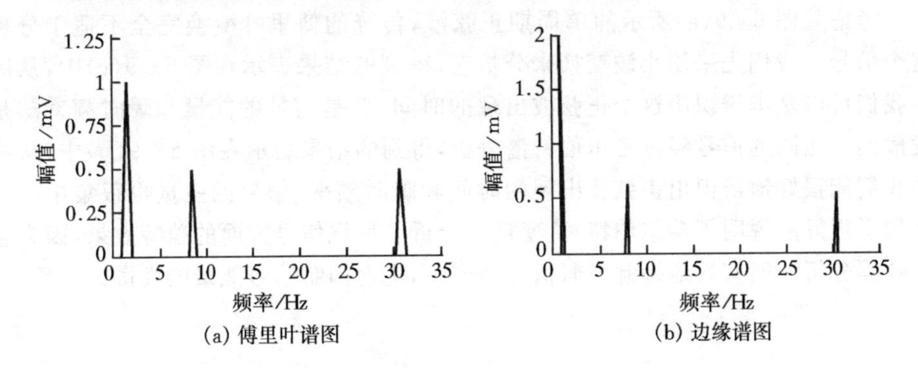

图 6 - 8　模拟信号的傅里叶谱和边缘谱

6.4 希尔伯特-黄变换在非平稳、非线性信号处理中的应用举例

希尔伯特-黄变换方法提出后，已被广泛地用于多个学科研究和工程应用领域：①在地球物理学领域，如非线性水波分析、地震波分析、大气层分析等；②在生物医学领域，如心电图信号分析、神经元信号分析、分子生物学等；③在图像处理领域，如图像压缩、图像特征提取等；④在结构分析领域，比如结构的辨识和模态响应分析、结构破坏检测等；⑤在核能应用领域，M. E. Montesinos 等人把该方法用于核能中子的分析。

国内也开始对该非平稳信号处理方法展开研究，如赵犁丰、杨宇等人，介绍了该方法并把该方法用到了对齿轮以及轴承的故障诊断中，取得了较好的效果；于德介、程军圣等人把该方法和自回归模型以及神经网络等内容结合进行研究，也取得了较好的效果。另外，胡劲松等人把该方法引入到对转子振动信号的分析中，同时对该算法的性能进行了有效的研究。

对于希尔伯特-黄变换算法的改进，Z. K. Peng 等人作出了较好的成绩，他们把原有的希尔伯特-黄变换和小波包结合起来，对含频率成分复杂的信号先作小波包分解，再作希尔伯特-黄变换，结果提高了信号的时频分辨率。另外，Ryan Deering 等人通过添加信号的方式也提高了经验模态分解的效果。总之，希尔伯特-黄变换已开始用于多种领域，取得了较好的效果。

6.4.1 单周期正弦波的分析

考虑如图 6-9(a)所示的单周期正弦波，传统的傅里叶变换完全不适于分析这个信号。我们先采用小波变换来分析它，得到的结果表示在图 6-9(c)中，从图中我们可以基本辨识出这个正弦波出现的时间，但是信号的能量和瞬时频率却是发散的。相同的信号经过希尔伯特谱分析，得到的结果表示在图 6-9(b)中，从图中我们能很好地辨识出正弦波出现的时间和瞬时频率，信号的能量也很集中。这个例子很好的说明了希尔伯特-黄变换在分析非平稳信号方面的独特效果，因为它在数据分析时能有效地抑制虚假信号的产生，进而抑制信号能量的发散。

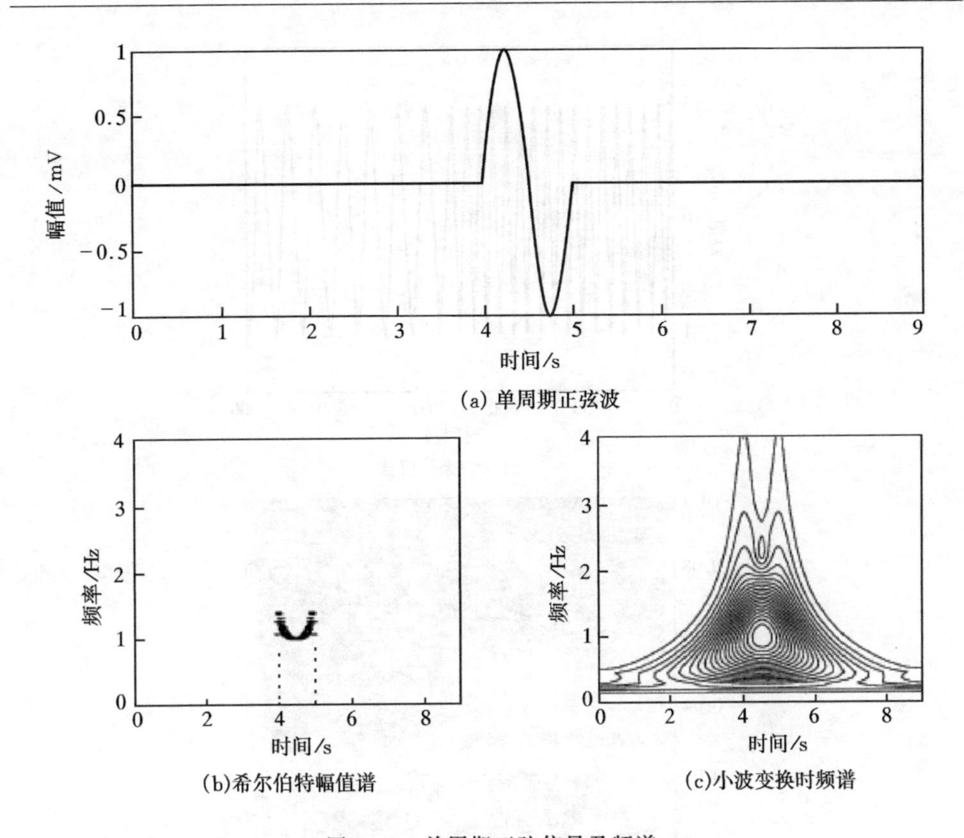

(a) 单周期正弦波

(b)希尔伯特幅值谱　(c)小波变换时频谱

图 6-9　单周期正弦信号及频谱

6.4.2　分时余弦波的分析

考虑如图 6-10(a)所示的波形，我们可以看出波形从某一时刻起突然地从一个频率的余弦信号转变到另一个频率的余弦信号。这个信号往往用于显示小波变换的时频分析能力。通过 Morlet 小波分析可以较好地分辨出频率转变前后的局部频率以及频率转变发生的时刻，如图 6-10(b)所示；但是同时，从图中也可以看到明显的能量泄漏，这影响了对信号的分辨能力。相同的信号经过希尔伯特谱分析，得到的结果表示在图 6-10(c)中，从图中我们能更好地辨识出频率转变发生的时刻以及信号的瞬时频率。这个结果与小波变换相比，信号的能量泄漏很小，信号的分辨率也更高。

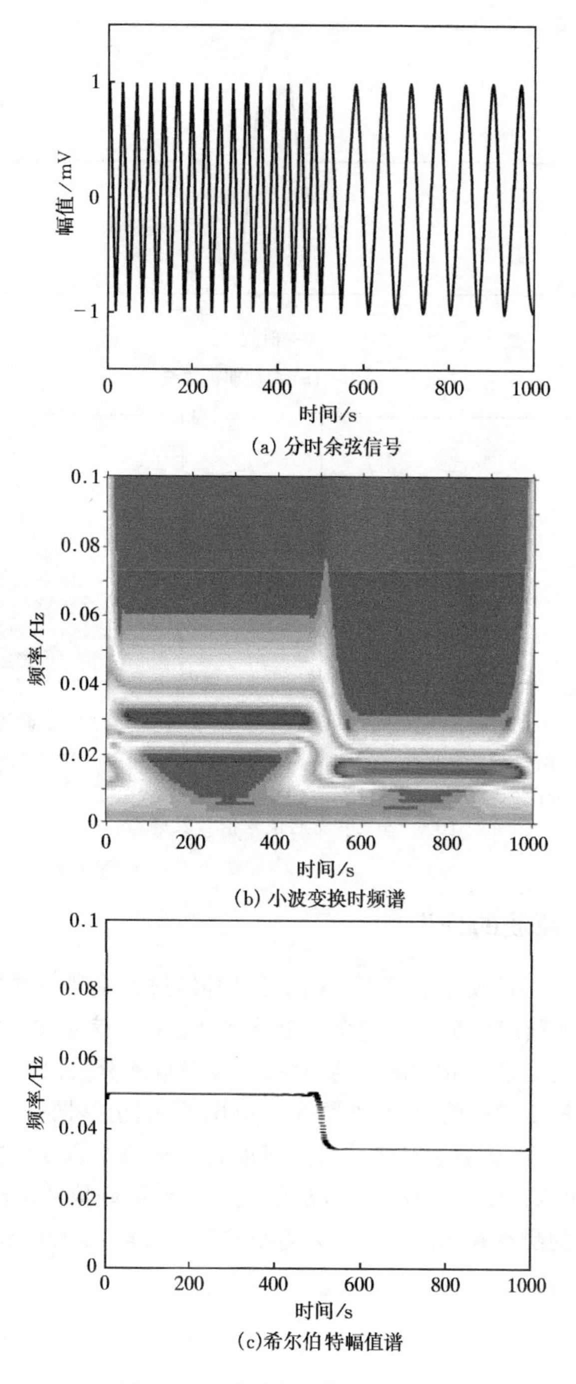

(a) 分时余弦信号

(b) 小波变换时频谱

(c)希尔伯特幅值谱

图 6-10　分时余弦信号及其频谱

6.4.3　一个模拟调频信号的分析

考虑一个模拟信号如下

$$x(t) = \cos(2\pi(30 + 6t_r)t_r) + \cos(2\pi t_r)$$

其中，$t_r=(1,\cdots,2000)/1\ 000$，可以看出，这是一个典型的频率调制信号，信号的频率随着时间在不断地增加，如图 6－11(a)所示。首先，对此模拟信号进行傅里叶变换，得到的结果如图 6－11(b)所示。

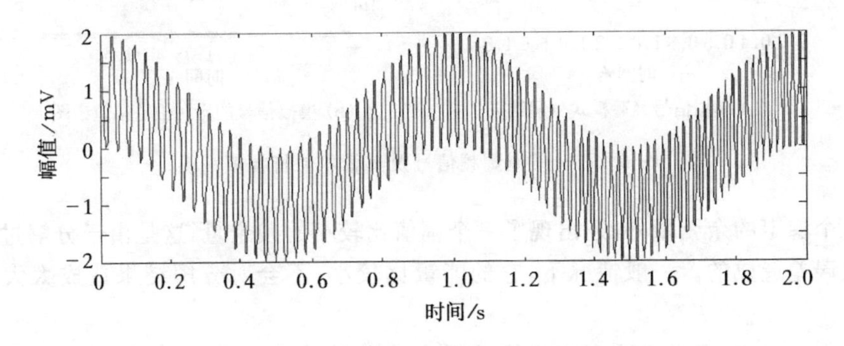

(a) 模拟调频信号

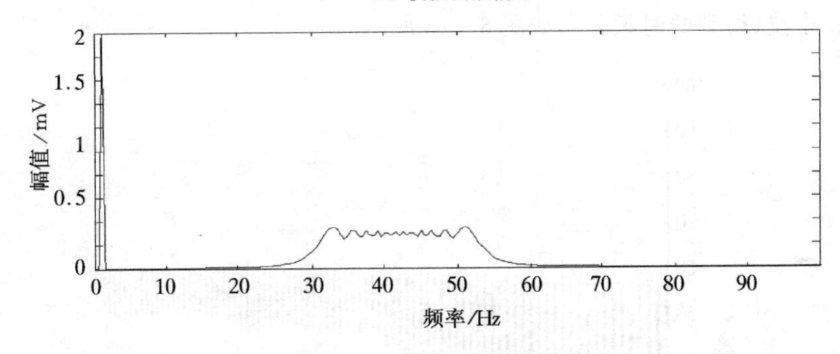

(b) 傅里叶变换谱图

图 6－11　模拟调频信号及其傅里叶变换谱图

从上图可以看出，傅里叶谱图不但难以体现模拟信号的频率变化现象，而且还增加了一些虚假的频率成分，比如大于 54Hz 的频率成分。这是因为傅里叶变换的基函数为三角函数，信号调频所引起波形的变化只能通过增加整个信号序列的谐波来近似。这些超出频率变化范围的信号是虚假的三角谐波。同样，对上面的信号进行希尔伯特-黄变换，得到的结果如图 6－12 所示。

从上面的图形可以看出，得到的分解结果很好地体现了模拟信号的本质特征，在图 6－12(b)中很明显地看到频率随时间的变化。在图 6－12(a)中，除了调频量

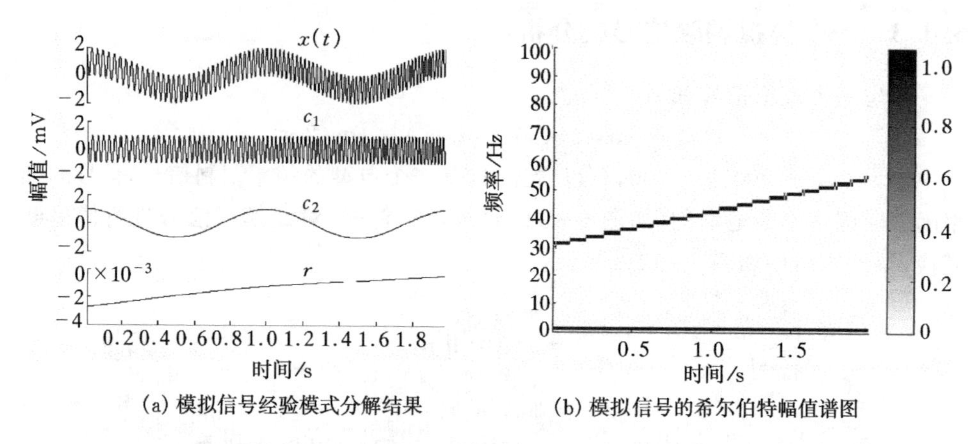

(a) 模拟信号经验模式分解结果 (b) 模拟信号的希尔伯特幅值谱图

图 6-12 模拟调频信号及其希尔伯特幅值谱图

和一个稳定的余弦量外,还出现了一个幅值比较小的残余量,这是由于分解过程中存在误差造成的。一般情况下,它的能量比较小,不会对分解结果造成太大的影响。

作为对比,我们把这个调频信号用小波进行时频分析,选用的小波基函数为 Morlet 小波,得到的时频分布如图 6-13 所示。

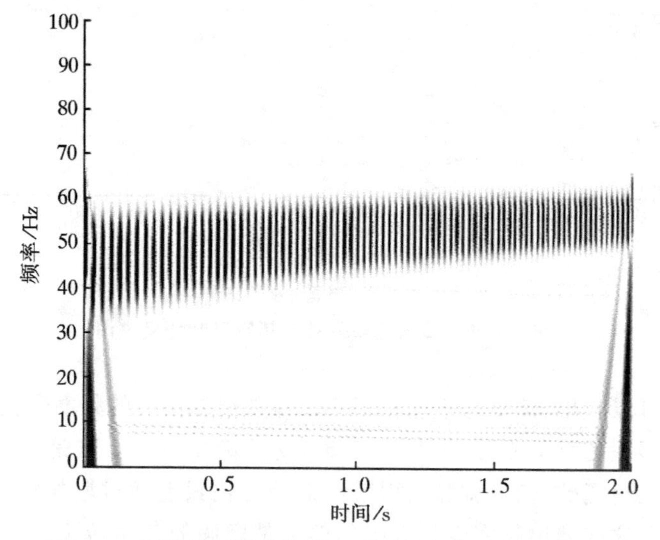

图 6-13 模拟调频信号的 Morlet 小波时频分析结果

对比图 6-12(b)和图 6-13,可以清楚地看出,对于这类非平稳信号,小波的时频分布精度要远远低于希尔伯特-黄变换的精度。

6.4.4　一个实际机械故障信号的分析

图 6 - 14 所示是一个压缩机故障信号的傅里叶变换谱图。从图中可以看出明显存有一个大的工频分量和近半倍频分量。我们可能会据此判断这个压缩机存有油膜涡动或油膜振荡。然而，当这个信号用经验模式分解如图 6 - 15 所示，我们会发现信号中明显存有一个幅值调制分量。进一步的分析表明，这个调幅分量是由

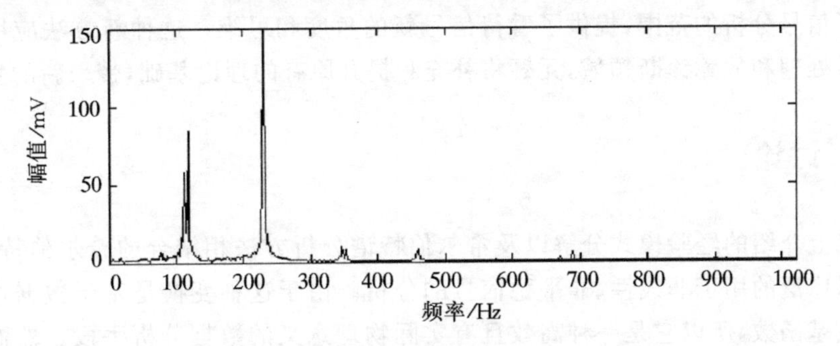

图 6 - 14　一个压缩机故障信号的傅里叶谱

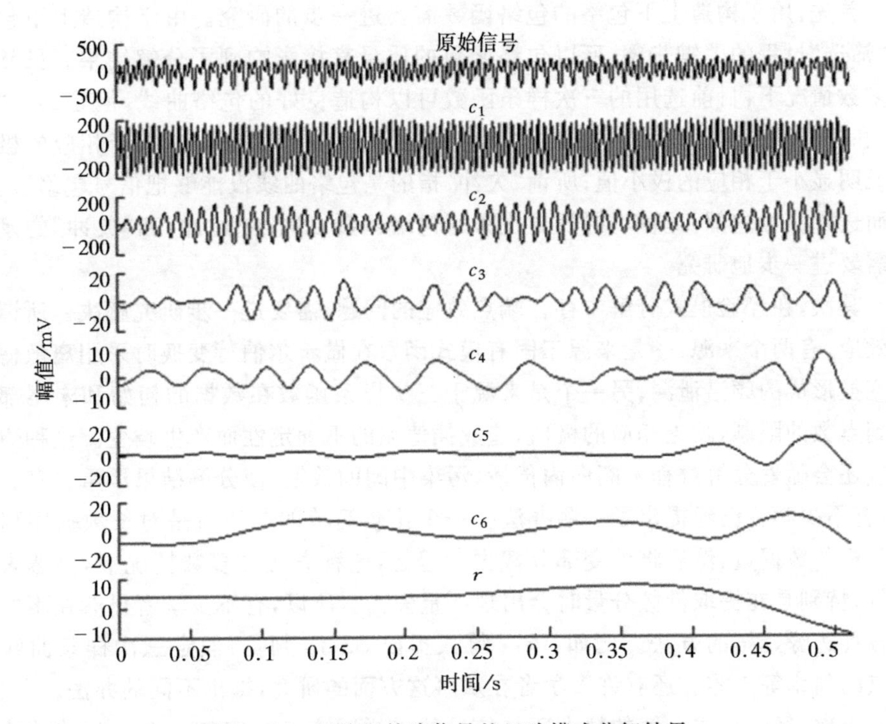

图 6 - 15　压缩机故障信号的经验模式分解结果

一个 2.5Hz 的低频信号调制了半倍频信号造成的。经过仔细检查,最后发现这个 2.5Hz 的低频信号是由管道激励造成的。管道激励是由于管道中剧烈脉动的气流,经过连接机组缸体的弯头时造成对转子的激励。这种激励往往是单方向的;如果气流作用在弯头端面上的力是垂直方向,那么转子所激发的振动也是垂直方向的。现场解决了管道激励问题后,信号的振动值立即减小到了正常水平。

通过这个例子可以看出,希尔伯特-黄变换方法作为一种新的信号分析手段,扩展了信号分析的范围,提供了看待信号新的角度和思维。这种新方法应用于机械信号处理和故障诊断领域,无疑将补充和提升原有的理论基础,带来新的发展。

6.5 讨论

以上介绍的经验模式分解以及希尔伯特谱分析方法相结合的希尔伯特-黄变换可以广泛的用于非线性、非平稳信号的分析。由于这种变换是基于数据本身的自适应基函数,所以它是一种高效且有实际物理意义的数据分析手段。然而这种方法本身还有若干问题有待进一步讨论和研究。

首先,用于构造上下包络的包络函数需要进一步的研究。由于构造上下包络是“筛选”过程的关键步骤,所以包络函数的质量直接影响到了分解结果。虽然在大多数情况下,目前选用的三次样条函数可以构造良好的包络曲线,但是仍有“过冲”和“欠冲”的情况发生。所谓“过冲”指的是包络曲线的值明显大于相应的极大值或明显小于相应的极小值;所谓“欠冲”指的是包络曲线没能够把信号包络进去,反而进入信号内部。所以,寻找更优秀的包络函数以减小“过冲”和“欠冲”的发生就需要进一步地研究。

其次,在经验模式分解中存在端点效应的问题,需要进一步研究解决。所谓端点效应,有两个来源:一是来源于固有模式函数在做希尔伯特变换时采用离散傅里叶变换形成的频谱泄漏;另一个是来源于三次样条函数在数据的初始和末尾部分受到点数的限制,缺乏相应的极值,造成插值点的不确定性而产生歧变。这种边缘效应还会随着分解过程不断向内传播,污染中间的数据,使分解结果严重失真。目前,有不少学者已经提出了一些办法。一个比较简单的办法就是对长数据序列延长分析的数据量,然后将歧变部分截去。但是,这种方法在多数情况下,仍然未必可行,特别是在提取低频分量时会出现严重失真。所以,有不少学者仍然在不断研究各种边缘延拓的方法。例如,Peer 等人提出 SZero 判据:假定三次样条曲线在端点的斜率等于零。还有许多学者在从事这方面的研究,提出不同的办法。

再次,经验模式分解的精度还与信号的采样频率有一定的关系。时域的特征信息是否能够被充分地表达出来关系着分解的精度。如果信号的采样频率比较低，信号的时域波形不能充分体现其本质变化，那么经验模态分解的精度也会相应地降低。这个问题在一定程度上可以通过三次样条插值来解决，理论上说，这种差值不会改变数据的特征时间尺度，也就不会影响到瞬时频率的计算。

本章主要论述了希尔伯特-黄变换的理论，明确了希尔伯特-黄变换中的基本概念以及该理论在处理非线性、非平稳信号中的应用。通过对典型非线性、非平稳信号的分析表明，在经验模态分解基础上的希尔伯特谱能够很好地反映信号的本质特征，优于其它现有的时频分析方法。

参考文献

1. Huang N E et al. The empirical mode decomposition and the Hilbert spectrum for nonlinear and non-stationary time series analysis [J]. Proc Roy Soc London A, 1998,454(4):903－995.
2. Huang N E, Shen Z, Long S R, et al. A new method for nonlinear and non-stationary time series analysis[C]//4th International Conference on Stochastic Structural Dynamics, 1999:559－564.
3. Huang N E. Review of Empirical Mode Decomposition[C]//Proc of SPIE, 2001,4391:71－79.
4. Huang N E. A New method for nonlinear and non-stationary time series analysis: Empirical mode decomposition and Hilbert spectral analysis [C]//Proc of SPIE, 2000:197－209.
5. Huang N E, Stever R. Long, et al. A new view of nonlinear water waves: The Hilbert spectrum [J]. Annual Review of Fluid Mechanics, 1999, 31:417－457.
6. Pan J Y, Yan X H, et al. Interpretation of scatterometer ocean surface wind vector EOFs over the Northwestern Pacific [J]. Remote Sensing of Environment, 2002(82):53－68.
7. Veltcheva A D, Soares C G. Identification of the components of wave spectra by the Hilbert Huang transform method [J]. Applied Ocean Research, 2004, 12(1):1－12.
8. Chen C H, Li C P, Teng T L. Surface-wave dispersion measurements using Hilbert-Huang transform [J]. TAO, 2002,13:171－184.
9. Zhang R C, Ma S, Hartzell S. Signatures of the seismic source in EMD-based characterization of the 1994 Northridge, California, earthquake recordings

[J]. Bulletin of the Seismological Society of America, 2003,93(1):501 - 518.

10. Huang N E. A new view of earthquake ground motion data: The Hilbert spectrum analysis [J]. Proc Int'l workshop on annual commemoration ofChi-Chi Earthquake,2000(2): 64 - 75.
11. Zhang R C, Asce M, Ma Shuo, et al. Hilbert-Huang Transform Analysis of Dynamic and Earthquake Motion Recordings [J]. Journal of engineering mechanics,2003:861 - 876.
12. Coughlin K T. Stratospheric and tropospheric signals extracted using the empirical mode decomposition method [D]. American: University of Washington, 2003.
13. Coughlin K T, Tung K K. 11-Year solar cycle in the stratosphere extracted by the empirical mode decomposition method [J]. Advances in Space Research, 2004, 34(2): 323 - 329.
14. Liang Hualou, Lin Zhiyue, McCallum R W. Artifact reduction in electrogastrogram based on empirical mode decomposition method [J]. Medical & Biological Engineering & Computing,2000,38(1):35 - 41.
15. Liang Hualou, Bressler S L, et al. Empirical mode decomposition: a method for analyzing neural data [J]. Neurocomputing,2005(65):801 - 807.
16. Phlips S C, et al. Application of the Hilbert-Huang transform to the analysis of molecular dynamic simulations [J]. Journal of Physical Chemistry A, 2003,107:4869 - 4876.
17. Nunes J C, Bouaoune Y, Delechelle E, et al. Image analysis by bidimensional empirical mode decomposition [J]. Image and Vision Computing, 2003,21(12):1019 - 1026.
18. Yue Huanyin, Guo Huadong, Han Chunming, et al. A SAR interferogram filter based on the empirical mode decomposition method [J]. Geoscience and Remote Sensing Symposium, 2001, 5: 2061 - 2063.
19. Linderhed A. 2-D empirical mode decompositions in the spirit of image compression[C]// Wavelet and Independent Component Analysis Applications IX, Orlando, Fla, USA:Proceedings of SPIE, 2002,4738:1 - 8.
20. Liu Zhongxuan. Boundary Processing of Bidimensional EMD Using Texture Synthesis[J]. IEEE Signal Processing Letters,2005,12(1):33 - 36.
21. Loutridis S, Douka E, Hadjileontiadis L J. Forced vibration behaviour and crack detection of cracked beams using instantaneous frequency [J].

NDT&E International,2005(38):411－419.

22. Pines D J, Salvino L W. Health monitoring of one-dimensional structures using empirical mode decomposition and the Hilbert-Huang transform [J]. Smart Structures and Materials, 2002:127－143.

23. Rouillard V, Sek M A. The Use of Intrinsic Mode Functions to Characterize Shock and Vibration in the Distribution Environment [J]. Packaging technology and science,2004:1－13.

24. Yang J N, Lei Y, Pan S W, et al. System identification of linear structures based on Hilbert-Huang spectral analysis[J]. Earthquake Engineering and Structural Dynamics,2003,32:1443－1467.

25. Montesinos M E, et al. Hilbert-Huang analysis of BWR neutron detector signals: application to DR calculation and to corrupted signal analysis[J]. Annals of Nuclear Energy, 2003, 30:715－727.

26. 盖强. 局域波时频分析方法的理论研究与应用[D]. 大连:大连理工大学, 2001.

27. 王珍. 基于局域波分析的柴油机故障诊断方法的研究及应用[D]. 大连:大连理工大学, 2002.

28. 张海勇,马孝江,盖强. 抑制时频分布交叉项的一种新方法[J]. 系统工程与电子技术,2002,24(1):28－30.

29. 钟佑明,秦树人,汤宝平. 一种振动信号新变换法的研究[J]. 振动工程学报, 2002, 15(2):233－238.

30. 李中付,华宏星,宋汉文等. 模态分解法辨识线性结构在环境激励下的模态参数[J]. 上海交通大学学报,2001,35(12):1761－1765.

31. Chen Z, Zheng S X, Sun Y M. Gearbox vibration recognition using empirical mode decomposition method [J]. Journal of South China University of Technology, 2002, 30(9):61－64.

32. Yu D J, Cheng J S, Yang Y. Application of EMD method and Hilbert spectrum to the fault diagnosis of roller bearings [J]. Mechanical Systems and Signal Processing, 2005, 19:259－270.

33. Loutridis S J. Damage detection in gear systems using empirical mode decomposition [J]. Engineering Structures,2004,26:1833－1841.

34. 赵犁丰,王振芬,张晓亮. 基于经验模式分解的希尔伯特变换包络提取在机械故障诊断中的应用[J]. 青岛海洋大学学报,2002,32(6):965－970.

35. 杨宇,于德介,程军圣. 基于经验模态分解的滚动轴承故障诊断方法[J]. 中国机械工程,2004,15(10):908-911.

36. 陈忠,郑时雄,孙延明. 基于经验模式分解的齿轮箱振动辨识[J]. 华南理工大学学报,2002,30(9):61-64.

37. 于德介,程军圣,杨宇. 基于 EMD 和 AR 模型的滚动轴承故障诊断方法[J]. 振动工程学报,2004,17(3):332-335.

38. 赵犁丰,周晨赓,仲京臣. 基于 EMD 与神经网络的机械故障诊断技术[J]. 中国海洋大学学报,2004,34(2):297-302.

39. 程军圣,于德介,杨宇. 基于 EMD 的能量算子解调方法及其在机械故障诊断中的应用[J]. 机械工程学报,2004,40(8):115-118.

40. 胡劲松,杨世锡. 基于 HHT 的转子横向裂纹故障诊断[J]. 动力工程,2004,24(2):218-221.

41. 杨世锡,胡劲松. 基于高次样条插值的经验模态分解方法研究[J]. 浙江大学学报,2004,38(3):267-270.

42. 胡劲松. 面向旋转机械故障诊断的经验模态分解时频分析方法及实验研究[D]. 杭州:浙江大学,2003.

43. Peng Z K, Tse P W, Chu F L. An improved Hilbert-Huang transform and its application in vibration signal analysis [J]. Journal of Sound and Vibration,2005(286):187-205.

44. Deering R, Kaiser J F. The Use of a Masking Signal to Improve Empirical Mode Decomposition [C]//ICASSP, 2005:485-488.

45. 盖广洪. 机械信号的希尔伯特-黄变换:原理与应用[D]. 西安:西安交通大学,2005.

第 7 章　全息谱分析技术

将时域信号通过傅里叶变换转换成频域信号，是机械故障诊断中最常用的处理方法。全息谱是在傅里叶谱基础上发展获得的，是一种将机组振动信号的傅里叶谱参数在频域中按一定规则合成的谱图，有二维全息谱和三维全息谱。它是一种以傅里叶变换为基础的频域信息集成方法。全息谱主要处理的是平稳信号。实践证明，全息谱由于综合反映了机组振动的全部幅值、频率、相位信息，在生产中能够比一般方法更为准确地识别机组运行中存在的隐患，从而为保障关键、重大设备的安全运行创造条件。全息谱是在上世纪 80 年代末期提出的，随后，开始在我国的石化、电力、冶金等行业推广应用，解决了许多生产上的难题，经受了实践的检验。同时全息谱技术本身，也得到了充实和发展，建立了二维全息谱、三维全息谱、合成轴心轨迹、滤波轴心轨迹、全息瀑布图、短时复谱和短时轴谱等方法构成的一整套以全息谱为核心的诊断、分析技术。本章主要介绍全息谱的构成和应用，以及全息瀑布图、全息动平衡等相关技术和应用。

7.1　全息谱的构成

7.1.1　全息谱的提出

图 7-1 是由单个传感器测量机组振动所采集的信号。同样的振动由于传感器放置的位置不同，所采集到的信号波形也不同，频域中对应傅里叶谱也各异。如果我们将两个方向安装的传感器采集的信号加以合成得到的轴心轨迹形状，就不会随传感器的安装位置而改变。图 7-2 是转子在一个支承截面内的合成轴心轨迹，它是由 x 和 y 两个傅里叶谱中相应的倍频分量重新合成以后得到的。当两个传感器一起在机座上转过一个角度时，合成轴心轨迹的形状没有变化；而且，由于消除了信号中的噪声，轨迹也清晰。轨迹上有许多突变的尖点，说明有可能存在动静碰磨。由于有分倍频分量存在，转子每转所描绘的轨迹不完全重合。

7.1.2　全息谱对所集成的信号的要求

由于全息谱是在数据层对信息进行融合，所以它对所集成的信号有严格的要求。归纳起来，主要有以下几个方面：

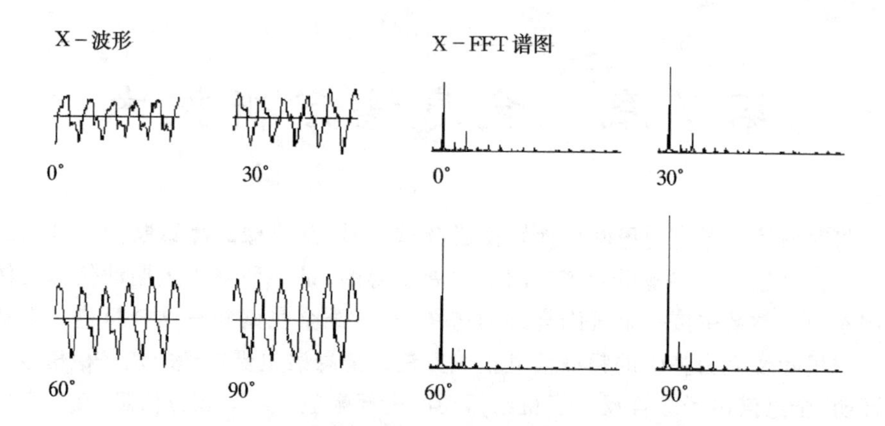

(图中传感器的安装角度分别为 0°,30°,60,°90°)

图 7－1　单传感器测量的时域波形及相应的幅值谱

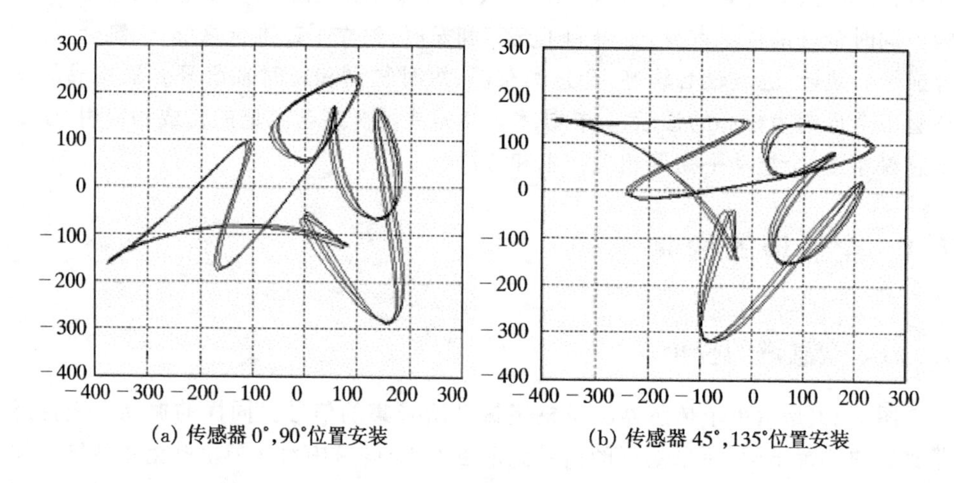

(a) 传感器 0°,90°位置安装　　(b) 传感器 45°,135°位置安装

图 7－2　合成轴心轨迹

(1) 传感器安装条件相同；

(2) 传感器特性一致；

(3) 信号传输路径相似；

(4) 采样频率相同；

(5) 起始采样的时间一致；

(6) 各分量的幅值、频率、相位数值精确。

由此可见,需要深入细致的准备工作,才能正确地构造全息谱的全息谱技术。

7.1.3　二维全息谱的构成

二维全息谱是在频域中集成了转子一个支承截面内 X,Y 两个方向信号的幅值谱和相位谱的谱图,如图 7－3 所示。

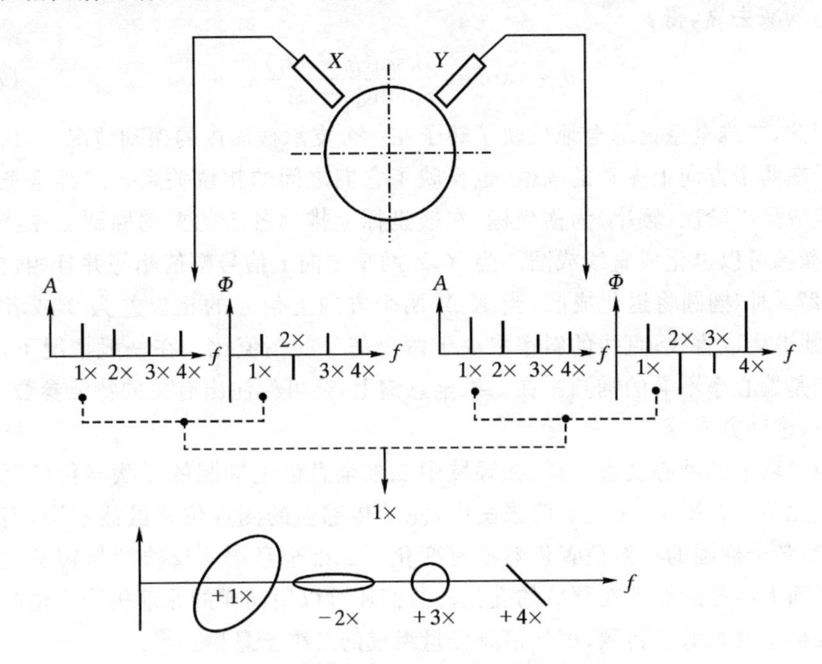

横坐标上标有旋向,逆时针进动为"＋",顺时针进动为"－"

图 7－3　二维全息谱的构成原理图

二维全息谱的第 i 阶分量的参数坐标:

$$\begin{cases} x_i = A_i\sin(i\omega t + \alpha_i) \\ y_i = B_i\sin(i\omega t + \beta_i) \end{cases} \tag{7-1}$$

起始点坐标:

$$\begin{cases} x_{\alpha i} = A_i\sin\alpha_i \\ y_{\alpha i} = B_i\sin\beta_i \end{cases} \tag{7-2}$$

式中,α_i、β_i 为第 i 阶分量中两个组成正弦信号的初始相位,它取决于采样的起始时刻和原始波形。

所以工频分量(即一阶图形)起始的相位角为:

$$\theta_1 = \arctan\frac{B_1\sin\beta_1}{A_1\sin\alpha_1}$$

第 i 阶分量的相位角为：

$$\theta_i = \arctan \frac{B_i \sin\beta_i}{A_i \sin\alpha_i}$$

为了消除采样初始时刻不同时对 θ_i 的影响，取 $\theta_1 = 0°$。即使各阶分量的初始相位角均减去 β_1，得：

$$\theta_i = \arctan \frac{B_i \sin(\beta_i - i\beta_1)}{A_i \sin(\alpha_i - i\beta_1)} \tag{7-3}$$

因此，二维全息谱综合地反映了转子在一个支承截面内的振动情况；不仅反映了转子在两个方向上振动的幅值，也反映了它们之间的相位关系。二维全息谱的基本组成是以阶次(频率)为横坐标，在横坐标上排列各阶的振动椭圆。在特殊情况下，椭圆可以退化成直线或圆。当 X,Y 两个方向上信号幅值相等并且相位相差 90°或 270°时，椭圆将退化成圆；当 X,Y 两个方向上信号的相位差为 0°或者 180°时，椭圆退化成直线，直线的斜率取决于两个信号的幅值比。在一般情况下，二维全息谱是偏心率不等的椭圆。在二维全息谱上，还可标注出有关的特征参数，如长轴倾角、进动方向等。

与时域中的轴心轨迹一样，在频域中二维全息谱上椭圆的形状与传感器安装的位置无关。在图 7-4 上下两张图中，左端传感器的测点位置虽然不同，但椭圆的形状，各个椭圆的相对位置仍然没有变化。二维全息谱所反映的是转子在一个支承平面上的各阶振动在频域的变化。我们还可以用同样的原理构造高倍频分量的二维全息谱和低于转频、由分倍频分量组成的二维全息谱。

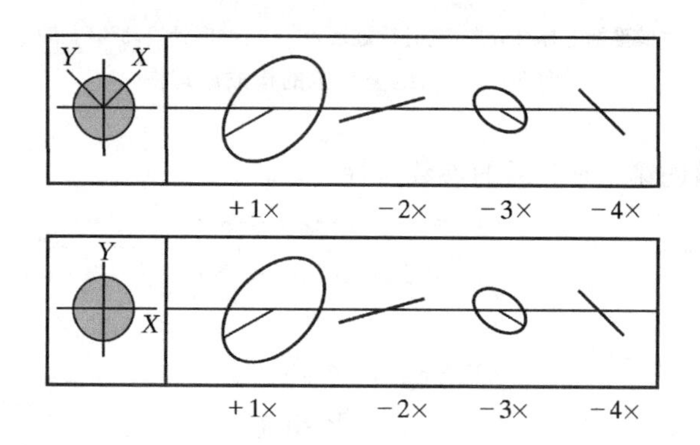

上图中两个电涡流传感器呈 45°,135°位置安装；下图中呈 0°,90°位置安装

图 7-4 传感器安装角度不同所得到的二维全息谱

转子进动的旋向与自转方向相同的，称为正进动；反之，称为反进动，如图7-5所示。一般情况下，出现正进动的居多；只有少数情况下，旋向才出现反进动。这

时主导故障往往不是失衡，而是其它故障。例如，动静部件碰磨所引起的削波，谱图上的转频分量往往就是反进动旋向。但是旋向不能作为碰磨的主要依据，需要和其它征兆一并综合加以考虑，才能确诊。

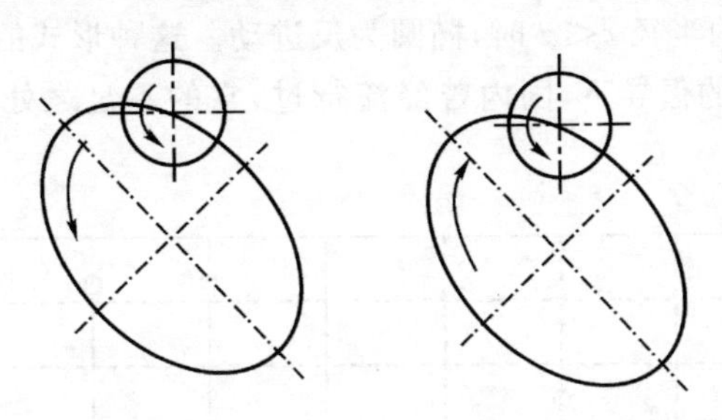

图 7-5　转子进动的方向：正进动与反进动

众所周知，一个质点作椭圆运动时，其运动可以分解为两个圆运动：一个为半径 $c=(a+b)/2$ 的正进动圆；另一个为半径 $d=(a-b)/2$ 的反进动圆。其中，a 与 b 分别为椭圆的长半轴和短半轴。如图 7-6 所示。如果在复平面上表示此椭圆运动，则有：

$$z = a \cdot \cos(\omega t) + \mathrm{j}b \cdot \sin(\omega t) = c \cdot \mathrm{e}^{\mathrm{j}\omega t} + d \cdot \mathrm{e}^{-\mathrm{j}\omega t}$$

$$c = \frac{1}{2}(a+b) \qquad d = \frac{1}{2}(a-b) \tag{7-4}$$

椭圆的偏心率 e 可由下式确定：

$$e = \frac{\sqrt{a^2 - b^2}}{a} \tag{7-5}$$

当椭圆的长轴与短轴相等时，反进动圆的半径等于零，此时椭圆将退化成圆；当长轴一定，短轴减小时，正反进动圆的半径接近相等，此时椭圆的偏心率将越来越大。

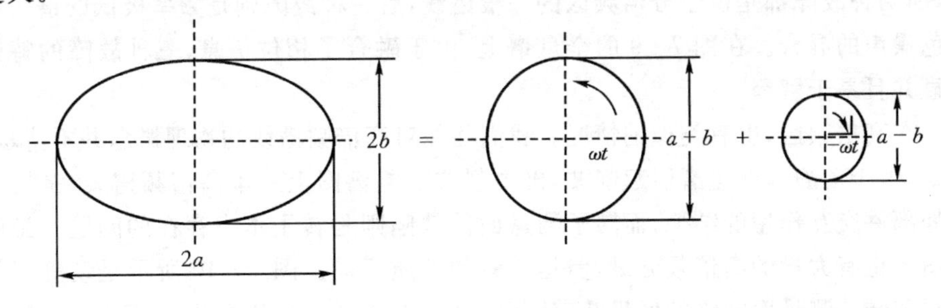

图 7-6　椭圆运动可以分解为一个以 ωt 作正进动的圆运动和一个以 $-\omega t$ 作反进动的圆运动

如果将各次谐波的椭圆运动分解为正、反进动的两个圆运动，并且将两个进动圆的半径 c、d 排列在频率轴 0 点的两侧，就构成复谱。图 7－7 所示就是这样的一个复谱，在复谱上可以观察到椭圆进动的方向：当进动圆的半径 $c>d$ 时，椭圆为正进动；反之，当进动的半径 $c<d$ 时，椭圆为反进动。这种形式的复谱图又称为全频谱。在 Bently 公司的倡导下，国内曾经流行过，它的不足之处是仍然没有直观地反映相位信息。

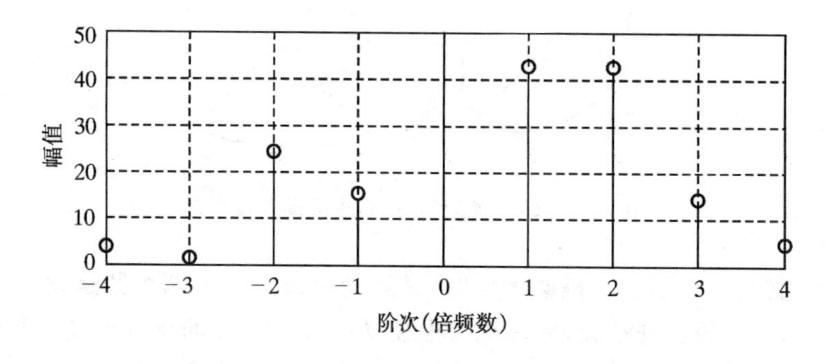

图 7－7　全频谱

7.1.4　全息谱区别故障的能力

在大型回转机械的故障诊断中，全息谱技术是一个比较成功的集成诊断信息的方法。由于在频域中集成了一个或多个支承截面上 X 和 Y 两个方向振动信号的幅值、频率和相位，特别是相位信息的利用，使大机组运行中隐含故障的特征充分地显示出来，得以能正确地加以识别和诊断。

下面举例说明全息谱的故障区别能力。我们首先选择压缩机在分倍频区三种常见的故障：油膜涡动、管道激励和喘振加以比较。如图 7－8 所示，在傅里叶谱上，前两种故障都是位于分倍频区的一根谱线，后一种故障则是频率极低的谱线与有色噪声的混合。在图 7－9 的全息谱上，由于融合了相位信息，三种故障的特征明显并且易于解释。

在高倍频区，也有类似的情况。我们往往对高倍频谱线的物理概念并不清楚。例如，由于动静部件碰磨引起削波，再由削波引起谱图上一串高倍频谱线，是转子和静部件交互作用的结果；而转子测量面的缺陷则是转子本身存在的问题。虽然谱图上也有大量的高倍频分量，但是二者的性质不同。图 7－10 所示是动静部件碰磨和转子测量面缺陷的傅里叶谱图，两种情况在图上难以区别。图 7－11 所示是这两种故障的全息谱，显现了两种故障不同的特性。

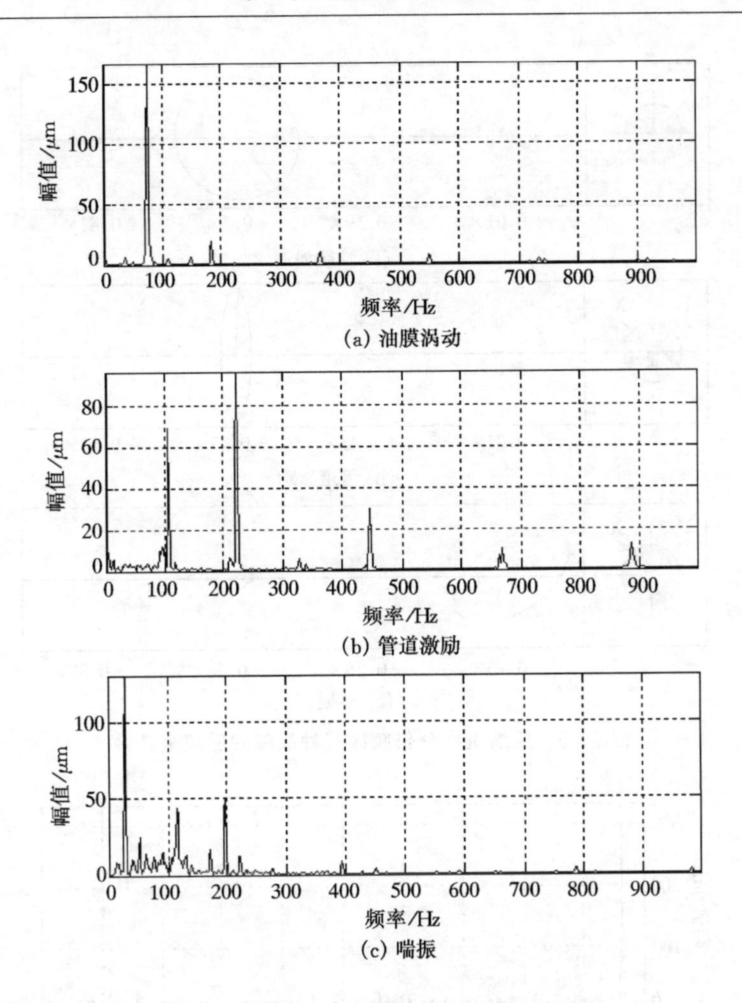

图 7-8　压缩机在分倍频区三种故障的幅值谱

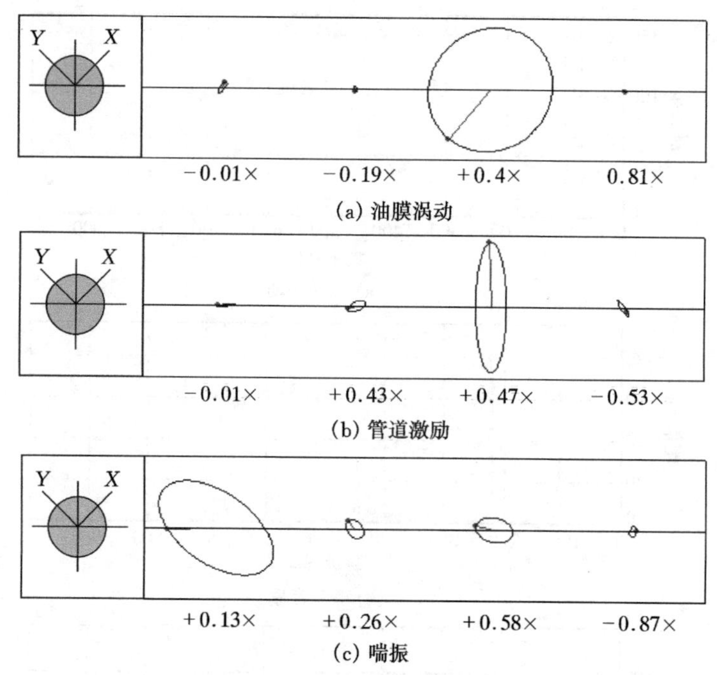

图 7-9 压缩机在分倍频区三种故障的低频全息谱

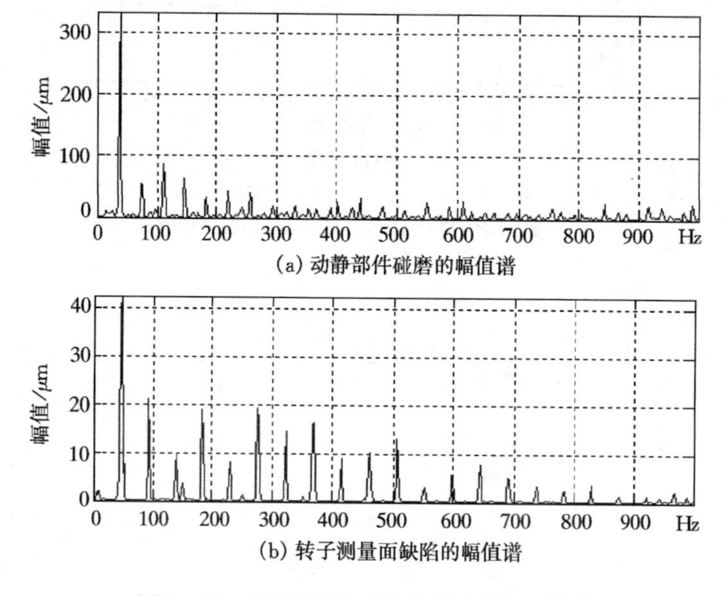

图 7-10 以高倍频分量为特征的故障幅值谱

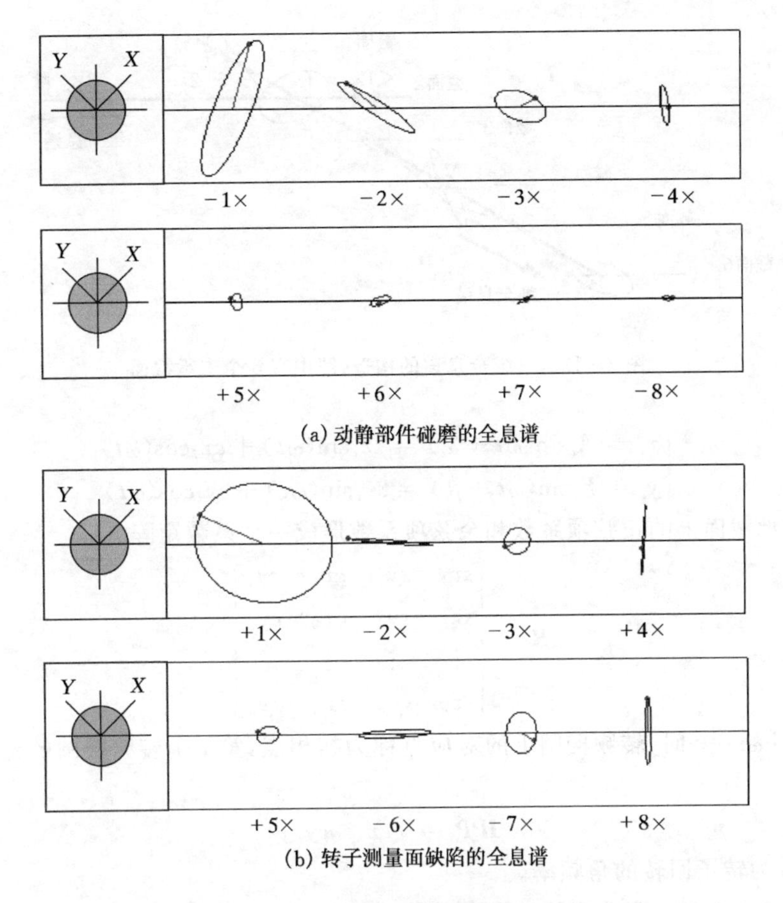

(a) 动静部件碰磨的全息谱

(b) 转子测量面缺陷的全息谱

图 7－11　以高倍频分量为特征的故障全息谱

7.1.5　三维全息谱的构成

如图 7－12 所示，三维全息谱是把一根轴系上全部支承处的转频椭圆串连起来所形成的全息谱。因此，其基本组成是转频椭圆、转频椭圆上的初相点和连接各个转频椭圆的创成线。因为椭圆运动不是等速运动，所以在绘制创成线时必须按顺序将相应的采样点连接起来。当然，也可以用同样的方法做其它倍频分量的三维全息谱，如二倍频分量的三维全息谱，但在实际中使用较少。目前，轴系使用最多的是转频分量的三维全息谱，也最为有效。

设转子有 n 个支承截面，第 i 个支承截面上的转频椭圆由正弦项系数[sx_i，sy_i]，和余弦项系数[cx_i，cy_i]决定：

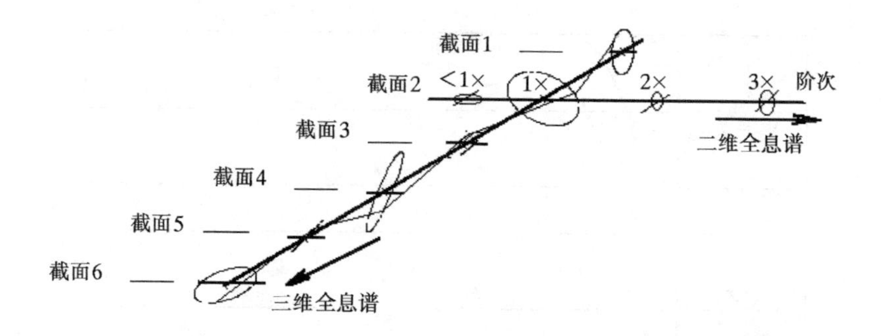

图 7-12 三维全息谱的构造:图中有 6 个支承截面

$$\begin{cases} x_i = A_i \sin(\omega t + \alpha_i) = sx_i \sin(\omega t) + cx_i \cos(\omega t) \\ y_i = B_i \sin(\omega t + \beta_i) = sy_i \sin(\omega t) + cy_i \cos(\omega t) \end{cases} \tag{7-6}$$

所有支承截面上的正弦项系数和余弦项系数形成一个系数矩阵：

$$\boldsymbol{R} = \begin{bmatrix} sx_1 & sy_1 & cx_1 & cy_1 \\ sx_2 & sy_2 & cx_2 & cy_2 \\ \vdots & \vdots & \vdots & \vdots \\ sx_n & sy_n & cx_n & cy_n \end{bmatrix} \tag{7-7}$$

其中,当 $\omega t=0$ 时,转频椭圆上的对应点称为初相点,第 i 个转频椭圆的初相点坐标是：

$$\boldsymbol{IPP}_i = [cx_i \quad cy_i] \tag{7-8}$$

式中,ω 为转子回转的角频率。

图 7-13 是一张典型的三维全息谱。它由四个支承处的转频椭圆、相应的初相点和连接各转频椭圆上相同时刻点的创成线组成。各个转频椭圆的旋向由圆周

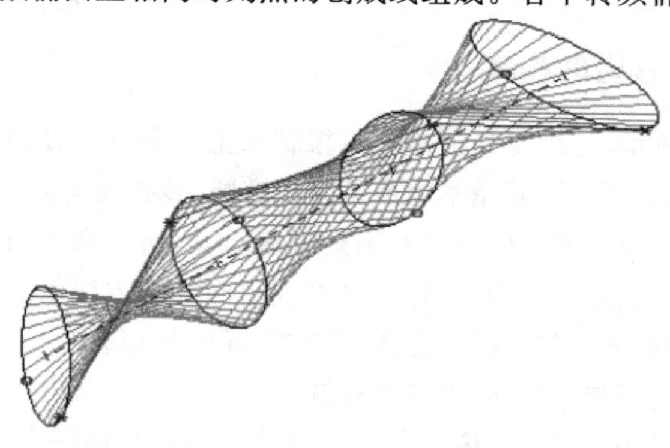

图 7-13 一台机组的三维全息谱

上的标志点确定:初相点“∘”与后续点“*”在转频椭圆上的相对位置表明了转子的进动方向。

随着全息谱技术的不断普及和应用,三维全息谱越来越为生产实践所接受。它不但提供了转子振动的全貌、轴承的刚性、振动最大的环节、转子受力的情况,也提供了转子在工作转速下的混合振型。这样丰富的信息是任何其它方法所无法取得的。

7.1.6 轴心轨迹重构

傅里叶谱上的每一根谱线就是一个正弦分量。因此,如果把 x 方向和 y 方向的两个傅里叶谱上相应的谱线有选择性地重新合成起来,就可以得到新的轴心轨迹,称为合成轴心轨迹,其目的是突出故障的特点。如果把全部谱线重新合成起来,所得到的轨迹称为提纯轴心轨迹,其目的是消除原始轴心轨迹中的噪声。如果在所获得的谱图的基础上,对信号的一个频带进行保相滤波,所合成的轴心轨迹称为滤波轴心轨迹,主要用于分析分倍频区中的有色噪声。流体机械中,谱图的分倍频区内常常有连续的有色噪声,它们是流体动力噪声,易于为人们所忽略。用滤波轴心轨迹分析这类噪声,有利于早期发现故障,防患于未然。

图 7-14 是一台氮压缩机透平联轴节端的傅里叶幅值谱图。这台压缩机的工作转速是 11 120 r/min。齿轮式联轴节把驱动透平和压缩机低压缸连接起来。首先,作出二维全息谱,如图 7-15 所示。从图 7-15 上可以看到有两个故障:对中不良(2×)和分倍频区的 50Hz 交流干扰(0.27×)。作出 1×,2×,3×,4×四个分量的合成轴心轨迹,如图 7-16 所示,可以证实不对中的存在。用滤波轴心轨迹进行保相滤波,将大于 1×和小于等于 0.27×的分量滤掉,可以确诊分倍频区内有色噪声是气封磨损造成的,如图 7-17 示。

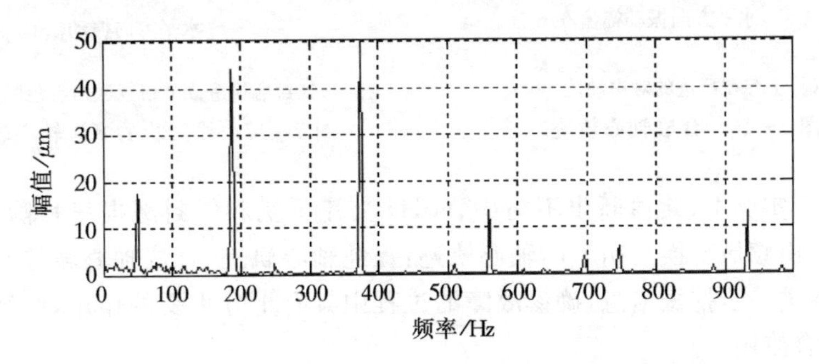

图 7-14 氮压缩机透平联轴节端的 FFT 幅值谱图

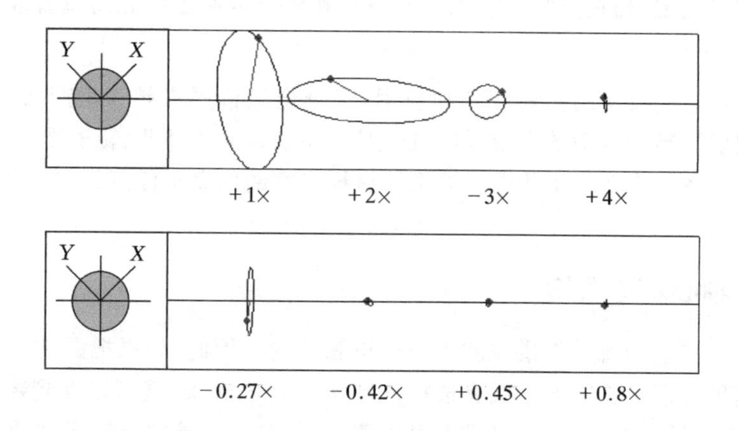

图 7-15 氮压缩机透平联轴节端的二维全息谱

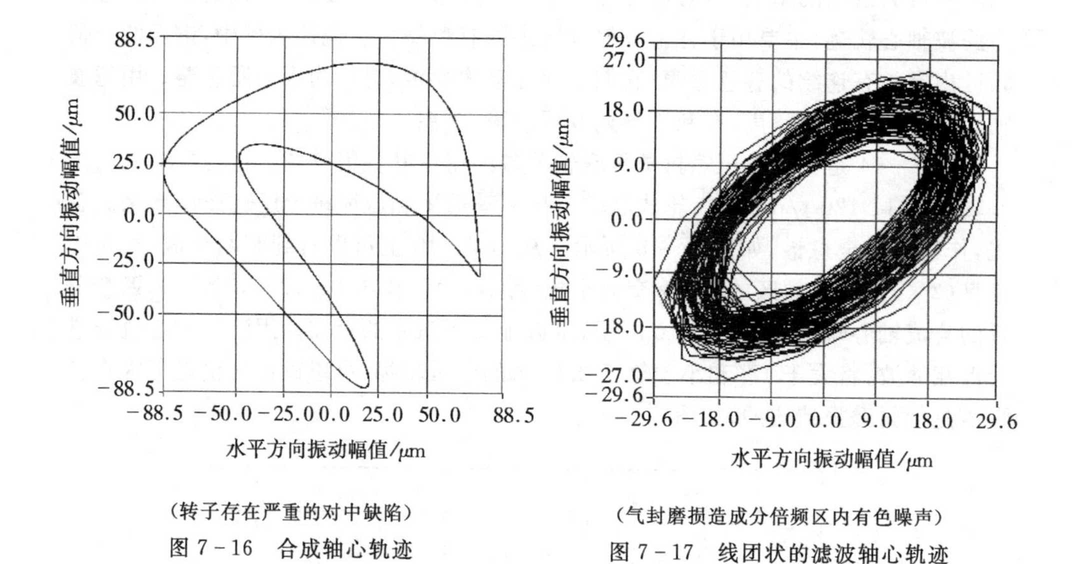

(转子存在严重的对中缺陷)

图 7-16 合成轴心轨迹

(气封磨损造成分倍频区内有色噪声)

图 7-17 线团状的滤波轴心轨迹

在这个实例中,共诊断出不对中、50Hz 交流干扰和气封磨损三种隐含故障。由此可见,由频域变换后衍生的轴心轨迹:提纯轴心轨迹、合成轴心轨迹和滤波轴心轨迹,在进一步挖掘信息,确诊故障的过程中具有十分重要的作用,必须与全息谱灵活配合使用。

7.2 全息瀑布图

描述转子起停车过程的传统方法是伯德(Bode)图,它是基于传感器单向测量的结果绘制的。伯德图的纵坐标是振动的峰峰值和相位,横坐标是转速。伯德图上的临界转速是一台机组的重要参数。转子的一些严重故障和临界转速有关:例如转子上的横向裂纹,由于横向裂纹会降低转子的刚性,从而在起车过程中临界转速会降低,与此同时,出现明显的双峰;又如油膜振荡,开始在转速等于临界转速下发生,以后不论转速如何变化,都始终咬住这个频率,强烈振动。临界转速又是转子强烈共振的区域,在额定转速下运行的转子,一旦振动超差,停车后重新起车就不一定能再次通过临界,这也是生产上不愿意轻易停车的一个原因。因此一台机组的临界转速是现场操作人员所必须确切掌握的。

我们在前面曾经讨论到:转子上残余的失衡量是普遍存在的,并在临界转速下对转子产生很大的激励。当一个转子平衡得非常好时,转子可以平稳地通过临界转速,甚至觉察不到临界转速的存在。转子在临界转速下,转频椭圆的初相点作180°的翻转,原来重心在转子的外侧,翻转后重心在转子的内侧,这是转子动力学所阐明了的。事实上,不单是初相点,整个转频椭圆在转子跨过临界转速时都要作180°的翻转。

图 7-18 是一台烟机转子跨过临界转速时的转频椭圆变化情况,初相点“。”与后续点“*”的相对位置表明转子进动的方向。图 7-19 是这台烟机转子跨过临界转速前后的转频椭圆初相点变化情况,显示了初相点在转子跨越临界时翻转180°,向径长度剧烈变化。这台烟机的一阶临界转速是 2 280 r/min。在跨越一阶临界的前后,椭圆的偏心率也明显减小。

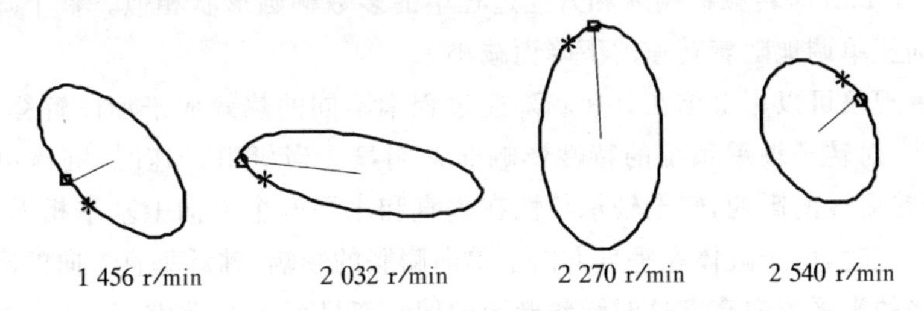

图 7-18　一台烟机转子跨过临界转速时的转频椭圆变化情况

机组停车时虽然已经甩掉了负荷,但由于机组的热惯性,轴承的润滑状态仍然没有改变,转子—支承系统的性能显然区别于冷态起车。我们在利用机组的起停

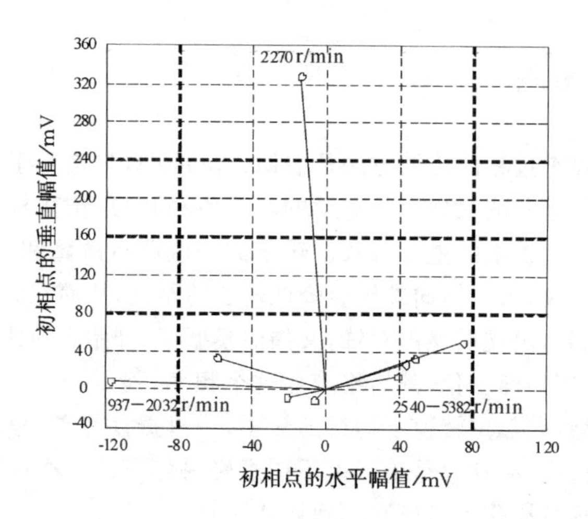

图 7-19 烟机转子跨过临界转速前后的转频椭圆初相点变化情况

车信息时，必须考虑到机组的转速、负荷，以及热状态的变化。

全息瀑布图是用各次倍频椭圆来代替常规瀑布图上的幅值所形成的谱图，它从形状上已经不再具有瀑布的形状。从全息瀑布图上可以得到更为丰富的信息，特别是转速改变时，从图上可以清楚地观察到各阶椭圆形状的变化。

图 7-20 是一台 5×10^5 kW 汽轮发电机组的起停车过程的全息瀑布图。这台机组的振动主要是转频振动，其它各次倍频分量都很小，因此瀑布图形很简单。起车过程中转频椭圆变化很复杂，主要是因为随着转速和载荷的增加，转子轴承系统的刚性和阻尼也在不断地改变，系统存在明显的各向异性。从起车过程可以观察到转子轴承系统的一阶临界转速在 2 437 r/min 附近；而在停车过程中，只有在到达 1 122 r/min 时转频椭圆才和升速过程中的多数椭圆形状相似。整个降速过程中椭圆面积单调地随着转速的下降而减小。

这种现象可以用缸体在升速和降速过程中不同的热效应来加以解释：缸体温度的变化，对转子轴承系统的特性影响非常明显。当机组升速时，缸体由冷态升温，由于热惯性的影响，转子轴承特性在垂直和水平两个方向上基本相近；而在接近额定转速时，由于缸体在垂直方向上单向膨胀的影响，轴承垂直方向的刚度远比双向膨胀的水平方向高。这时转频椭圆的偏心率显著增加，如图 7-20(a)所示。

同样，在机组停车过程中由于缸体热惯性的影响，转子轴承特性仍保留在额定转速的状态，但失衡质量的激励力随转速呈平方倍减小，所以转频椭圆的形状保持不变，但面积随着转速的降低而迅速减小。在停车过程中由于轴承油膜特性显然与升速过程不同，没有发现在升速过程中那样明显的临界转速。

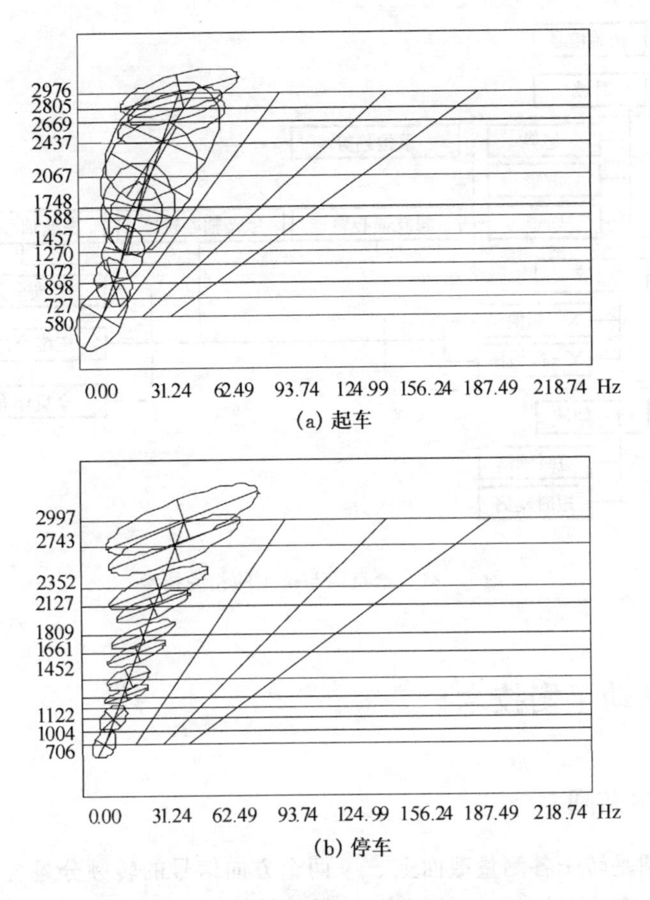

图 7－20　汽轮发电机组起停车过程全息瀑布图

很明显，这种以二维全息谱为基础构造的全息瀑布图，比起常规的由幅值谱构造的瀑布图来，能够提供更多的有关机组暂态过程的信息，更直观地显示各倍频分量的变化。由于它的形状已完全不同于瀑布的形状，更确切地可以称之为全息谱级图。

综合上述，全息谱与衍生的相关技术可以用图 7－21 表示。图中用虚线框出的部分，是常规的信号处理方法。全息谱和衍生的相关技术列在虚线框外。由于信息的集成，丰富了处理机组振动信息的手段，也大大地提高了对故障的区别能力，这是以往的分析方法所不能比拟的。

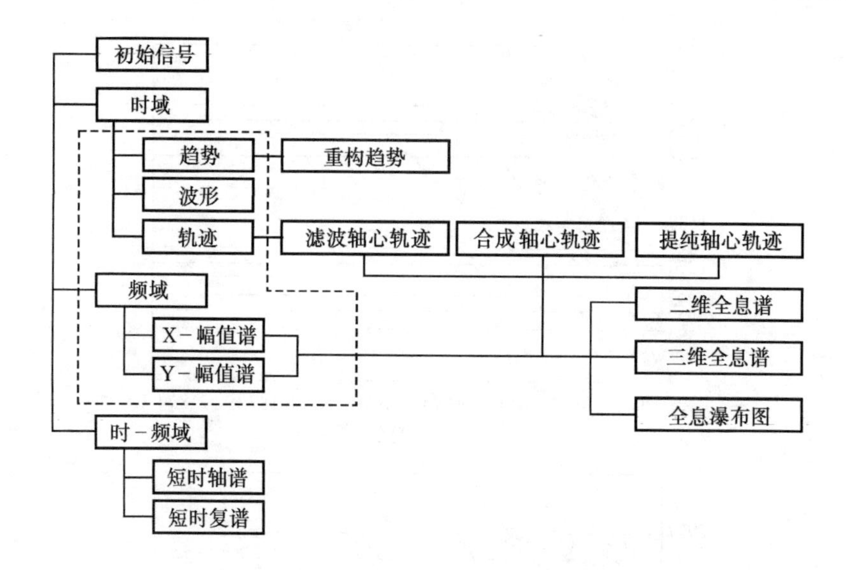

图 7-21 全息谱与衍生的相关技术

7.3 全息动平衡技术

7.3.1 转频椭圆

转频椭圆是转子各测量截面上 x,y 两个方向信号的转频分量合成的椭圆，按右手坐标系规定：面对 z 方向的箭头，转子的转动方向将是逆时针方向，转子中心在转频椭圆上的运动，或进动。同样地，取逆时针方向为正，称为正进动；反之，称为反进动。其运动方程为：

$$x = a \cdot \sin(\omega t + \alpha) \quad y = b \cdot \sin(\omega t + \beta) \tag{7-9}$$

或：

$$\begin{cases} x = sx \cdot \sin\omega t + cx \cdot \cos\omega t \\ y = sy \cdot \sin\omega t + cy \cdot \cos\omega t \end{cases}$$

整个轴系的转频椭圆可以用系数矩阵表示：

$$| sx_i \quad cx_i \quad sy_i \quad cy_i |, \quad i = 1,\cdots,n \tag{7-10}$$

初相点的坐标为 (cx_i,cy_i)，$i=1,\cdots,n$。其中，n 是测量截面的总数。

初相点是转子公转时转频椭圆上的特征点，是转子上的键相槽对准键相传感器时转子中心在转频椭圆上的位置。在全息动平衡中，如同单一传感器测量一样，当转频椭圆的偏心率不是很大的时候，初相点的向径长度和方向可以用来粗略估计转子在一个测量截面内的转频振动的。

7.3.2　初相点与转子重点

为了检验初相点随转子重点位置变化的规律，在如图 7 - 22 所示的试验台上进行试验。转子系统由两个加重盘组成，由四个涡流传感器分二组测量两端轴承附近的振动，一个涡流传感器测量键相信号。加重盘的圆周上均匀地分布着 24 个用以加重的螺纹孔。试验时在确定的转速下，圆盘上的试重逐次沿着圆周顺时针方向移动，试重的大小不变。

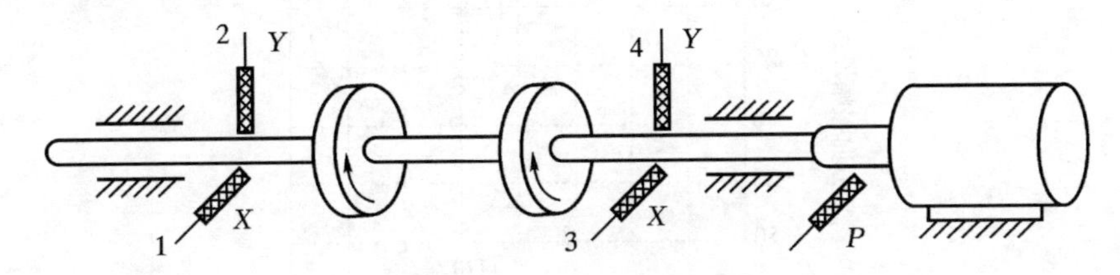

图 7 - 22　试验台布置简图

在转速不变的情况下，即使存在着一定的测量误差，加重方位的改变也不会引起转子系统主刚度方向及大小的变化，也就是说加重方位的改变不会引起椭圆偏心率以及长轴倾角发生大的变化，但是初相点将会随着加重位置的变化而变化。

图 7 - 23 是试验台转子在工作转速下原始振动的三维全息谱，图 7 - 24 是在

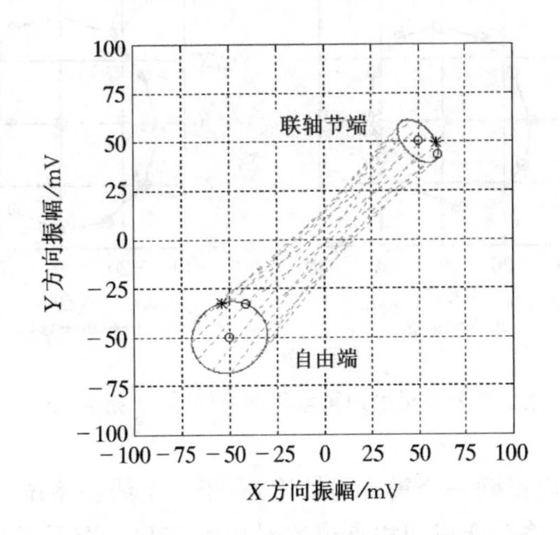

“。”——初相点；“＊”——用以表明进动方向的第二点

图 7 - 23　试验台转子原始振动的三维全息谱

24 个孔中任意一个:第 23 孔加重后转子振动的三维全息谱,加重后转子两端转频椭圆的初相点位置已经改变。将这两个三维全息谱相减,就可以得到在第 23 孔加重所引起的振动。当所加的重量沿加重盘移动一周时,三维全息谱上的初相点也随之移动一周,如图 7-25 所示。

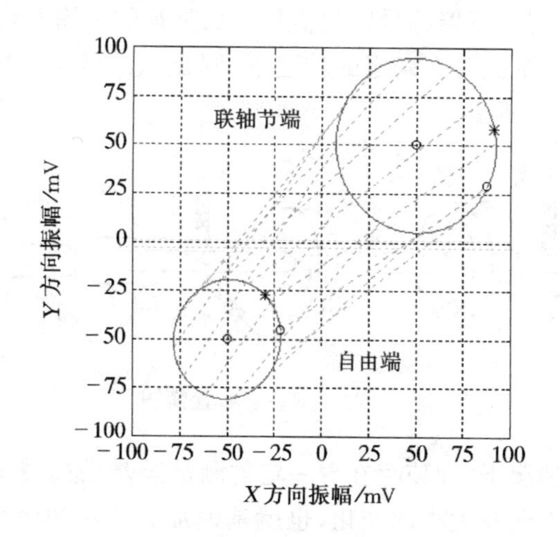

图 7-24 在第 23 孔加重后试验台转子振动的三维全息谱

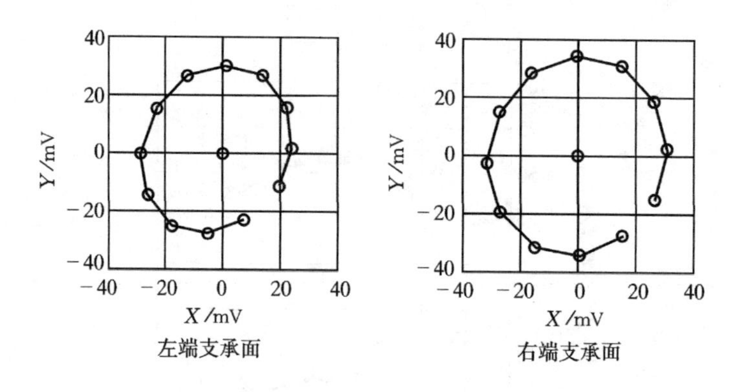

图 7-25 当所加的重量沿加重盘移动一周时,初相点也随之移动一周

从这个试验可以得到一个重要的结论:对于一个线性系统,转子上重点位置的变化,在转频椭圆上将会造成初相点位置对应的变化。配重的影响等于施加配重前后两个三维全息谱之差。由于转子测量截面内各点没有相对位移,因此初相点在转频椭圆上的位置,就对应着重点在转子上的圆周位置。一旦重点在转子上的圆周位置改变,初相点在转频椭圆上的位置也会跟着改变。

7.3.3 椭圆运动与等速圆周运动的转换

进一步还需要建立转子自转与公转的关系。转子自转一周时，绕椭圆轨道也公转一周。因此，当转子弯曲时，转子内侧纤维总是受到压缩，外侧纤维总是受到拉伸。由于转子在椭圆轨道上的运行不是等速而是时快时慢的运动，所以就需要建立转子转角与转子轴心在椭圆上行程间的对应关系。这个关系建立后，我们就可以知道：当转子上原来的配重从点 x_1 移动到点 x_2 时，转频椭圆上的初相点从点 x_1 移动到点 x_2 所扫过的角度 δ。

如图 7－26 所示，设 φ 为长轴倾角；α 与 β 分别为 x_1 与 x_2 和 x 轴的夹角；当椭圆上一点由 x_1 运动到 x_2 扫过了 δ 角时，对应于在正进动圆上扫过 ω 角，则有：

$$\delta = (\beta - \varphi) - (\alpha - \varphi)$$

$$\omega = \arctan\left[\frac{a}{b}\tan(\beta - \varphi)\right] - \arctan\left[\frac{a}{b}\tan(\alpha - \varphi)\right]$$

其中，a，b 为椭圆长半轴与短半轴。

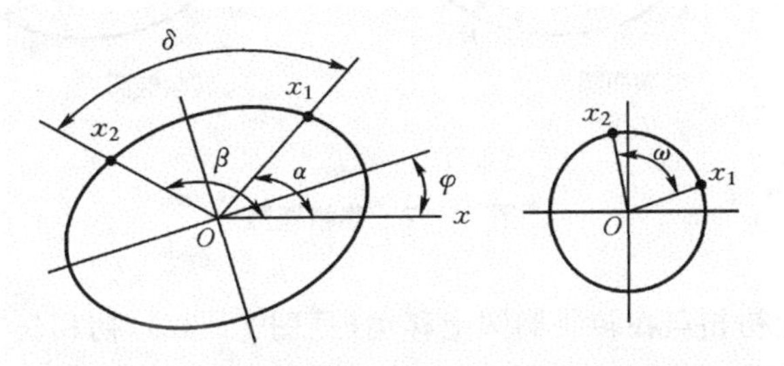

图 7－26　转子沿转频椭圆进动时，其自转角 ω 与扫过的中心角 δ 间的几何关系

一个简单的方法是按采样点的数目来估算转子本身的转角和转频椭圆上转子轴心的转角。设转子等速回转，转过了 m 个采样点，则转子轴心在转频椭圆上，扫过的角度以 $x(a)$ 为起始点，以 $x(a+m)$ 为终点；其中，$x(1)$，$x(2)$，…，$x(a)$，…，$x(a+m)$，…，$x(n)$ 为转频椭圆的轨迹。

7.3.4 移相椭圆

所谓移相椭圆，是指初相点在转频椭圆上的位置与失衡大小间的关系。如图 7－27(a)所示，设原始转频椭圆轨迹上轴承中心到初相点的向径为 R_0，加试重后初相点的向径为 R，则向量 $R-R_0$ 表示了试重使初相点产生的移位。

试重椭圆＝添加试重后的转频椭圆－原始转频椭圆

若加重后初相点的向径 R 仍然在原始转频椭圆轨迹上，则试重仅起到使初相点在原始转频椭圆轨迹上移相的作用，并没有改变原始转频椭圆轨迹的形状与大小。把这样的一类试重椭圆初相点连接起来形成了一个与原始转频椭圆轨迹形状相同但中心移位的试重椭圆，我们称之为移相椭圆（图中以“。”为中心的椭圆）。当试重椭圆的初相点位于移相椭圆外时，如图 7－27(b)中的 P 点，试重只会加大振动；反之，当试重椭圆的初相点位于移相椭圆内时，如图 7－27(b)中的 Q 点，试重有减小原始振动的作用；而当试重椭圆的初相点位于移相椭圆之上时，试重将不会改变原始椭圆的大小。移相椭圆是界定所加试重对平衡影响大小的边界，所以在平衡时，应调整试重的大小和相位，使试重椭圆初相点尽可能接近移相椭圆的中心。

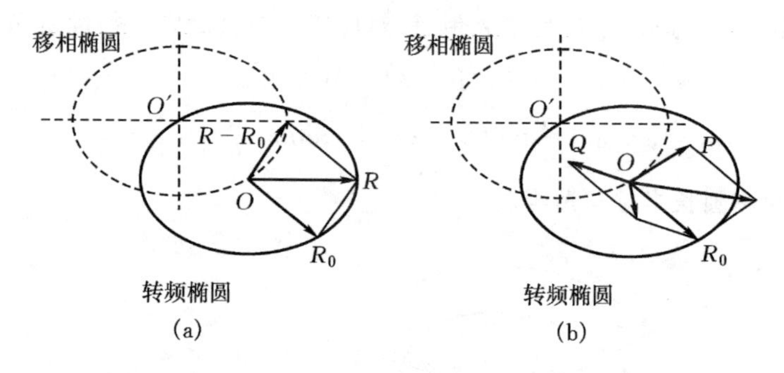

图 7－27　移相椭圆

现在我们让初相点在转频椭圆上移动（见图 7－27），初相矢 OR_0 将在椭圆内扫过一块面积。可以证明，初相矢的两个极值就是半长轴 a 和半短轴 b。现场动平衡时使初相矢等于 $a+b$ 之半，就是使之等于正进动圆的半径。一般情况下

$$b<\overline{OR_0}<a$$

当转频椭圆的偏心率很大时，用初相矢来代替将会出现较大的误差。

为了验证移相椭圆对平衡操作的指导作用，我们以一台氮压缩机的现场动平衡作为实例。这台氮压缩机转子的一阶临界为 5 900 r/min，工作转速为 8 443 r/min。由于平衡面的限制，在不揭盖的前提下采用单面平衡做现场动平衡，选择透平与压缩机低压缸连接的半联轴节一侧作为专用平衡面。近年国外生产的离心压缩机上，提供这种可以在现场不揭盖，就进行单面动平衡的便利，是压缩机产品结构上的重大改进和提高。其典型结构如图 7－28 所示。

在加试重前的原始三维全息谱中，出口端显现出偏心率很大的转频椭圆，如图 7－29 所示，这是弯转子的特征。此后，在这个平衡面上加了 1.3g/－22.5deg、2.6g/135deg 和 5.1g/79deg 三次试重。将加重后的三个三维全息谱与原始的谱图相减，就得到配重的转频椭圆和相应的初相点，如图 7－30 中红色的椭圆。

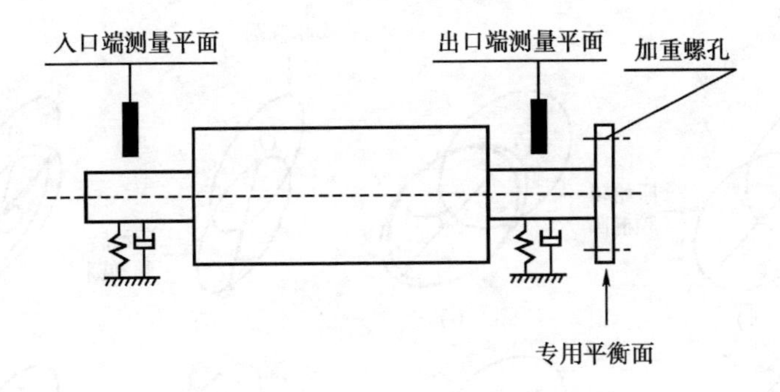

图 7-28　平衡面示意图

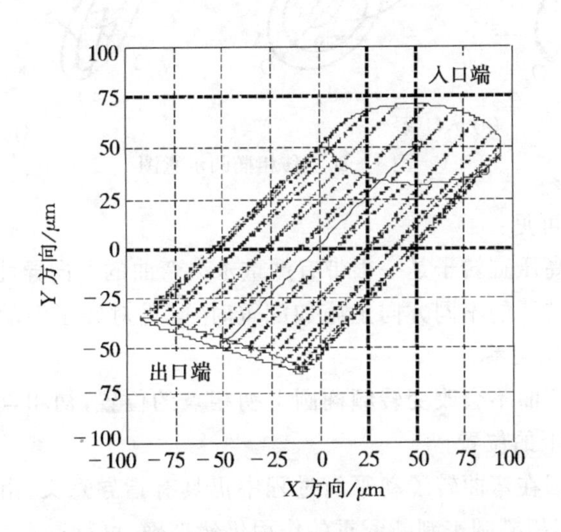

图 7-29　转子在 9 900 r/min 时的原始三维全息谱

图 7-29 是转子在 9 900 r/min 时的三维全息谱。图 7-30 是转子在 8 443 r/min即工作转速下进行动平衡时的移相椭圆，图中，“1”、“2”、“3”分别为三次加重的试重椭圆及其初相点，移相椭圆的中心 O_i 与原始转频椭圆的初相点 O 成镜面对称，在实际的操作中，第三次加重(图 7-30 中的 d)和 d′))是较为成功的加重，对两端平面的振动都起到了一定的抑制作用。第一次加重(图 7-30 中的 b)和 b′))的相位不对，带有投石问路，盲目试探，配重椭圆的初相点在移相椭圆之外，振动加大。第二次加重(图 7-30 中的 c)和 c′))开始改变配重的相位，振动有所减小。但与配重大小不成比例，主要是由于弯转子各向异性的缘故。第三次加重(图 7-30 中的 d)和 d′))效果最好。“4”、“5”、“6”分别为三次加重以后的转频椭圆。

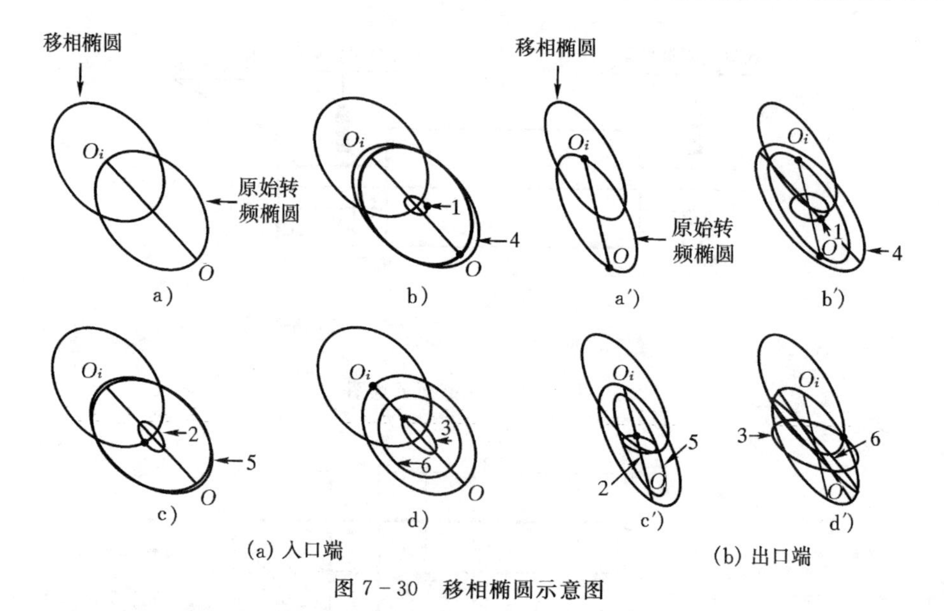

图 7－30 移相椭圆示意图

由上述分析可见：

(1) 本机组高压缸转子是一根带有严重永久弯曲的各向异性转子；

(2) 在弯曲转子的不同方向上施加配重时，配重对转子振动的影响与配重本身的重量不成正比关系；

(3) 转子的弯曲不会改变转频椭圆上初相点的位置，初相点的位置取决于配重在平衡面圆周上的位置；

(4) 移相椭圆在弯曲转子动平衡过程中仍具有指导意义，由于弯曲不改变初相点的位置，用移相椭圆来判断配重的作用仍然准确、可行；

(5) 对柔性转子在单个平衡面上作现场动平衡时，不能完全消除转子的失衡，只能部分减轻转子由于失衡引起的振动，从而延长转子在大修期内的服役期限。

上面这个例子对离心压缩机一类机组的现场动平衡而言是很典型的，现场在大修中不可能为了更换试重，频繁地多次揭盖，高速动平衡机也完全可以满足压缩机转子的动平衡要求。因此，现场动平衡的目的是：利用临时停车的机会，部分地改善转子失衡状况，尽可能延长两次大修的间隔时间。

7.3.5 三维全息谱的分解

双支承的转子由力不平衡引起的振动，其三维全息谱表现为一圆柱；而由力偶不平衡引起振动，其三维全息谱表现为一对倒锥。动不平衡是转子不平衡里最普遍的类型，其对应的三维全息谱为一双曲面体。我们可以将其分解为两个独立的部分:一个对应于力不平衡的影响,另一个对应于力偶不平衡的影响。实际生产中电力、石化行业的回转机械,其工作转速大多介于系统的一阶和二阶临界转速之间,其振动振型的主导成分也为一阶振型和二阶振型的叠加,而力不平衡、力偶不平衡引起的振动对应于转子系统的第一、第二阶振型,所以力、力偶分解法在上述机组中有着较大的适应面。其具体的分解方法如下:

假设转子系统结构具有左右对称性,$\boldsymbol{R}_A$ 和 $\boldsymbol{R}_B$ 为转子两端轴承 A、B 附近的不平衡响应,则我们可以进行如图 7 - 31 所示的分解:

$$\begin{cases}\boldsymbol{R}_A = \boldsymbol{R}_{Af} + \boldsymbol{R}_{Ac} \\ \boldsymbol{R}_B = \boldsymbol{R}_{Bf} + \boldsymbol{R}_{Bc}\end{cases} \tag{7-11}$$

从而

$$\begin{cases}\boldsymbol{R}_{Af} = \boldsymbol{R}_{Bf} = 0.5(\boldsymbol{R}_A + \boldsymbol{R}_B) \\ \boldsymbol{R}_{Ac} = -\boldsymbol{R}_{Bc} = 0.5(\boldsymbol{R}_A - \boldsymbol{R}_B)\end{cases} \tag{7-12}$$

从图 7 - 31 中可以看出,不平衡响应 $\boldsymbol{R}_A$、$\boldsymbol{R}_B$ 可被分解为相位相同、幅值相等的力不平衡响应分量 $\boldsymbol{R}_{Af}$、$\boldsymbol{R}_{Bf}$ 和相位相反、幅值相等的力偶不平衡响应分量 $\boldsymbol{R}_{Ac}$、$\boldsymbol{R}_{Bc}$。不平衡响应的分解方位分别为 $\boldsymbol{R}_A+\boldsymbol{R}_B$ 及 $\boldsymbol{R}_A-\boldsymbol{R}_B$。

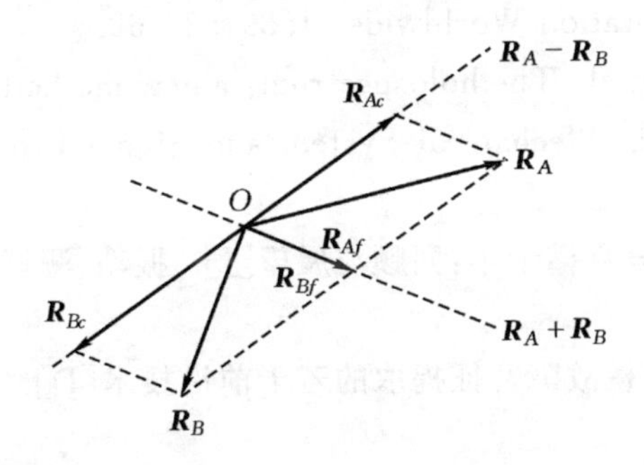

图 7 - 31　双支承对称转子振型分解示意图

相应地,三维全息谱的分解方法为:设 $x(i)$,$y(i)$($i=1,\cdots,n$)为从转子一端采集的第 i 个采样点,n 为采样点数;$u(i)$,$v(i)$($i=1,\cdots,n$)为从转子另一端采集的第 i 个采样点。于是,由静不平衡引起的三维全息谱可以由:$0.5[x(i)+u(i)]$和 $0.5[y(i)+v(i)]$创成。由力偶不平衡引起的三维全息谱可以由:$0.5[x(i)-u(i)]$和 $0.5[y(i)-v(i)]$创成。

对于非对称转子,常见的如悬臂转子,在进行力与力偶分解时,需要引入测点模态比 $\gamma_{A,B}^1$,$\gamma_{A,B}^2$ 的概念(见图 7 - 32)。后者可以用计算或试验预先加以确定。

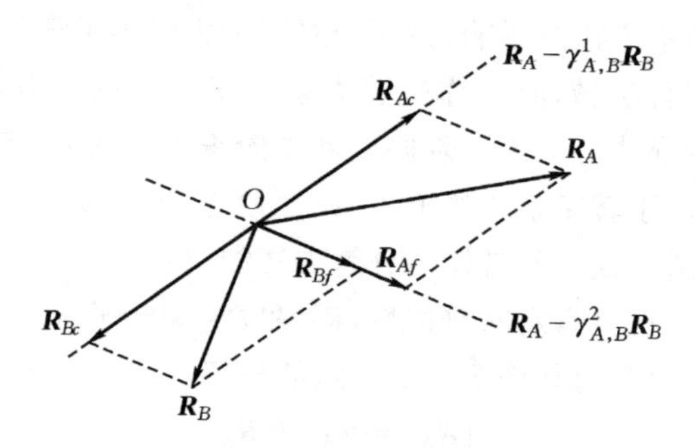

图 7-32　非对称转子振型分解示意图

参考文献

1. 屈梁生. 机械故障的全息诊断原理[M]. 北京:科学出版社,2007.
2. Qu Liangsheng, Liu Xiong, Chen Yaodong. Discovering the holospectrum [J]. Noise & Vibration Worldwide, 1989:58-62.
3. Qu Liangsheng, et al. The holospectrum: a new method for rotor surveillance and diagnosis [J]. Mechanical System and Signal Processing, 1989,3(3): 255-267.
4. 屈梁生,史东锋. 全息谱十年:回顾与展望[J]. 振动、测试与诊断,1998,18(4): 235-242.
5. 孟健. 大型回转机械故障特征提取的若干前沿技术[D]. 西安:西安交通大学, 1996.
6. Qu Liangsheng, Li Liangming, Lee Jay. Enhanced diagnostic certainty using information entropy theory [J]. Advanced engineering informatics, 2004,17: 141-150.
7. Qu Liangsheng, Xu Guanghua. The fault recognition problem in engineering diagnostics[J]. Insight, 1997,38(8):567-573.
8. Qu Liansheng, Xu Guanghua. One decade of holospectral technique: review and prospect[C]. Las Vegas: Proceedings of the 1999 ASME Design Engineering Technical Conferences, 1999:12-15.
9. 屈梁生,邱海,徐光华. 全息动平衡技术:原理与实践[J]. 中国机械工程,1998,9(1):60-63.
10. 刘石,屈梁生. 回转机械故障诊断中的三维全息谱[J]. 西安交通大学学报,

2004,38(9):899-903.
11. 刘石,屈梁生. 全息谱技术在现场动平衡前故障诊断中的应用[J]. 振动、测试与诊断,2004,24(4):269-274.
12. 邱海,屈梁生. 全息谱力、力偶分解法在全息动平衡中的应用[J]. 中国机械工程,1998,9(3):44-47.
13. 徐宾刚. 转子平衡的信息原理与实践[D]. 西安:西安交通大学,2000.
14. 徐宾刚,屈梁生. 非对称转子的全息动平衡技术[J]. 西安交通大学学报,2000,34(3):60-65.
15. 刘石. 基于全息谱技术的柔性转子动平衡新方法[D]. 西安:西安交通大学,2005.

第8章　主分量分析与核主分量分析

在工程实际中获得的机器信号往往含有噪声，为了有效地识别机器的状态和机器的故障，就要通过多种物理量的特征信息进行判断和识别。当用于识别的特征数量多时，相当于在高维空间对机器状态或故障进行判断。为了简化判断过程，就需要对多个识别特征包含的信息进行浓缩，对特征的数量进行压缩。主分量分析(Principal Component Analysis，PCA)和核主分量分析(Kernel Principal Component Analysis，KPCA)是两种常用的信息浓缩和压缩方法。本章主要介绍主分量分析和核主分量分析的原理和应用。

8.1　主分量分析的基本原理

8.1.1　主分量分析的基本原理

(1) 主分量分析

假定有一特征向量 x 由两个分量 x_1 和 x_2 组成(如图 8－1 所示)，相应的有 M 个试验点：

$$x_{11},x_{12},x_{13},\cdots,x_{1M}$$

$$x_{21},x_{22},x_{23},\cdots,x_{2M}$$

给定线性变换式 y_1,y_2：

$$\begin{cases} y_1 = a_{11}x_1 + a_{12}x_2 + b_1 \\ y_2 = a_{21}x_1 + a_{22}x_2 + b_2 \end{cases} \tag{8-1}$$

通过上述的线性变换式寻找一个新的坐标系 Y_1、Y_2，使全部样本点投影到新的坐标 Y_1 上的分量弥散为最大，即方差为最大。这样，在 Y_1 方向上就保存了原来样本最多的信息量，亦即有可能用一个分量来代表原来的两个分量。由此可见，主分量分析就是通过线性变换进行特征压缩，用尽可能少的维数最大限度地表示原始特征信息。

假设给定 M 个 N 维特征向量 $\boldsymbol{x}=(x_1,x_2,\cdots,x_N)^{\mathrm{T}}$ 的样本，记作 $\boldsymbol{x}_k=(x_{1k},x_{2k},\cdots,x_{Nk})^{\mathrm{T}}(k=1,2,\cdots,M)$，设这 M 个特征向量满足零均值条件，即 $\sum_{k=1}^{M}\boldsymbol{x}_k=0$，可以构造一个 N 阶的协方差矩阵 $\boldsymbol{C}$：

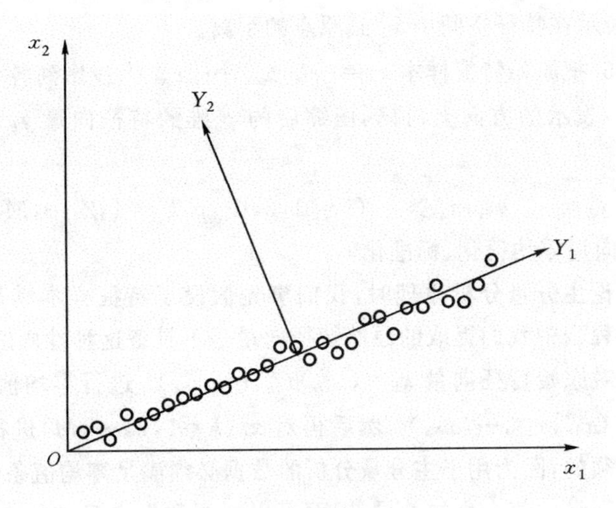

图 8-1　将坐标系转到主分量方向

$$C=\frac{1}{M}\sum_{i=1}^{M}\boldsymbol{x}_i\boldsymbol{x}_i^{\mathrm{T}} \tag{8-2}$$

解关于协方差矩阵 C 的特征方程：

$$C\boldsymbol{v}=\lambda\boldsymbol{v} \tag{8-3}$$

其中，λ 是矩阵 C 的特征值，$\boldsymbol{v}$ 是与 λ 相对应的特征向量。得到矩阵 C 的 N 个特征值 $\lambda_i(i=1,2,\cdots,N)$ 及对应的特征向量 $\boldsymbol{v}_i$。把特征值按由大到小的顺序排列，此时，定义前 p 个特征值的累计贡献率为：

$$\eta=\sum_{i=1}^{p}\lambda_i/\sum_{i=1}^{N}\lambda_i \tag{8-4}$$

η 值的大小可以用来衡量特征压缩后信息保留的程度，η 值越大，信息保留越多。

(2) 压缩维数 p 的确定

压缩维数 p 可以用以下两种方法确定：

① 预先给定特征向量压缩后的维数 p；

② 根据预先设定的累计贡献率 η_0（一般取 $\eta_0=85\%$），当 $\eta\geqslant\eta_0$ 时决定 p 的取值，从而决定原始特征向量经过压缩后的维数 p。

(3) 特征向量标准化

由于协方差矩阵 C 是实对称矩阵，故矩阵 C 有 N 个正交、线性无关的特征向量。对前 p 个特征值 $\lambda_1\geqslant\lambda_2\geqslant\cdots\geqslant\lambda_p$ 对应的特征向量 $\boldsymbol{v}_1$、$\boldsymbol{v}_2$、$\boldsymbol{v}_3\cdots\boldsymbol{v}_p$ 按式(8-5)进行标准化，标准化的特征向量记为 $\boldsymbol{v}_{-1}$、$\boldsymbol{v}_{-2}$、$\boldsymbol{v}_{-3}\cdots\boldsymbol{v}_{-p}$。

$$\boldsymbol{v}_{-i}=\frac{\boldsymbol{v}_i}{\|\boldsymbol{v}_i\|}\quad(i=1,2,\cdots,p) \tag{8-5}$$

其中，$\| v_i \|$ 表示在特征空间中 v_i 到原点的距离。

按式(8-6)把原始特征样本 $\boldsymbol{x}_k=(x_{1k},x_{2k},\cdots,x_{Nk})^{\mathrm{T}}$ 投影到各个标准向量 $\boldsymbol{v}_{-i}$ $(i=1,2,\cdots,p)$表示的方向上，得到压缩后的 p 维的特征向量 $\boldsymbol{y}_k=(y_{1k},y_{2k},\cdots,y_{pk})^{\mathrm{T}}$。

$$\boldsymbol{y}_{ik}=\langle \boldsymbol{v}_{-i},x_k \rangle \quad (i=1,2,\cdots,p;k=1,2,\cdots,M) \tag{8-6}$$

(4) 原始向量零均值化、标准化

在前面讨论主分量分析原理时，我们事先假设了特征样本满足零均值条件。然而在实际过程当中我们提取的原始特征向量是不具备这种性质的。因此必须通过式(8-7)先对原始特征向量 $\boldsymbol{x}_k=(x_{1k},x_{2k},\cdots,x_{Nk})^{\mathrm{T}}$ 进行零均值化、归一化，得特征向量 $\tilde{\boldsymbol{x}}_k=(\tilde{x}_{1k},\tilde{x}_{2k},\cdots,\tilde{x}_{Nk})^{\mathrm{T}}$ 然后再对 $\tilde{\boldsymbol{x}}_k(k=1,2,\cdots,M)$进行主分量分析。零均值化是必须的，因为用于主分量分析的数据必须满足零均值条件，而归一化是为了消除各特征量的值大小的差异，因而可以根据数据自身的特点有选择性地进行，当各特征量的值差异较小时，便可以不用进行归一化处理。

$$\tilde{x}_{ik}=\frac{(x_{ik}-\bar{x}_i)}{\sigma_i} \quad (k=1,2,\cdots,M) \tag{8-7}$$

其中，$\bar{x}_i=\dfrac{1}{M}\sum\limits_{j=1}^{M}x_{ij}$，$\sigma_i^2=\sum\limits_{k=1}^{M}(x_{ik}-\bar{x}_i)^2\Big/M \quad (i=1,2,\cdots,N)$。

(5) 主分量分析的一般步骤

下面给出主分量分析用于特征压缩的一般步骤：

① 根据式(8-7)对原始特征向量 $\boldsymbol{x}_k=(x_{1k},x_{2k},\cdots,x_{Nk})^{\mathrm{T}}(k=1,2,\cdots,M)$进行零均值化、归一化，得到 $\tilde{\boldsymbol{x}}_k=(\tilde{x}_{1k},\tilde{x}_{2k},\cdots,\tilde{x}_{Nk})^{\mathrm{T}}$；

② 根据式(8-2)计算协方差矩阵 $\boldsymbol{C}=\dfrac{1}{M}\sum\limits_{i=1}^{M}\tilde{\boldsymbol{x}}_i\tilde{\boldsymbol{x}}_i^{\mathrm{T}}$；

③ 解关于矩阵 $\boldsymbol{C}$ 的特征方程(8-3)，得到特征值且按由大到小的顺序排列 $a_1\geqslant a_2\geqslant\cdots\geqslant a_N$，相应的特征向量为 $\boldsymbol{v}_1$、$\boldsymbol{v}_2$、$\boldsymbol{v}_3\cdots\boldsymbol{v}_N$；

④ 预先设定压缩维数 p，或者根据给定的累计贡献率的要求 η_0，求出满足 $\eta\geqslant\eta_0$ 的 p 的最小值，对前 p 个特征向量按式(8-5)进行标准化得到标准化向量 $\boldsymbol{v}_{-1}$、$\boldsymbol{v}_{-2}$、$\boldsymbol{v}_{-3}\cdots\boldsymbol{v}_{-p}$；

⑤ 最后把经过零均值化、归一化得到的向量 $\tilde{\boldsymbol{x}}_k(k=1,2,\cdots,M)$按式(8-6)投影到各个标准化特征向量上，得到压缩后特征向量 $\boldsymbol{y}_k$。

(6) 主分量分析的实质

主分量分析的的实质是：对于由 M 个 N 维的特征向量组成的特征矩阵 $\tilde{\boldsymbol{X}}$($\tilde{\boldsymbol{X}}$ 是经过零均值化处理的矩阵)

$$\tilde{\boldsymbol{X}} = \begin{bmatrix} \tilde{x}_{11} & \tilde{x}_{12} & \cdots & \tilde{x}_{1M} \\ \tilde{x}_{21} & \tilde{x}_{22} & \cdots & \tilde{x}_{2M} \\ \vdots & \vdots & & \vdots \\ \tilde{x}_{N1} & \tilde{x}_{N2} & \cdots & \tilde{x}_{NM} \end{bmatrix} \tag{8-8}$$

矩阵 $\tilde{\boldsymbol{X}}$ 的每一列可看成是 N 维特征空间上的点，这样在 N 维空间上共有 M 个样本点。现在需要寻找一种变换矩阵 $\boldsymbol{D}_{N\times N}$，使得 $\boldsymbol{Y}=\boldsymbol{D}\times\tilde{\boldsymbol{X}}$，要求在 $\boldsymbol{D}$ 的某个 $p(p<N)$ 维子空间 E 上，M 个样本点投影到此子空间的坐标上投影分量的方差最大，这就是主分量分析。我们常常通过求解由特征矩阵 $\tilde{\boldsymbol{X}}$ 构造的协方差矩阵 $\boldsymbol{C}$ 的特征方程来求取变换矩阵 $\boldsymbol{D}$。当矩阵 $\boldsymbol{D}$ 包含了协方差矩阵 $\boldsymbol{C}$ 的所有特征向量时，此时不存在特征维数的压缩，因而也不会出现信息的丢失。通过对 $\boldsymbol{Y}=\boldsymbol{D}\times\tilde{\boldsymbol{X}}$ 进行变换可以得到：

$$\tilde{\boldsymbol{X}} = \boldsymbol{D}^{-1}\times\boldsymbol{Y} \tag{8-9}$$

由于矩阵 $\boldsymbol{D}$ 是协方差矩阵 $\boldsymbol{C}$ 的单位特征矩阵，故上式亦可以写成 $\tilde{\boldsymbol{X}}=\boldsymbol{D}^{\mathrm{T}}\times\boldsymbol{Y}$。若要得到原始数据矩阵 $\boldsymbol{X}$，还必须加上零均值化过程中减去的均值，如式(8-10)所示：

$$\boldsymbol{X} = \tilde{\boldsymbol{X}} + \bar{\boldsymbol{X}}\times\boldsymbol{1}_{1M} \tag{8-10}$$

其中，$\bar{\boldsymbol{X}}=(\bar{x}_1,\bar{x}_2,\cdots,\bar{x}_N)^{\mathrm{T}}$，$\boldsymbol{1}_{1M}$表示行数为 1，列数为 M，且元素的值都等于 1 的矩阵；而当矩阵 $\boldsymbol{D}$ 只包含了协方差矩阵 $\boldsymbol{C}$ 的部分($p<N$)特征向量时，上述式(8-9)、(8-10)仍然成立，但是会存在一定程度的信息丢失。

通过主分量分析，我们希望能够消除原始特征向量 $\tilde{\boldsymbol{X}}$ 中各分量的相关性，去除那些带有较少信息的坐标轴来降低特征空间的维数，并且不会产生很大的信息损失，从而有效地实现特征维数的压缩。

8.1.2　主分量分析应用举例

例 8-1　设由两个特征向量 x_1、x_2 组成的特征向量的协方差矩阵为：

$$\boldsymbol{C} = \begin{bmatrix} 604.1 & 561.6 \\ 561.6 & 592.5 \end{bmatrix}$$

根据主分量分析步骤，可求出其特征值：$\lambda_1=1160.139$，$\lambda_2=36.875$，以及相应的特征向量：$\boldsymbol{v}_1=(0.710,0.703)$；$\boldsymbol{v}_2=(0.703,0.710)$。

由 $\boldsymbol{v}_1$ 主分量方向保存的信息量为：

$$\eta = \frac{\lambda_1}{\lambda_1+\lambda_2} = \frac{1160.139}{1160.139+36.875} = 97\%$$

这时，新的协方差矩阵为：

$$C=\begin{bmatrix}1160.139 & 0\\ 0 & 36.875\end{bmatrix}$$

相应的新的主分量为：

$$Y=\begin{bmatrix}0.710 & 0.703\\ -0.703 & 0.710\end{bmatrix}$$

即：

$$y_1 = 0.710x_1 + 0.703x_2$$

$$y_2 = -0.703x_1 + 0.710x_2$$

例 8－2 四冲程内燃机转速为 3500r/min。针对该内燃机在正常运行、阀杆撞击、连杆撞击、阀杆连杆同时撞击四种不同状态下，用加速度传感器测量振动。振动信号的采样频率是 40kHz，共采集得到 20 组振动数据。再利用功率谱分析方法，根据功率谱上低频区能量大于高频区的特点，采用不等带宽对频谱进行划分：

10Hz 处，$\triangle f=1.6$Hz；

100Hz 处，$\triangle f=16$Hz；

1000Hz 处，$\triangle f=160$Hz 等。

共取 50 个频带。将每个功率谱用 50 维向量表示，并且每个向量元素代表谱图上某频带内的功率。利用上面得到的 50 维的特征向量对内燃机的状态进行识别。

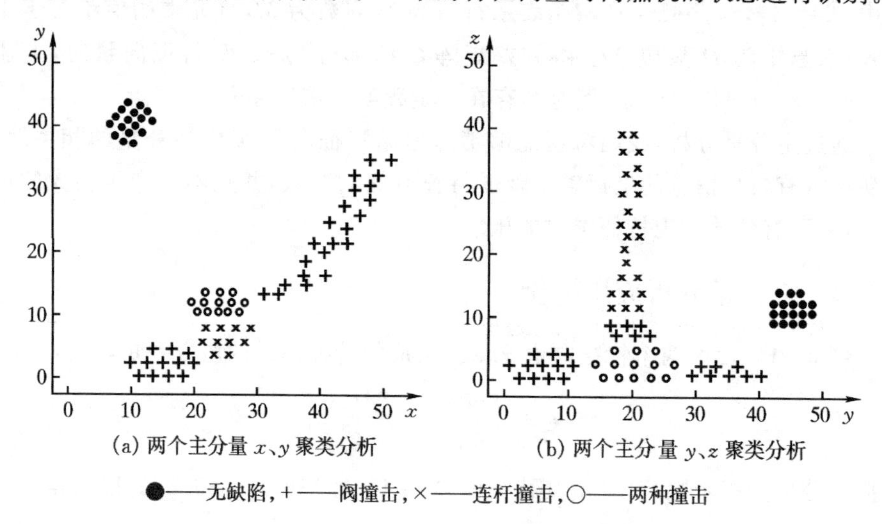

图 8－2 用两个主分量作为诊断特征将内燃机的四种特征聚类

通过主分量分析简化了原来的特征向量。图 8－2 是用两个主分量作为诊断特征将内燃机的四种特征聚类，图 8－3 是用三个主分量作为诊断特征将内燃机的四种特征聚类。由图 8－2、8－3 可见，选用两个主分量 x、y，y、z 或三个主分量 x、

y、z，就能把内燃机的四种故障归属到四个相应的区域中去。

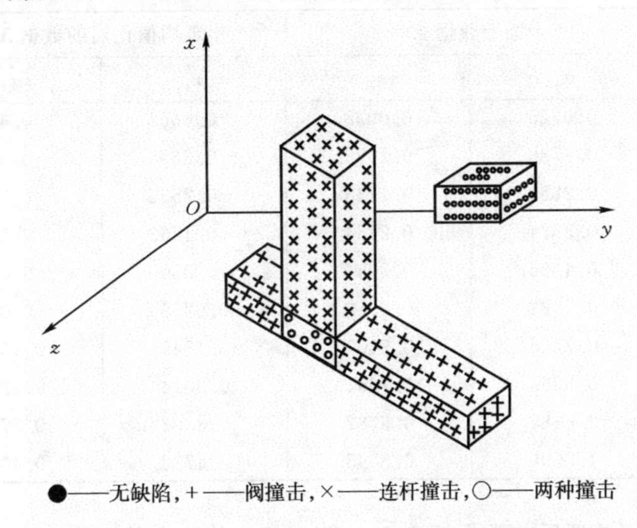

图 8-3　用三个主分量作为诊断特征将内燃机的四种特征聚类

例 8-3　模拟数据的主分量分析。用计算机模拟产生了 10 个二维的数据样本点，如表 8-1 示。首先通过主分量分析对这 10 个原始数据样本点进行特征压缩，由以前的二维变换到一维；然后根据压缩后的数据重构原始样本数据。原始数据样本点在二维平面中分布如图 8-4(a)所示。首先对原始样本数据进行零均值化处理，考虑到原样数据各个特征量的值差异较小，故不对其进行归一化，处理后的数据可见表 8-1。

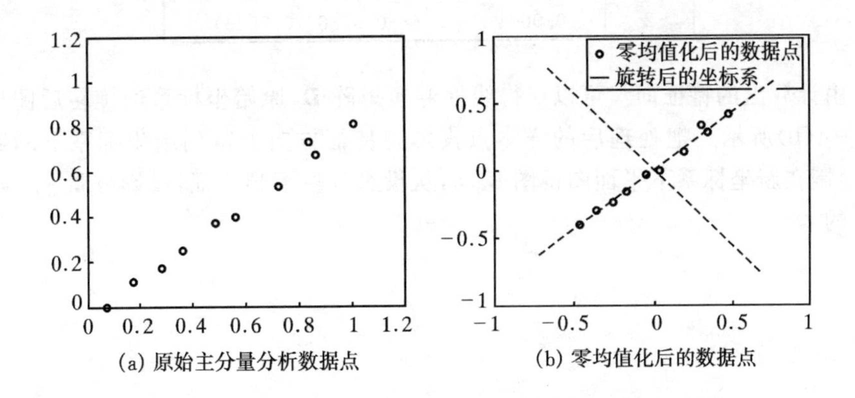

图 8-4　原始主分量分析数据点与零均值化后的数据点

表 8-1 原始数据与零均值化的数据

序号	原始数据 $\boldsymbol{X}$		零均值化后的数据 $\widetilde{\boldsymbol{X}}$	
	x_1	x_2	$\widetilde{x_1}$	$\widetilde{x_2}$
1	0.0725	0.0028	−0.4661	−0.4041
2	0.1730	0.1099	−0.3655	−0.2970
3	0.2851	0.1733	−0.2535	−0.2336
4	0.3624	0.2484	−0.1762	−0.1585
5	0.4886	0.3754	−0.0500	−0.0315
6	0.5622	0.3950	0.0236	−0.0119
7	0.7235	0.5400	0.1849	0.1330
8	0.8399	0.7361	0.3014	0.3292
9	0.8688	0.6787	0.3302	0.2718
10	1.0098	0.8095	0.4712	0.4026

根据零均值处理后的数据矩阵 $\widetilde{\boldsymbol{X}}$ 计算出相应的协方差矩阵 $\boldsymbol{C}$：

$$\boldsymbol{C}=\frac{1}{M}\sum_{i=1}^{M}\widetilde{\boldsymbol{x}}_i\widetilde{\boldsymbol{x}}_i^{\mathrm{T}}=\begin{bmatrix}0.0905 & 0.0789\\0.0789 & 0.0694\end{bmatrix} \tag{8-11}$$

解关于矩阵 $\boldsymbol{C}$ 的特征方程，得到矩阵 $\boldsymbol{C}$ 的特征值及相应的特征向量。显然，特征向量是正交的。

表 8-2 特征值与特征向量

序号	特征值	特征向量
1	0.1596	$(-0.7525\quad -0.6586)^{\mathrm{T}}$
2	0.0004	$(-0.6586\quad 0.7525)^{\mathrm{T}}$

由计算出的特征向量可以获得线性变换矩阵 $\boldsymbol{D}$，原始坐标系经旋转后图形如图 8-4(b)所示。把处理后的样本点投影到特征方向上得到新坐标系下的数据点，绘制在新坐标系下平面图得图 8-5，从投影分量不难验证，投影分量 y_1、y_2 是正交的。

表 8-3　投影分量

y_1	y_2
0.6169	0.0029
0.4707	0.0172
0.3446	−0.0089
0.2370	−0.0032
0.0584	0.0092
−0.0099	−0.0245
−0.2268	−0.0217
−0.4436	0.0492
−0.4275	−0.0129
−0.6198	−0.0073

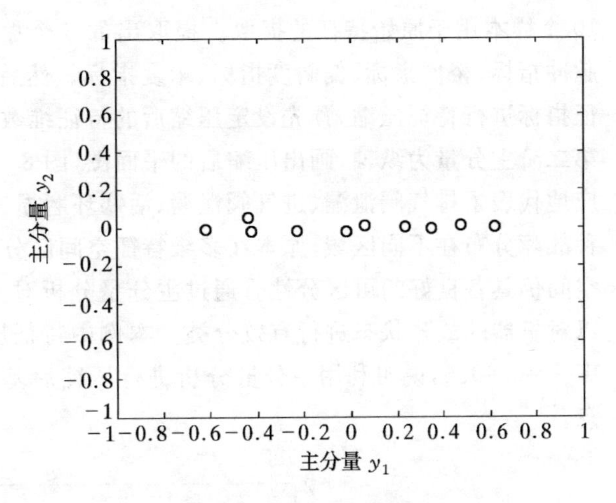

图 8-5　各阶主分量投影

在图 8-5 的新坐标系下基本上可以用一维的主分量 y_1 表示原有的数据信息。选取一个主分量 y_1，按式(8-9)、(8-10)对原始数据 $\boldsymbol{X}$ 进行重构，图 8-6 给除了重构后的数据样本点及分布图。对原始数据进行主分量分析后，压缩了主分量数量，去除了冗余信息。

表 8-4　重构数据

重构后的数据	
x_1	x_2
0.0744	0.0007
0.1844	0.0970
0.2792	0.1800
0.3602	0.2508
0.4946	0.3685
0.5460	0.4134
0.7092	0.5563
0.8724	0.6990
0.8603	0.6885
1.0050	0.8151

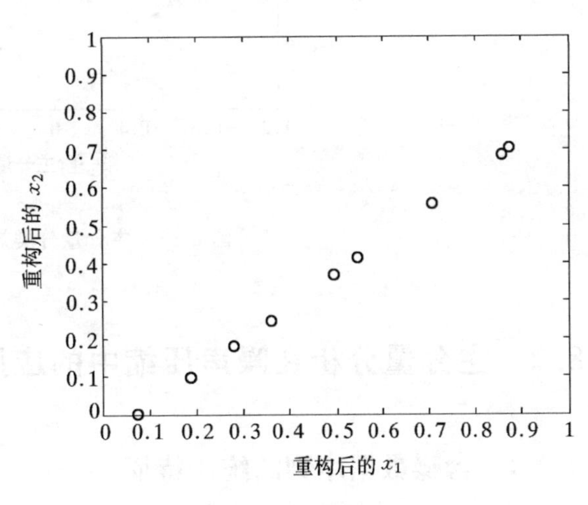

图 8-6　重构后的原数据点

例 8-4　压缩机的故障特征压缩。在某单缸往复式压缩机(型号 2V-0.14/7，电机转速 800 转/分)上我们测量了三种不同状态下的振动信号。测试的三种工况分别是排气阀泄漏、进气阀泄漏、活塞环磨损。从采集到各种状态的样本中，各取

10个样本用于原始特征的提取。提取出的6个振动指标是波形指标、峰值指标、脉冲指标、裕度指标、偏斜度指标、峭度指标。然后用主分量分析对这6个振动特征指标进行特征压缩,预先设定压缩后的特征维数为2。以第一阶主分量为横轴,第二阶主分量为纵轴,画出压缩后的平面图(图8-7)。图中“×”、“o”、“*”分别对应地代表了排气阀泄漏、进气阀泄漏、活塞环磨损三种故障。经过特征压缩后的三种故障分布在不同区域,原本在多维特征空间区分的故障通过特征压缩后,在低维空间仍具备良好的可区分性。通过主分量分析对多维特征进行维数约减后,仍可以对机器的故障状态进行有效分类。本例中特征压缩后,前两阶主元的累计贡献率 $\eta=0.9966$,说明利用主分量分析进行压缩后基本上完整地保留了原始特征信息。

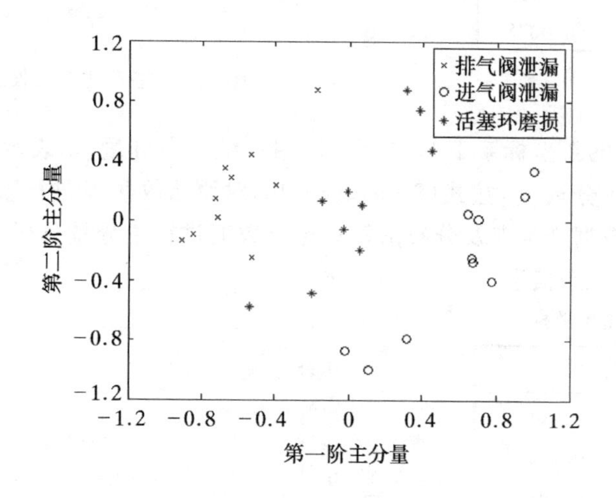

图8-7 主分量分类效果

8.2 主分量分析在噪声压缩中的应用

8.2.1 含噪数据序列的统计特征

设机器输出的原始含噪序列经去均值后为$\{X_i\}$

$$X_i = x_i + \varepsilon_i \quad (i = 1,\cdots,N) \tag{8-12}$$

其中,x_i——机器的状态信息,即干净的信号;ε_i——白噪声序列;N——序列长度。序列的自相关是:

$$R_{i,j}=\frac{1}{N-p}\sum_{k=1}^{N-p}(X_{k+i-1}X_{k+j-1}) \tag{8-13}$$

其中，$p-i$ 或 j 取得的最大值，即自相关序列的长度。将式(8-12)代入式(8-13)中得：

$$\begin{aligned}R_{i,j}&=\frac{1}{N-p}\sum_{k=1}^{N-p}(x_{k+i-1}+\varepsilon_{k+i-1})\cdot(x_{k+j-1}+\varepsilon_{k+j-1})\\&=\frac{1}{N-p}\sum_{k=1}^{N-p}(x_{k+i-1}\cdot x_{k+j-1}+\varepsilon_{k+i-1}\cdot x_{k+j-1}+\varepsilon_{k+j-1}\cdot x_{k+i-1}+\varepsilon_{k+i-1}\cdot\varepsilon_{k+j-1})\\&=R_{i,j}(x)+C_{i,j}(\varepsilon,x)+C_{j,i}(\varepsilon,x)+R_{i,j}(\varepsilon)\end{aligned} \tag{8-14}$$

其中，$R_{i,j}(x)$为干净信号的自相关序列；$C_{i,j}(\varepsilon,x)$，$C_{j,i}(\varepsilon,x)$为信号序列$\{x_i\}$和噪声序列$\{\varepsilon_i\}$的互相关序列；$R_{i,j}(\varepsilon)$为白噪声的自相关序列。

由于白噪声序列$\{\varepsilon_i\}$和信号序列$\{x_i\}$是互不相关的，而白噪声序列$\{\varepsilon_i\}$和它自身$\{\varepsilon_i\}$在 $i\neq j$ 时，也是不相关的。于是，当$(N-p)\longrightarrow\infty$时，有：

$$\begin{gathered}C_{i,j}(\varepsilon,x)\longrightarrow 0,\ C_{j,i}(\varepsilon,x)\longrightarrow 0\\R_{i,j}(\varepsilon)\xrightarrow{i=j}\sigma_\varepsilon^2,\ R_{i,j}(\varepsilon)\xrightarrow{i\neq j}0\end{gathered} \tag{8-15}$$

其中，σ_ε^2 为白噪声序列$\{\varepsilon_i\}$的方差，代表了白噪声的能量。

根据式(8-15)，当 $N-p$ 足够大时，式(8-14)成为：

$$R_{i,j}=\begin{cases}R_{i,j}(x) & (i\neq j)\\R_{i,j}(x)+\sigma_\varepsilon^2 & (i=j)\end{cases} \tag{8-16}$$

因此，对于一个混杂有白噪声的足够长的序列$\{X_i\}$，它的自相关序列 $R_k(k=|i-j|)$，在 $k\neq0$ 时，近似等于干净无噪序列$\{x_i\}$的自相关序列；而在 $k=0$ 时，近似等于干净无噪序列$\{x_i\}$的方差与白噪声的方差之和。换句话说，就是对于混杂有白噪声的离散序列$\{X_i\}$，在它的自相关序列 $R_k(k=|i-j|)$中，只有 R_0 是被噪声影响的，而其它的 $R_k(k\neq0)$则可以认为是不含噪声的。

上述结论也可从图 8-8 看出。图中的虚线代表干净时间序列的自相关序列，圆圈代表了混杂有白噪声序列的自相关序列。很明显这两个序列只在 $k=0$ 处有差别，而在 $k\neq0$ 处都是重合的。

8.2.2　噪声压缩评价指标

对于按公式(8-13)从原始含噪序列$\{X_i\}$；$(i=1,\cdots,N)$中获得的离散自相关序列$\{R_i\}$；$(i=1,\cdots,p)$，由于只有 R_0 是含有噪声的，而其余的 $R_k(k\neq0)$则是不含噪声的。于是我们就可以用$\{R_i\}$；$(i\neq0)$的序列建模，来反向预测不含噪的 R_0，设为 R'_0。对一个离散序列进行建模、预测的方法很多，这里采用多层前馈神经网络

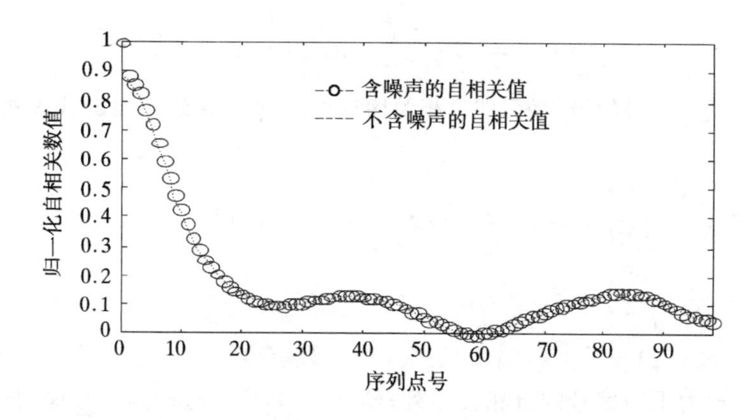

图 8-8 噪声对自相关序列的影响图

来对序列$\{R_i\}(i\neq 0)$进行建模和反向预报。网络的学习算法采用改进共轭梯度法,节点函数选为 Sigmoid 函数。图 8-9 为用神经网络对图 8-8 中的圆圈代表的自相关序列进行建模并进行反向预测的结果。图 8-9 中的虚线代表了干净无噪序列的自相关序列,而圆圈代表了使用人工神经网络对混杂白噪声的自相关序列进行反向预测的结果。这两个序列几乎是完全重合的。因此,通过对含噪自相关序列的反向建模、预测,就可以得到近似不含噪的自相关序列。

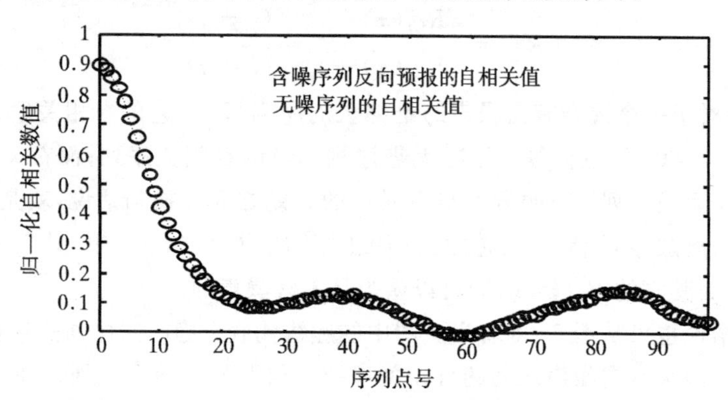

图 8-9 含噪自相关序列反向预报结果

$$R'_k = \begin{cases} R'_0 & k = 0 \\ R_k & k = 1,2,\cdots,p \end{cases} \tag{8-17}$$

以该新的自相关序列为基础,可定义如下两个评价噪声压缩效果的指标。

(1) 残余噪声能量指标

设噪声压缩后的得到一新的时间序列，对于该时间序列使用反向预测方法，可以得到该序列的总能量和不含噪时的能量，分别记为 E_0 和 E_S，根据公式(8-17)有 $E_0=R_0, E_S=R'_0$。那么，$E_n=E_0-E_S=R_0-R'_0$ 就代表了在噪声压缩之后的时间序列中残余的噪声能量。于是残余噪声能量指标可定义为：

$$I_n = E_n/E_S \tag{8-18}$$

它反映了当前序列中噪声相对于信号的能量大小。I_n 的值越小，说明消噪效果越好。I_n 值大小能度量噪声压缩去除噪声的效果。

(2) 信号畸变指标

对时间序列进行噪声压缩时，有用信号的谱分布容易保持不变，而相位则往往难以保证不变。噪声压缩后由于相移会使得到的自相关序列产生畸变。畸变的程度反映了噪声压缩方法对干净信号的统计特征破坏的程度。噪声压缩前通过反向预测方法，我们可以得到干净信号的自相关序列$\{R'_k\}$，噪声压缩后同样通过反向预测方法可得到信号的自相关序列$\{R''_k\}$。为了量度序列$\{R'_k\}$和$\{R''_k\}$之间的差别程度，对$\{R'_k\}$和$\{R''_k\}$做频谱分析，并归一化它们的频谱，得到 f' 和 f'' 两个归一化自相关谱。这样 f' 和 f'' 之间的差别，代表了信号在噪声压缩过程中的畸变程度。这里采用 J——散度，来度量归一化谱 f' 和 f'' 之间的差别：

$$J(f', f'') = \frac{1}{2N}\sum_{i=1}^{N}\left(\frac{f'_i}{f''_i}+\frac{f''_i}{f'_i}-2\right) \tag{8-19}$$

其中，f', f'' 是进行比较的两个归一化谱；N 是谱线数目。刻画噪声压缩过程信号畸变程度的信号畸变指标可定义为：

$$I_q = J(f', f'') \tag{8-20}$$

8.2.3 主分量分析压缩噪声的原理与实例分析

1. 主分量分析压缩噪声的原理

对于离散序列$\{X_i\}$ $(i=1,\cdots,N)$，按照如下方法构造得到新的状态向量：

$$\boldsymbol{z}_i = \{X_i,\cdots,X_{i+m-1}\}, \quad i = 1,2,\cdots,N-m+1; \tag{8-21}$$

新状态向量为 m 行 $N-m+1$ 列的矩阵 $\boldsymbol{X}$。

$$\boldsymbol{X} = \frac{1}{\sqrt{N}}\begin{bmatrix} z_1 \\ z_2 \\ \vdots \\ z_{N-m+1} \end{bmatrix}^{\mathrm{T}} = \frac{1}{\sqrt{N}}\begin{bmatrix} X_1 & X_2 & \cdots & X_m \\ X_2 & X_3 & \cdots & X_{m+1} \\ \vdots & \vdots & & \vdots \\ X_{N-m+1} & X_{N-m+2} & \cdots & X_N \end{bmatrix}^{\mathrm{T}} \tag{8-22}$$

当 $N-m+1$ 足够大时，对矩阵 $\boldsymbol{X}$ 按式(8-7)进行零均值化处理，得到矩阵 $\widetilde{\boldsymbol{X}}$，$\widetilde{\boldsymbol{X}}$ 的协方差矩阵为：

$$\boldsymbol{C}=\boldsymbol{E}(\widetilde{\boldsymbol{X}}\widetilde{\boldsymbol{X}}^{\mathrm{T}}) \tag{8-23}$$

设存在矩阵$\boldsymbol{D}_{m\times m}$使$\boldsymbol{C}_Y=\boldsymbol{E}(\boldsymbol{Y}\boldsymbol{Y}^{\mathrm{T}})=\boldsymbol{D}\boldsymbol{C}\boldsymbol{D}^{\mathrm{T}}$成立，$\boldsymbol{C}_Y$为对角阵，即$\boldsymbol{C}_Y=\mathrm{diag}(\lambda_1^2,\lambda_2^2,\cdots,\lambda_m^2)$，则

$$\boldsymbol{Y}=\boldsymbol{D}\times\widetilde{\boldsymbol{X}} \tag{8-24}$$

这种变换称为噪声压缩的主分量分解，变换可使各分量间互不相关。$\lambda_1,\lambda_2,\cdots,\lambda_m$为矩阵$\boldsymbol{C}$的特征值，且按由大到小的顺序排列，$\lambda_1\geqslant\lambda_2\geqslant\cdots\geqslant\lambda_m\geqslant 0$。特征值的大小反映了序列$\{X_i\}$在各个主分量方向上投影的能量大小。矩阵$\boldsymbol{D}$中各行向量是与特征值相对应的特征向量，代表了主分量的方向。

如果只取前M个特征值比较大的主分量方向，将零均值化后的矩阵$\widetilde{\boldsymbol{X}}$的数据向量按式(8－25)投影到各个主分量方向上去。

$$\boldsymbol{Y}=\boldsymbol{D}\times\widetilde{\boldsymbol{X}}=(\boldsymbol{v}^{-1},\boldsymbol{v}^{-2},\cdots,\boldsymbol{v}^{-M})^{\mathrm{T}}\times\frac{1}{\sqrt{N}}\begin{bmatrix}\boldsymbol{z}_1-\boldsymbol{z}_0\\ \boldsymbol{z}_2-\boldsymbol{z}_0\\ \cdots\\ \boldsymbol{z}_{N-m+1}-\boldsymbol{z}_0\end{bmatrix}^{\mathrm{T}} \tag{8-25}$$

其中，$\boldsymbol{z}_0=\sum_{i=1}^{N-m+1}\boldsymbol{z}_i$；$\boldsymbol{v}^{-i}$为$\boldsymbol{v}^i$对应的归一化向量，$i=1,2,\cdots,M$。

零均值化后的数据矩阵$\widetilde{\boldsymbol{X}}$可按下式计算得到：

$$\widetilde{\boldsymbol{X}}=\boldsymbol{D}^{\mathrm{T}}\times\boldsymbol{Y}=(\boldsymbol{v}^{-1},\boldsymbol{v}^{-2},\cdots,\boldsymbol{v}^{-M})\times(\boldsymbol{v}^{-1},\boldsymbol{v}^{-2},\cdots,\boldsymbol{v}^{-M})^{\mathrm{T}}\times\frac{1}{\sqrt{N}}\begin{bmatrix}\boldsymbol{z}_1-\boldsymbol{z}_0\\ \boldsymbol{z}_2-\boldsymbol{z}_0\\ \cdots\\ \boldsymbol{z}_{N-m+1}-\boldsymbol{z}_0\end{bmatrix}^{\mathrm{T}} \tag{8-26}$$

若要得到重构后原始数据矩阵$\boldsymbol{X}$，还必须加上均值部分，如式(8－27)示：

$$\boldsymbol{X}=\widetilde{\boldsymbol{X}}+\frac{1}{\sqrt{N}}\boldsymbol{z}_0^{\mathrm{T}}\times I_{1(N-m+1)} \tag{8-27}$$

式中，$I_{1(N-m+1)}$表示行数为1，列数为$(N-m+1)$，且元素值均为1的矩阵。

为了从形式上与式(8－22)保持一致，求重构后的矩阵$\boldsymbol{X}$的转置，如式(8－28)：

$$\boldsymbol{X}^{\mathrm{T}}=\frac{1}{\sqrt{N}}\begin{bmatrix}\boldsymbol{z}_1^{(M)}\\ \boldsymbol{z}_2^{(M)}\\ \cdots\\ \boldsymbol{z}_{N-m+1}^{(M)}\end{bmatrix}=\frac{1}{\sqrt{N}}\begin{bmatrix}\boldsymbol{z}_1-\boldsymbol{z}_0\\ \boldsymbol{z}_2-\boldsymbol{z}_0\\ \cdots\\ \boldsymbol{z}_{N-m+1}-\boldsymbol{z}_0\end{bmatrix}\times$$

$$(\boldsymbol{v}^{-1},\boldsymbol{v}^{-2},\cdots,\boldsymbol{v}^{-M})\times(\boldsymbol{v}^{-1},\boldsymbol{v}^{-2},\cdots,\boldsymbol{v}^{-M})^{\mathrm{T}}+\frac{1}{\sqrt{N}}I_{(N-m+1)1}\times\boldsymbol{z}_0 \tag{8-28}$$

重新合成为一个新的状态向量

$$\boldsymbol{z}_i^{(M)}=[(\boldsymbol{z}_i-\boldsymbol{z}_0)\boldsymbol{v}^{-1}]\boldsymbol{v}^{-1}+[(\boldsymbol{z}_i-\boldsymbol{z}_0)\boldsymbol{v}^{-2}]\boldsymbol{v}^{-2}+\cdots+[(\boldsymbol{z}_i-\boldsymbol{z}_0)\boldsymbol{v}^{-M}]\boldsymbol{v}^{-M}+\frac{1}{\sqrt{N}}\boldsymbol{z}_0 \tag{8-29}$$

对新的状态向量按(8－21)进行反过程计算,可得到一个新的时间序列$\{X'_i\}$。显然,新序列$\{X'_i\}$中含有的信号成分与原始序列$\{X_i\}$的信号成分相同,而噪声部分则由于少合成了$(m-M)$个主分量而减少了,噪声减少的比例为$(1-M/m)$。这就是用主分量分析压缩噪声的基本原理,如图 8－10 所示。

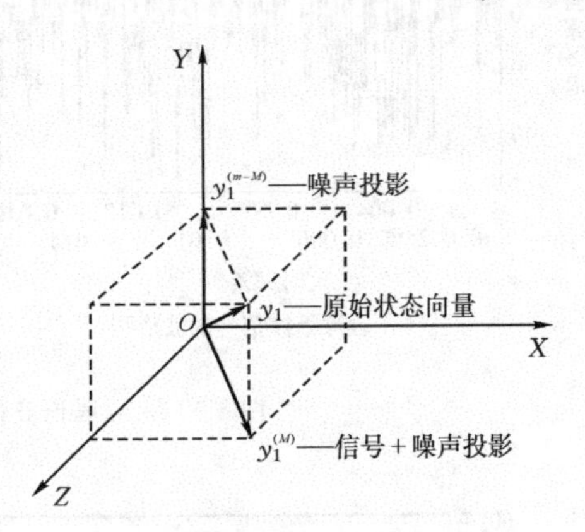

图 8－10　主分量分析压缩噪声原理

2. 噪声压缩链

在用主分量分析压缩噪声的每一次迭代过程中,用于重构的主分量数目 M 的取值很关键。一个合适的 M 值应该保证噪声被压缩的尽量多而信号畸变的程度尽可能小。根据我们在前面提出的两个评价噪声压缩效果的指标,最佳的 M 值就应该是使得残余噪声能量指标 I_n 和信号畸变指标 I_q 都取较小的值。于是在每一次迭代过程中,M 值都可按如下规则选取:

令 $I_d=I_n\cdot I_q$,要选取最佳的 M,必须使 $I_d\longrightarrow\min$。这样确定的 M 值,在用主分量分析压缩噪声的迭代过程中,是随着迭代次数的不同而在不断变化的。用主分量分析压缩噪声的整个过程可以表示为:$\{X_0\}\xrightarrow{M_1}\{X_1\}\xrightarrow{M_2}\cdots\xrightarrow{M_k}\{X_k\}$。其中,$\{X_0\}$是原始混杂噪声的序列,$\{X_i\}(i=1,\cdots,k)$是第 i 次迭代后的噪声压缩得到的序列,$M_i(i=1,\cdots,k)$是第 i 次迭代中所选择的用于重构的主分量数目。由于这个过程类似一条链子,因此我们称它为噪声压缩链。

3. 噪声压缩实例分析

用计算机模拟的方法得到五个不同谐波分量的含噪时间序列,其时域波形、频谱图分别如图 8－11 所示。用噪声压缩链对含有噪声的原信号进行噪声压缩,经过多次迭代得到压缩后的谐波信号时域波形和频谱图如图 8－12 所示。对比噪声压缩前后的时域波形与频谱图,可以发现主分量分析可以有效地消除信号噪声,提高信号的信噪比。

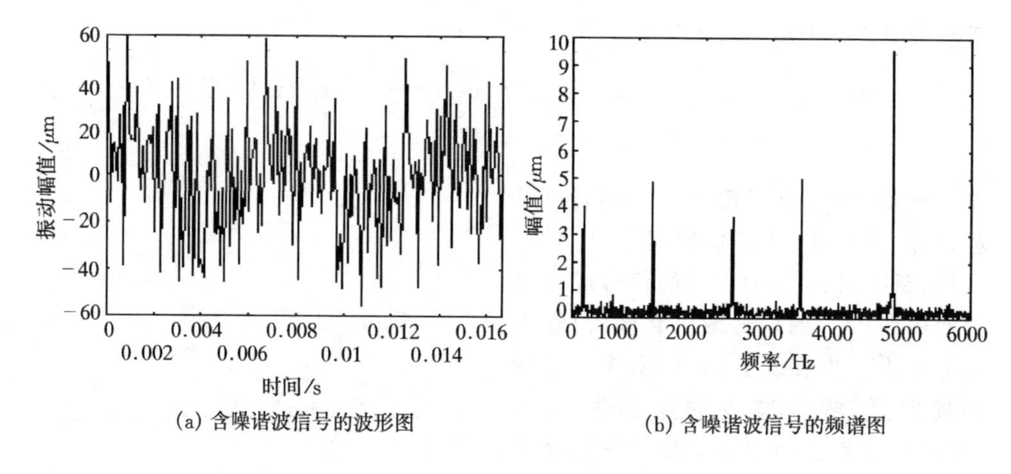

(a) 含噪谐波信号的波形图
(b) 含噪谐波信号的频谱图

图 8-11 含噪谐波信号的波形图和频谱图

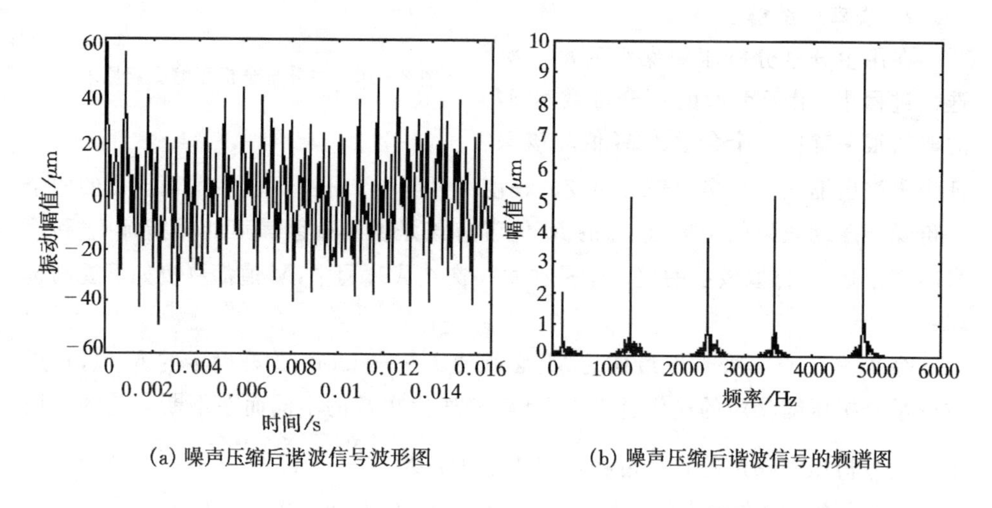

(a) 噪声压缩后谐波信号波形图
(b) 噪声压缩后谐波信号的频谱图

图 8-12 对谐波信号用噪声压缩链进行噪声压缩后的波形图和频谱图

8.3 核主分量分析

8.3.1 "维数灾难"与核函数

前面介绍的主分量分析利用线性变换,把原始特征映射到方差最大的方向上,同时认为在此方向上数据具有最好的可分性,并消除了各分量之间的相关性。通过去掉带有少量信息的坐标轴,可以达到降低特征维数的目的。主分量分析提取的只是原始特征中的线性成分，而在机器状态监测和诊断中反映机器状态的大量信息蕴含在数据的非线性成分中。因此，从原始特征中提取非线性特征有可助提高机械故障识别的精度。

对于高维空间中的特征的可分性，Schölkopf，B. 指出通过映射函数 $\boldsymbol{\Phi}$ 可以把原始输入数据 $\boldsymbol{X}$ 从空间 R^N 变换到高维空间 F，在高维空间进行特征提取可能取得比较理想的分类效果。

$$\boldsymbol{\Phi}: R^N \to F,\ \boldsymbol{X} \to \boldsymbol{\Phi}(\boldsymbol{X}) \tag{8-30}$$

给出一个简单的例子，假设在二维空间有一组已知样本数据，$\boldsymbol{X}$ 表示是其中的一个样本点，样本数据包含两种不同的类：一类是分布在以(2,2)为圆心，2 为半径周围的含有噪声信号的样本点，用“∘”表示；另一类是分布在以(2,2)为圆心，0.5 为半径周围的含有噪声信号的样本点用“×”表示，作出它们的二维分布图，如图 8-13(a)所示。

设想存在一个映射函数 $\boldsymbol{\Phi}$，对已知的原始样本数据 $\boldsymbol{X}=(x_1, x_2)$ 进行(8-31)式的变换：

$$\begin{gathered}\boldsymbol{\Phi}: R^2 \to R^3,\ \boldsymbol{X} \to \boldsymbol{\Phi}(\boldsymbol{X}) \\ (x_1, x_2) \to (x_1, x_2, x_1^2 + x_2^2)\end{gathered} \tag{8-31}$$

在空间 R^3 作已知样本点的三维图，如图 8-13(b)所示，易观察到在空间 R^3 中“∘”类样本点和“×”类样本点分布在不同的平面内，故原在空间 R^2 中区分不开的样本点经过映射函数 $\boldsymbol{\Phi}$ 变换到空间 R^3 后便可分离开。因此通过映射函数 $\boldsymbol{\Phi}$ 把原始数据从低维空间 R^N 变换到高维空间 F，可以对属于不同类的数据样本进行分类，达到预期的效果。

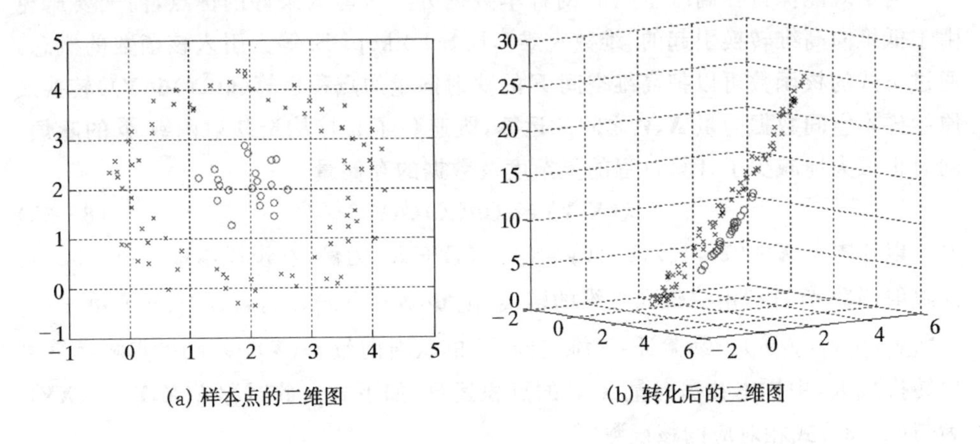

(a) 样本点的二维图　　(b) 转化后的三维图

图 8-13　二维空间向三维空间转化图

然而,如果直接通过构造映射函数 $\boldsymbol{\Phi}$ 来实现原始数据样本从低维到高维的变换,会使得整个过程的计算复杂度、数据的存储量都会急剧增加。当映射函数 $\boldsymbol{\Phi}$ 较简单且样本点 $\boldsymbol{X}$ 的维数较低时,变换过程的计算复杂度、数据的存储量增加不明显。以 $\boldsymbol{X}=(x_1,x_2)$为例,根据下式对 $\boldsymbol{X}$ 进行由二维到三维的变换,变换后的维数为 $\begin{pmatrix}2+2-1\\2\end{pmatrix}=\frac{3!}{2!\ (3-2)!}=3$($x_1x_2$、$x_2x_1$ 被视为同一坐标),而对于样本

$$\begin{gathered}\boldsymbol{\Phi}:R^2\rightarrow R^3,\ \boldsymbol{X}\rightarrow\boldsymbol{\Phi}(\boldsymbol{X})\\(x_1,x_2)\rightarrow(x_1^2,x_2^2,x_1x_2,x_2x_1)\end{gathered}\tag{8-32}$$

当点 $\boldsymbol{X}$ 的维数较大时,对样本点的各个特征按阶数为 d 的多项式进行变换得到映射向量 $\boldsymbol{\Phi}(\boldsymbol{X})$,如下式所示。

$$\begin{gathered}\boldsymbol{\Phi}:R^N\rightarrow F,\ \boldsymbol{X}\rightarrow\boldsymbol{\Phi}(\boldsymbol{X})\\(x_1,x_2,\cdots,x_N)\rightarrow(x_1^d,x_2^d,\cdots,x_N^d,x_1^{d-1}x_2,x_1^{d-1}x_3,\cdots,x_1^{d-2}x_2x_3,\cdots)\end{gathered}\tag{8-33}$$

若把坐标值恒等的坐标视为同一坐标,映射向量 $\boldsymbol{\Phi}(\boldsymbol{X})$的维数可以根据式(8-34)计算:

$$N_F=\begin{pmatrix}N+d-1\\d\end{pmatrix}=\frac{(N+d-1)!}{d!(N-1)!}\tag{8-34}$$

若坐标值恒等的坐标也视为不同的坐标,则映射向量的维数可达 $N_F=N^d$。无论按何种情况计算,当 N、d 较大时 N_F 的取值将会非常大,从而导致“维数灾难”。这无疑使得变换过程的计算复杂度、数据的存储量急剧增加。

为了既能保持在高维空间 F 对样本数据分类可能效果好的优点,而又要避免由于低维向高维转换引起的“维数灾难”,B. Schölkopf B. 等人引入核函数的概念。通过下式的核函数可以把高维空间 F 的映射向量的点积运算($\boldsymbol{\Phi}(\boldsymbol{X})\boldsymbol{\Phi}(\boldsymbol{Y})$)转换成原始样本空间数据向量 $\boldsymbol{X}$、$\boldsymbol{Y}$ 之间的运算,既避免了直接构造映射函数 $\boldsymbol{\Phi}$ 的麻烦,同时也极大地减少了计算过程的复杂度及数据的存储量。

$$k(\boldsymbol{X},\boldsymbol{Y})=(\boldsymbol{\Phi}(\boldsymbol{X})\boldsymbol{\Phi}(\boldsymbol{Y}))\tag{8-35}$$

以样本点 $\boldsymbol{X}=(x_1,x_2)$,$Y=(y_1,y_2)$,$X,Y\in R^2$ 为例,假设样本根据(8-32)式的映射函数 $\boldsymbol{\Phi}$ 进行由二维向三维的转换,记 $\boldsymbol{\Phi}(\boldsymbol{X})=(x_1^2,x_2^2,x_1x_2,x_2x_1)$,$\boldsymbol{\Phi}(\boldsymbol{Y})=(y_1^2,y_2^2,y_1y_2,y_2y_1)$。易验证:三维空间 R^3 的映射向量 $\boldsymbol{\Phi}(\boldsymbol{X})$,$\boldsymbol{\Phi}(\boldsymbol{Y})$的点积运算可以转换成 R^2 中样本数据向量 $\boldsymbol{X}$,$\boldsymbol{Y}$ 的点积运算,如下式。此时称 $k(\boldsymbol{X},\boldsymbol{Y})=(\boldsymbol{XY})^2$ 为与(8-32)式相对应的核函数。

$$(\boldsymbol{\Phi}(\boldsymbol{X})\boldsymbol{\Phi}(\boldsymbol{Y}))=((x_1^2,x_2^2,x_1x_2,x_2x_1)(y_1^2,y_2^2,y_1y_2,y_2y_1))=(\boldsymbol{XY})^2\tag{8-36}$$

对于更一般的多项式核函数形式可以写成：

$$k(\boldsymbol{X},\boldsymbol{Y}) = (\boldsymbol{XY})^d = (\sum_{j=1}^{N} x_j y_j)^d = (\boldsymbol{\Phi}(\boldsymbol{X})\boldsymbol{\Phi}(\boldsymbol{Y})) \tag{8-37}$$

核函数的引入很好地解决了由于样本数据从低维向高维转换过程导致的“维数灾难”，简化了高维空间 F 中映射向量 $\boldsymbol{\Phi}(\boldsymbol{X})$之间的点积运算。如何才能构造出与映射函数 $\boldsymbol{\Phi}$ 相对应的核函数是我们必须解决的问题。

核函数的构造不是任意的，核函数必须满足一定的条件。Mercer 条件指出：对于任意 $f(x)\in R^2$，当 $f(x)\neq 0$，且 $\int f^2(x)\mathrm{d}x > 0$ 时，核函数 $k(x,y)$，$x,y\in R^2$ 都能满足下式：

$$\int f(x)k(x,y)f(y)\mathrm{d}x\mathrm{d}y \geqslant 0 \tag{8-38}$$

则 $k(x,y)$可以展开成一个无穷收敛的序列：

$$k(x,y) = \sum_{j=1}^{\infty} \lambda_j \boldsymbol{\Phi}_j(x)\boldsymbol{\Phi}_j(y) \tag{8-39}$$

其中 $\lambda_j \geqslant 0$，此时必存在映射函数 $\boldsymbol{\Phi}$ 满足 $k(x,y)=(\boldsymbol{\Phi}(x)\boldsymbol{\Phi}(y))$，此即表明 $k(x,y)$为 $\boldsymbol{\Phi}$ 对应的核函数。

8.3.2 核主分量分析的原理

(1) 原理分析

由主分量分析原理知，对于给定的原始样本点 $\boldsymbol{x}_k \in R^N(k=1,\cdots,M)$，若它们满足零均值条件，即 $\sum_{k=1}^{M}\boldsymbol{x}_k = 0$，则可以构造协方差矩阵 $\boldsymbol{C}$：

$$\boldsymbol{C} = \frac{1}{M}\sum_{i=1}^{M}\boldsymbol{x}_i\boldsymbol{x}_i^{\mathrm{T}}$$

通过对特征方程 $\lambda\boldsymbol{v}=\boldsymbol{C}\boldsymbol{v}$ 的求解，可以得到协方差矩阵的特征向量 $\boldsymbol{v}$ 及特征值 λ，原始样本点 $\boldsymbol{x}_k$ 在特征方向上的投影即为特征空间下的新坐标。假设先定义一个非线性映射函数 $\boldsymbol{\Phi}$，如式(8-30)示，原始样本点 $\boldsymbol{x}_k$ 通过映射函数 $\boldsymbol{\Phi}$ 从空间 R^N 变换到高维空间 F 得到映射向量 $\boldsymbol{\Phi}(\boldsymbol{x}_k)$。在高维空间 F 中，我们仍可以对映射向量 $\boldsymbol{\Phi}(\boldsymbol{x}_k)$作主分量分析。

假设对原始信号的 N 个特征量观察 M 次，得到原始样本点的数据 $\boldsymbol{X}=\{\boldsymbol{x}_1,\boldsymbol{x}_2,\cdots,\boldsymbol{x}_k,\cdots,\boldsymbol{x}_M\}$，其中 $\boldsymbol{x}_k=(x_{1k},x_{2k},\cdots,x_{Nk})^{\mathrm{T}}$，原始空间 R^N 通过映射函数 $\boldsymbol{\Phi}$ 变换到高维空间 F，输入向量 $\boldsymbol{x}_k$ 映射到特征空间 F 的映射向量为 $\boldsymbol{\Phi}(\boldsymbol{x}_k)$。假设映射向量满足零均值条件，即 $\sum_{k=1}^{M}\boldsymbol{\Phi}(\boldsymbol{x}_k) = 0$，在高维空间对映射数据 $\boldsymbol{\Phi}(x_1)$，

$\boldsymbol{\Phi}(x_2),\cdots,\boldsymbol{\Phi}(x_M)$进行主分量分析。

根据主分量分析的特点，首先可以得到映射向量$\boldsymbol{\Phi}(\boldsymbol{x}_k)$的协方差矩阵：

$$\bar{\boldsymbol{C}} = \frac{1}{M}\sum_{i=1}^{M}\boldsymbol{\Phi}(\boldsymbol{x}_i)\boldsymbol{\Phi}(\boldsymbol{x}_i)^{\mathrm{T}} \tag{8-40}$$

协方差矩阵的特征方程可表示为：

$$\bar{\boldsymbol{C}}\boldsymbol{V} = \lambda\boldsymbol{V} \tag{8-41}$$

其中，λ为矩阵$\bar{\boldsymbol{C}}$的一个特征值，$\boldsymbol{V}$为λ对应得特征向量。

将(8-40)式代入(8-41)式得：

$$\boldsymbol{V} = \frac{1}{\lambda M}\sum_{i=1}^{M}\boldsymbol{\Phi}(\boldsymbol{x}_i)\boldsymbol{\Phi}(\boldsymbol{x}_i)^{\mathrm{T}}\boldsymbol{V} = \frac{1}{\lambda M}\sum_{i=1}^{M}(\boldsymbol{\Phi}(\boldsymbol{x}_i)\cdot\boldsymbol{V})\boldsymbol{\Phi}(\boldsymbol{x}_i) \tag{8-42}$$

故存在系数向量$\boldsymbol{\alpha}=(\alpha_1,\alpha_2,\cdots,\alpha_M)^{\mathrm{T}}$使特征向量$\boldsymbol{V}$可以表示成：

$$\boldsymbol{V} = \sum_{j=1}^{M}\alpha_j\boldsymbol{\Phi}(\boldsymbol{x}_j) \tag{8-43}$$

将(8-40)、(8-43)式同时代入(8-41)式，方程两边同时点乘映射向量$\boldsymbol{\Phi}(\boldsymbol{x}_k)$，进行内积运算：

$$\lambda(\boldsymbol{\Phi}(\boldsymbol{x}_k)\cdot\sum_{j=1}^{M}\alpha_j\boldsymbol{\Phi}(\boldsymbol{x}_j)) = \boldsymbol{\Phi}(\boldsymbol{x}_k)\cdot\frac{1}{M}\sum_{i=1}^{M}\boldsymbol{\Phi}(\boldsymbol{x}_i)\boldsymbol{\Phi}(\boldsymbol{x}_i)^{\mathrm{T}}\sum_{j=1}^{M}\alpha_j\boldsymbol{\Phi}(\boldsymbol{x}_j)$$

$$k = 1,2,\cdots,M$$

推出 $$\lambda(\sum_{i=1}^{M}\alpha_j(\boldsymbol{\Phi}(\boldsymbol{x}_k)\boldsymbol{\Phi}(\boldsymbol{x}_j)) = \frac{1}{M}\sum_{j=1}^{M}\alpha_j\boldsymbol{\Phi}(\boldsymbol{x}_k)\sum_{i=1}^{M}\boldsymbol{\Phi}(\boldsymbol{x}_i)(\boldsymbol{\Phi}(\boldsymbol{x}_i)\boldsymbol{\Phi}(\boldsymbol{x}_j)) \tag{8-44}$$

定义一个$M\times M$维的核矩阵$\boldsymbol{K}$

$$\boldsymbol{K}_{ij} = k(\boldsymbol{x}_i,\boldsymbol{x}_j) = (\boldsymbol{\Phi}(\boldsymbol{x}_i)\boldsymbol{\Phi}(\boldsymbol{x}_j)) \tag{8-45}$$

把式(8-44)改写成矩阵的形式得

$$M\lambda\boldsymbol{K}\boldsymbol{\alpha} = \boldsymbol{K}^2\boldsymbol{\alpha} \tag{8-46}$$

简化(8-46)式的

$$M\lambda\boldsymbol{\alpha} = \boldsymbol{K}\boldsymbol{\alpha} \tag{8-47}$$

观察式(8-47)知，$M\lambda$是$\boldsymbol{K}$的特征值，系数向量$\boldsymbol{\alpha}=(\alpha_1,\alpha_2,\cdots,\alpha_M)^{\mathrm{T}}$是特征值$M\lambda$对应得特征向量。核矩阵$\boldsymbol{K}$可以通过核函数来确定，而由核矩阵$\boldsymbol{K}$的特征值$\boldsymbol{\alpha}$可以求得矩阵$\bar{\boldsymbol{C}}$的特征向量$\boldsymbol{V}$，得到特征空间的主分量方向。

由于核矩阵$\boldsymbol{K}$一定是对称半正定性的，则必然存在一组正交基β^i和特征值μ_i，对于所有的$i=1,2,\cdots,M$，$\boldsymbol{K}\beta^i=\mu_i\beta^i$均成立。为理解式(8-46)与式(8-47)的关系，先假设λ、α满足方程(8-46)，可以用核矩阵$\boldsymbol{K}$的一组正交基表示特征向量$\boldsymbol{\alpha} = \sum_{i=1}^{M}l_i\beta^i$，将$\boldsymbol{\alpha}$代入方程(8-46)中得：

$$M\lambda\sum_i l_i\mu_i\beta^i = \sum_i l_i\mu_i^2\beta^i \tag{8-48}$$

(8-46)式的等价式可以写成$M\lambda l_i\mu_i = l_i\mu_i^2, i=1,2,\cdots,M$,也即：

$$M\lambda = \mu_i \text{或} l_i = 0 \quad \text{或} \quad \mu_i = 0 \tag{8-49}$$

再次假设λ、$\boldsymbol{\alpha}$满足方程(8-47),进行类似上述操作,将方程变形为：

$$M\lambda\sum_i l_i\beta^i = \sum_i l_i\mu_i\beta^i \tag{8-50}$$

等价于

$$M\lambda = \mu_i \text{或} l_i = 0 \tag{8-51}$$

比较式(8-49)与式(8-51),易发现式(8-51)的解均包含于式(8-49)中。(8-49)式中含有特征值为0的解,意味着方程(8-46)中可能存在属于不同特征值的特征向量是非正交的,但这并不表示由这些特征向量决定的矩阵$\bar{\boldsymbol{C}}$的特征向量也是非正交的。事实上,如果假设$\boldsymbol{\alpha}$是矩阵$\boldsymbol{K}$特征值为0对应的一个的特征向量,由(8-43)式知协方差矩阵$\bar{\boldsymbol{C}}$同样也存在一个特征向量$\sum_i \alpha_i\boldsymbol{\Phi}(\boldsymbol{x}_i)$与映射向量$\boldsymbol{\Phi}(\boldsymbol{x}_j), j=1,2,\cdots,M$,在空间$F$中均正交。

$$(\boldsymbol{\Phi}(\boldsymbol{x}_j)\sum_i \alpha_i\boldsymbol{\Phi}(\boldsymbol{x}_i)) = (\boldsymbol{K\alpha})_j = 0 \quad j = 1,2,\cdots,M \tag{8-52}$$

当$j=1,2,\cdots,M$时,(8-52)式恒成立,则$\sum_i \boldsymbol{\alpha}_i\boldsymbol{\Phi}(\boldsymbol{x}_i) = 0$。因此方程(8-46)与(8-47)解的差异并不影响协方差矩阵$\bar{C}$在高维空间F中的特征向量,我们只需求解方程(8-47)中的特征值与特征向量即可得高维特征向量$\boldsymbol{V} = \sum_i \boldsymbol{\alpha}_i\boldsymbol{\Phi}(\boldsymbol{x}_i)$。

(2) 核主分量分析的特征提取

对核矩阵$\boldsymbol{K}$进行对角化,求得核矩阵$\boldsymbol{K}$的特征值$\lambda_i^K(i=1,2,\cdots,M)$,按由大到小的顺序排列$\lambda_1^K \geqslant \lambda_2^K \geqslant \cdots \geqslant \lambda_M^K$,特征值相对应的特征向量为$\boldsymbol{\alpha}^1,\boldsymbol{\alpha}^2,\cdots,\boldsymbol{\alpha}^M$,协方差矩阵$\bar{\boldsymbol{C}}$的特征向量依次为$\boldsymbol{V}^1,\boldsymbol{V}^2,\cdots,\boldsymbol{V}^M$。对协方差矩阵$\bar{\boldsymbol{C}}$的特征向量$\boldsymbol{V}^k$标准化：

$$\boldsymbol{V}^k \cdot \boldsymbol{V}^k = \langle \boldsymbol{V}^k, \boldsymbol{V}^k \rangle = 1 \quad k = 1,2,\cdots,M \tag{8-53}$$

由(8-53)式得：

$$\boldsymbol{V}^k \cdot \boldsymbol{V}^k = \sum_{i,j=1}^{M} \boldsymbol{\alpha}_i^k\boldsymbol{\alpha}_j^k\boldsymbol{\Phi}(\boldsymbol{x}_i)\boldsymbol{\Phi}(\boldsymbol{x}_j) = (\boldsymbol{\alpha}^k \cdot \boldsymbol{K\alpha}^k) = \lambda_k^K(\boldsymbol{\alpha}^k \cdot \boldsymbol{\alpha}^k) = 1 \tag{8-54}$$

从而对核矩阵$\boldsymbol{K}$的特征向量$\boldsymbol{\alpha}^k(k=1,2,\cdots,M)$标准化。对于一个给定的样本$\boldsymbol{x}$,样本$\boldsymbol{x}$到在空间$F$中的映射向量为$\boldsymbol{\Phi}(\boldsymbol{x})$,把$\boldsymbol{\Phi}(\boldsymbol{x})$投影到特征空间的各个主元方向：

$$(\boldsymbol{V}^k \cdot \boldsymbol{\Phi}(\boldsymbol{x})) = (\sum_{j=1}^{M} \alpha_j^k\boldsymbol{\Phi}(\boldsymbol{x}_j) \cdot \boldsymbol{\Phi}(\boldsymbol{x})) = \sum_{j=1}^{M} \alpha_j^k K(\boldsymbol{x}_j, \boldsymbol{x}) \quad (k = 1,2,\cdots,M) \tag{8-55}$$

通过k取不同值可以得到样本x在特征空间的各个主元方向上的分量。整个核主分量的提取过程如图8-14所示。

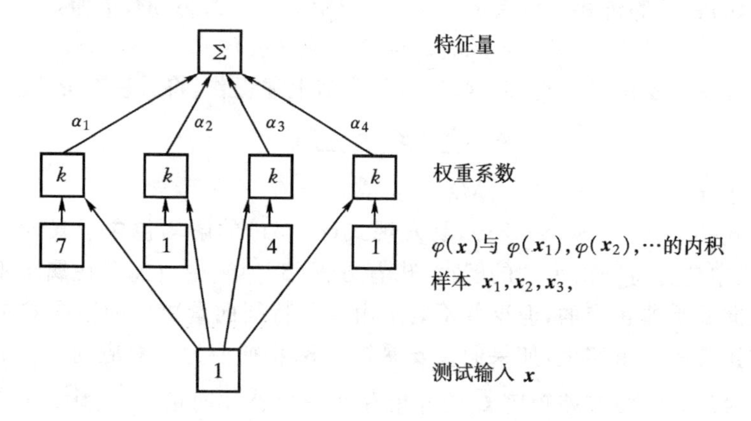

图8-14 核主分量的提取过程

(3) 核函数的选择

核函数在核主分量分类起着重要的作用,它是解决非线性问题及克服维数灾难的关键。核主分量分析的思路是用映射函数将线性不可分的特征样本集映射到高维特征空间,使它们在高维特征空间是线性可分。为了避免在特征空间直接计算导致的"维数灾难",核主分量分析中是将高维空间中映射向量的内积运算通过核函数转换到原数据样本空间上进行。核函数类型的选择及相应参数的设置影响着核主分量的分类效果,目前最常用的核函数主要有以下几类:

① 高斯径向基核函数:

$$k(\boldsymbol{x},\boldsymbol{y}) = \exp(-\|\boldsymbol{x}-\boldsymbol{y}\|^2/(2\sigma^2))$$

其中,σ为参数。

② 多项式核函数:

$$k(\boldsymbol{x},\boldsymbol{y}) = (\boldsymbol{x}\cdot\boldsymbol{y})^d$$

其中,d为多项式阶数。

③ Sigmoid 核函数:

$$k(\boldsymbol{x},\boldsymbol{y}) = \tanh(v(\boldsymbol{x}\cdot\boldsymbol{y})+\theta)$$

其中,v、θ为参数。

由于缺乏关于怎样选择好的核函数的相关理论,大多研究者基于核函数参数的优化来寻找最优的核函数,在一定程度上改善了核主分量分析的分类性能。

(4) 高维空间的零均值化

本节中关于核主分量的一个基本前提假设是:映射向量$\boldsymbol{\Phi}(\boldsymbol{x}_k)$,$k=1,2,\cdots$,

M,在高维空间 F 是满足零均值条件,即 $\sum_{k=1}^{M}\boldsymbol{\Phi}(\boldsymbol{x}_k)=0$ 。然而由于映射函数 $\boldsymbol{\Phi}$ 的具体表达式往往是不可知的,直接对映射向量进行零均值化显然不可能。假设在高维空间 F 对映射向量零均值化,如下式示:

$$\widetilde{\boldsymbol{\Phi}}(\boldsymbol{x}_i)=\boldsymbol{\Phi}(\boldsymbol{x}_i)-\frac{1}{M}\sum_{k=1}^{M}\boldsymbol{\Phi}(\boldsymbol{x}_k) \tag{8-56}$$

对满足零均值条件的映射向量 $\boldsymbol{\Phi}(\boldsymbol{x}_i)$ 按(8 - 45)式定义核矩阵:$\widetilde{\boldsymbol{K}}_{ij}=(\widetilde{\boldsymbol{\Phi}}(\boldsymbol{x}_i)\cdot\widetilde{\boldsymbol{\Phi}}(\boldsymbol{x}_j))$。解特征方程:

$$\tilde{\lambda}\tilde{\boldsymbol{\alpha}}=\widetilde{\boldsymbol{K}}\tilde{\boldsymbol{\alpha}} \tag{8-57}$$

其中,$\tilde{\lambda}$ 是 $\widetilde{\boldsymbol{K}}$ 的特征值;$\tilde{\boldsymbol{\alpha}}$ 是 $\tilde{\lambda}$ 对应的特征向量,也作展开系数向量,即 $\widetilde{\boldsymbol{V}}=\sum_{i}\tilde{\boldsymbol{\alpha}}_i\widetilde{\boldsymbol{\Phi}}(\boldsymbol{x}_i)$ 。

由于 $\boldsymbol{\Phi}(\boldsymbol{x}_i)$不可预先求得,我们只能按(8 - 56)式用核矩阵 $\boldsymbol{K}$ 近似的表示 $\widetilde{\boldsymbol{K}}$。

$$\begin{aligned}\widetilde{\boldsymbol{K}}_{ij}&=((\boldsymbol{\Phi}(\boldsymbol{x}_i)-\frac{1}{M}\sum_{m=1}^{M}\boldsymbol{\Phi}(\boldsymbol{x}_m))\cdot(\boldsymbol{\Phi}(\boldsymbol{x}_j)-\frac{1}{M}\sum_{n=1}^{M}\boldsymbol{\Phi}(\boldsymbol{x}_n)))\\&=K_{ij}-\frac{1}{M}\sum_{m=1}^{M}L_{im}K_{mj}-\frac{1}{M}\sum_{n=1}^{M}K_{in}L_{nj}+\frac{1}{M^2}\sum_{m,n=1}^{M}L_{im}K_{mn}L_{nj}\\&=(\boldsymbol{K}-\boldsymbol{L}_M\boldsymbol{K}-\boldsymbol{K}\boldsymbol{L}_M+\boldsymbol{L}_M\boldsymbol{K}\boldsymbol{L}_M)_{ij}\end{aligned} \tag{8-58}$$

式中,$K_{ij}=(\boldsymbol{\Phi}(\boldsymbol{x}_i)\boldsymbol{\Phi}(\boldsymbol{x}_j))$;$\boldsymbol{L}_{ij}=1$;$(\boldsymbol{L}_M)_{ij}=1/M$;$i,j=1,2,\cdots,M$。

解关于核矩阵 $\widetilde{\boldsymbol{K}}$ 的特征值问题,选取 p 个特征向量,或者根据预先设定的累计贡献率 η_0,求得满足 $\eta\geqslant\eta_0$ 的 p 的最小值,按式(8 - 53)通过对高维空间 F 中的特征向量 $\widetilde{\boldsymbol{V}}^n(n=1,2,\cdots,p)$标准化,间接对核矩阵 $\widetilde{\boldsymbol{K}}$ 的特征向量 $\tilde{\boldsymbol{\alpha}}^n$ 标准化。

对于已知训练样本 $\boldsymbol{x}_j(j=1,2,\cdots,M)$,把它们的映射向量 $\boldsymbol{\Phi}(\boldsymbol{x}_j)$投影到高维空间 F 中的特征方向 $\widetilde{\boldsymbol{V}}^n(n=1,2,\cdots,p)$上,求得各阶非线性主元 y_{nj}。

$$y_{nj}=(\widetilde{\boldsymbol{V}}^n\widetilde{\boldsymbol{\Phi}}(\boldsymbol{x}_j))=\sum_{k=1}^{M}\tilde{\alpha}_j^n(\widetilde{\boldsymbol{\Phi}}(\boldsymbol{x}_k)\cdot\widetilde{\boldsymbol{\Phi}}(\boldsymbol{x}_j))=\sum_{k=1}^{M}\tilde{\alpha}_j^n\widetilde{K}_{kj}\quad n=1,2,\cdots,p \tag{8-59}$$

对于给定的一组测试点 $\boldsymbol{t}_i$,$\boldsymbol{t}_i\in R^N(i=1,2,\cdots,U)$,先计算两个矩阵:

$$K_{ij}^{\text{test}}=(\boldsymbol{\Phi}(\boldsymbol{t}_i)\cdot\boldsymbol{\Phi}(\boldsymbol{x}_j))\quad i=1,2,\cdots,U,j=1,2,\cdots,M \tag{8-60}$$

对 K_{ij}^{test} 需进行如同(8 - 56)式类似的处理:

$$\begin{aligned}\widetilde{K}_{ij}^{\text{test}}&=((\boldsymbol{\Phi}(\boldsymbol{t}_i)-\frac{1}{M}\sum_{m=1}^{M}\boldsymbol{\Phi}(\boldsymbol{x}_m))\cdot(\boldsymbol{\Phi}(\boldsymbol{t}_j)-\frac{1}{M}\sum_{n=1}^{M}\boldsymbol{\Phi}(\boldsymbol{x}_n)))\\&=(K^{\text{test}}-\boldsymbol{1}'_{MU}K^{\text{test}}-K^{\text{test}}\,\boldsymbol{1}_{MU}+\boldsymbol{1}'_{MU}\boldsymbol{K}^{\text{test}}\,\boldsymbol{1}_{MU})_{ij}\end{aligned}\quad\begin{pmatrix}i=1,2,\cdots,U;\\j=1,2,\cdots,M;\end{pmatrix} \tag{8-61}$$

其中，$\boldsymbol{1}_{MU}$表示$M\times U$的矩阵，且$(\boldsymbol{1}_{MU})_{ij}=1/M$，$\boldsymbol{1}'_M$为$\boldsymbol{1}_M$的转秩矩阵。

对测试点$\boldsymbol{t}_i$进行特征提取，把测试样本点的映射向量$\boldsymbol{\Phi}(\boldsymbol{t}_i)(i=1,2,\cdots,U)$投影到协方差矩阵的各个特征向量$\widetilde{\boldsymbol{V}}^n(n=1,2,\cdots,p)$上，求得$t_i$的各阶非线性主元$y_{ni}^t$。

$$y_{ni}^t=(\widetilde{\boldsymbol{V}}^n\cdot\widetilde{\boldsymbol{\Phi}}(\boldsymbol{t}_i))=(\sum_{k=1}^{M}\tilde{\alpha}_k^n\widetilde{\boldsymbol{\Phi}}(\boldsymbol{x}_k)\cdot\widetilde{\boldsymbol{\Phi}}(\boldsymbol{t}_i))=\sum_{k=1}^{M}\tilde{\alpha}_k^n\widetilde{K}_{ik}^{\text{test}}\quad n=1,2,\cdots,p;\tag{8-62}$$

(5) 核主分量分析的步骤

核主分量分析用于数据的特征提取过程中主要包括训练样本、测试样本的特征提取和分类。训练样本的特征提取过程如下(表8-5)：

表8-5 核主分量分析训练样本特征提取的算法

输入数据	训练样本$X=\{\boldsymbol{x}_1,\boldsymbol{x}_2,\cdots,\boldsymbol{x}_M\}$，其中$\boldsymbol{x}_k\in R^N,k=1,2,\cdots,M$
中间过程	由核函数$\boldsymbol{K}_{ij}=k(\boldsymbol{x}_i,\boldsymbol{x}_j)$计算核矩阵$\boldsymbol{K}$； 对$\boldsymbol{K}$零均值化$\widetilde{\boldsymbol{K}}=\boldsymbol{K}-\boldsymbol{L}_M\boldsymbol{K}-\boldsymbol{K}\boldsymbol{L}_M+\boldsymbol{L}_M\boldsymbol{K}\boldsymbol{L}_M$； $[\boldsymbol{V},\boldsymbol{\Lambda}]=\text{eig}(\widetilde{K})$； $\eta=\sum_{n=1}^{p}\tilde{\boldsymbol{\lambda}}_n/\sum_{k=1}^{M}\tilde{\boldsymbol{\lambda}}_k\geqslant\eta_0$； 矩阵$\widetilde{\boldsymbol{K}}$的标准化特征向量$\dfrac{\tilde{\boldsymbol{\alpha}}^n}{\Vert\tilde{\boldsymbol{\alpha}}^n\Vert\cdot\sqrt{\tilde{\boldsymbol{\lambda}}_p}},n=1,2,\cdots,p$； 样本$\boldsymbol{x}_j$的第$n$个非线性主元分量$y_{nj}=\sum_{k=1}^{M}\tilde{\boldsymbol{\alpha}}_j^n\widetilde{K}(\boldsymbol{x}_k,\boldsymbol{x}_j),n=1,2,\cdots,p$； 样本$\boldsymbol{x}_j$的各阶主元分量$\boldsymbol{y}_j=(y_{1j},y_{2j},\cdots,y_{pj})^{\mathrm{T}},j=1,2,\cdots,M$；
输出数据	训练样本的各阶主元$Y=\{\boldsymbol{y}_1,\boldsymbol{y}_2,\cdots,\boldsymbol{y}_M\}$，其中$\boldsymbol{y}_k\in R^p,k=1,2,\cdots,M$

①选择合适的核函数$k(\boldsymbol{x},\boldsymbol{y})$，计算核矩阵$\boldsymbol{K}$；由于输入空间零均值化的数据经过非线性变换后，$\boldsymbol{\Phi}(\boldsymbol{x})$不一定零均值化，通过式(8-61)可以求得零均值条件对应的该矩阵：$\widetilde{\boldsymbol{K}}=\boldsymbol{K}-\boldsymbol{1}_M\boldsymbol{K}-\boldsymbol{K}\boldsymbol{1}_M+\boldsymbol{1}_M\boldsymbol{K}\boldsymbol{1}_M$；

②求经过零均值化后的核矩阵$\widetilde{\boldsymbol{K}}$的特征值$\lambda$与特征向量$\boldsymbol{\alpha}$，根据要求的贡献率$\eta=\sum_{n=1}^{p}\lambda_n/\sum_{k=1}^{M}\lambda_k\geqslant\eta_0$求得$p$值或者预先设定的主元数量$p$，确定提取较大特征值$\lambda_1\geqslant\lambda_2\geqslant\cdots\geqslant\lambda_p$，对应的特征向量$\alpha^1,\alpha^2,\cdots,\alpha^p$，并且对非零特征值对应的特征向量进行标准化；

③对于给定的训练样本$\boldsymbol{x}_j$，把映射向量$\boldsymbol{\Phi}(\boldsymbol{x}_j)$投影到矩阵$\overline{\boldsymbol{C}}$的各个标准特征向量$\boldsymbol{V}^1,\boldsymbol{V}^2,\cdots,\boldsymbol{V}^p$上，按式(8-59)计算即可得到样本$\boldsymbol{x}_j$各阶的非线性主元。

测试样本的特征提取提取比较简单，在训练样本特征提取的基础上，只需按计算出 K_{ij}^{test}、$\widetilde{K}_{ij}^{\text{test}}$，然后根据(8－62)式求得 $\boldsymbol{t}_i$ 的各阶非线性主元即可(表 8－6)。

表 8－6　核主分量分析测试样本点的特征提取过程

输入数据	测试样本 $T=\{\boldsymbol{t}_1,\boldsymbol{t}_2,\cdots,\boldsymbol{t}_L\}$，$\boldsymbol{t}_i\in R^N$，$i=1,2,\cdots,U$
中间过程	核矩阵 $\boldsymbol{K}_{ij}^{\text{test}}=(\boldsymbol{\Phi}(\boldsymbol{t}_i)\cdot\boldsymbol{\Phi}(\boldsymbol{x}_j))\quad i=1,2,\cdots,U,j=1,2,\cdots,M$； 零均值化后 $\widetilde{\boldsymbol{K}}_{ij}^{\text{test}}=\boldsymbol{K}^{\text{test}}-\boldsymbol{1}'_M\boldsymbol{K}^{\text{test}}-\boldsymbol{K}^{\text{test}}\boldsymbol{1}_M+\boldsymbol{1}'_M\boldsymbol{K}^{\text{test}}\boldsymbol{1}_M$； 特征提取 $y_{ni}^t=(\widetilde{\boldsymbol{V}}^n\cdot\widetilde{\boldsymbol{\Phi}}(\boldsymbol{t}_i))=\sum_{k=1}^{M}\widetilde{\boldsymbol{\alpha}}_k^n\widetilde{\boldsymbol{K}}_{ik}^{\text{test}},n=1,2,\cdots,p$； 测试样本各阶新主元 $\boldsymbol{y}_i^t=(y_{1i}^t,y_{2i}^t,\cdots,y_{pi}^t)^{\mathrm{T}},i=1,2,\cdots,U$
输出数据	测试样本的非线性主元 $Y^t=\{\boldsymbol{y}_1^t,\boldsymbol{y}_2^t,\cdots,\boldsymbol{y}_L^t\}$，$\boldsymbol{y}_i^t\in R^p$，$i=1,2,\cdots,U$

(6) 核主分量分析过程的实质

核主分量分析实质上是通过非线性映射 $\boldsymbol{\Phi}$ 把原始的非线性输入量 $\boldsymbol{x}$ 变换到高维的特征空间，使输入向量具有更好的可分性，然后在高维空间对映射向量 $\boldsymbol{\Phi}(\boldsymbol{x})$作进行主分量分析。如图 8－15 示，通过特征提取得到原始样本的各阶非线性主分量，以所选的非线性主分量作为特征子空间。对输入量 $\boldsymbol{x}$ 进行非线性映射 Φ，如果直接计算映射函数 $\boldsymbol{\Phi}(\boldsymbol{x})$将使得计算量急剧增加，导致“维数灾难”，从而使得核主分量分析复杂化，通过核函数的引入，把高维空间中映射向量 $\boldsymbol{\Phi}(\boldsymbol{x})$之间的点积运算转换到原始空间的运算，可以明显减小计算量，节省了存储空间。

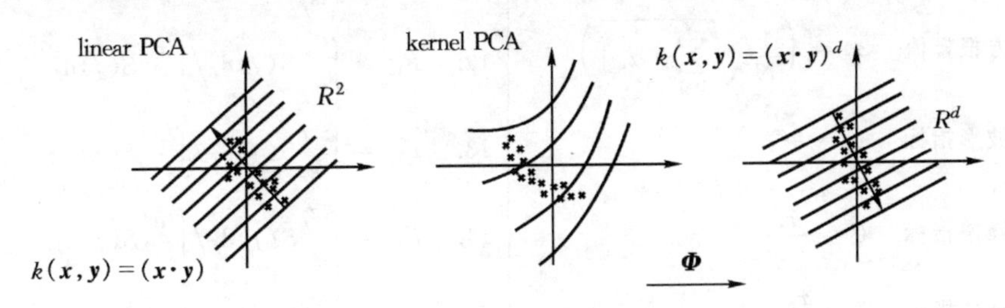

图 8－15　核主分量分析的原理图

与主分量分析相比，当观察样本数 M 大于特征量的个数 N 时，利用主分量分析最多只能得到 N 个非零特征值，而核主分量分析可以得到多达 M 个的非零特征值；主分量分析可以根据提取的特征分量对原信号进行重构。对于核主分量分析，基于较少的特征向量要在原始输入空间找到精确的原像几乎不可能；由于核函数的引入，在保持核主分量分析良好的分类特性的前提下，很大程度上降低核主分量分析过程的计算复杂度。核主分量分析更适合处理一些非线性问题，具有更强的分类能力，并且通过对核函数参数的优化、训练样本的选择，可以得到较好的分类效果。作为一种新方法，核主分量分析逐渐被应用于设备故障的特征提取、工业非线性过程的状态监测以及机械设备状态识别等过程。

8.3.3　核主分量分析在齿轮故障分类中的应用

1. 特征量的选取与聚类评价指标

为了利用核主分量分析对齿轮状态进行分类，先利用小波包分析方法对反映齿轮状态变化的典型频率段进行时域信号重构。如下表 8－7 对重构后的信号选取均值、峰值、均方幅值、方根幅值、波形指数、峰值指数、脉冲指数、偏斜度这 8 个时域特征指标。另外还选择了频域特征指标，通过计算 8 个等宽频段内各自能量在总能量中所占的比重，得到 8 个频谱特征。

表 8－7　时域特征量与频域特征量

时域特征量	频域特征量
1. 均值　$\bar{x} = \frac{1}{N}\sum_{i=1}^{N} \mid x_i \mid$	9.　$F_9 = \int_0^{B_f} S(f)\mathrm{d}_f \Big/ \int_0^{f_s/2} S(f)\mathrm{d}_f$
2. 峰值　$x_p = \max \mid x_i \mid$	10.　$F_{10} = \int_{B_f}^{2B_f} S(f)\mathrm{d}_f \Big/ \int_0^{f_s/2} S(f)\mathrm{d}_f$
3. 均方幅值　$x_{rms} = \sqrt{\frac{1}{N}\sum_{i=1}^{N} x_i^2}$	11.　$F_{11} = \int_{2B_f}^{3B_f} S(f)\mathrm{d}_f \Big/ \int_0^{f_s/2} S(f)\mathrm{d}_f$
4. 方根幅值　$x_r = \left(\frac{1}{N}\sqrt{\sum_{i=1}^{N} \mid x_i \mid}\right)^2$	12.　$F_{12} = \int_{3B_f}^{4B_f} S(f)\mathrm{d}_f \Big/ \int_0^{f_s/2} S(f)\mathrm{d}_f$
5. 波形指标　$K = \frac{x_{rms}}{\bar{x}}$	13.　$F_{13} = \int_{4B_f}^{5B_f} S(f)\mathrm{d}_f \Big/ \int_0^{f_s/2} S(f)\mathrm{d}_f$
7. 峰值指标　$C = \frac{x_p}{x_{rms}}$	14.　$F_{14} = \int_{5B_f}^{6B_f} S(f)\mathrm{d}_f \Big/ \int_0^{f_s/2} S(f)\mathrm{d}_f$
6. 脉冲指标　$I = \frac{x_p}{\bar{x}}$	15.　$F_{15} = \int_{6B_f}^{7B_f} S(f)\mathrm{d}_f \Big/ \int_0^{f_s/2} S(f)\mathrm{d}_f$
8. 偏斜度　$S = E\left[\left(\frac{x - E(x)}{\sqrt{D(x)}}\right)^3\right]$	16.　$F_{16} = \int_{7B_f}^{8B_f} S(f)\mathrm{d}_f \Big/ \int_0^{f_s/2} S(f)\mathrm{d}_f$

为了更好地衡量核主分量分析或主分量分析的聚类效果，这里定义两个指标：

$$\text{类间距：}\quad S_b = \sum_{i=1}^{c} (\mu_i - \mu)(\mu_i - \mu)^{\mathrm{T}} \tag{8-63}$$

$$\text{类内距：}\quad S_w = \sum_{i=1}^{c}\sum_{f_k \in C}(f_k - \mu_i)(f_k - \mu_i)^{\mathrm{T}} \tag{8-64}$$

其中，μ_i 是用核主分量分析或主分量分析进行特征压缩后的每个类的特征样本均值；μ 是用核主分量分析或主分量分析进行特征压缩后的所有特征样本的均值；f_k 是用核主分量分析或主分量分析进行特征压缩后的样本特征量。

S_b 的值越大，说明类与类差别越大，分类效果越好；S_w 的值越小，说明类内的差别越小，样本聚类的效果也就越好，因此我们通过 S_b/S_w 的取值来确定核参数的取值。S_b 的值越大，S_w 的值越小，则 S_b/S_w 的取值越大。本例中我们通过观察不同核函数的分类效果图，最终选用的核函数是径向基函数，当 S_b/S_w 取最大值时，确定核参数 σ 的取值。

2. 齿轮故障实验分析

齿轮变速齿轮箱寿命实验的实验台布置如图 8-16 示，该实验台由主齿轮箱和陪试齿轮箱组成，两者结构相同。主齿轮箱与陪试齿轮箱通过一个万向联轴节相连，在新齿轮箱磨合一段时间后，进行加载实验，直至发生断齿。实验中断齿发生在输出轴上齿数为 42 的齿轮上，共断 4 个齿，分布在对称两侧。输入轴转速为 1600rpm，传动比为 12.65，输出轴转频为 2.1Hz。齿轮箱的振动信号分别由安装在箱体外表面上的加速度传感器 1、2 拾取，信号的采样频率为 $f_s = 5\mathrm{kHz}$，滤波频率为 2kHz。每个数据文件记录了 4096 个采样点。实验过程中齿轮经历了由正常到断齿的连续变化过程。

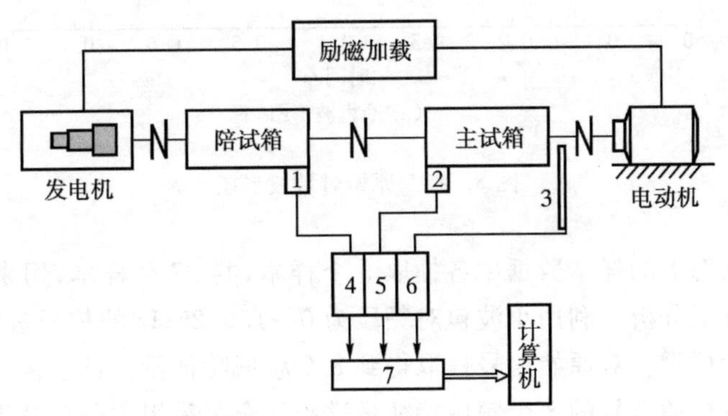

1、2—加速度传感器 3—电涡流位移传感器 4、5—电荷放大器
6— 前置器 7—数据采集器

图 8-16 齿轮箱寿命实验装置图

取各个状态下的数据样本，其时域波形图如图 8-17 示，其中 a、b、c 分别对应

齿轮正常、裂纹、断齿。从图 8-17(c)可以看出断齿信号有着明显的脉冲现象，脉冲周期约为 0.2381 秒，对应频率约为 4.2Hz，刚好是转频的两倍；正常状态与裂纹状态在时域波形中不能区分。上述信号的频域波形如图 8-18 所示。

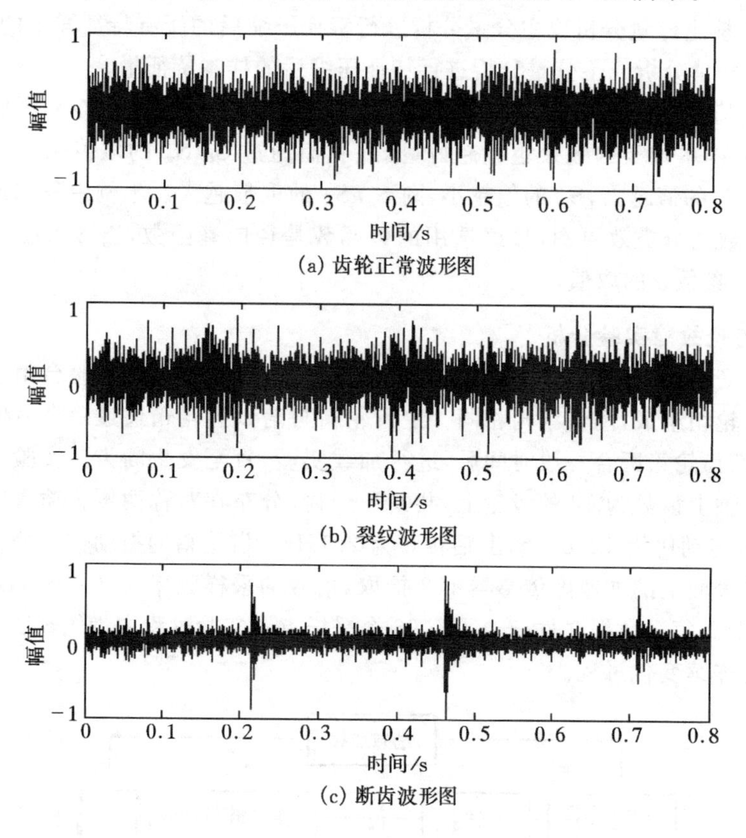

(a) 齿轮正常波形图

(b) 裂纹波形图

(c) 断齿波形图

图 8-17 原始时域波形图

从各种状态下的样本数据中各抽取 9 个样本，共 27 个样本，用来进行主分量分析和核主分量分析。利用小波包对频段为 0～156.25Hz 的信号进行重构，并提取 8 个时域特征量。对原始信号提取得到 8 个频域特征量。把重构信号的 8 个时域特征量与原振动信号的 8 个频域特征量进行组合。采用主分量分析与核主分量分析对组合特征量进行分析，结果如图 8-19 所示。图中分别用“×”、“。”、“□”表示齿轮正常、裂纹、断齿三种状态。从图上可看出，核主分量分析的类间距较大，而类内距较小。因此，核主分量分析的分类能力比主分量分析强。

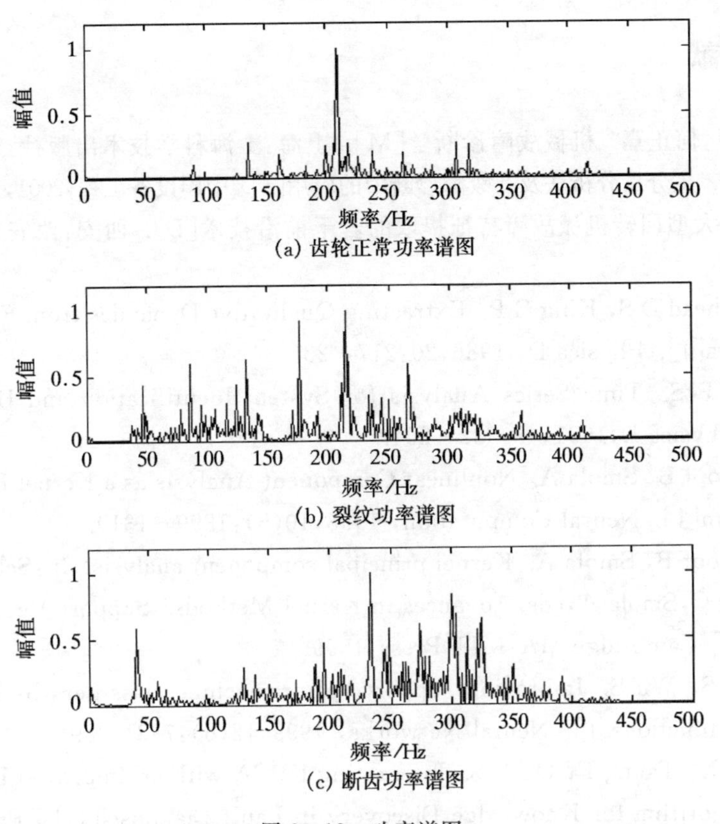

(a) 齿轮正常功率谱图

(b) 裂纹功率谱图

(c) 断齿功率谱图

图 8-18　功率谱图

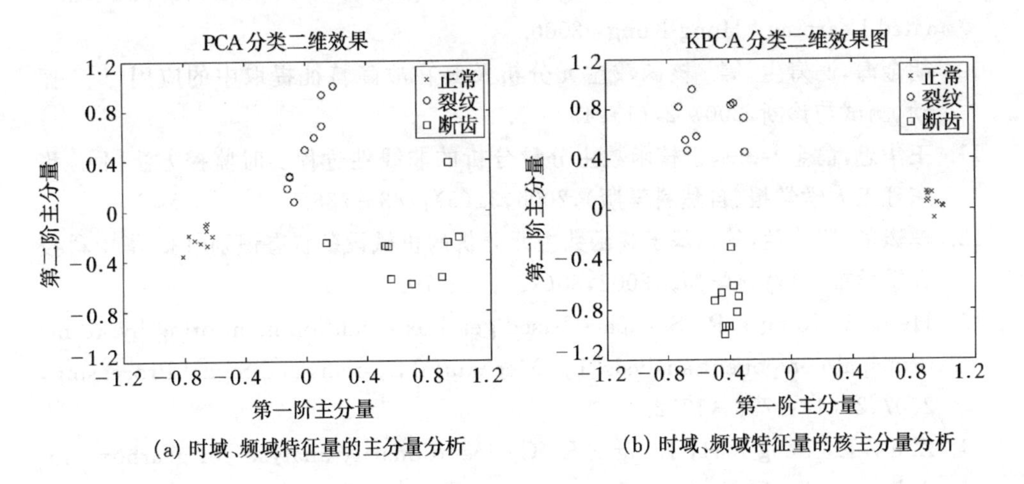

(a) 时域、频域特征量的主分量分析　(b) 时域、频域特征量的核主分量分析

图 8-19　时域频域特征量的主分量分析与核主分量分析

参考文献

1. 屈梁生,何正嘉. 机械故障诊断学[M]. 上海:上海科学技术出版社,1986.
2. 宋京伟. 主分量分析法及在故障诊断中的应用[J]. 中国设备工程,2001,10:37－38.
3. 孟建. 大型回转机械故障特征提取的若干前沿技术[D]. 西安:西安交通大学,1996.
4. Broomhead D S, King G P. Extracting Qualitative Dynamics from Experimental Data[J]. Physica D, 1986,20:217－236.
5. Landa P S. Time Series Analysis for System Identification and Diagnostics [J]. Physica D,1991,48:232－254.
6. Schölkopf B, Smola A. Nonlinear Component Analysis as a Kernel Eigenvalue Problem[J]. Neural Computation, 1998,10(5):1299－1319.
7. Schölkopf B, Smola A. Kernel principal component analysis. In:Sch lkopf B, Burges C,Smola A,eds. Advances in Kernel Methods2 Support Vector Learning[M]. Cambridge MA:MIT Press,1999.
8. Amari S, Wu S. Improving support vector machine classifiers by modifying kernel functions[J]. Neural Networks, 1999,12(6):783－789.
9. Sun R X, Tsung F, Qu L S. Integrating KPCA with an Improved Evolutionary Algorithm for Knowledge Discovery in Fault Diagnosis[C]//Proceedings of the 2nd International Conference on Intelligent Data Engineering and Automated Learning, Hong Kong: 2000.
10. 胡金海,谢寿生,等. 核函数主元分析及其在故障特征提取中的应用[J]. 振动、测试与诊断,2007,27(1):48－52.
11. 王华忠,俞金寿. 基于核函数主分量分析的非线性过程实时监控方法[J]. 华东理工大学学报(自然科学版),2005,31(6):783－786.
12. 李巍华,廖广兰,等. 基于核函数主元分析的机械设备状态识别[J]. 华中科技大学学报(自然科学版),2002,30(12):68－70.
13. He Q B, Kong F R. Subspace-based gearbox condition monitoring by kernel principal component analysis[J]. Mechanical Systems and Signal Processing, 2007,21(4):1755－1772.
14. Zhu Z K, Feng Z H, Kong F R. Cyclostationarity analysis for gearbox condition monitoring: approaches and effectiveness[J]. Mechanical Systems and Signal Processing,2005,19:467－482.

第9章　Bootstrap方法的原理及应用

机械零部件故障的特征指标诊断，是一种常用的故障诊断方法。该方法常常选用标准差、平均幅值和峭度等数学统计量指标，很好地反映了机械零部件状态的变化。然而，在大多数情况下，我们并不知道采样信号的总体分布，样本统计量的分布形式也无从得知。机械零部件故障诊断过程中，我们很难获得足够的故障样本。在这种情况下，很难从已经掌握的少量样本来获得统计量指标的统计特性，也无法评价诊断特征的有效性。

1979年美国斯坦福大学统计系教授Efron. B在总结、归纳前人研究成果的基础上提出了Bootstrap方法。该方法把数字仿真与经典统计学有机地结合起来，实现了小样本数据的统计计算，克服了传统数理统计存在的弊端。目前该方法已广泛应用到图像处理、射线层析成像处理、地震数据分析、非线性动力学中相关维数的估计等学科和工程领域。本章将介绍Bootstrap方法的原理，并对该方法在机械零部件状态识别和故障诊断方面的应用进行介绍。

9.1　Bootstrap原理

统计的目的是对事件或统计量特征及其分布的不确定性进行评价。统计学采用先验知识、概率模型、可能性、置信区间等来求解不确定性的表达式或者对其进行估计。在问题简单的情况下，可以通过假定概率模型，对样本数据进行分析来解决问题。但是当问题较复杂时，该方法则非常繁琐，而且由于模型假设错误或者简化不当，很可能会导致错误的结果。一种有效的方法就是再采样，即通过一个模型对原始数据进行直接或者间接反复采样，使得样本集容量得到扩充，从而计算某一统计量的标准差、均值、概率分布等等。

样本重采样的方法可以追溯到20世纪40年代末期。Fisher和Pitman于1930年提出了置换法(Permutation methods)，Quenouille于1949年提出了折叠法(Jackknife)。1979年美国斯坦福大学教授Efron B在总结、归纳前人研究成果的基础上提出了Bootstrap方法。该方法一经提出，便受到了统计界的重视，并逐渐运用到医学、经济等众多领域。

9.1.1 Bootstrap 方法概述

对于总体样本分布函数 $F(x)$已知的样本序列，我们很容易通过下式求出其统计量：

$$\theta = \int t(x)\mathrm{d}F(x) \tag{9-1}$$

其中，$t(x)$为统计函数。但对于实际中的样本序列$\{x_i, i=1,2,\cdots,n\}$，由于样本序列具有时变特征，其分布函数 $F(x)$也不得而知。如果样本数量足够大，可通过样本的经验分布得到统计量的值。当样本数量很小时，我们又如何得到其统计量值呢？

Bootstrap 方法首先通过重采样来扩充样本容量。该方法规定原始样本中的每个元素 x_i 出现的概率为 $1/n$，我们可以用经验分布函数 $\hat{F}(x)$来替代 $F(x)$：

$$\hat{F}(x) = \frac{N\{x_i \leqslant x\}}{n} \quad i = 1,2,\cdots,n \tag{9-2}$$

其中，$N(x)$指事件 x 发生的总次数。式(9-2)亦可表示为：

$$\hat{F}(x) = \frac{1}{n}\sum_{i=1}^{n} H(x - x_i) \tag{9-3}$$

其中，$H(x)$为单位阶跃函数。有了经验分布函数 $\hat{F}(x)$，进而就可求出样本的统计量：

$$\hat{\theta} = \int t(x)\mathrm{d}\hat{F}(x) \tag{9-4}$$

对原始样本进行反复重采样得到新的样本 X_i^*，相应地也可得到不同的经验分布函数 $\hat{F}(x)$和统计量 $\hat{\theta}_i^*$(下标表示第 i 次重采样得到的统计量)。依次类推就可以得到统计量 θ 的仿真分布 $\hat{F}(\theta)$。这样，小样本序列的统计指标如均值、方差等统计指标都可以用 Bootstrap 方法得到。图 9-1 是 Bootstrap 方法的计算流程。

9.1.2 样本均值的估计

图 9-2 所示为随机产生的一个长度为 50，服从 $\alpha=0.5$ 的指数分布的序列$\{x_t, t=1,2,\cdots,50\}$，其直方图分布如图 9-3。对于这样一个随机序列，如果要确定其均值和相应置信度为 95%的置信区间，我们只能采用假设其总体样本分布的方法。如果采用 Bootstrap 方法，很容易解决这一问题。先对原样本反复采样，每次采样后的直方图分布基本与原样本相似，见图 9-4。Bootstrap 的详细过程如下：

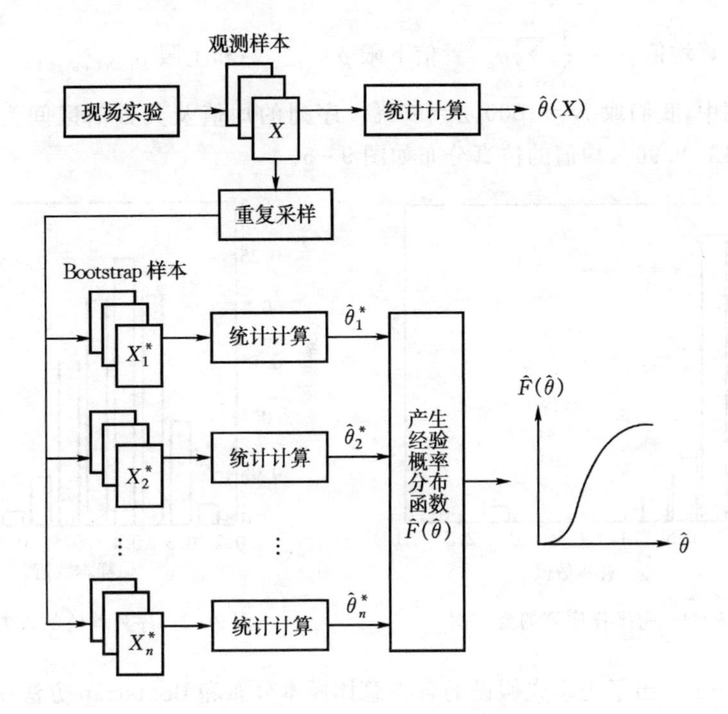

图 9-1　Bootstrap 方法的实现过程

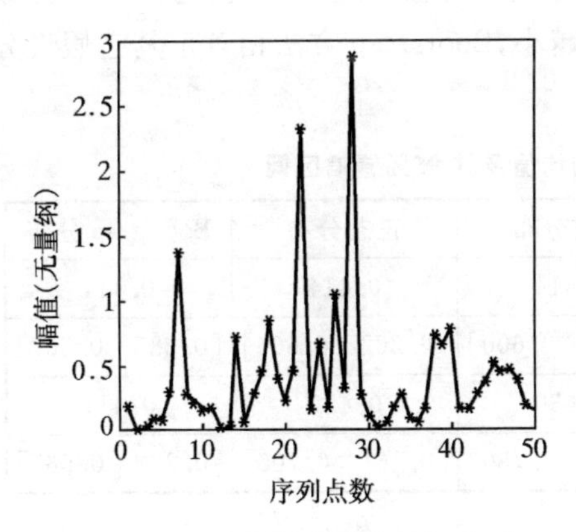

图 9-2　服从指数分布的随机序列

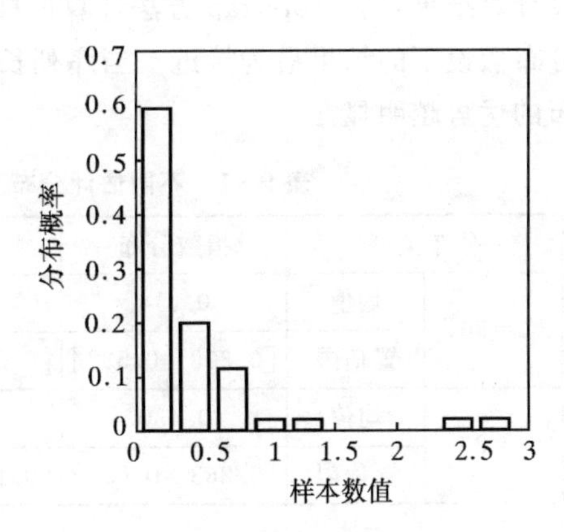

图 9-3　原始序列的直方图

①用随机数发生器对原样本进行重采样，得到 N 组新样本$\{x_t^{*i}, t=1,2,\cdots,50\}, i=1,2,\cdots,N$；

②计算各新样本的平均值，并按升序排列 $\mu_1 \leqslant \mu_2 \leqslant \cdots \leqslant \mu_N$；

③计算均值 $\mu=\frac{1}{N}\sum_{i=1}^{N}\mu_i$,置信下限 $\mu_{\lfloor N(1-\alpha)/2\rfloor}$ 和上限 $\mu_{\lfloor N(1+\alpha)/2\rfloor}$。

本例中,我们取 $N=1000$,$\alpha=95\%$。序列的均值及其置信区间为:$\mu=6.7$,CI=[3.43 9.96],均值的仿真分布如图 9-5。

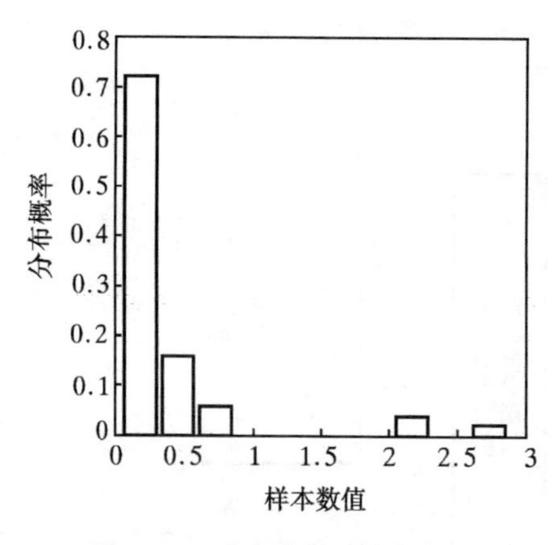

图 9-4 重采样序列的直方图

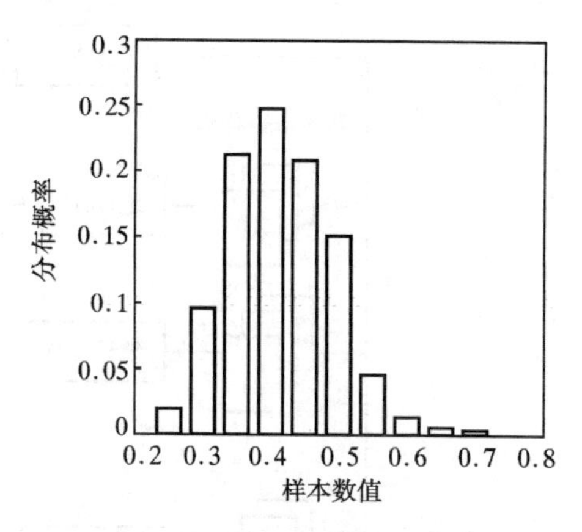

图 9-5 序列均值的直方图

表 9-1 给出了用事先假设的各类总体样本分布和 Bootstrap 方法得到的样本均值结果(序列长度分别为 50 和 20)。比较而言,相对于泊松分布和正态分布假设计算结果,用 Bootstrap 方法计算的样本序列的均值和置信区间,与真实的指数分布假设下的结果最为接近。当序列长度越小,Bootstrap 方法相对于其它假设分布的优势越明显。

表 9-1 不同估计分布下的均值及其 95%置信区间

分布类型		指数分布	泊松分布	正态分布	Bootstrap 分布
$t=50$	均值	0.414	0.414	0.414	0.414
	置信限	[0.308 0.537]	[0.240 0.600]	[0.262 0.566]	[0.283 0.567]
$t=20$	均值	0.430	0.430	0.430	0.411
	置信限	[0.263 0.639]	[0.150 0.750]	[0.161 0.700]	[0.282 0.567]

9.1.3 重采样次数的选择

上节运用 Bootstrap 方法对序列 $\{x_t, t=1,2,\cdots,50\}$ 均值估计中,重采样次数 N 的取值是人为确定的,不同的 N 会得到不同的结果,见表 9-2。相应的均值经验分布如图 9-6 所示。

表 9-2　不同采样次数下的结果

采样次数	$N=100$	$N=500$	$N=1000$	$N=2000$
均值	0.413	0.413	0.414	0.415
置信区间	[0.290　0.579]	[0.286　0.563]	[0.283　0.567]	[0.285　0.578]

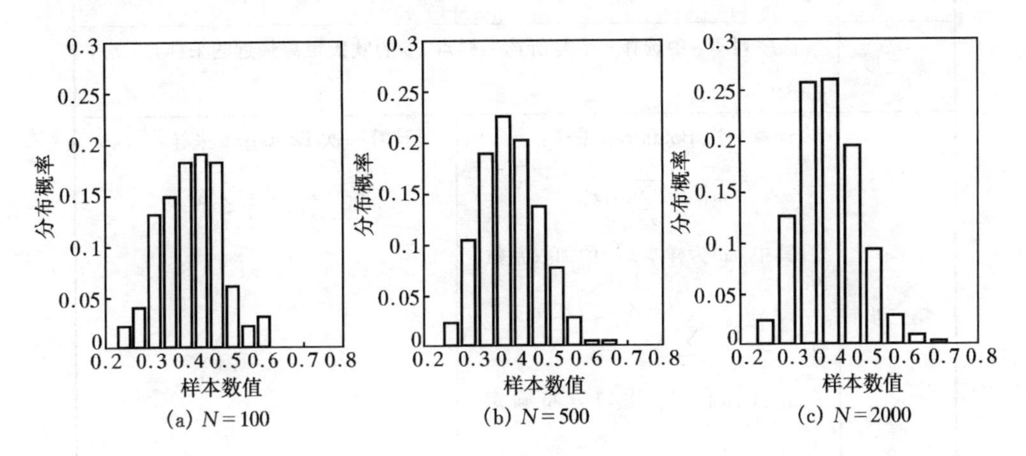

(a) $N=100$　(b) $N=500$　(c) $N=2000$

图 9-6　样本均值的经验分布

由图 9-6 和表 9-2 可见，重采样次数对统计量的结果及其经验分布的影响不是太大。Davison 和 Hinkley 给出一个确定重采样次数的经验公式：

$$N = 40n \tag{9-5}$$

其中，N 为重采样次数；n 为样本数量。因此，重采样次数的值应与原始样本数量成正比。样本数量越大，重采样样本的组合类型越多。工程中重采样次数尽量多一些。

9.1.4　样本数量的扩充方法

前面讨论的是由 Efron B 提出的直接应用随机数发生器进行重采样的方法。该方法在每次重采样得到的新样本个体数量没有增加，只是由于单个样本个体出现概率的变化而导致了每次重采样样本统计值之间的差异。显然，如果原始样本数量过少，重采样得到的样本数量将成指数减少，由此将影响统计结果的可信度。

为了扩充样本数量，日本学者 Hamamoto Y 提出了四种样本数量扩充的算法。下面对这几种方法作一阐述。设原始采样序列为 $X_{Ni}=\{x_1^i, x_2^i, \cdots, x_{Ni}^i\}$，扩充的采样序列为 $X_{Ni}^B=\{X_{i1}^b, X_{i2}^b, \cdots, X_{iNi}^b\}$，表 9-3 给出了四种样本容量扩充算法。

表 9-3 四种样本数量扩充算法

	方法一	方法二	方法三	方法四
第一步	从序列 X_{Ni} 中随机选择采样点 x_{k0}^i	从序列 X_{Ni} 中依次选择采样点 x_{k0}^i	从序列 X_{Ni} 中随机选择采样点 x_{k0}^i	从序列 X_{Ni} 中依次选择采样点 x_{k0}^i
第二步	从序列 X_{Ni} 中选择 r 个与所选采样点 x_{k0}^i 的欧氏距离最近的采样点：x_{k1}^i，x_{k2}^i，…，x_{kr}^i；			
第三步	计算一次 Bootstrap 采样：$x_{i1}^b = \sum_{j=0}^{r} \omega_j x_{kj}^i$ 其中，ω_j 为样本 x_{kj}^i 的加权系数。$\omega_j = \frac{\Delta_j}{\sum_{c=0}^{r} \Delta_c}, 0 \leqslant j \leqslant r$ Δ_j 按照[0,1]均匀分布确定，$\sum_{j=0}^{r} \Delta_j = 1$		计算一次 Bootstrap 采样：$x_{i1}^b = \frac{1}{r+1} \sum_{j=0}^{r} x_{kj}^i$	
第四步	重复步骤 1,2,3，总共 N_i 次			

假设有一个数为 50 的服从标准正态分布的序列，其均值和方差分别为 −0.084和 1.335。现用方法三对该序列样本数量进行扩充，得到个数为 100 的新

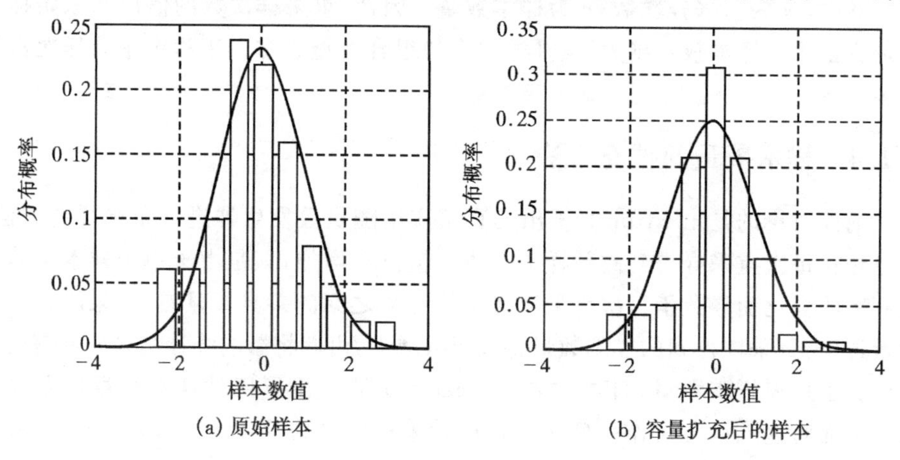

(a) 原始样本　　(b) 容量扩充后的样本

图 9-7 样本的直方图

序列。该序列的均值和方差分别为−0.014和0.916。两序列的均值变化不大，只是方差稍有降低(由于算法中取均值的影响)。如图9−7，从原始序列和扩充后序列的分布直方图来看(图中曲线为零均值正态分布的概率密度函数)，样本数量的增大并未显著改变序列的分布。

9.2 Bootstrap在诊断不确定性定量评判上的应用

机器零部件运行状态识别是诊断的基本工作。实践中经常会出现将正常状态判为异常状态，或将异常状态判为正常状态两种情形。前者称之为误判，后者则为漏诊，都是诊断不确定性的具体体现，实际中应尽量避免。下面以压缩机阀门监测为例，介绍Bootstrap方法在诊断不确定性评判上的应用。

为了实现对压缩机阀门诊断，采用加速度传感器拾取正常阀门和弹簧失效阀门端盖上振动。阀门振动信号的傅里叶谱图见图9−8，这里选择谱熵和谱重心作

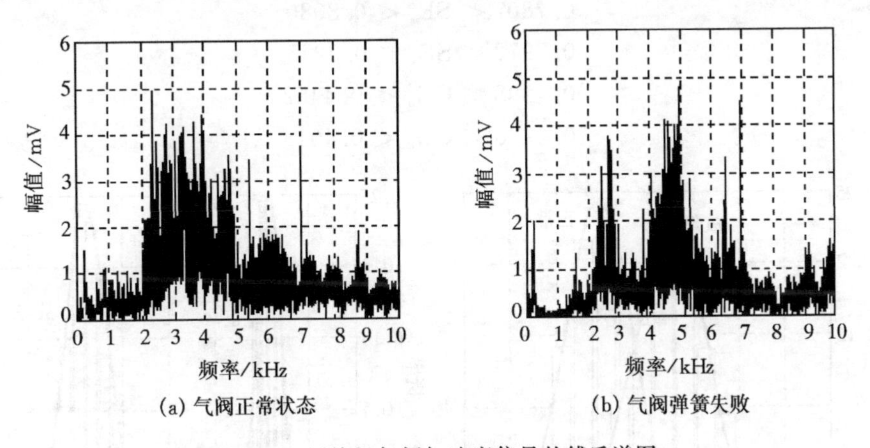

图9−8　压缩机气阀加速度信号的傅氏谱图

为谱图特征指标来区分阀门状态。谱熵和谱重心的定义为：

$$SE = \sum_{j=1}^{N/2} \mu_j \log \mu_j \tag{9-6}$$

$$CG = \sum_{j=1}^{N/2} \frac{j}{N/2} \mu_j \tag{9-7}$$

$$\mu_j = \frac{A_j}{\sum_{j=1}^{N/2} A_j} \tag{9-8}$$

其中，SE为谱熵，CG为谱重心，N为谱图划分的间隔数，A_j为第j个谱图间隔的

平均幅值，μ_j 为第 j 个谱图间隔的平均幅值与前 $N/2$ 间隔幅值总和之比。

表 9－4　Bootstrap 实验结果

实验次数	1	2	3	4	5	6	7	8	9	10
正常阀谱熵(bit)	0.836	0.835	0.792	0.806	0.805	0.781	0.809	0.804	0.830	0.808
故障阀谱熵(bit)	0.804	0.777	0.814	0.814	0.819	0.788	0.764	0.781	0.788	0.798
正常阀谱重心(kHz)	0.400	0.394	0.393	0.400	0.397	0.386	0.397	0.406	0.403	0.402
故障阀谱重心(kHz)	0.428	0.456	0.426	0.435	0.423	0.435	0.441	0.445	0.442	0.445

表 9－4 为 10 次实验所得到的两个特征参数的值。对原始样本进行随机排列，再对其进行 2000 次采样，每组数据长度为 6，得到两种特征指标平均值的经验分布如图 9－9。两种压缩机阀门状态的谱熵分布具有重叠，而谱重心分布则互不重合。相应的 90％置信度的置信区间为：

$$0.7807 < SE_a < 0.8080$$
$$0.7972 < SE_n < 0.8245$$
$$0.4298 < CG_a < 0.4452$$
$$0.3930 < CG_n < 0.4018$$

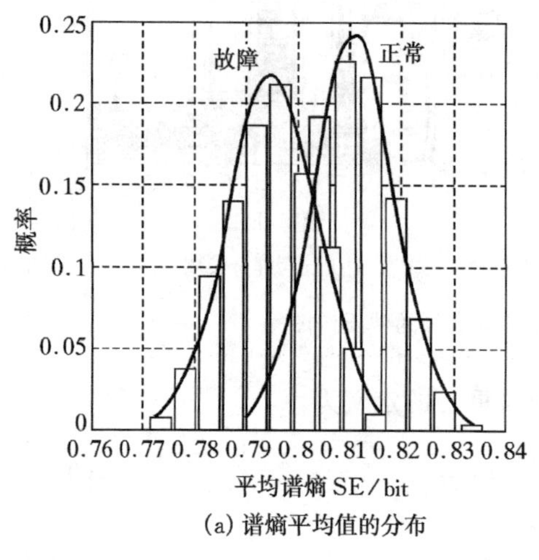

(a) 谱熵平均值的分布

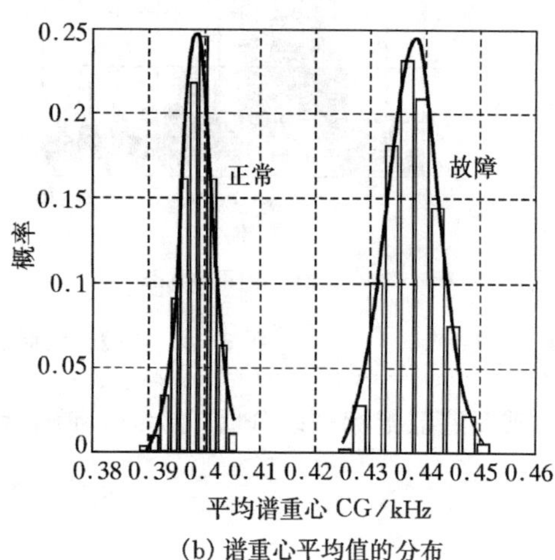

(b) 谱重心平均值的分布

图 9－9　特征值的仿真分布

由图 9－9 计算正常和故障阀的概率，得到图 9－10 所示的诊断不确定性概率曲线。如果以 P 点来区分气阀正常与故障，两条曲线上与 P 点相对应的值就表示了两类误判的概率。由图 9－10(a)可知，误判的概率为 0.28，漏诊的概率则为

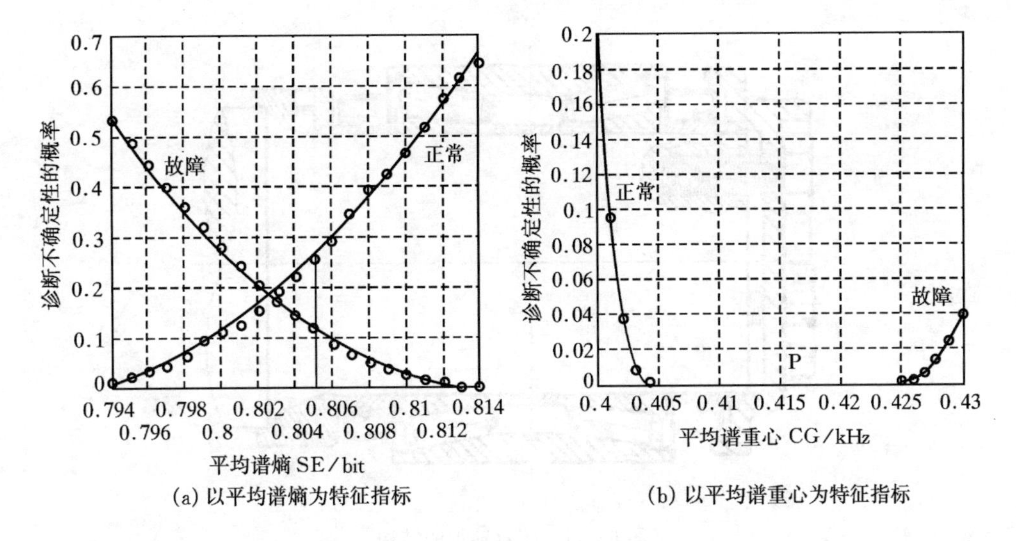

图 9-10　压缩机气阀诊断的不确定性

0.11。而图 9-10(b)中谱重心 CG 的分布中心之间有着相当大的距离，我们可以灵活地选择谱重心的阈值。显然选择谱重心进行诊断时，可以避免误判和漏诊的发生。当误判和漏诊无法避免时，可根据实际情况选择阈值位置。

9.3　Bootstrap 在轴承故障诊断中的应用

轮对轴承是机车的重要零件，其故障往往导致列车事故。据不完全统计，由轮对轴承引起的故障占所有车辆事故的 70%。因此，开展机车轮对轴承故障诊断具有重要意义。下面以机车轮对轴承故障诊断为例，说明 Bootstrap 方法在机械零部件故障特征提取及识别中的应用。

目前我国的轮对轴承基本上都采用型号为 $RD_2$197726 型双列圆锥滚子轴承，结构如图 9-11 所示。轴承常见故障有：保持架损坏、滚道剥落及裂纹、滚珠剥落等。针对轮对轴承故障普遍采用的方法是温度监测和振动检测。由于振动监测法由于其安装简单、测试方便等优点在工程中应用广泛。有关轴承监测与诊断的文献中，80%以上讨论的是振动法。因此，这里仍采用加速度传感器来检测轮对轴承的振动信号。传感器测试示意图如图 9-12 所示。

由于轮对轴承的结构特殊性和振动信号的低信噪比，常用的轴承诊断方法效果不佳。此外，轮对轴承的故障数据积累困难。一个轮对检修流水线在 3 个月时间检测的 1200 多个轮对轴承中仅有 2 例故障轴承。针对故障样本少的情况，本节

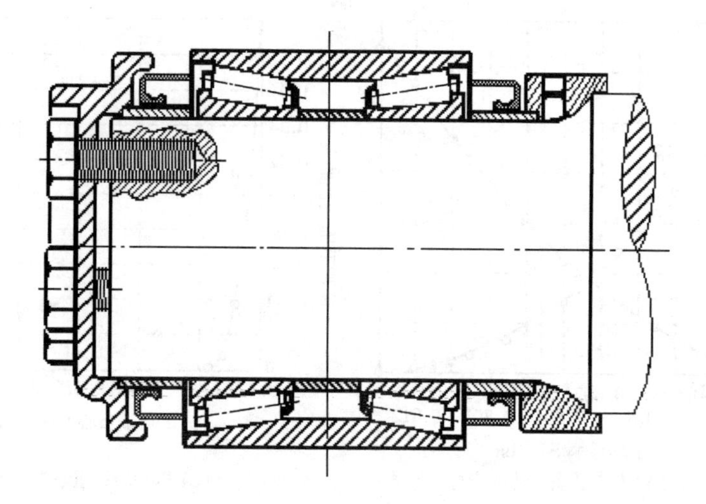

图 9-11 轮对轴承的结构

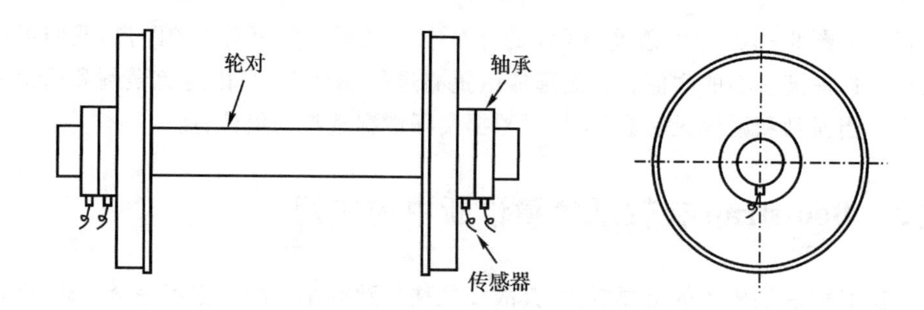

图 9-12 轮对轴承振动测试示意图

运用 Bootstrap 方法对轮对轴承故障进行统计识别。实验分别测量了正常状态、滚珠裂纹、保持架断裂和滚道剥落四种不同状态轮对轴承的振动加速度。振动信号的频谱图如图 9-13 所示。

不同状态轴下振动的频谱图存在差异。选用信号功率谱图上的能量信息作为统计特征。将功率谱沿频率轴 8 等分,并计算各等分谱线幅值在总体幅值中所占的比例。依此构造能量度指标 E.I 作为无量纲特征值。

$$\mathrm{E.I} = \frac{P_2 \sum_{i=1}^{8} P_i}{P_1 (P_1 + P_2)} \tag{9-9}$$

其中,P_i 为第 i 段谱线幅值之和。对四种状态的轮对轴承进行 10 次测试,并计算得到能量度指标 E.I 如表 9-5 所示。分别用 Bootstrap 方法对四组能量度指标进

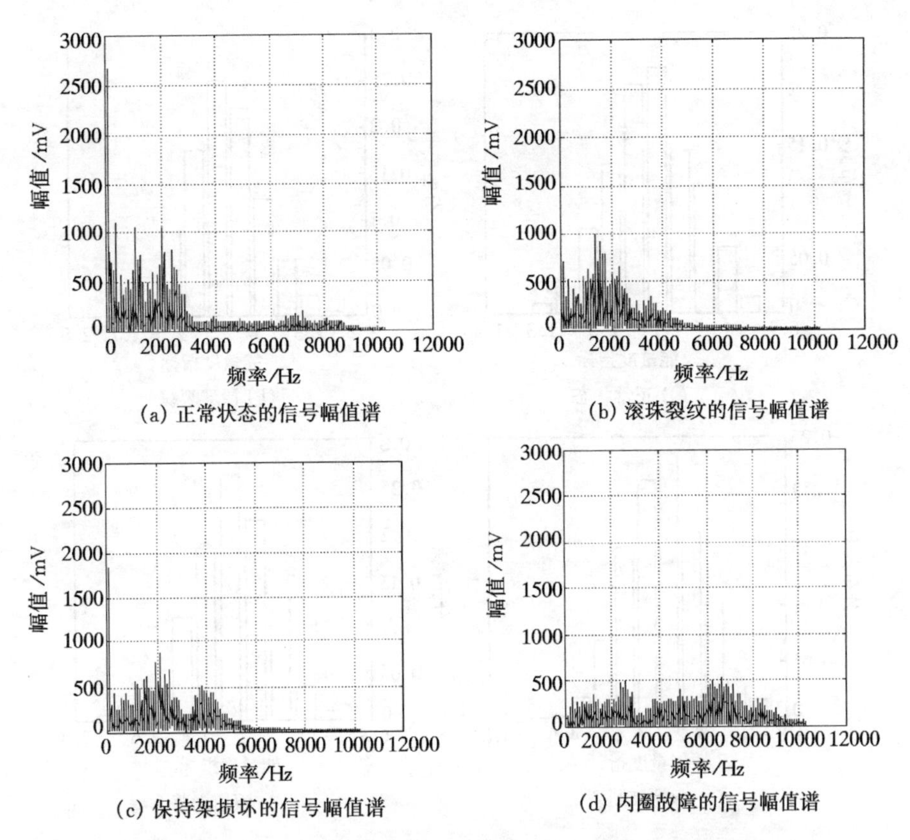

(a) 正常状态的信号幅值谱

(b) 滚珠裂纹的信号幅值谱

(c) 保持架损坏的信号幅值谱

(d) 内圈故障的信号幅值谱

图 9-13　四种不同状态下轮对轴承的加速度信号幅值谱

行 1000 次再采样，得到其均值经验分布和 95% 的置信区间，分别见图 9-14 和表 9-6。

表 9-5　轮对轴承的能量度指标

实验次数	1	2	3	4	5	6	7	8	9	10
正常轴承	0.790	0.783	1.187	1.129	1.027	1.320	1.164	1.514	1.310	0.951
滚珠裂纹	2.840	2.820	2.409	2.591	2.748	2.238	2.385	2.336	2.414	2.094
滚道剥落	7.588	6.750	7.384	6.973	6.941	8.282	7.387	7.284	7.344	6.879
保持架断裂	4.333	3.865	3.951	4.656	4.307	3.808	4.722	4.564	4.497	3.509

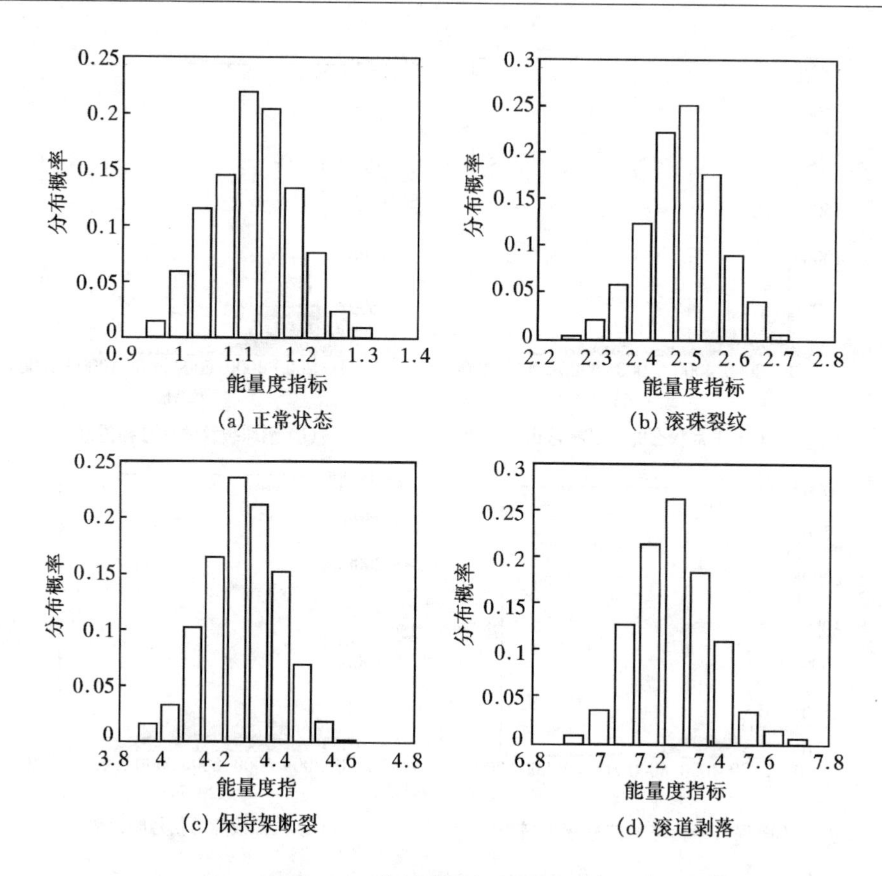

(a) 正常状态 (b) 滚珠裂纹 (c) 保持架断裂 (d) 滚道剥落

图 9-14 能量度指标的经验分布

表 9-6 能量度指标的均值和 95% 置信区间

轴承类型	正常状态	滚珠裂纹	保持架断裂	滚道剥落
E.I 均值	1.119	2.486	4.221	7.271
E.I 置信限	[0.983 1.252]	[2.333 2.627]	[3.971 4.448]	[7.030 7.555]

显然,运用 Bootstrap 方法对能量度指标进行统计模拟分析,很好地区分了轮对轴承的不同状态。以上定量化分析结果,简化了判断,降低了对人经验的依赖。

9.4 Bootstrap 方法在自回归模型分析中的应用

时间序列分析在机械故障诊断中有着重要应用。自回归模型(AR 模型)是最为常用的一种时序模型方法。对于一个平稳的时间序列,可以建立一个线性、时间反演的时序模型：

$$x_t - \phi_1 x_{t-1} - \phi_2 x_{t-2} - \cdots - \phi_p x_{t-p} = a_t + \theta_1 a_{t-1} + \cdots + \theta_q a_{t-1} \quad (9-10)$$

其中，$x_t, t=1,2,\cdots,n$ 为离散时间序列，$\phi_i, i=1,2,\cdots,p$ 为自回归系数，$\theta_i, i=1,2,\cdots,q$ 为滑动平均系数，$a_k, a_{k-1},\cdots,a_{k-q}$ 为互相独立的白噪声。该时序模型称为(p,q)阶自回归滑动平均模型，简写为 ARMA(p,q)。显然，ARMA 模型存在两个特例：

当 $\theta_i=0, i=1,2,\cdots,q$ 时，有：

$$x_t = \phi_1 x_{t-1} + \phi_2 x_{t-2} + \cdots + \phi_p x_{t-p} + a_t \quad (9-11)$$

称为 p 阶的自回归模型，简写为 AR(p)。

当 $\phi_i=0, i=1,2,\cdots,p$ 时，有：

$$x_t = a_t + \theta_1 \theta a_{t-1} + \cdots + \theta_q a_{t-q} \quad (9-12)$$

称为 q 阶的滑动平均模型，简写为 MA(q)。

自回归模型于 1927 年由尤尔(Yule)首次提出，用来预测太阳黑子的行为。理论上自回归模型可以逼近自回归滑动平均模型和滑动平均模型，其逼近的程度取决于自回归模型的阶次。因此，自回归模型建模首先要确定模型的阶次。阶次过低，容易漏掉当前值和前期值的依赖关系，影响模型的精度；阶数过高，虽然对提高模型精度有利，但增加了模型的不稳定性。其次，建模需要准确估计模型参数。它直接决定了模型的预测精度。

运用自回归模型对未来进行预报，除了给出预报值外还要给出其相应的置信区间。针对小样本时间序列，用传统的自回归模型分析常用的最小二乘法来估计模型参数有着较大误差，作为检验预测效果的预测值及其置信区间难以准确地给出。近 10 年来，国外学者开始将 Bootstrap 应用于时间序列分析和序列预测精度估计。该方法可用于时间序列模型的选择、自回归模型的阶次确定和参数估计等。下面对 Bootstrap 在自回归模型分析和预测方面的应用进行介绍。

9.4.1　基于 Bootstrap 的自回归模型分析

基于 Bootstrap 方法的自回归模型分析的核心思想就是对残差的重采样，然后再构造出 Bootstrap 样本序列，并得到相应的参数。下面从模型定阶、参数估计和自回归预报三个方面分别加以阐述。图 9-15 为基于 Bootstrap 方法的自回归模型分析的流程图。

1. 模型定阶

对于一时间序列 $x_t, i=1,2,\cdots,n$，我们可以建立其自回归模型：

$$x_t = \phi_1 x_{t-1} + \phi_2 x_{t-2} + \cdots + \phi_p x_{t-p} + z_t,\ t=1,2,\cdots,n \quad (9-13)$$

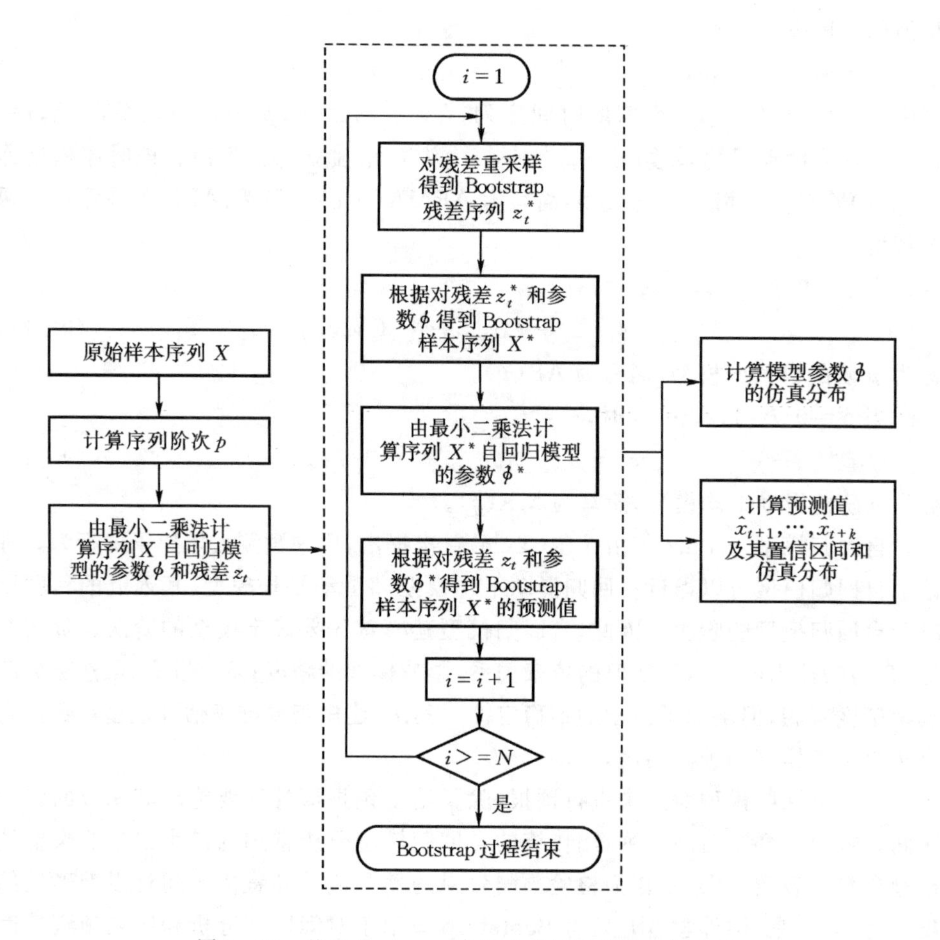

图 9-15 基于Bootstrap方法的自回归模型分析流程

其中，$\phi_i(i=1,2,\cdots,p)$为模型参数；z_t 为具有独立同分布，均值为零的随机变量；p 为最大模型阶次。

设试验阶次 $\beta\in B=\{1,\cdots,p\}$。Bootstrap定阶的算法流程如下：

①对于 $\beta\in B=\{1,\cdots,p\}$，运用最小二乘方法计算其相应的模型参数 $\hat{\phi}_\beta$ 和残差 $\hat{z}_t$；

②对残差去均值 $\hat{z}_t-z_0$，并对其再采样得到样本 $\hat{z}_t^*$，$z_0=n^{-1}\sum_{t=1}^{n}\hat{z}_t$；

③根据 $\hat{\phi}_\beta$ 和 $\hat{z}_t^*$，得到仿真序列 $x_t^*=\sum_{k=1}^{\beta}\hat{\phi}_\beta x_{t-k}+\hat{z}_t^*$；

④计算仿真序列的模型参数 $\hat{\phi}_\beta^*$；

⑤重复步骤②～④m 次，依次得到 $\hat{\phi}_{\beta1}^*,\hat{\phi}_{\beta2}^*,\cdots,\hat{\phi}_{\beta m}^*$；

⑥计算各阶次 β 对应的 $\Gamma^*(\beta)=m^{-1}\sum_{i=1}^{m}\sum_{t=1}^{n}(x_t-\sum_{k=1}^{\beta}x_{t-k+1}\hat{\phi}_{\beta i}^*)^2/n$，最佳阶次就是使得 $\Gamma^*(\beta)$ 最小时的阶次 β；

重复上述步骤 N 次，统计各阶次 $\beta\in B=\{1,\cdots,p\}$ 出现的频率，最高者即为模型的最佳阶次。

2. 模型参数估计

完成自回归模型定阶后，还可采用 Bootstrap 方法对自回归模型的参数加以估计。假设确定模型为 AR(p)模型，则基于 Bootstrap 的参数估计算法如下：

①对原始序列去均值；

②运用最小二乘方法计算其相应的模型参数 $\hat{\phi}_1,\hat{\phi}_2,\cdots,\hat{\phi}_p$ 和残差 $\hat{z}_t$；

③对残差再采样得到样本 $\hat{z}_t^*$，$z_0=n^{-1}\sum_{t=1}^{n}\hat{z}_t$；

④根据 $\hat{\phi}_1,\hat{\phi}_2,\cdots,\hat{\phi}_p$ 和 $\hat{z}_t^*$，得到仿真序列 $x_t^*=\sum_{i=1}^{p}\hat{\phi}_i x_{t-i}+\hat{z}_t^*$；

⑤计算仿真序列的模型参数 $\hat{\phi}_i^*$，$i=1,2,\cdots,p$；

⑥重复步骤②～④m 次，依次得到 $\hat{\phi}_i^{1*},\hat{\phi}_i^{2*},\cdots,\hat{\phi}_i^{m*}$，$i=1,2,\cdots,p$；

⑦计算各模型参数 $\hat{\phi}_i$ 的均值、置信区间和经验分布。

3. 自回归预测

在用 Bootstrap 方法估计自回归模型参数的过程中，可以根据每组 Bootstrap 样本的模型参数得到其预测值，只不过在预测中我们考虑残差项的影响。其算法如下：

①根据最小二乘原理计算原始样本的模型参数 $\hat{\phi}_1,\cdots,\hat{\phi}_p$ 和残差 $\hat{z}_t$；

②对残差 $\hat{z}_t$ 去均值，并运用 Bootstrap 方法得到残差的经验分布 $\hat{F}_{z_t}$；

③对残差重采样得到新样本 $\hat{z}_t^*$；

④根据样本的初始值 $x_{-p+1},\cdots,x_0$、模型参数 $\hat{\phi}_1,\cdots,\hat{\phi}_p$ 和残差 $\hat{z}_t^*$，得到 Bootstrap 样本 x^*；

⑤根据最小二乘原理计算 Bootstrap 样本 x^* 的模型参数 $\hat{\phi}_1^*,\cdots,\hat{\phi}_p^*$；

⑥计算自回归模型的预测值 $x_{t+k}^*=\sum_{i=1}^{p}\hat{\phi}_i^* x_{t+k-i}^*+\hat{z}_{t+k}^*$，其中 $\hat{z}_{t+k}^*$ 服从经验分布 $\hat{F}_{z_t}$；

⑦重复步骤③～⑥N 次，得到预测值 $x_{t+k}^{*(1)},x_{t+k}^{*(2)},\cdots,x_{t+k}^{*(N)}$；

⑧将预测值按从小到大的顺序排列，计算其均值和置信区间 $[x_{t+k}^{*(N(1-\alpha)/2)}\ x_{t+k}^{*(N(1+\alpha)/2)}]$。

由算法可以看出，自回归模型第 k 步预测结果为：

$$\bar{x}^*_{t+k} = N^{-1}\sum_{i=1}^{N} x^{*(i)}_{t+k} \tag{9-14}$$

$$x^{*(i)}_{t+k} = \sum_{j=1}^{p}\hat{\phi}^*_j x^{*(i)}_{t+k-j} + \hat{z}^*_{t+k} \quad k = 1,\cdots,m \tag{9-15}$$

其中,N 为重采样次数;m 为预测长度;$\hat{z}^*_{t+k}$ 为从原始样本残差序列中随机选取的值。相应地,第 k 步预测值的置信限为:

$$L_{\text{boot}} = x^{*(N(1-\alpha)/2)}_{t+k} \tag{9-16}$$

$$U_{\text{boot}} = x^{*(N(1+\alpha)/2)}_{t+k} \tag{9-17}$$

其中,L_{boot} 为置信下限;U_{boot} 为置信上限;α 为置信度。

9.4.2 基于 Bootstrap 的回归建模和预报

1. 仿真数据建模

对于如图 9-16 所示的仿真二阶自回归序列,其数学模型为:

$$x_t = 1.75x_{t-1} - 0.76x_{t-2} + z_t \quad t = 1,\cdots,54 \tag{9-18}$$

其中,z_t 为服从标准高斯分布的白噪声。分别用 AIC 准测、BIC 准则、FPE 准则和 Bootstrap 方法对该序列进行定阶。前三种方法的定阶结果均为 2 阶。Bootstrap 方法的定阶结果见表 9-7。显然 Bootstrap 的定阶结果也为 2 阶,四种定阶方法的结果一致。

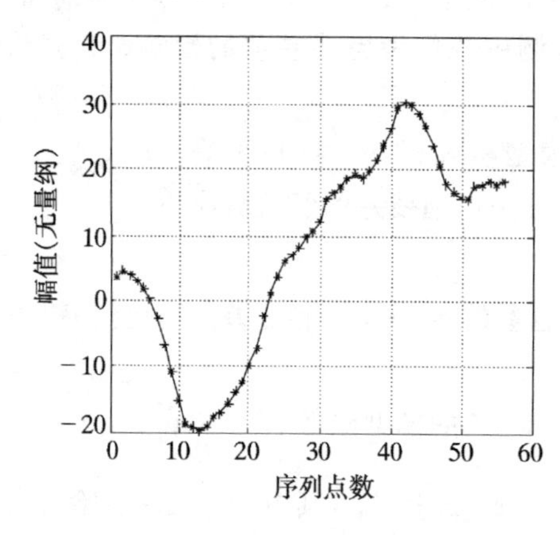

图 9-16 仿真的二阶自回归模型

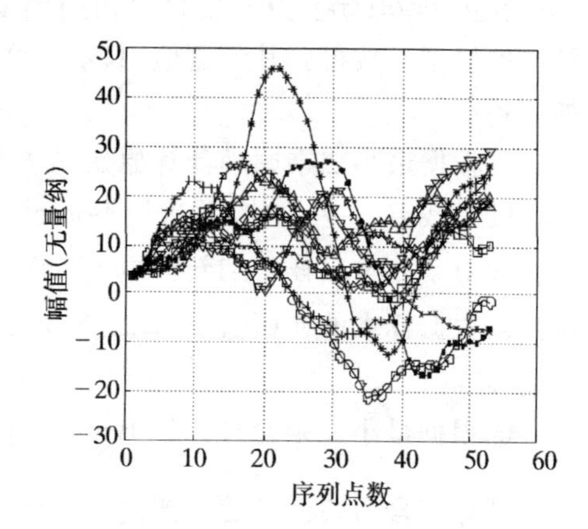

图 9-17 十组 Bootstrap 样本序列

表 9-7 Bootstrap 方法对仿真模型的定阶结果

试验阶数	$\beta=1$	$\beta=2$	$\beta=3$	$\beta=4$
定阶概率	13.8	66.4	16.9	2.9

有了阶次信息，然后可运用最小二乘法容易算出模型参数为：$\phi_1=-0.863$，$\phi_2=1.848$。运用 Bootstrap 来估计模型参数的过程比较复杂。按前述算法，我们可以得到一系列 Bootstrap 样本序列（文中重采样 1000 次）。图 9-17 为十组 Bootstrap 样本序列。根据 1000 组重采样样本序列，可计算模型参数的估计值和 95%置信区间。计算结果如表 9-8 所示，经验分布见图 9-18。

表 9-8　基于 Bootstrap 的参数估计值和 95%置信区间

参数的估计值	$\phi_1=1.814$	$\phi_2=-0.831$
参数的置信区间	[1.584　1.945]	[−0.963　−0.602]

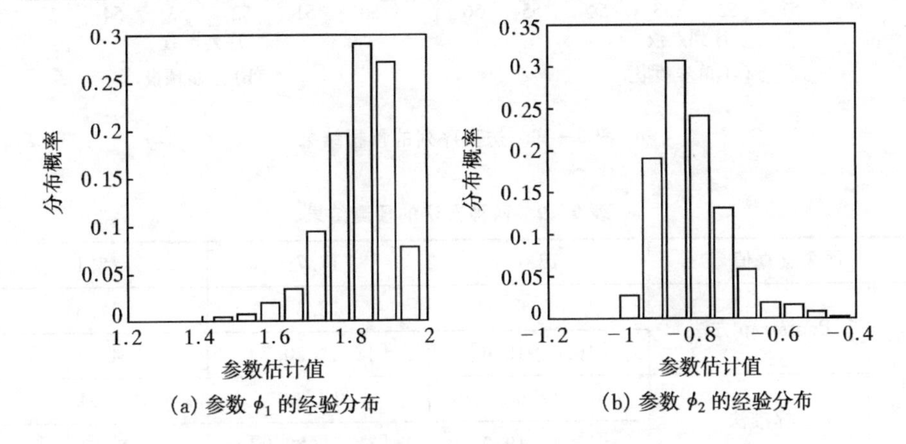

(a) 参数 ϕ_1 的经验分布　　(b) 参数 ϕ_2 的经验分布

图 9-18　基于 Bootstrap 方法的模型参数的经验分布

2. 仿真模型预报

作为 Bootstrap 方法在自回归模型预报上的应用，我们仍以上节仿真序列为例，将序列的前 53 个数据点为观测值，分别用单步和三步预报来对最后 3 点数据进行预报。图 9-19 给出了运用最小二乘方法和 Bootstrap 的单步预报和三步预报结果。表 9-9 详细列出两种方法得到的预报结果及其 95%的置信区间。两种方法单步预报的结果比较接近。在三步预报中，Bootstrap 的预测精度优于常规方法，可以达到工程要求。

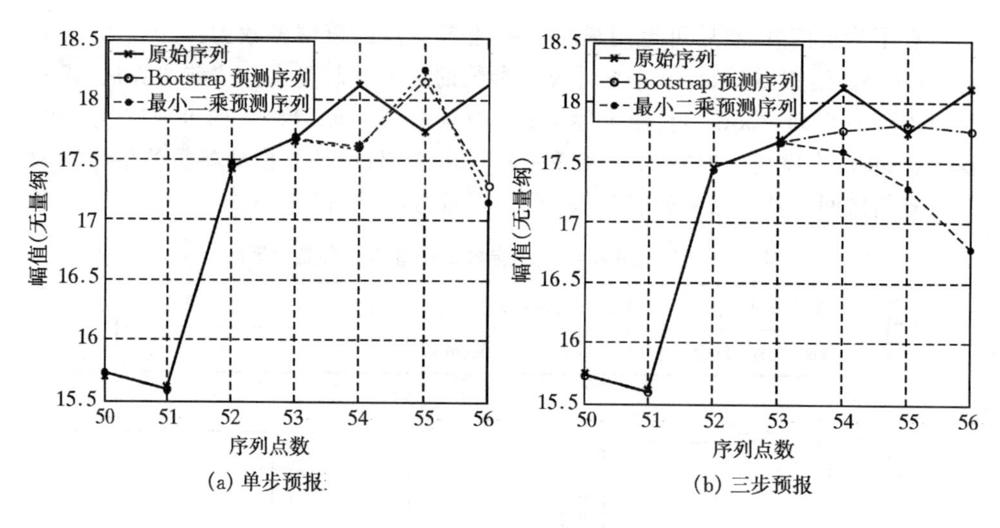

(a) 单步预报　　(b) 三步预报

图 9-19　仿真序列的预报结果

表 9-9　两种方法的预测结果

预测点真值		18.1	17.7	18.1
单步预报	Bootstrap 方法	17.6	18.3	17.3
		[16.0　19.6]	[16.2　20.7]	[15.4　19.5]
	标准法	17.6	18.3	17.2
		[15.4　19.9]	[13.7　22.9]	[9.9　24.5]
三步预报	Bootstrap 方法	17.9	18.0	18.1
		[16.1　19.6]	[13.8　22.0]	[11.3　24.1]
	标准法	17.6	17.3	16.8
		[15.4　19.9]	[12.7　22.0]	[9.5　24.1]

注:标准法是指用最小二乘方法来定阶、参数估计和预测的方法。

3. 振动峰峰值的自回归预报

图 9-20 为一石化厂压缩机组的振动峰峰值监测记录。作为基于 Bootstrap 自回归模型预报的应用实例,我们采用 Bootstrap 时间序列建模和预报方法对以上峰峰值数据进行了预报。图 9-21 及表 9-10 给出了两种方法单步和三步预报结果。从结果看,与常规的自回归分析方法相比,运用 Bootstrap 对自回归模型进行分析更具优越性。

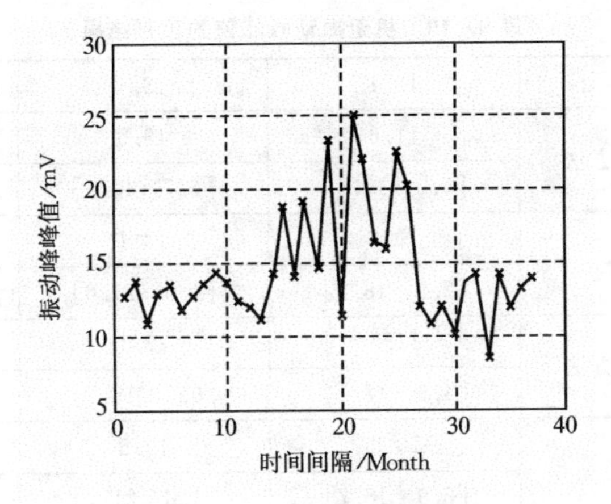

图 9－20　机组振动峰峰值序列

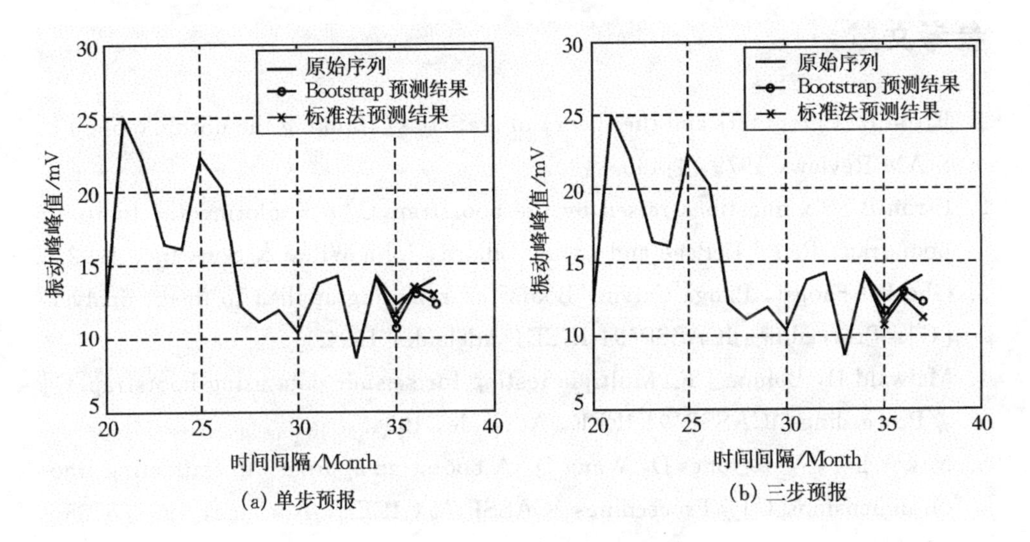

图 9－21　机组振动峰峰值的预报结果

表 9-10 机组振动峰峰值的预报结果

预测点真值		12.1	13.4	14.0
单步预报	Bootstrap 方法	11.6	13.5	13.0
		[5.0 17.4]	[6.7 19.1]	[5.7 19.0]
	标准法	10.8	13.1	12.3
		[2.9 18.7]	[4.5 21.6]	[2.0 22.7]
三步预报	Bootstrap 方法	11.3	13.1	12.2
		[4.6 17.1]	[6.3 19.7]	[4.2 19.6]
	标准法	10.8	12.5	11.2
		[2.9 18.7]	[4.0 21.1]	[0.9 21.5]

参考文献

1. Efron B. Computers and the theory of statistics: thinking the unthinkable[J]. SIAM Review, 1979, 4:460 - 480.
2. Efron B. Six questions raised by the bootstrap[C]//Exploring the limits of bootstrap, Raoul LePage and Lynne Billard, John Wiley & Sons Inc, 1992.
3. Ghorbel Faouzi, Banga Calvin. Bootstrap sampling applied to image analysis [C]//Proceedings ICASSP'94 IEEE, Adelaide, 1994.
4. Maiwald D, Bohme J F. Multiple testing for seismic data using bootstrap[C] //Proceedings ICASSP'94 IEEE, Adelaide, 1994.
5. Mikosch T, Vere-Jones D, Wang Q. A bootstrap approach to estimating fractal dimensions[C]//Proceedings ICASSP '94 IEEE, Adelaide, 1994,6:85 - 88.
6. Davision A C, Hinkley D V. Bootstrap Methods and Their Application[M]. Cambridge Eng. : Cambridge University Press, 1997.
7. Michael R. Chernick. Bootstrap Methods: A Practitioner's Guide[M]. New York:John Wiley & Sons, INC,1999.
8. Zoubir A M, Boashash B. The bootstrap and its application in signal processing[C]//IEEE Signal Processing Magazine, 1998: 56 - 76.
9. Hamamoto Y, Uchimura S. A bootstrap technique for nearest neighbor classifier design[J]. IEEE Transactions on Pattern Analysis and Machine Intelli-

gence, 1997, 19(1):73 - 79.

10. 刘红星.基于加速度信号的诊断信息提取和集成[D].西安:西安交通大学,1997.
11. 梅宏斌.滚动轴承故障诊断及其在高速铁路轴承试验中的应用[D].武汉:华中理工大学,1993.
12. 杨位钦,等.时间序列的分析和动态数据建模[M].北京:北京理工大学出版社,1988.
13. 吴今培.实用序列分析[M].长沙:湖南科学技术出版社,1989.
14. 常学将,陈敏,等.时间序列分析[M]. 北京:高等教育出版社,1993.
15. 屈梁生,何正嘉.机械故障诊断学[M].上海:上海科学技术出版社,1986.
16. Davision A C, Hinkley D V. Bootstrap methods and their application[M]. Cambridge,Eng.: Cambridge University Press, 1997.

第 10 章　盲源分离

提高机械零部件的监测诊断准确性的关键，在于原始信号的质量。然而实际中由于设备结构和工作环境复杂，测量到的原始信号通常都是多个源信号的混合叠加。由此造成测量信号信噪比低以及测量信号与源信号间的差异，给机械零部件状态判别和诊断带来了困难。目前提高信号信噪比的方法很多，如滤波消噪、时域平均、主分量分析等，但各种方法均有其特点和应用范围。盲源分离(Blind Source Separation，BSS)，是由法国学者 Jeanny Herault 和 Christian Jutten 在 1983 年提出来的，在没有任何先验知识的前提下，依据信号源的统计特性，仅由观测信号恢复出源信号的过程。这里的"盲"是指源信号的特性及传输通道的特性都是未知的。目前盲信号分离技术已经广泛应用于无线通信、雷达、声纳、图像、语音、医学等领域，成为了国内外信号处理研究的热点。

当源信号各个成分具有独立性时，盲源分离过程又称为是独立分量分析(Independent Component Analysis，ICA)。因此独立分量分析是一种多变量的统计分析方法，是一种解决盲信号分离问题的主要方法。除此之外，盲源分离还有其它方法，如非线性主分量分析、稀疏分量分析(SCA)等。盲源分离与独立分量分析间既有区别又有联系。盲源分离是指仅从观测的混合信号中分离出各个原始信号，而独立分量分析技术主要利用了源信号统计独立等容易满足的先验条件。在源信号相互独立时，盲原分离和独立分量分析具有相同的模型，但实际情况下两者的目标上稍有不同。盲源分离的目标是分离出源信号，即使它们并不完全互相独立；而独立分量分析的目标则是寻找某种变换，使输出的各信号之间尽可能的独立。

本章将以独立分量分析方法为例，介绍实现混叠信号的分离技术。在阐述独立分量分析的基本原理和实现算法的基础上，将独立分量分析方法应用于电机轴承声音信号的分离、混合语音信号的分离，同时还对盲源分离应用中的一些问题进行了讨论。

10.1　独立分量分析原理及算法

10.1.1　基本原理

由于源信号和混合矩阵的先验知识未知，只有观测信号的信息可以利用，若无任何前提条件盲分离问题就会多解，故需要对源信号和混合矩阵附加一些基本的假设前提条件：

(1) 观测信号的数目不小于源信号的数目。为了方便起见，令观测信号数目等于源信号数目，这时混合矩阵 A 为满秩；

(2) 源信号的各分量之间相互统计独立；

(3) 源信号的各分量最多只允许有一个是高斯分布的。否则多个高斯型信号的线性混合仍然服从高斯分布，从而不可分离。

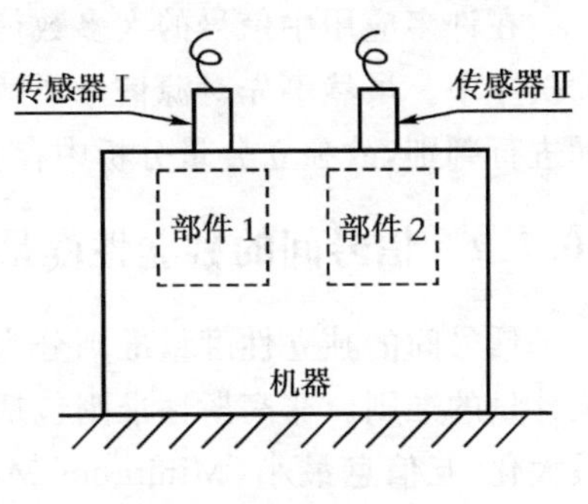

图 10－1　机器示意图

图 10－1 给出的是一台结构简单的机器。该机器有两个主要部件，分别用两个传感器来拾取机器的动态信号。如果我们假定 s_1、s_2 分别为由部件 1、2 引发的源信号。不考虑背景噪声影响和源信号延时影响的情况下，则有如下关系式：

$$\begin{cases} x_1(t) = a_{11}s_1(t) + a_{12}s_2(t) \\ x_2(t) = a_{21}s_1(t) + a_{22}s_2(t) \end{cases} \tag{10-1}$$

其中，x_1 为传感器 1 的实测信号；x_2 为传感器 2 的实测信号；a_{11}，a_{12}，a_{21}，a_{22} 指混合系数。因此，单传感器检测到的信号是两个部件引发信号的叠加。因此，如果我们分析部件 1 的状态，那么只有 s_1 是有效成分，而部件 2 产生的信号 s_2 为噪声成分；反之，如果我们分析部件 2 的状态，则 s_1 也就成了我们所不期望得到的噪声。独立分量分析的目的希望能从检测信号 x_1、x_2 中提取出源信号 s_1、s_2。

用矩阵形式表示源信号的混合过程为：

$$\boldsymbol{X} = \boldsymbol{AS} \tag{10-2}$$

其中，$\boldsymbol{X}$ 为混合信号矩阵；$\boldsymbol{A}$ 为混合系数矩阵；$\boldsymbol{S}$ 为源信号矩阵。如果能得到混合系数矩阵 $\boldsymbol{A}$ 的逆矩阵 $\boldsymbol{W}$(在独立分量分析中，通常称为分解矩阵)，也就可以很容易地求出源信号 $\boldsymbol{S}$：

$$\boldsymbol{S} = \boldsymbol{WX} \tag{10-3}$$

因此，独立分量分析实质上是一个优化问题，其目的是通过优化分解矩阵 $\boldsymbol{W}$，以获得源信号 $\boldsymbol{S}$，并使分离出的信号间的独立性最强。

从上面的原理介绍可以看出，独立分量分析有两个主要的方面：一是分量独立性的度量准则选择；二是对目标函数的优化方法或算法的选择。前者主要决定分离的统计性质如渐进方差、鲁棒性和一致性；后者决定了分离过程的收敛速度和稳定性。根据对这两者的不同选择，可派生出不同的独立分量分析方法。

由式(10－3)可知，如果改变分解矩阵 $\boldsymbol{W}$ 中各行元素的大小(行向量中各元素按同样比例放大或缩小)、调整行向量的次序、改变行向量的符号,均不改变分解信号间的独立性。因此由独立分量分析得到的分解信号存在幅值和次序的不确定性。幅值的不确定性是指分离后的信号在幅度上与源信号存在一定的比例关系。次序的不确定性是指分离信号与源信号的顺序可能不一致。

在许多应用中信号的大多数信息都是包含在信号的波形上而不是信号的幅度和次序中。虽然事先对源信号了解不多,但在分离出独立的源信号之后可根据实际进行判别,故独立分量分析中存在的这两个不确定性是可以接受的。

10.1.2 信号间的独立性度量准则

信号间的独立性度量准则分为:非高斯性准则、基于信息论的准则和基于高阶统计量的准则。非高斯性准则包括:峭度准则和负熵准则。信息论准则包括:信息最大化、互信息最小(Minimum Mutual Information,MMI)和最大似然估计准则(Maximum Likelihood Estimation,MLE)三类。高阶统计量准则根据优化算法可分为:显累积量法和隐累积量法。下面分别介绍信号间的独立性准则。

1. 非高斯性准则

根据统计理论的中心极限定律,多个独立随机变量的混合信号趋近于高斯分布。故在独立分量分析模型中,若干个独立源信号的混合信号比任何一个源信号都应该更接近高斯分布。当所有分离出来的信号的非高斯性都达到最大时,每个分离出的信号也就越接近不同的单个源信号。

(1) 峭度(Kurtosis)准则

峭度是随机变量的四阶累积量,其定义为:

$$\mathrm{Kurt}(y) = E[y^4] - 3E^2[y^2] \tag{10-4}$$

对于一个高斯变量 y,其四阶累积量等于 $3E^2[y^2]$,峭度为零则称变量 y 为高斯变量(Gaussian);如果峭度为正,则称变量 y 为超高斯变量(Super-Gaussian);如果峭度为负,则称变量 y 为亚高斯变量(Sub-Gaussian)。绝大多数非高斯信号的峭度为一个非零值,峭度的绝对值越大,说明非高斯性越强。因此,我们可以用变量的高斯性来间接替代变量的独立性。

分析过程中对应的目标函数可简化为 $Q(y) = \sum_{i=1}^{n} E[y_i^4]$。优化过程一般采用随机梯度算法,对目标函数最大化来求分离矩阵。

(2) 负熵(Negentropy)

概率论中独立性是用来评价变量之间相互依赖的程度。而诊断中的检测信号也是一系列的离散变量,这些变量的特性反映了设备的状态。设 S 为一 m 维矢量:$S(t)=[S_1(t),\cdots,S_m(t)]^{\mathrm{T}}$。若有下式成立,则称变量 $S_1(t),\cdots,S_m(t)$之间两两相互独立。

$$P = \prod_{i=1}^{m} P_i \tag{10-5}$$

其中,P 为 m 个变量之间的联合概率分布密度;P_i 为变量 $S_i(t)$ 的概率分布密度。如果 Y_1、Y_2 为两独立变量,则有:

$$P(Y_1, Y_2) = P(Y_1)P(Y_2) \tag{10-6}$$

$$P(Y_1) = \int P(Y_1, Y_2)\mathrm{d}Y_2 \tag{10-7}$$

$$P(Y_2) = \int P(Y_1, Y_2)\mathrm{d}Y_1 \tag{10-8}$$

其中,$P(Y_1, Y_2)$为变量 Y_1 和 Y_2 的联合概率分布密度;$P(Y_1)$、$P(Y_2)$分别为变量 Y_1 和 Y_2 的概率分布密度。

对于离散变量的信息熵为:

$$H(y) = -\sum_{i} P(y_i)\log_2 P(y_i) \tag{10-9}$$

其中,$P(y_i)$表示变量取值为 y_i 的概率。对于连续变量,其信息熵为:

$$H(y) = -\int f(y)\log_2 f(y)\mathrm{d}y \tag{10-10}$$

其中,$f(y)$为变量 y 的概率密度函数。由信息论可知在方差相同的情况下,高斯变量具有最大熵。变量的负熵则定义为:

$$J(y) = H(y_{\mathrm{Gau}}) - H(y) \tag{10-11}$$

其中,y_{Gau}为具有和变量 y 相同协方差矩阵的高斯变量。负熵的值总是非负的,负熵越大,其非高斯性越强,当且仅当 y 为高斯变量时,其值为零。通过最大化负熵的方法可使变换后 y 的各分量尽可能独立。由于负熵的计算比较困难,为了计算方便芬兰学者 A. Hyvarinen 提出了负熵的近似算法。该方法利用非线性函数 G 对负熵进行近似:

$$J(y) \propto [E\{G(y)\} - E\{G(v)\}]^2 \tag{10-12}$$

其中,G 为非二次型函数,v 为服从标准正态分布的随机变量。通常函数 G 可以取下两种形式:

$$G_1(y) = \frac{\log_2[\cosh(ay)]}{a} \tag{10-13}$$

$$G_2(y) = -\mathrm{e}^{-y^2/2} \tag{10-14}$$

其中,参数 a 的取值范围为[1,2]。目前广泛应用的独立分量分析方法 FastICA 就是采用负熵最大化的方法。

2. 信息论准则

(1) 信息最大化准则

用信息最大化原理进行盲源分离就是最大化输出熵,又称最大熵(Maximum Entropy,ME)。当随机向量 y 的各个分量之间相互独立时,$H(y)$达到最大,因此可用输出熵 $H(y)$来衡量分离信号 y 各分量之间的独立性。实际中的目标函数常用分离信号 y 经过非线性节点后输出 r 的熵 $Q(w)=H(r)=H(g(y))$。独立分量分析中的 Infomax 算法就是采用了信息最大化准则。

(2) 互信息准则

互信息可以用来量化多变量之间的平均信息量。对于一组变量 $y_1,y_2,\cdots,y_n$,其互信息定义为:

$$I(y_1,y_2,\cdots,y_n)=\sum_{i=1}^{n}H(y_i)-H(y_1,y_2,\cdots,y_n) \tag{10-15}$$

其中,$H(y_i)$为变量 y_i 的独立熵,$H(y_1,y_2,\cdots,y_n)$为变量 $y_1,y_2,\cdots,y_n$ 之间的联合熵。

可以证明:互信息总是非负的,而且只有当变量 $y_1,y_2,\cdots,y_n$ 两两相互独立时,其联合熵等于各变量独立熵,此时互信息为零。因此互信息刻画了变量之间的依赖程度,可以用来反映变量之间的独立性。基于最小互信息的独立分量分析的目标函数为:

$$Q(W)=I(r)=\sum_{i=1}^{n}H(y_i)-H(x)-\log_2|\det W| \tag{10-16}$$

(3) 最大似然估计准则

最大似然估计准则是用已获得的观测样本 x 来估计样本真实概率密度 $p(x)$。给定参数向量 θ,通过某种准则获得估计密度度 $\hat{p}(x,\theta)$充分逼近真实密度 $p(x)$。以 Kullback-Leibler 散度作为优化准则来测度估计的概率密度 $\hat{p}(x,\theta)$与真实概率密度 $p(x)$之间的距离。这一准则可用对数形式的似然函数表示:

$$Q(\boldsymbol{W},\theta)=\sum_{i=1}^{n}\log_2 p_i(\boldsymbol{W}_i^{\mathrm{T}}x;\theta)-\log_2|\det\boldsymbol{W}| \tag{10-17}$$

其中,p_i 为未知独立分量 s_i 的概率密度。以上目标函数与最大信息化准则有类似的形式,不同之处是最大似然估计的目标函数出发点是已知观测样本,它要求 p_i 必须估计准确。

上述的三种信息准则在本质上没有区别。对于独立的信号 x 和 y,它们之间的互信息应为零。因此通过对观测信号的某种处理使得输出信号之间的互信息最小,可以使输出信号 x 和 y 相互独立;同样根据公式(10-15),对于独立信号 x 和 y 当它们的互信息为零时,独立熵的和 $H(x)+H(y)$等于联合熵 $H(x,y)$。这时

图10-2中的两个圆没有交叉,独立熵之和最大。最大熵准则通过对观测信号的处理,使得联合熵 $H(x,y)$ 或独立熵的和 $H(x)+H(y)$ 最大,保证输出信号 x 和 y 相互独立;另外,Cardoso等人的研究也指出了最大信息化准则和最大似然准则是等价的。

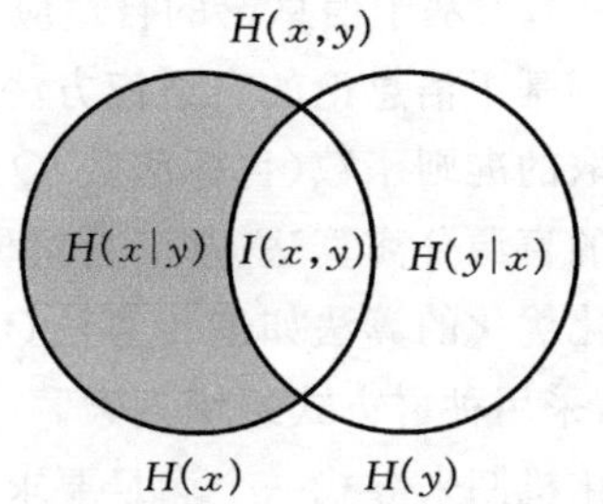

图10-2　独立信号熵的关系图

3. 基于高阶统计量

对于高斯信号不相关和独立是等价的,可在二阶统计的基础上进行分析。但是对于非高斯信号来说,独立是比不相关更强的条件,要求在包含二阶统计在内的所有更高阶统计上相互独立。基于高阶统计量的独立分量分析算法,按照准则函数或优化算法中是否明确含有高阶累积量,又可以分为显累积量法和隐累积量法。

(1) 隐累积量算法

较典型的是由Herault和Jutten较早提出的神经网络算法,通常称为H-J算法。该算法没有明确的误差函数,使该误差函数全局最小化就可以得到问题的解。神经网络结构采用递归网络,分离网络输出为 $y(t)=x(t)-W(t)y(t)$。网络权值通过如下迭代公式进行调整

$$\frac{\mathrm{d}W_{ij}(t)}{\mathrm{d}t}=\mu f[y_i(t)]g[y_j(t)] \tag{10-18}$$

其中,$f[y_i(t)]$,$g[y_j(t)]$ 是奇函数。

(2) 显累积量算法

以简单的高阶统计峭度作为准则函数,利用随机梯度算法来得到分离阵 $\boldsymbol{W}$ 的自适应训练算法。JADE就是一种显累积量高阶统计算法。

10.1.3 实现算法

根据不同的独立性准则,采用不同的优化方法,可构成各种各样的独立分量分析算法。目前独立分量分析的实现算法大致可分为以下几类:

(1) 基于神经网络的方法

人工神经网络解决独立分量分析问题的基本思想是将描述相互独立性信息的信号高阶统计特性看作神经网络的能量函数。通过神经网络无监督模式的自学习规则,形成实现独立分量分析的算法。根据分离系统的网络模型、描述该模型的网络能量函数以及考虑问题的角度不同就产生了多种神经网络方法,如H-J算法、Cichocki算法以及遗传神经网络算法等。

(2) 基于信息论的自适应方法

基于信息论的自适应方法是利用不同的优化方法估计出解混矩阵 $\boldsymbol{W}$,并使所选取的准则函数(目标函数)Q 达到最大(或最小)。常用的方法有:基于随机梯度法的盲源分离算法、基于自然梯度法的盲源分离算法、基于进化优化的算法。基于进化优化的算法如遗传算法(GA),遗传算法在基因层次上模仿生物系统的适应性,采用种群方式组织搜索。亦即,由不同个体的分离矩阵构成种群,通过选择和进化机制来寻找一个满足要求的最优个体。但由于基因算法存在诸如容易出现早熟现象和对环境自适应能力差等不足,因此,该类算法也有待进一步改进。

(3) 联合对角化方法

联合对角化是一种直接利用观测信号的高阶统计信息去估计信号源的分离方法。这类方法的基本步骤是:先确定评价信号独立的准则函数,然后通过一定的变换将准则函数表达式转换为含有对角形成分的表达式,最后利用联合对角化方法达到分离。

10.1.4 常用独立分量分析方法介绍

独立分量分析的核心是根据信号间的独立性来优化分离系数矩阵 $\boldsymbol{W}$。为了方便起见,通常用上述的互信息、负熵等替代独立性来作为变量独立性的判据,提出了多种盲源分离算法。常用的算法有信息最大化方法、快速独立分量分析算法、基于三阶量的独立分量分析方法、最大似然估计法的独立分量分析方法、运用四阶统计量实现独立分量分析。其中,前两种算法收敛速度快,鲁棒性好,在脑电图信号的分离、图象和声音信号的降噪和分离、通讯信号的实时分离上均有成功应用。

1. 信息最大化方法

1995 年,Bell 和 Sejnowski 从神经网络的角度提出了通过变量之间联合熵最大来保证分离变量之间的独立性。计算过程如图 10 - 3,图中变量之间的关系如下:

$$\boldsymbol{x} = A\boldsymbol{s} \tag{10-19}$$

$$\boldsymbol{u} = \boldsymbol{W}x \tag{10-20}$$

$$y = \phi(\boldsymbol{u}) \tag{10-21}$$

该方法把分离矩阵作为一单层神经网络的输入,得到输出变量 y。从而通过使变量 y 的联合熵最大来优化分离矩阵 $\boldsymbol{W}$,使联合熵 $H(y)$ 对分解矩阵的偏导 $\boldsymbol{W}$ 等于零,即:

$$\frac{\partial H(y)}{\partial \boldsymbol{W}} = 0 \tag{10-22}$$

对上式进行推导,可得到分解矩阵 W 的优化梯度的关系式:

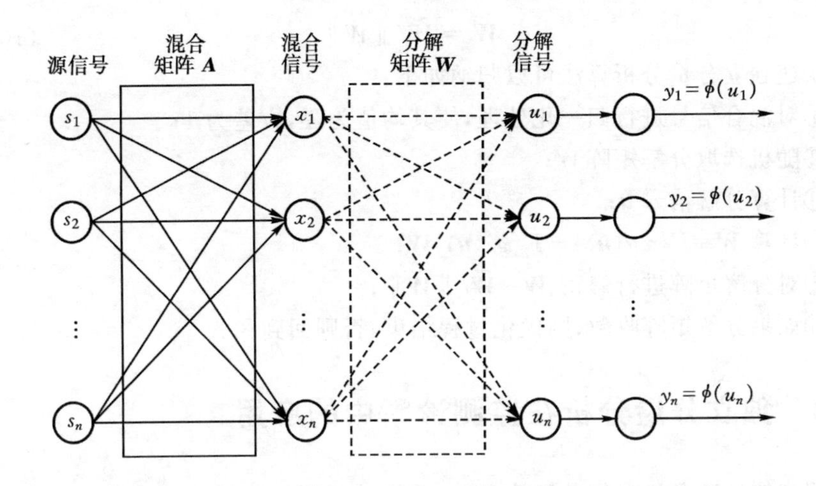

图 10-3　信息最大化方法

$$\Delta \boldsymbol{W} \propto \begin{cases} [1-\tanh(\boldsymbol{u})\boldsymbol{u}^{\mathrm{T}}-\boldsymbol{u}\boldsymbol{u}^{\mathrm{T}}]\boldsymbol{W} & \text{超高斯变量} \\ [1+\tanh(\boldsymbol{u})\boldsymbol{u}^{\mathrm{T}}-\boldsymbol{u}\boldsymbol{u}^{\mathrm{T}}]\boldsymbol{W} & \text{亚高斯变量} \end{cases} \tag{10-23}$$

信息最大化方法的优化步骤可以归纳如下：

①对混合信号进行归一化处理，使其均值为零，方差为 1；

②随机选取分解矩阵 $\boldsymbol{W}$；

③计算分解信号 $\boldsymbol{u}$；

④根据式(3-23)计算 $\Delta\boldsymbol{W}$；

⑤对分解矩阵进行修正：$\boldsymbol{W}=\alpha\boldsymbol{W}+(1-\alpha)\Delta\boldsymbol{W}, 0<\alpha\leqslant 1$；

⑥如果分解矩阵收敛，则优化过程结束，否则回到③。

2. 快速独立分量分析算法

近年来芬兰学者 Hyvarinen 和 Oja 提出了快速独立分量分析算法。该算法通过反复迭代求出使得分解变量 $\boldsymbol{u}$ 的负熵最大时的权系数矩阵 $\boldsymbol{W}$，即 $\boldsymbol{W}$ 满足：

$$\frac{\partial J(y)}{\partial \boldsymbol{W}} = 0 \tag{10-24}$$

结合式(10-12)可以得到：

$$\widetilde{W} = E\{xg(\boldsymbol{u})\} - E\{g'(\boldsymbol{u})\boldsymbol{W} \tag{10-25}$$

其中，函数 $g(\boldsymbol{u})$ 为式(10-13)和(10-14)中函数 G 的一阶导数：

$$g_1(\boldsymbol{u}) = \tanh(a\boldsymbol{u}) \tag{10-26}$$

$$g_2(\boldsymbol{u}) = \boldsymbol{u}\mathrm{e}^{(-\boldsymbol{u}^2/2)} \tag{10-27}$$

相应地，分解矩阵可以修正为：

$$\boldsymbol{W} = \widetilde{\boldsymbol{W}} / \| \widetilde{\boldsymbol{W}} \| \tag{10-28}$$

快速独立分量分析算法可以归纳如下：

①对混合信号进行归一化处理，使其均值为零，方差为1；

②随机选取分解矩阵$\boldsymbol{W}$；

③计算分解信号$\boldsymbol{u}$；

④计算$\widetilde{\boldsymbol{W}}=E\{xg(\boldsymbol{u})\}-E\{g'(\boldsymbol{u})\}\boldsymbol{W}$；

⑤对分解矩阵进行修正：$\boldsymbol{W}=\widetilde{\boldsymbol{W}}/\|\widetilde{\boldsymbol{W}}\|$；

⑥如果分解矩阵收敛，则优化过程结束，否则回到③。

10.2 独立分量分析在监测诊断中的应用

测试信号所含状态信息量的多少，是机械监测诊断的关键。振动和声音是机器监测诊断中常用的信息源。实际机器的监测诊断中，由于振动激励源多、振动传递路径复杂，由传感器收集到的振动信号往往是多个振动激励源响应信号的和。对于特定部件激振的响应信号来说，测试到的振动信号信噪比低。同样，机器工作中产生的声信号由于测试环境的反射、叠加等因素影响，声信号中所含的信息量也比较低。独立分量分析为分离和提取混合信号中的源信号提供了一个有力的工具。通过对测量的振动和声信号的分析，可有效提高诊断信号的信噪比。目前盲源分离方法在实际中的应用还处于初始阶段，可以相信随着研究和实践的不断深入，盲源分离在监测诊断中会得到广泛的应用。下面是几个独立分量分析的例子。

10.2.1 仿真信号的分离

采用仿真的方法产生一个正弦信号和一个周期性冲击信号，如图10-4所示。

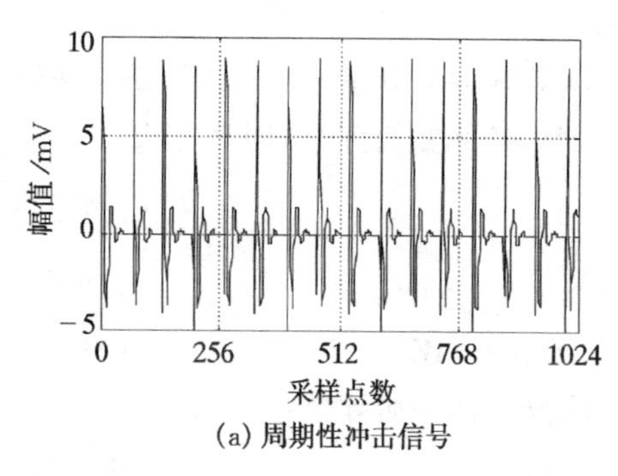

(a) 周期性冲击信号

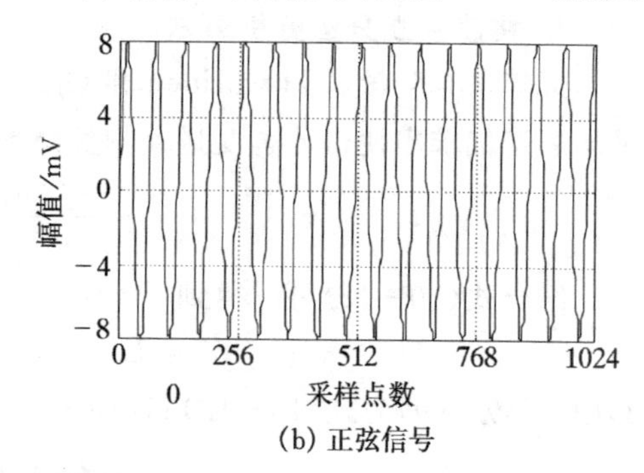

(b) 正弦信号

图10-4 源信号

随机选择混合系数矩阵得到它们的混合信号，如图10-5所示。运用快速独立分量分析算法对混合信号进行分离的结果如图 10－6 所示。从图上可看出，除了信号幅值发生变化外，分解信号在时域和频域均毫无失真地保留了源信号的形状。

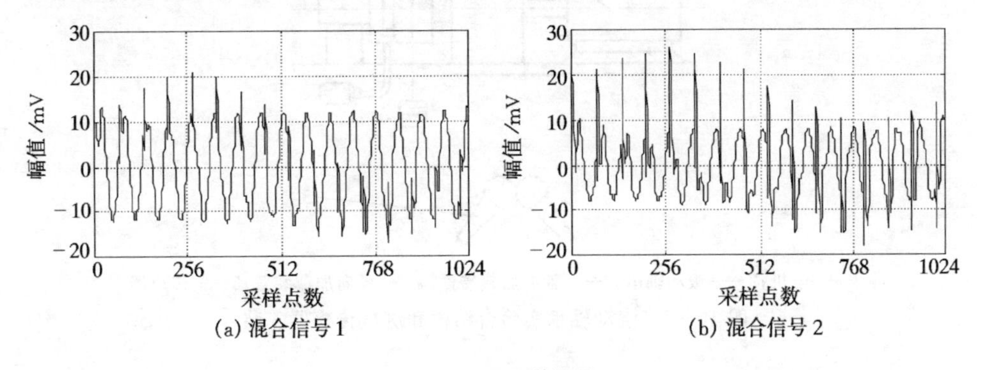

(a) 混合信号 1　(b) 混合信号 2

图 10－5　混合信号

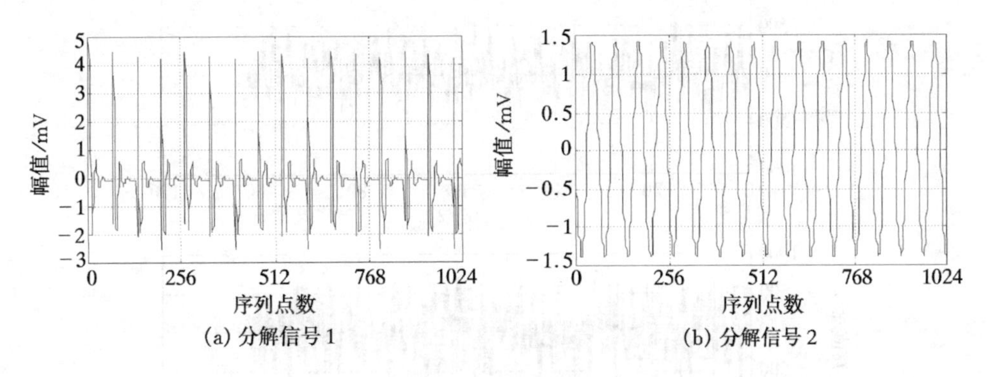

(a) 分解信号 1　(b) 分解信号 2

图 10－6　分解信号

10.2.2　滚动轴承噪声信号的分离

作为机械设备的基础零部件，由于工作环境的影响滚动轴承信号的信噪比往往比较低。这里在滚动轴承试验台上对滚动轴承声音信号进行了测量实验。图 10－7 是滚动轴承实验台和测试传感器安装情况。实验台由直流调速电机、轴承实验测试装置、轴向和径向加载装置组成。实验台工作过程中主要的声源有两个，一个是直流电机的声音，另一个是故障轴承运转中产生的声音。实验测试时该试验台电机工作状况正常，而待检轴承为故障类型未知的轴承。针对实验台工作中的两个主要声源，采用两个声级计来拾取混合声音信号，两个声级计放在实验台侧面距检测轴承和电机距离相等的位置，声级计方向分别对准电机和轴承。实测的声音信号如图 10－8 所示。显然，图上所示信号是由单纯的电机信号和轴承信号

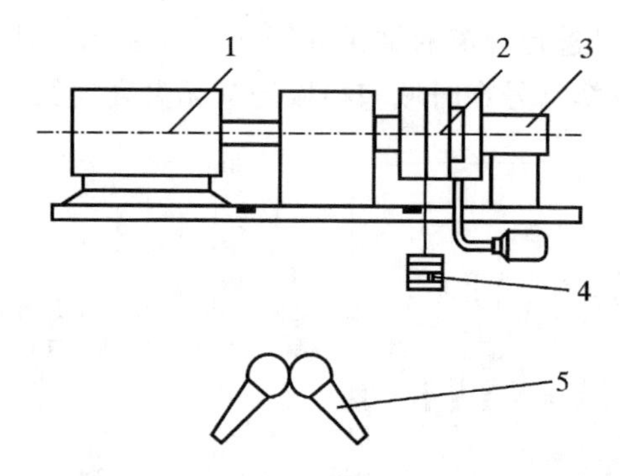

1——电机;2——滚动轴承;3——轴向加载装置;4——径向加载装置;5——传声器

图 10-7 滚动轴承实验台结构和测试传感器安装

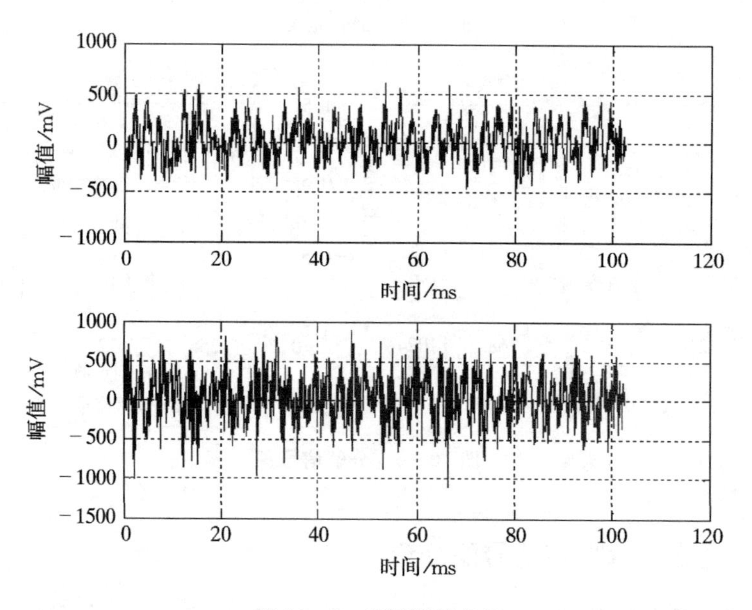

图 10-8 实际测试信号

混合而成的,有必要对信号加以分离,以提高信号的信噪比。

图 10-9 给出了采用快速独立分量分析算法分离的两个独立声源信号。上面的信号明显是轴承缺陷所产生的高频振动信号。信号的特征是上下轮廓对称的冲击信号;下面的信号是电机工作中产生的低频声信号。电机声信号主要是由 50Hz 以及 50Hz 的倍频分量组成的低频信号。这一点也可从图 10-10 给出的分离信号频谱上得到证实。虽然,从分离后的两个分离信号中可明显看出声源的特征。由于实验过程中测量的混合信号中存在着大量由墙壁、楼顶和地面等反射的回音

信号,分离过程并没有实现声源的彻底分离。但就分离信号与混合信号比较而言,信号的信噪比得到了较大地提高。

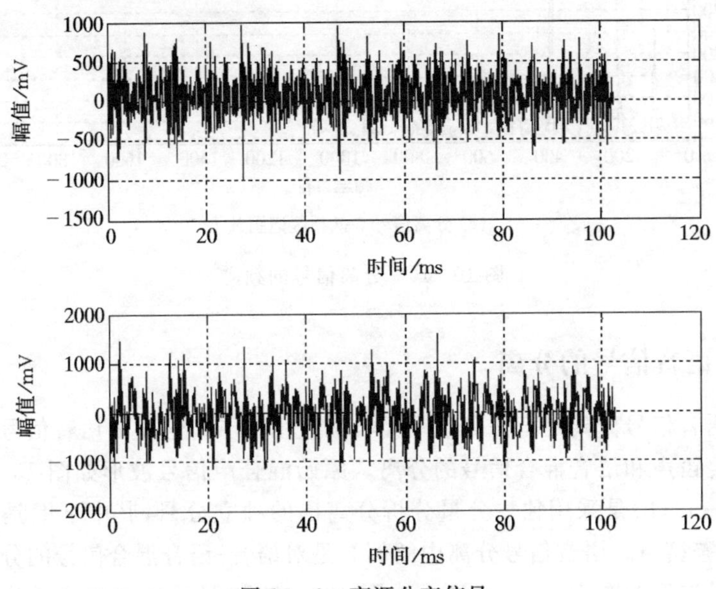

图 10-9　盲源分离信号

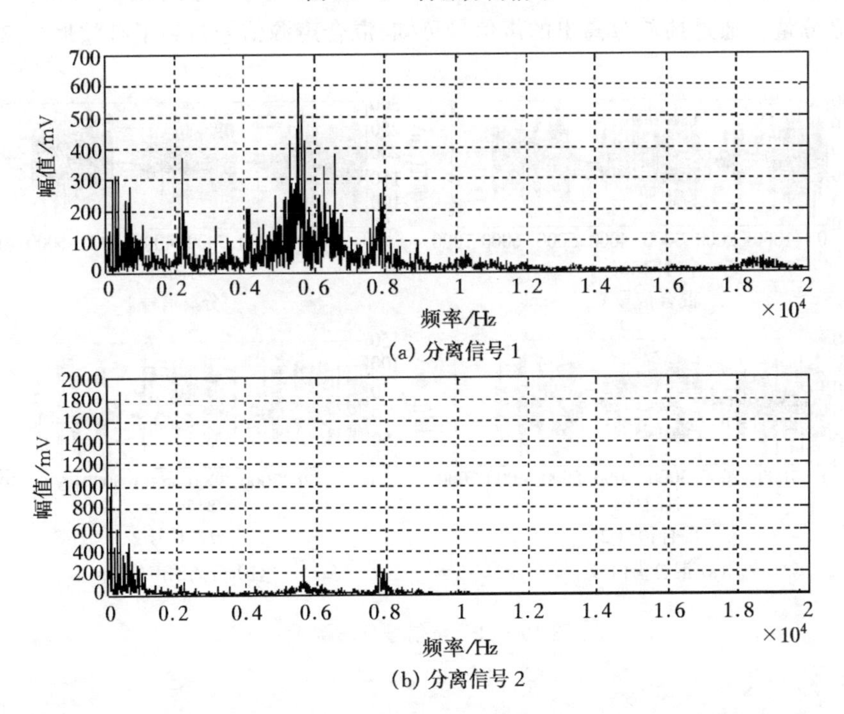

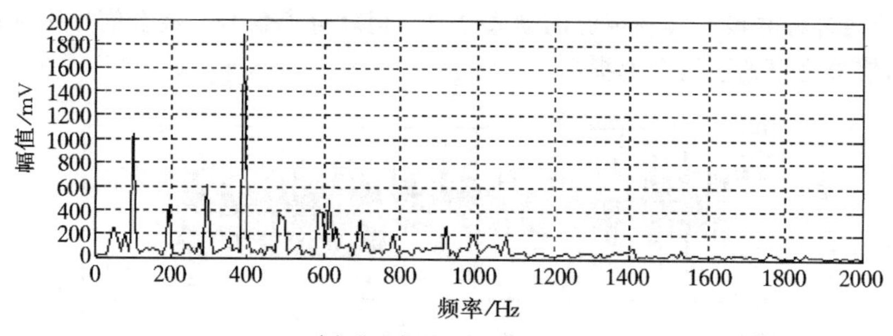

(c) 分离信号 2 低频区谱图放大

图 10-10 分离信号的频谱

10.2.3 语音信号的分离

混合语音信号分离是盲源分离中经典的应用例子。这里的语音信号分离中的例 1 是对警笛声和语音混合信号的分离。原始混合声信号波形如图 10-11(a)所示。图 10-11(b)是采用独立分量分析分离出的独立分量,其中下图是为语音信号,上图是警笛声。语音信号分离中的例 2 是对语音-语音混合信号的分离。原始混合声信号波形如图 10-12(a)所示。图 10-12(b)是采用独立分量分析分离出的独立分量。通过播放分离出的声信号可知,混合声源信号得到了有效地分离。

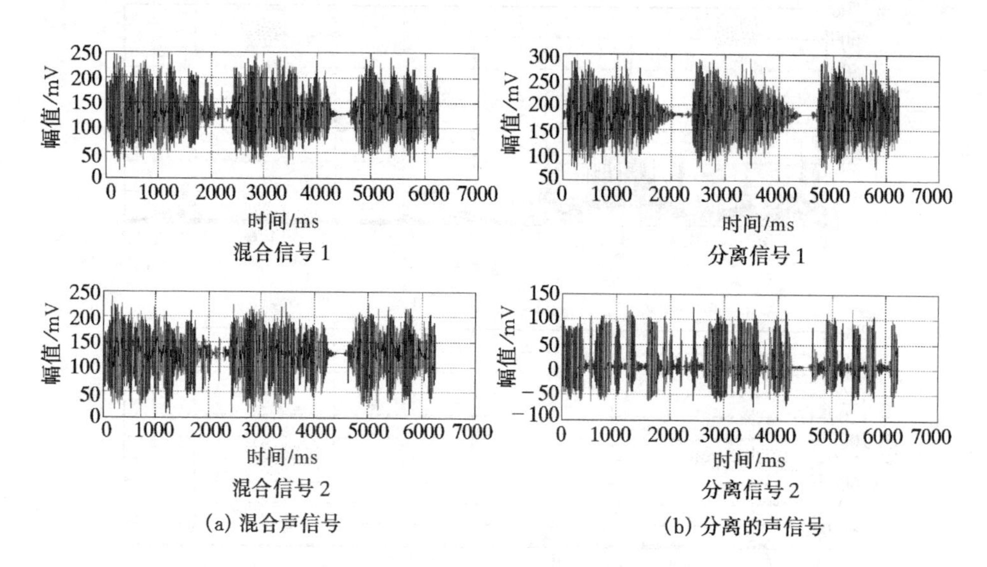

(a) 混合声信号 (b) 分离的声信号

图 10-11 声信号分离例 1

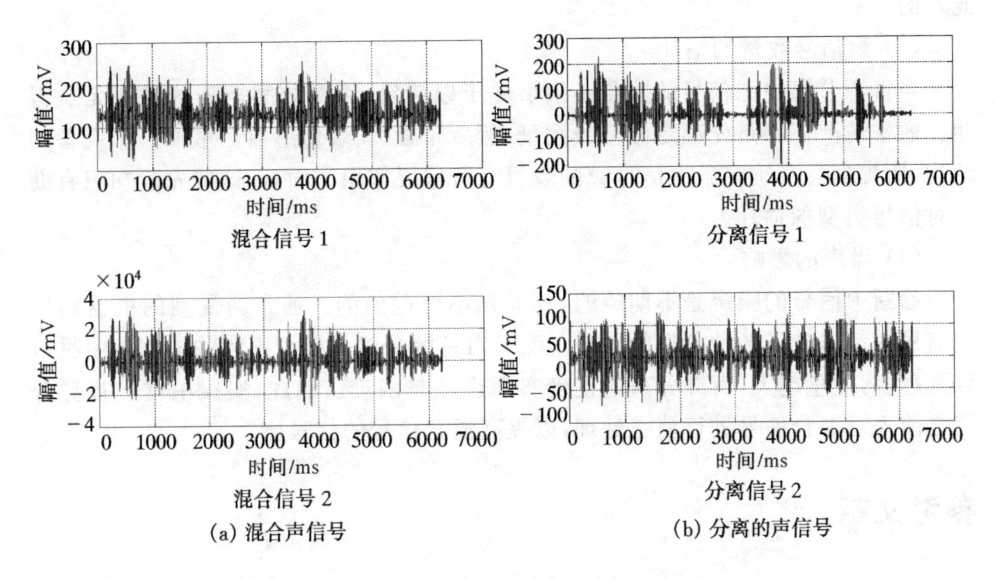

图 10 - 12　声信号分离例 2

10.3　独立分量分析在实践中尚需解决的几个问题

尽管独立分量分析已提出近 20 年，在理论上日趋成熟，在实际应用中也得到了应用。但是由于独立分量分析理论的若干假设和其对源信号的潜在要求，使得独立分量分析在实践中还仅局限于初步的应用。要使盲源分离全面应用于诊断实践，以下一些问题值得关注。

(1) 盲源分离的假设条件和近似求解

独立分量分析在应用中存在几个假设前提条件：混合方式为线性的，背景噪声较小，传感器数目大于等于源信号数目，源信号中至多有一个为高斯型信号等等。此外，在独立分量分析的实现算法中，无论是信息最大化准则、快速独立分量分析算法等，都运用了一些近似表达来替代变量之间独立性的判据。一旦这些假设不成立，近似不准确或根本不正确，都会使该方法在实际中失效。

(2) 源信号为非稳态

目前众多学者在应用独立分量分析理论时，总是把源信号作为稳态信号。也就是把混合矩阵、分解矩阵看作一常量。但是在诊断实际中信号很可能是非稳态的，此时混合矩阵也在不断变化。理所当然，作为其逆矩阵——分解矩阵也是一变量。显然，根据信号间的独立性来优化一个变化的目标是现有盲源分离方法所不能及的。

(3) 源信号数量的估计

在盲源分离中源信号的数量必须事先予以确定,否则分解矩阵的维数无从得知。通常情况下都是先确定源信号数量,然后布置、安装传感器。掌握一个设备的结构、历史信息对确定独立信号源的数目有着重要作用。而且,这些先验知识有助于对信号类型的估计。

(4) 噪声的影响

诊断中信号的噪声是不期望的,却又是不可避免的。通常测量到的机器物理量信号中都包含了各种各样的噪声。噪声对盲源分离是极为不利的。信号中噪声数量越多,能量越大,盲源分离的正确实现也就越困难。因此,实践中常在盲源分离之前先对混合信号进行消噪处理,以提高混合信号的信噪比。

参考文献

1. Pierre C. Independent component analysis: A new concept? [J]. Signal Processing, 1994,36: 287 - 314.
2. Hyvärinen A, Oja E. Independent component analysis: algorithm and applications[J]. Neural Networks, 2000(13):411 - 430.
3. Cover T M, Thomas J A. Elements of information theory [M]. New York: Wiley,1991.
4. Papoulis A. Probability, random variables, and stochastic processes [M]. 3rd ed. New York: McGraw-Hill,1991.
5. Hyvärinen A. New approximations of differential entropy for independent component analysis and projection pursuit[C]//Advances in Neural Information Processing Systems 10, Cambridge: MIT Press, 1998.
6. Bell A, Sejnowski T. An information-maximization approach to blind source separation and blind deconvolution[J]. Neural Computation, 1995(7):1129 - 1159.
7. Giannakis G, Inouye Y, Mendel J M. Cumulant based identification of multichannel moving average models[J]. IEEE Automat Control, 1989, 34(7): 783 - 787.
8. Gaeta M, Lacoume J L. Source separation without a prior knowledge: The maximum likelihood solution. [C]//Proc EUSIPCO Conf, Barcelona, Amsterdam: Elsevier, 1990: 621 - 624.

9. Cardoso J F. Sources separation using higher order moments[C]// Proceedings of International Conference on Acoustic, Speech and Signal Processing, Glasgow, 1989: 2109 - 2112.
10. Makeig S, Bell A, Jung T P, Sejnowski T J. Independent component analysis in electro-encephalographic data[C]// Advances in Neural Information Processing System 9, Cambridge, MA: MIT press,1996:145 - 151.
11. Lee T W, Bell A J, Lambert R. Blind separation of delayed and conolved sources[C]// Advances in Neural Information Processing System 9, Cambridge, MA: MIT press, 1997 :758 - 764.
12. Van Gerven S. Adaptive noise cancellation and signal separation with applications to speech enhancement[D]. Leuven: Catholic University Leuven, 1996.
13. Benveniste A, Goursat M, Ruget G. Robust identification of a nonminimum phase system: Blind adjustment of a linear equalizer in data comunications [J]. IEEE Transactions on Automat Control, 1980,AC - 25:385 - 399.
14. Veen A J van der, Talvar S, Paulraj A. A subspace approach to blind space-time signal processing for wireless communication systems[J]. IEEE Transactions on Signal Processing, 1997,45:173 - 190.
15. Lee Te-won, Girolami M, Bell A J, et al. A unifying information-theoretic framework for independent component analysis[J]. Computers and Mathematics with Applications, 2000(39):1 - 21.
16. Bingham E, Hyvärinen A. Fast and robust fixed-point algorithm for independent component analysis [J]. IEEE Transactions on Neural Networks, 1999, 10(3): 626 - 634.
17. 屈梁生,何正嘉. 机械故障诊断学[M]. 上海:上海科学技术出版社,1986.
18. Donoho D L. De-noising by soft-thresholding [J]. IEEE Transactions on Information Theory, 1995, 41(3): 613 - 627.
19. Berkner K, Wells R O. A correlation-dependent model for denoising via nonorthogonal wavelet transforms[R]. Houston : Computational Mathematics Laboratory, Rice University, 1998.
20. Berkner K, Wells R O. Smoothness estimate for soft-threshold denoising via translation invariant wavelet transforms [R]. Houston: Computational Mathematics Laboratory, Rice University, 1998.
21. Donoho D L, Jonestone I M. Ideal spatial adaptation via wavelet shrinkage

[J]. Biometrika, 1994, 81: 425 - 455.
22. Donoho D L, Jonestone I M. Adapting to unknown smoothness via wavelet shrinkage[R]. California: Department of Statistics, Stanford University, 1994.
23. Chipman H A, Kolaczyk E D, McCulloch R E. Adaptive Bayesian wavelet shrinkage[R]. Chicago: Department of Statistics, University of Chicago, 1996.
24. 林京. 机械动态信号的小波处理技术[D]. 西安:西安交通大学,1999.
25. 梁端丹,韩政,郝家甲. 独立分量分析及其应用研究[J]. 现代电子技术,2008, 31(6):17 - 20.
26. Cardoso J F. Infomax and Maximum Likelihood for Blind Source Separation [J]. IEEE Signal Processing Letters, 1997,4(4):112 - 114.
27. Hyvarinen A, Oja E. Independent Component Analysis by General Nonlinear Hebbian-like Learning Rules[J]. Signal Processing, 1998, 14(3): 301 - 313.
28. Cardoso J F, Souloumiac A. Blind Beamforming for Non-Gaussian Signals [J]. IEE Proceedings: F, 1993, 140(6):362 - 370.

第11章　时域平均技术

回转机械和往复机械在运行过程中，反映其运行状态的各种信号随机器运转而周期性重复，其频率是机器回转频率的整倍数。但这些信号又往往被伴随产生的噪声干扰，在噪声较强时，不但信号的时间历程显示不出规律性，而且由于常用的谱分析不能约去任何输入分量，在频谱图中这些周期分量很可能被淹没在噪声背景中。

时域平均可以消除与给定频率(如某轴的回转频率)无关的信号分量，包括噪声和无关的周期信号，提取与给定频率有关的周期信号，因此能在噪声环境下工作，提高分析信噪比。本章介绍时域平均的原理及应用。

11.1　时域平均的原理

时域平均是从噪声干扰的信号中提取周期性信号的过程，也称相干检波。对机械信号以一定的周期为间隔去截取信号，然后将所截得的信号叠加后平均，这样可以消除信号中的非周期分量及随机干扰，保留确定的周期成分。例如以某齿轮的旋转周期为时间间隔对信号进行截取，进行时域平均，可以排除齿轮的旋转频率及其倍频以外的干扰，突出齿轮缺陷产生的周期分量，提高信噪比。

如果有一信号 $x(t)$ 由周期信号 $f(t)$ 和白噪声信号 $n(t)$ 组成：

$$x(t) = f(t) + n(t) \tag{11-1}$$

我们以 $f(t)$ 的周期去截取信号 $x(t)$，共截得 P 段，然后将截断的信号对应叠加，由于白噪声具有不相关特性，可得到：

$$x(t_i) = Pf(t_i) + \sqrt{P}n(t_i) \tag{11-2}$$

再对 $x(t_i)$ 进行平均便得到输入信号 $y(t_i)$：

$$y(t_i) = f(t_i) + \frac{n(t_i)}{\sqrt{P}} \tag{11-3}$$

此时输出的白噪声是原来输入信号 $x(t)$ 中的白噪声的 $1/\sqrt{P}$，因此信噪比将提高了 $\sqrt{P}$ 倍。

图11-1所示是截取不同段数 N，进行时域平均的效果。由图可见，虽然原来信号($P=1$)的信噪比很低，信噪比 SBR=0.5，但经过多段平均后，信噪比大大提

高。由图可见,当 $P=256$ 时,可以得到几乎接近于理想的正弦信号。而原始信号中的正弦分量,几乎完全被其它信号和随机噪声所淹没。

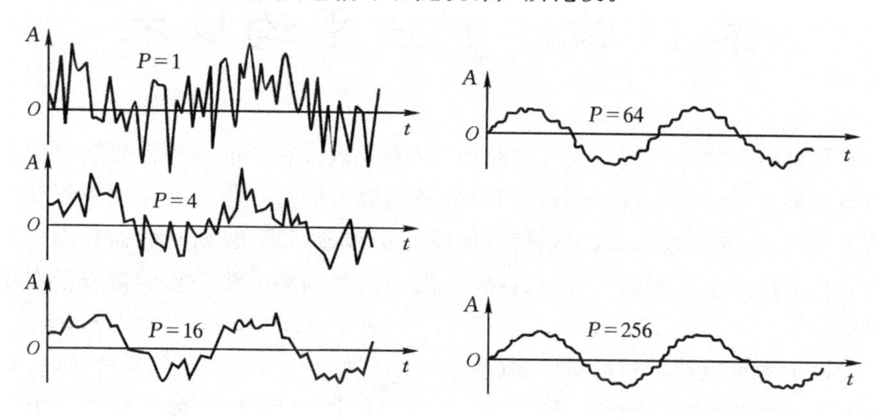

图 11-1 时域平均提高信噪比示意图

时域平均方法和谱分析不同,后者只需摄取一个输入信号,而前者除加速度信号外,还要摄取时标信号。

其次,时域平均和谱分析方法的差异还在于:谱分析提供了各个频带内的频率,其大小主要取决于该频带内能量的振源,谱分析不能略去任何输入信号分量,因而,待检机器的信号完全可能淹没在噪声之中;而时域平均法可以消除与给定周期无关的全部信号分量,因此可以在噪声环境下工作。

时域平均按其选取平均周期的方法不同,可以分为时域同步平均、无时标时域平均。

11.2 时域同步平均

时域同步平均可以消除与给定频率(如某轴的回转频率)无关的信号分量,包括噪声和无关的周期信号,提取与给定频率有关的周期信号,因此能在噪声环境下工作,提高分析信噪比。平均结果清楚地显示信号在给定周期内的机械图像,这对于识别机械在运行过程不同时刻的状态是很有价值的。此外,时域同步平均也可作为一种重要的信号预处理过程,其平均结果可再进行频谱分析或作其它处理,如时序分析、小波分析等,均可以得到比直接分析处理高的信噪比。

和通常的信号采集不同,时域同步平均不仅要拾取被分析信号,同时还要拾取回转轴的时标脉冲,来锁定各信号段的起始点。由于信号平均是数字式的,因此要求每一数据段具有相同的点数,并应为基 2 数,以便谱分析。因为 A/D 变换器的采样频率一经设定是不变的，且时标脉冲频率及周期由于机械转速变化(即使是微小变化)也随时在变化，常规采样不可能保证各数据段点数相等。解决这一问题的方法是采用频率跟踪技术，使实际的采样频率实时跟踪回转频率，并等于它的整数倍(如 1024)。

11.2.1　时域同步平均的概念

设 $x(t)$为回转机械运行中产生的机械信号，对应的离散信号为 $x_n=x(n\Delta t)$，Δt 为采样间隔。按回转频率 f_0 提取相应的周期信号，则将 x_n 分为 P 段，每段对应周期 $T=1/f_0$，并设各段采样点数相等为 N。那么，时域同步平均 $\overline{x}_n$ 可以表示为：

$$\overline{x}_n = \frac{1}{P}\sum_{P=0}^{P-1} x_{n+PN} \tag{11-4}$$

对上式作 Z 变换得：

$$\overline{X}(Z) = \frac{1}{P}\sum_{P=0}^{P-1} Z[x_{n+PN}] \tag{11-5}$$

根据 Z 变换的时移特性，上式化为：

$$\overline{X}(Z) = \frac{1}{P}\overline{X}(Z)\sum_{P=0}^{P-1} Z^{PN} \tag{11-6}$$

化简，并令 $Z=\mathrm{e}^{\mathrm{j}2\pi f\Delta t}$，可得时域同步平均的频率响应函数：

$$H(f) = \frac{1-\mathrm{e}^{\mathrm{j}2\pi f\Delta tPN}}{P(1-\mathrm{e}^{\mathrm{j}2\pi f\Delta tN})} \tag{11-7}$$

因为 $\Delta tN=T=1/f_0$，所以：

$$H(f) = \frac{\mathrm{e}^{j\pi Pf/f_0}(\mathrm{e}^{-j\pi Pf/f_0}-\mathrm{e}^{j\pi Pf/f_0})}{P\mathrm{e}^{j\pi f/f_0}(\mathrm{e}^{-j\pi f/f_0}-\mathrm{e}^{j\pi f/f_0})} \tag{11-8}$$

最后得到时域同步平均系统的幅频、相频特性分别为：

$$|H(f)| = \frac{1}{P}\left|\frac{\sin P\pi f/f_0}{\sin\pi f/f_0}\right| \tag{11-9}$$

$$\Phi(f) = \pi(P-1)f/f_0 \tag{11-10}$$

图 11-2 所示为时域同步平均幅频特性曲线，它是由一系列等距分布的带通滤波器及旁瓣组成，称为梳形滤波器。其相频特性与频率成线性关系，表示各数据段的时延。

带通滤波器的中心频率是回转频率 f_0 的整数倍，即 $kf_0(k=1,2,3,\cdots)$；通带增益 $|H(kf_0)|=1$，半功率带宽近似等于 f_0/P；第一旁瓣峰值为 $1/[P\sin(1.5\pi/P)]$，第二旁瓣峰值为 $1/[P\sin(2.5\pi/P)]$，第三旁瓣峰值为 $1/[P\sin(3.5\pi/P)]$……在平均次数 P 到达一定值后，通带宽度变的很窄，旁瓣的峰值分别趋向于0.212，

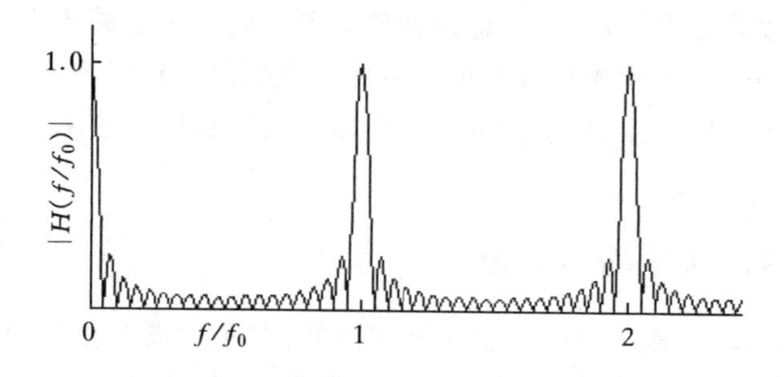

图 11-2 梳状滤波器幅频特性曲线($P=20$)

0.127,0.091,…。因此时域同步平均能够有效地提取与回转频率 f_0 相关的周期信号,消除噪声和非相关信号。选择适当的 f_0 就可以达到提取相应信号,排除干扰的目的。

设随机噪声的功率谱为常数 S_x,则通过时域同步平均后的功率谱 $S_y(f)$可写为:

$$S_y(f) = S_x \mid H(f) \mid^2 \tag{11-11}$$

在一个频域周期内求 $S_y(f)$总能量:

$$\int_{-f_0/2}^{f_0/2} S_y(f)\mathrm{d}f = \int_{-f_0/2}^{f_0/2} S_x \mid H(f) \mid^2 \mathrm{d}f \tag{11-12}$$

信噪比为:

$$S_{\mathrm{NR}} = \frac{\int_{-f_0/2}^{f_0/2} S_y(f)\mathrm{d}f}{S_x} = \int_{-f_0/2}^{f_0/2} \mid H(f) \mid^2 \mathrm{d}f \tag{11-13}$$

代入并简化,得:

$$S_{\mathrm{NR}} = \frac{1}{\pi P^2}\int_{-\pi/2}^{\pi/2} \frac{\sin^2 Px}{\sin^2 x}\mathrm{d}x = \frac{1}{P} \tag{11-14}$$

上式表明,经时域同步平均后,随机噪声功率降为原来的 $1/P$。

11.2.2 时域同步平均工作原理

图 11-3 为时域同步平均的工作原理框图。和通常的谱分析不同,时域同步平均不仅要拾取被分析信号,还要同时拾取回转轴的时标脉冲。

图中的平均处理包括 A/D 变换和集合平均,被处理的信号经抗频混滤波后进入 A/D 变换器,在时标脉冲的触发下进行同步采样,以保证每一数据段的起始点与脉冲前沿对齐,也即与回转轴的某一特定转角位置同步。同时,A/D 变换器也应由外部采样脉冲而非内部时钟脉冲驱动,采样脉冲频率 f_s 跟踪瞬时时标脉冲频率 f_0 并等于它的整数倍,即 $f_s=Nf_0$(N 为数据段的采样点数),以保证每个数据

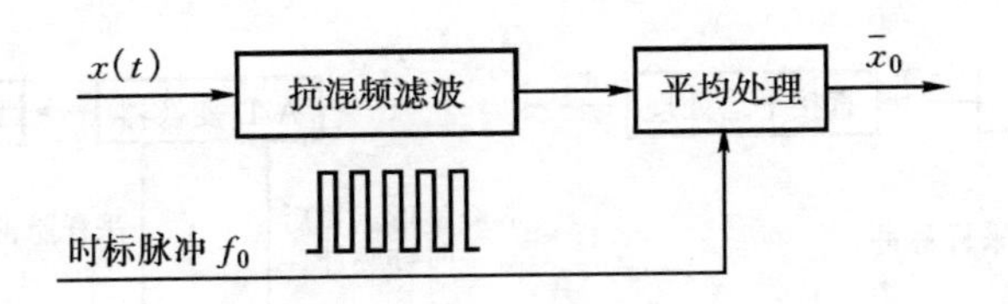

图 11-3　时域同步平均工作原理

段点数相等,而后再叠加平均,输出平均结果。

时标脉冲频率就是时域同步平均的梳形滤波特性频率 f_0,直接用某轴上拾取的时标脉冲为基准作时域同步平均,可提取与该轴回转频率相关的周期信号。对于多轴回转机构,各轴的转速不同,可对时标脉冲进行运算,化为等于选定轴回转频率的时标脉冲,用于提取与选定轴回转频率相关的周期信号。

采用频率跟踪技术以保证在机器转速波动时各数据段点数相等,是时域同步平均的关键。这个问题的解决可以从有硬件和软件两个方面来实现。

(1) 硬件解决方案

主要是通过硬件实现的方法,用时标脉冲触发 A/D 变换器,并由外部采样脉冲驱动进行数据采集。现行的硬件驱触发有以下两种实现形式:光电脉冲编码器触发和频率乘法器触发。这两者的不同之处主要是获得采样脉冲的方法不同。这里的"触发",不一定指用时标脉冲直接触发 A/D 转换器,也可以用专门设计的控制 A/D 转换器的软件来实现,而实际的 A/D 转换是"自由"触发形式。

编码器触发方案在选定轴上同轴安装光电脉冲编码发生器,同时输出时标脉冲和采样脉冲,触发和外部驱动 A/D 变换器,得到同步的数据点数相等的一系列数据段,如图 11-4(a)所示。理论上,这是最准确的方法。由于编码器的安装麻烦,在很多场合难以实现,使其在实际应用中受到很大限制。此外,这一方法会自动补偿轴的回转不均匀性,当这种不均匀性是所需提取的信息时,不能在该轴上安装脉冲编码器。

频率乘法器触发如图 11-4(b)所示,将时标输入频率乘法器,在其触发下,频率乘法器将经整形的时标脉冲和脉冲频率整数倍(1024)频率的采样脉冲,用来触发和驱动 A/D 变换,实现频率跟踪。

调节频率乘法器的触发电平,可得到良好的同步效果。必要时,频率乘法器还可完成时标运算,使用频率乘法器时,常用电涡流或光电传感器从转轴上拾取时标脉冲这也是一种广泛使用的频率跟踪的方法。

(2) 软件实现方案

即采用数据二次采样技术实现频率跟踪。将被分析信号 $x(t)$ 和时标脉冲 $e(t)$

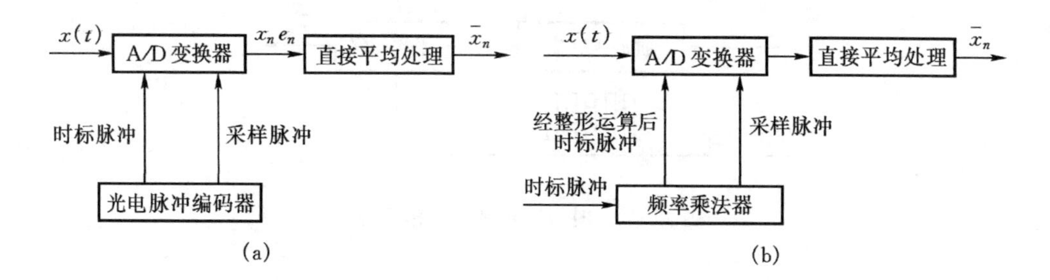

图 11-4 硬件采样实现时域同步平均

输入双/多通道 A/D 变换器，得到长序列的 x_n 和 e_n；按 e_n 包含的脉冲序列将 x_n 分为若干数据段 $x_n^p(p=0,1,2,3,\cdots,P)$，这时各个数据段的点数是不等的。而后，根据各数据段不同的采样点数，按统一的二次采样点数，选取不同的采样频率，自适应地对每一数据段做二次采样，得到点数完全相同的 P 个数据段。图 11-5 为软件实现方案示意图。

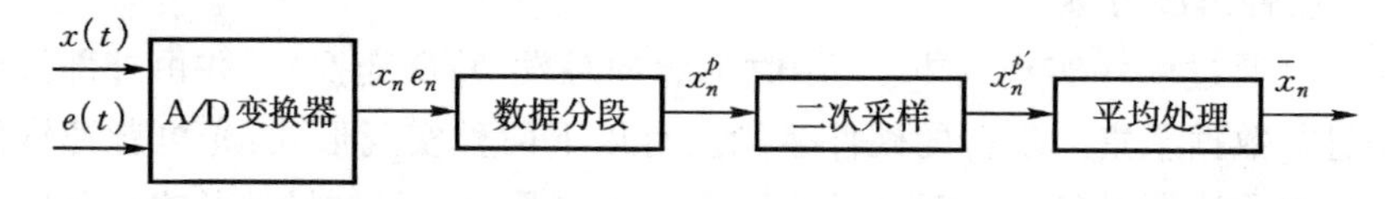

图 11-5 软件二次采样实现时域同步平均

在满足采样定律的条件下，由采样信号 x_n 可恢复原始信号 $x(t)$，如下式：

$$x(t)=\sum_{n=-\infty}^{\infty}x_n\frac{\sin[\pi(t-n\Delta t)/\Delta t]}{\pi(t-n\Delta t)/\Delta t} \tag{11-15}$$

设某数据段的点数为 M，二次采样点数为 N，以二次采样间隔 $\delta=\Delta t\dfrac{M}{N}$对 $x(t)$二次采样，得：

$$x_r=\sum_{n=-\infty}^{\infty}x_n\frac{\sin[\pi(r\delta-n\Delta t)/\Delta t]}{\pi(r\delta-n\Delta t)/\Delta t}\quad r=0,1,2,\cdots,N \tag{11-16}$$

按不变的二次采样点数 N，根据各段不同的点数 M，以自适应采样间隔 $\delta=\Delta t\dfrac{M}{N}$ 对所有数据段进行二次采样，就可以实现频率跟踪。

11.2.3 应用实例

下面以齿轮振动信号为例，来说明时域平均的作用。齿轮和齿轮系统的振动信号，不仅仅包含了有用的与齿轮转频和啮合频率相关的频率成分，同时也混杂了很多与齿轮的故障特征无关的环境噪声和随机干扰，这些干扰信号会增加齿轮的故障诊断的难度。

图 11-6 是在所齿轮故障模拟实验台上采集到的典型的模拟剥落故障齿轮和模拟磨损故障齿轮的振动信号。从时域波形上，二者均未呈现出明显的可辨析的特征。

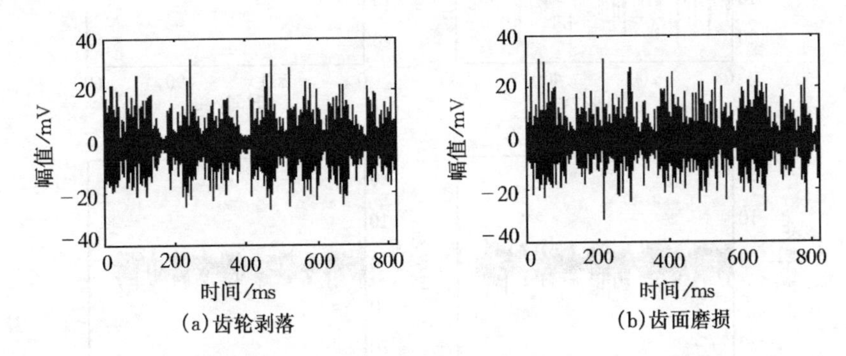

图 11-6　模拟齿轮故障的振动信号

分别对振动信号直接做谱图，如图 11-7 所示，可以看出二者之间存在一定差异，但此时的谱图上频率成分相当丰富。既有和故障相关的转频、啮合频率及其倍频的成分，也有环境噪声和随机噪声以及其它干扰的成分。有用信息和无用信息混杂，不利于进行进一步的分析和判断。

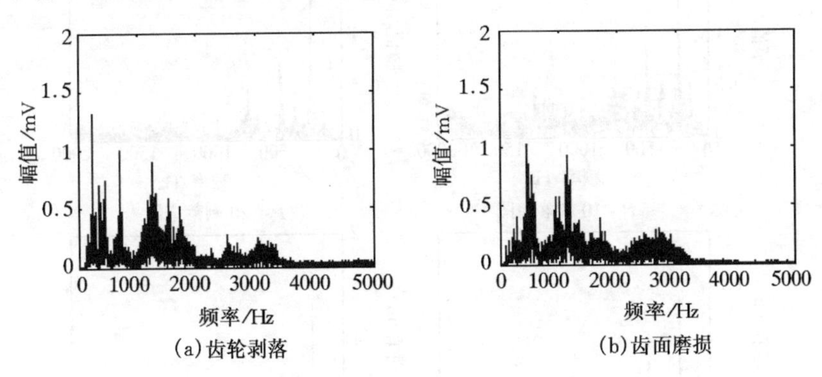

图 11-7　模拟剥落和磨损齿轮故障的典型振动信号谱图

图 11-8 为使用时域平均方法处理的模拟齿轮剥落故障的时域振动信号。

再分别作上述平均结果的谱图进行分析，如图 11-9。可以很明显地看到，随着平均次数的增加，与转频和啮合频率无关的频率分量逐渐的衰减，而转频和啮合

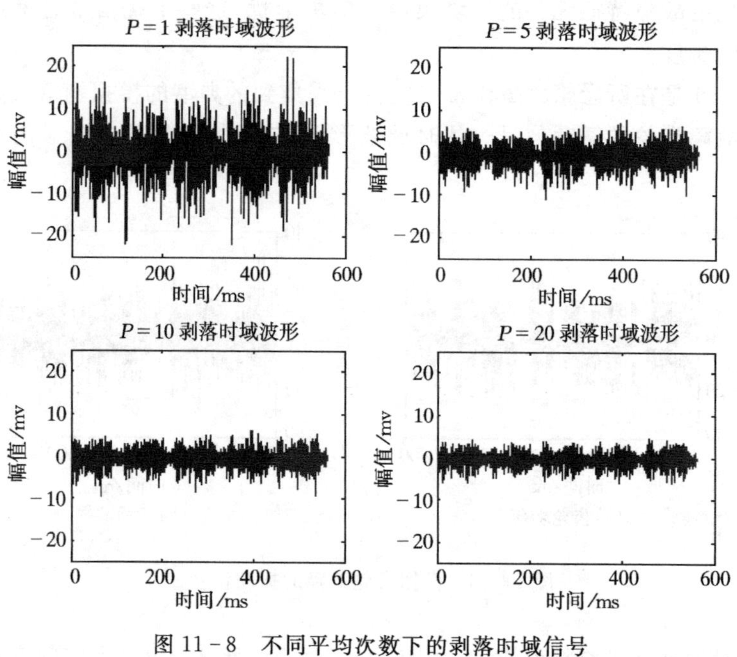

图 11-8 不同平均次数下的剥落时域信号

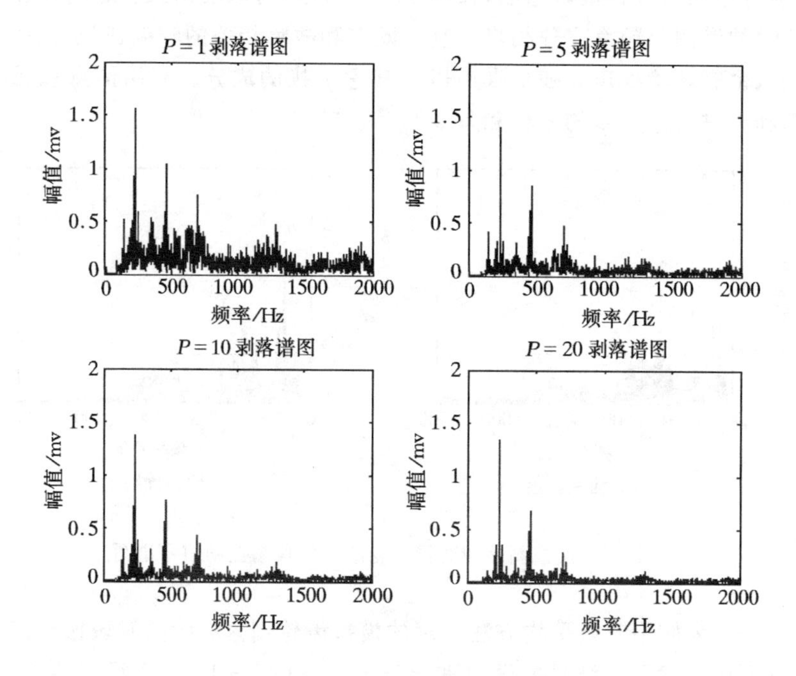

图 11-9 不同平均次数下的剥落谱图

频率分量基本没有太大的变化，1 倍、2 倍、3 倍啮合频率及边频带的分布可以非常清晰的辨识出来。这个是梳状滤波器选择性带通作用的结果。

图 11-10 是模拟齿轮正常、偏心、点蚀、剥落等四种不同状态的振动信号时域波形，采样频率 10kHz，每个样本文件含 8192 个数据点。齿轮箱输入轴的转频为 8.9206Hz，中间轴的转频为 3.6241Hz，齿轮的啮合频率分别为：231.94Hz、144.96Hz。从四种不同状态的数据样本集中各任取一组信号，以测得的第一个时标为起点，以中间轴的旋转周期 $T=0.276$s 为单元，截取两个单元的数据长度，共 5518 个数据点，经过去均值处理后绘制出其相应得一个周期 T 内时域波形图，如图 11-11 所示。

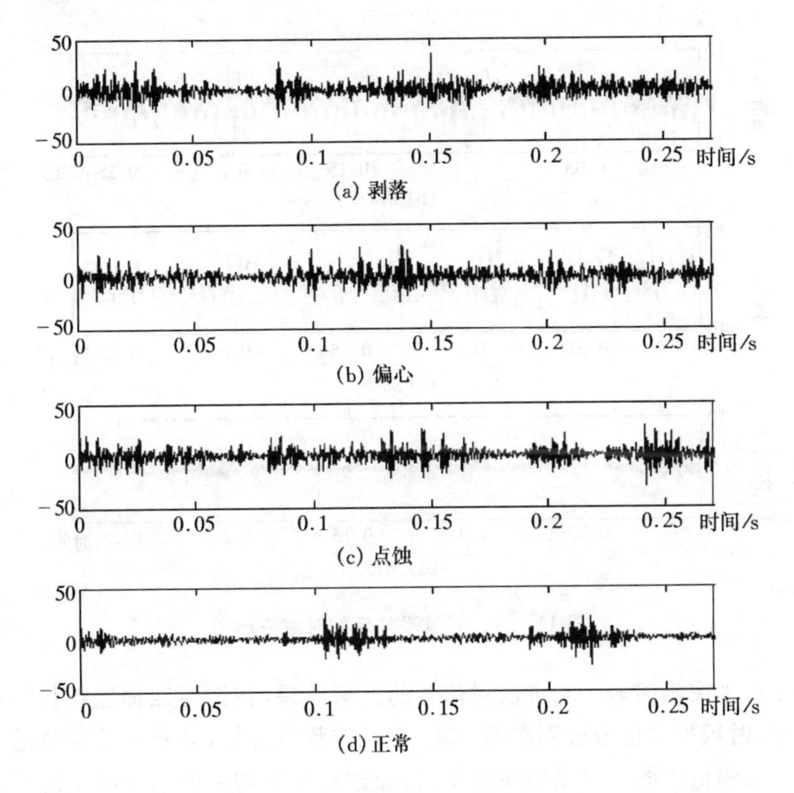

图 11-10　原始信号的时域波形图

由于齿轮正常时的振动幅值要远小于有缺陷状态下的振动幅值，因而从时域图 11-10 中能较容易地识别出正常的齿轮状态，而其它三种缺陷状态的齿轮振动信号由于噪声干扰较大，影响了三类故障的准确区分。为了消除振动信号测试中的随机噪声，采用时域平均方法对信号进行消噪，对于各类故障对应的每一个数据样本文件,利用时标信号标记相应数据样本文件的起点,由于故障齿轮均布置在中间轴上,取中间轴的转频或截取周期(周期成分为 0.276s,对应频率即为 3.6241Hz),从每个数据样本文件中截取 $2T$ 长度的数据,即 5518 个数据点,时域平均后一个周期 T 内的时域波形如图 11-11 所示。与图 11-10 相比,可以发现剥落、偏心、点蚀的时域波形具有各自特征,可区分性已经大大增强。

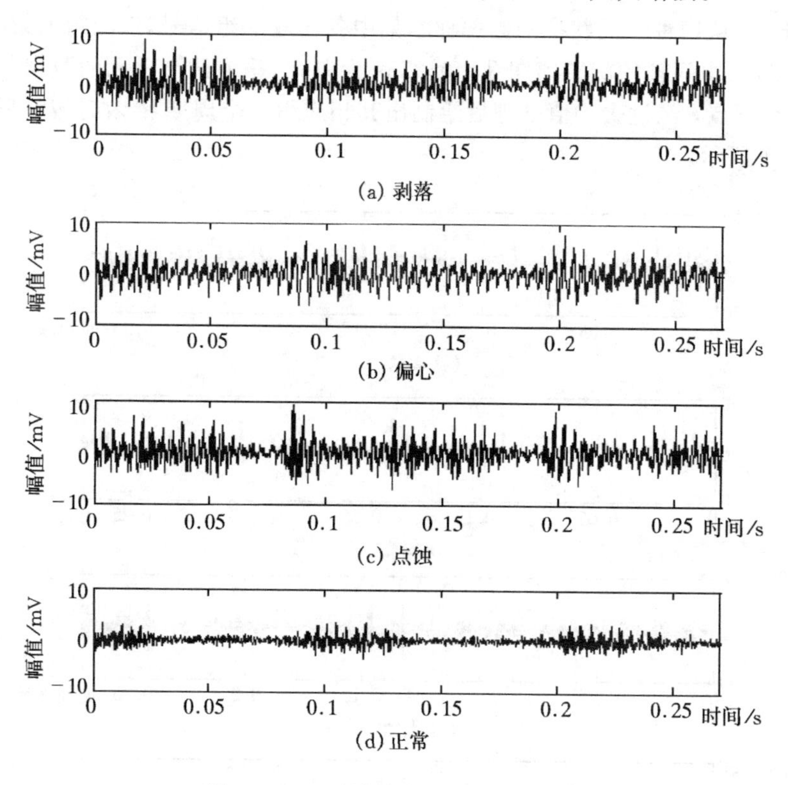

图 11-11 时域平均后的时域波形图

为了更加突出时域平均方法对信号的处理效果,我们对四种运行状态对应的原始信号、时域平均信号分别取前 4096 个点作频谱分析,其相应的幅值谱可见图 11-12。从幅值谱图中可以明显地发现,经过时域平均后的信号除了感兴趣的频率及其谐频成分保留较完整外,随机噪声与不感兴趣的频率成分衰减较大。观察图(d),正常齿轮啮合频率 231.94Hz 处幅值较小,与其它三类故障极易区分;观察图(b),偏心齿轮故障的频谱在啮合频率 231.94Hz 及其倍频处幅值较大,但无明显边频带,与齿面剥落、点蚀故障易区分开;观察图(a)和(c)齿面剥落与点蚀故障在啮合频率及倍频处幅值较大,且都具有较为明显的边频带,因此要区分二类故障还需将时域图、频谱图结合,进行综合判断。

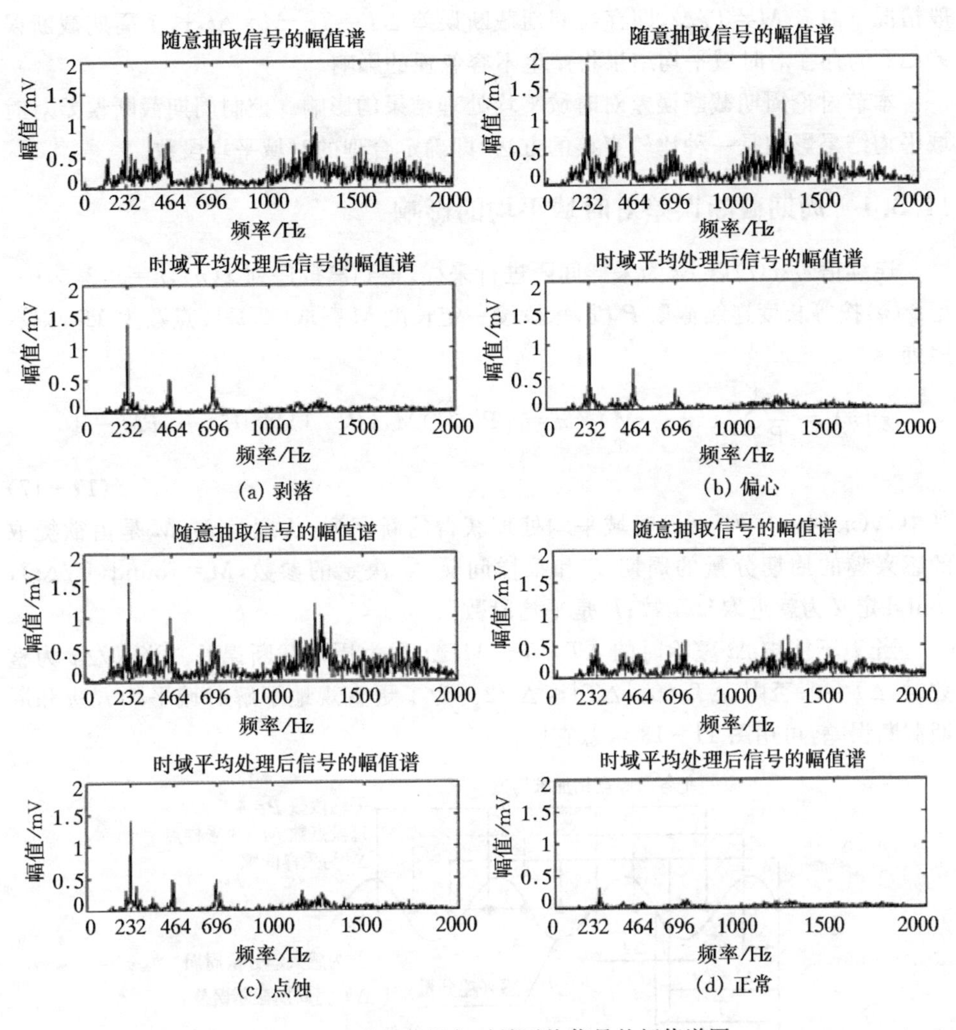

图 11-12　截取信号与时域平均信号的幅值谱图

11.3　无时标时域平均

在工程实际中获取机器的动态信号不一定都有同步时标信号，如果需要对这些信号采用时域平均方法消噪，就需要用无时标时域平均方法。但是，无时标时域平均方法存在截断误差对平均结果的影响问题。

设离散序列 $x(n)$ 时域平均时的截取长度 M，由 $x(n)$ 中人们感兴趣的周期分量的周期 T 和采样间隔 Δt 确定。确切地说，M 应取 $T/\Delta t$ 的就近取整值，但是一

般情况下总有 $M \neq T/\Delta t$，即存在周期截断误差 $\Delta T = T - M * \Delta t$，这个周期截断误差 ΔT 的存在对时域平均结果将产生不容忽视的影响。

本节讨论周期截断误差对时域平均处理结果的影响。控制周期截断误差对时域平均结果影响是一种比较直接的方法、即确定合理的时域平均段数。

11.3.1 周期截断误差对时域平均的影响

连续信号 $x(t)$ 以 Δt 为采样间隔进行采样，得到离散序列 $x(n)$，$n=1,2,3,\cdots$；把 $x(n)$ 按等长度连续截取 P 段，每段按一定长度 M 截取（即每段点数为 M），则有序列

$$y(n) = \frac{1}{P}\sum_{r=0}^{P-1} x(n-rM) \quad n = (P-1)M, (P-1)M+1, \cdots, PM-1 \tag{11-17}$$

其中，$y(n)$ 时间序列 $x(n)$ 时域平均处理获得的新序列，长度为 M；M 是由欲提取的感兴趣的周期分量的周期 T 和采样间隔 Δt 决定的参数，$M = \mathrm{round}(T/\Delta t)$，round 定义为就近取整函数；$P$ 是平均段数。

当 T 不能被 Δt 整除时的 $\Delta T = T - M$，Δt 称为周期截断误差。当 $T/\Delta t$ 为整数时，$\Delta T = 0$；否则，$\Delta T \neq 0$，$|\Delta T| \leqslant \Delta t/2$。为了更直观地了解时域平均方法和周期截断误差，可用图 11-13 示意它们。

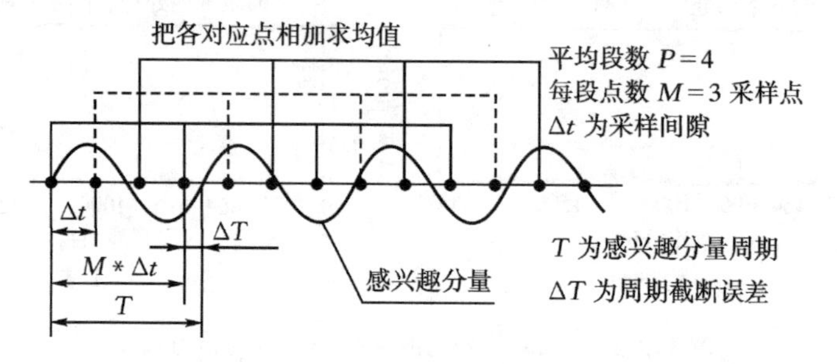

图 11-13 时域平均处理方法及周期截断误差示意图

对式(11-17)两边取 Z 变换可知，离散序列 $x(n)$ 的时域平均处理相当于一个梳状滤波器(comb filter)对 $x(n)$ 进行的滤波，其传递函数 $H(f)$ 的幅频响应式(11-9)所示。现在用 ω 代替式(11-9)中的 f，则式(11-9)也可以用下式表示：

$$|H(\omega)| = \frac{1}{P}\left|\frac{\sin(\pi P\omega/\omega_0)}{\sin(\pi\omega/\omega_0)}\right| \tag{11-18}$$

其中，$\omega_0 = 2\pi/(M\Delta t)$，$\omega$ 为角频率，P 为平均段数。

式(11-18)所示的幅频响应的含义是 $x(n)$ 中以 ω 为角频率的分量经平均后

其幅值乘了一个 $|H(\omega)|$ 因子。

若令 $K=\text{round}(\omega_i/\omega_0)$，则有 $-\omega_0/2\leqslant\Delta\omega=\omega-K\omega_0\leqslant\omega_0/2$，从式(11-18)可得：

$$C=\frac{1}{P}\left|\frac{\sin(\pi P(K\omega_0+\Delta\omega)/\omega_0)}{\sin(\pi(K\omega_0+\Delta\omega)/\omega_0)}\right|$$
$$=\frac{1}{P}\left|\frac{\sin(\pi P\Delta\omega/\omega_0)}{\sin(\pi\Delta\omega/\omega_0)}\right| \tag{11-19}$$

易推出，$\Delta\omega/\omega_0$ 在区间[-0.5,0.5]取值，$|H(\omega)|$ 为 $\Delta\omega_i/\omega_0$ 的偶函数。从式(11-19)可知，当 $\Delta\omega=0$，即 ω 等于 ω_0 或 ω_0 的整数倍时，$|H(\omega)|=1$。这说明 $x(n)$ 中的 ω 分量在平均后幅值不变；当 $\Delta\omega\neq0$、即 ω 不等于 ω_0 或 ω_0 的整数倍时，$|H(\omega)|<1$。这说明 $x(n)$ 中的 ω 分量在平均后幅值衰减。易知，时域平均时若 ω 分量为 $x(n)$ 中欲提取的感兴趣分量但存在周期截断误差 ΔT，则同样有 $\Delta\omega\neq0$，此时 $|H(\omega)|<1$，感兴趣分量同样被衰减。

通过对时域平均的定义和其传递函数特性的分析可以知道，信号感兴趣分量的周期截断误差会使它的平均结果产生衰减，周期截断误差 ΔT 虽然很小，但时域平均中对感兴趣分量的衰减可能很大。

设有信号 $x(t)$，以 200Hz 采样频率对 $x(t)$ 采样得到的离散序列 $x(n)$。对 $x(n)$ 进行时域平均处理，其中感兴趣的信号分量为一正弦波、频率 17.3Hz。这里，截取长度应为 $M=\text{round}(200/17.3)=12$，$\Delta t=0.005\text{s}$，则 $\omega_0=2\pi/(M\Delta t)$、$\omega=2\pi\times17.3$。把 ω 和 ω_0 代入式(11-18)，则每给一个平均段数 P，就可以算出对应的衰减程度 $|H(\omega)|$，表 11-1 列出了几种平均段数 P 对应的衰减程度。可以看出，随着 P 的增大，欲提取的 17.3Hz 感兴趣分量很快衰减；当 $P=6$ 时，其衰减到不到原来的 1/100。本例中存在周期截断误差 $\Delta T=0.0022\text{s}$。

表 11-1　几种平均段数 P 对应的 17.3Hz 正弦分量衰减程度 $|H(\omega)|$

平均段数 P	2	3	4	5	6
衰减程度 $\|H(\omega)\|$	0.8683	0.6720	0.4411	0.2096	0.0093

图 11-14 为某氮压缩机转轴振动位移信号的时域波形和频谱。图 11-14(a)为信号时域波形，2kHz 采样。图 11-14(b)所示的频谱标出了信号的 1～4 倍频 1×、2×、3×、4×。信号的基频 1× 为 135.43Hz。现欲用时域平均提取信号基频分量及其倍频分量。有 $M=\text{round}(2000/135.43)=15$，$\Delta t=0.0005\text{s}$，$\omega_0=2\pi/(M\Delta t)$，$\omega$ 为 1×、2×、3×、4×对应的角频率。

图 11-15 为图 11-14 信号 50 段时域平均后的时域波形及频谱，截取长度 $M=15$。从图 11-15(a)看，平均后信号比原信号衰减很多；从图 11-15(b)看，平

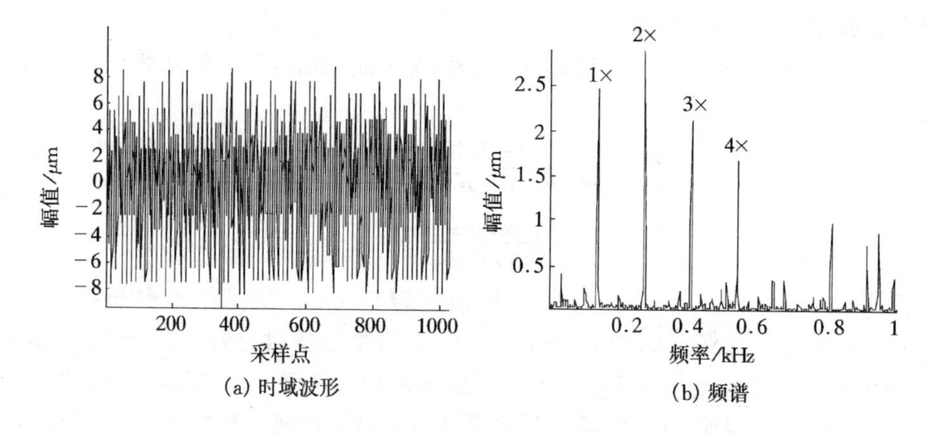

图 11-14　某氮压缩机转轴振动位移信号的时域波形及频谱

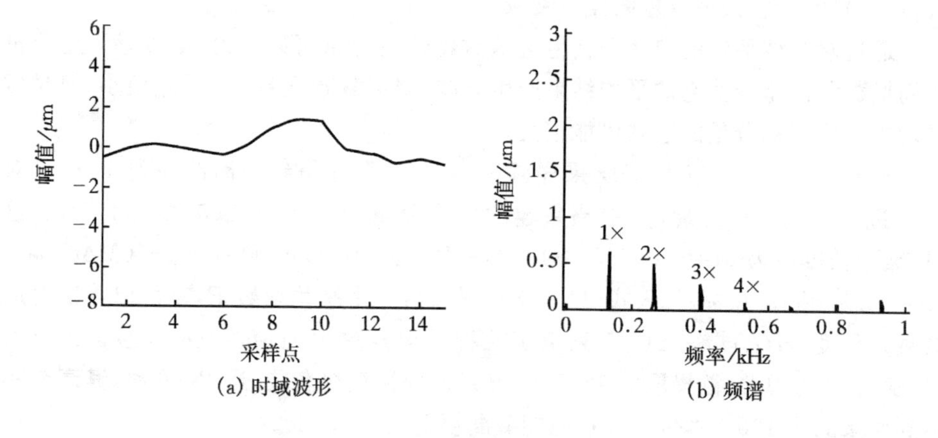

图 11-15　图 11-14 信号 50 段时域平均后的时域波形及频谱

均后虽然与基频倍频无关的分量被滤除干净，但是基频倍频却被极大地衰减，4×几乎被衰减没了。本例存在周期截断误差 $\Delta T=-0.232$s。

从以上的分析容易看出，周期截断误差 ΔT 可能使感兴趣分量本身在平均后产生极大衰减，从而达不到降噪和提高信噪比的作用。另外，实际中时域平均要提取的感兴趣成分一般不是单一频率分量、而是某基频分量及其若干倍频分量的组合。周期截断误差对这些感兴趣的基频及其各倍频分量的衰减比例是否一样，这是我们所关心的，因为如果衰减比例不一样则平均后提取的感兴趣的总信号还会产生畸变。通过对照图 11-15(b)和图 11-14(b)可看出，平均后基频及其各倍频分量的衰减比例是不一样的；从图 11-2 还可进一步知道，在一般情况下，若倍频对基频的倍数越大，则相对角频率 $\Delta\omega_i/\omega_0$ 越大，其倍频分量衰减比例也越大。因此，由于周期截断误差的存在，信号中感兴趣成分在时域平均后不仅可能产生很大的衰减，还可能产生一定程度的畸变。

周期截断误差 ΔT 产生的根源在于采样，为了清楚地看出采样与信号某感兴趣分量平均时产生衰减的关系，可把式(11-18)变换如下：

$$|H(f)| = \frac{1}{P}\left|\frac{\sin\left(\frac{\pi P f}{F_s}\mathrm{round}\left(\frac{F_s}{f}\right)\right)}{\sin\left(\frac{\pi f}{F_s}\mathrm{round}\left(\frac{F_s}{f}\right)\right)}\right| \tag{11-20}$$

其中，$|H(f)$是频率 f 分量时域平均后的衰减程度；f 是信号中某感兴趣分量频率；F_s 是采样频率；P 是平均段数；round 是就近取整函数。

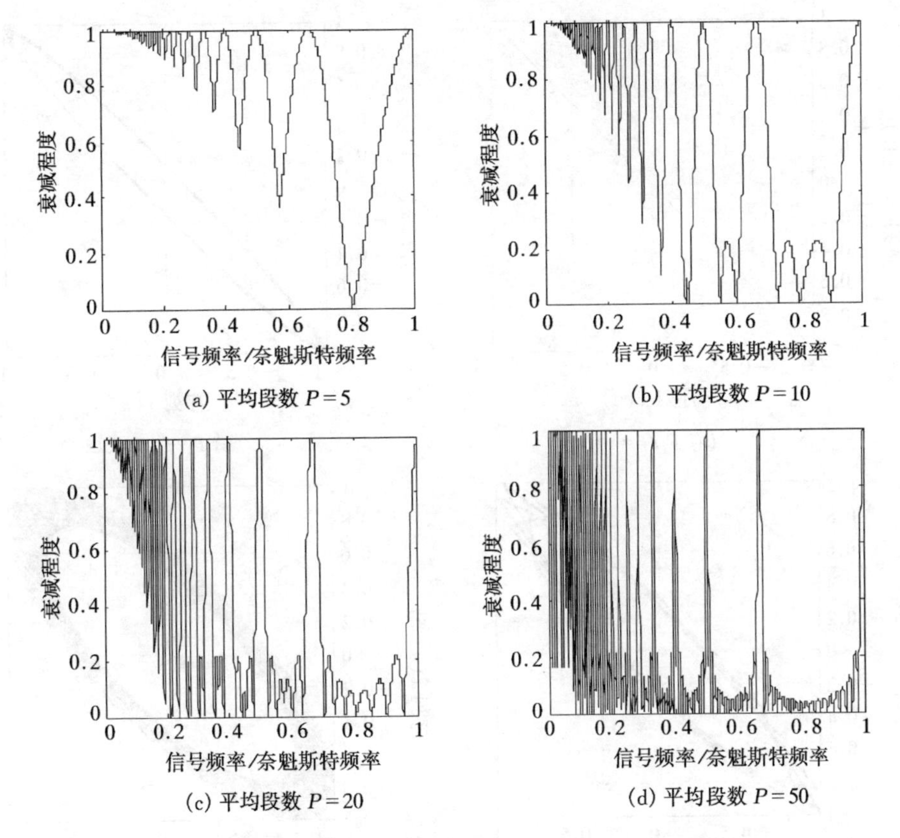

图 11-16　感兴趣分量衰减程度$|H(f)|$随其频率与奈魁斯特频率比值的变化

图 11-16 为由式(11-20)计算出的 4 种平均段数下信号感兴趣分量衰减程度$|H(f)|$的曲线，它们全面地描绘了$|H(f)|$随感兴趣分量频率与奈魁斯特频率比值变化的关系。凡是当 F_s/f 为整数时，$|H(f)|=1$；凡是 F_s/f 不为整数时，

$|H(f)|<1$，产生衰减。从图 11－16 可以清楚地看出，感兴趣分量的周期截断误差对其时域平均结果的影响是不容忽视的。

对信号的某一感兴趣分量，若平均段数相同但采样频率不同，将产生不同的平均结果，这是由于同一信号不同的采样频率产生的序列实质上差异可能很大，可以通过伪相图来说明这一点。图 11－17 为一正弦信号不同采样频率下的伪相图。采样序列若为严格以 M 为周期的序列，即 F_s/f 为整数，则 $x(n)$ 与 $x(n-M)$ 相图为一 45°斜线，如图 11－17(a)所示。若 F_s/f 偏离整数，则 $x(n)$ 与 $x(n-M)$ 相图偏离直线，为一椭圆，如图 11－17(b)、(c)、(d)所示。F_s/f 的大小及偏离整数程度不同，则椭圆也不一样。

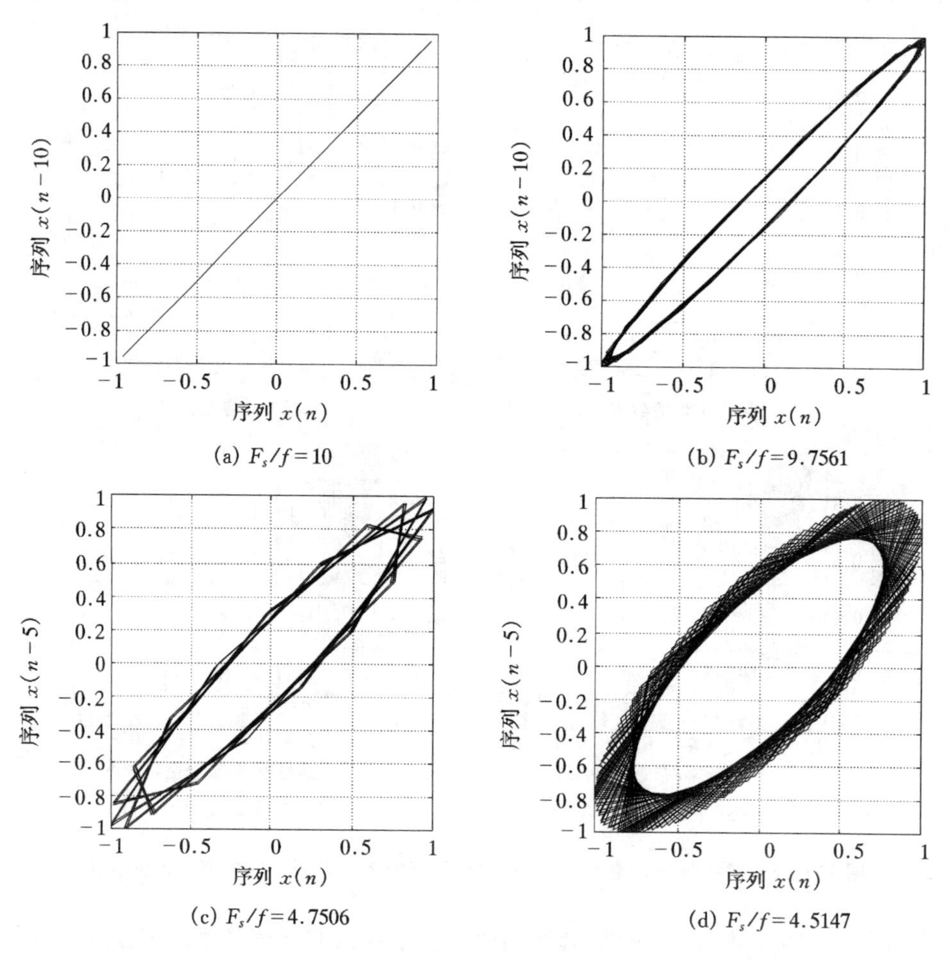

(a) $F_s/f=10$　(b) $F_s/f=9.7561$　(c) $F_s/f=4.7506$　(d) $F_s/f=4.5147$

图 11－17　一正弦信号不同采样频率下的 $x(n)$ 与 $x(n-M)$ 伪相图

11.3.2 确定合理的时域平均段数

在周期截断误差 ΔT 存在的情况下，并非平均段数 P 取得越大越好。一般情况下，周期截取误差 ΔT 确定以后，平均段数越多，则感兴趣的基频分量及其各倍频分量总和的衰减和畸变程度会越大。

为了在抑制白噪声的同时不致使感兴趣的总信号衰减和畸变过多，应该选择合适的平均段数 P。不妨认为，使感兴趣的基频及其各倍频分量的衰减因子均不小于 $\sqrt{2}/2$ 的最大的平均段数 P 为合理的平均段数，这样定义的合理平均段数也保证了感兴趣成分的畸变程度被控制在一定范围。可以通过式(11－18)计算出合理的平均段数，具体方法是：开始令平均段数 $P=2$，计算感兴趣的各分量衰减因子 $|H(\omega)|$，然后让 $P=P+1$ 再计算各分量下一个 $|H(\omega)|$，这样一直搜索到各分量的 $|H(\omega)|$ 均不小于 $\sqrt{2}/2$ 的最大平均段数 P 为止。

例如，设以 200Hz 采样频率对 $x(t)$ 采样得到的离散序列 $x(n)$ 中感兴趣的各分量为 17Hz 及其倍频分量。截取长度 $M=\mathrm{round}(200/17)=12$，$\Delta t=0.005\mathrm{s}$，则 $\omega_0=2\pi/(M\Delta t)$；$\omega$ 分别为 $2\pi\times17$、$2\pi\times34$、$2\pi\times51$、$2\pi\times68$、$2\pi\times85$ 等。把 ω 和 ω_0 代入式(11－18)，按照上述方法，则可以找出各感兴趣分量的衰减均不超过各自 $\sqrt{2}/2$ 的最大平均段数、即合理平均段数为 4。表 11－2 列出了几种平均段数下感兴趣的各分量的衰减情况，显然当平均段数大于 4 时，欲提取的各感兴趣分量会有较大地衰减。

表 11－2 几种平均段数下 17Hz 分量及其倍频分量的衰减情况 $|H(\omega)|$

平均段数	衰减程度 $\lvert H(\omega)\rvert$				
	3	4	5	7	11
17Hz	0.995	0.990	0.984	0.969	0.923
34Hz	0.979	0.961	0.938	0.878	0.713
51Hz	0.953	0.913	0.863	0.738	0.425
68Hz	0.918	0.849	0.765	0.564	0.135
85Hz	0.873	0.769	0.647	0.374	0.091

还可以按上述方法求出图 11－14 信号 4×、3×、2×、1×各分量衰减均不超过其 $\sqrt{2}/2$ 的合理平均段数，经计算为 7。表 11－3 列出了几种平均段数下计算出的各倍频分量的衰减因子，平均段数 7、9、14、28 分别对应 4×、3×、2×、1×各单个分量衰减不超过各自 $\sqrt{2}/2$ 的最大段数。图 11－18 为经这几种平均段数平均后

的信号波形及频谱。为了增加分辨力，作频谱时时域波形进行了周期延拓。对比图11－18的波形可知，随着平均段数的增多，信号减弱，并产生畸变；确定的合理平均段数 7 对应的波形畸变是较小的。从图 11－18 的频谱可更直观地看出各倍频分量的衰减情况及确定合理平均段数的意义。图 11－18 所示与表 11－3 的计算结果是一致的。

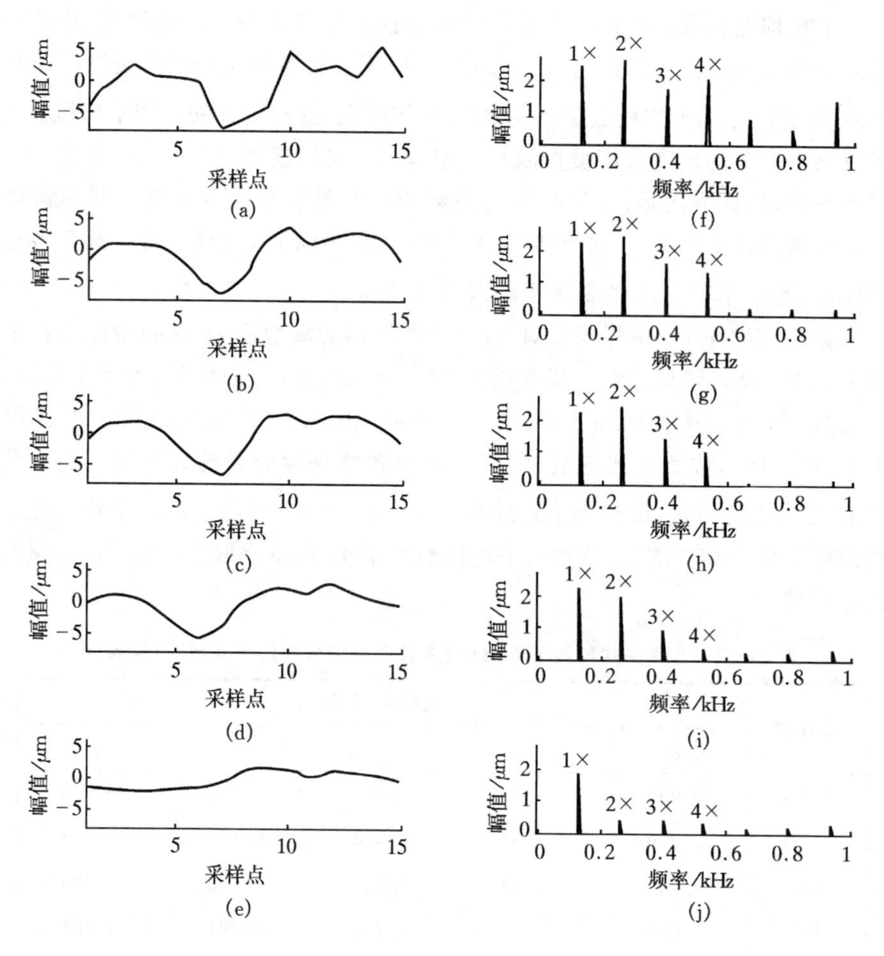

(a)(b)(c)(d)(e)分别为信号经 1 段(不平均)、7 段、9 段、14 段或 28 段平均后一个周期的波形；
(f)(g)(h)(i)(j)分别为信号以上五种波形对应的频谱

图 11－18 图 11－14 信号经几种平均段数平均后的信号波形及频谱

表 11-3 图 11-14 信号 1×～4×分量在几种平均段数下的衰减程度$|H(\omega)|$

截取的平均段数	衰减程度$\|H(\omega)\|$			
	7	9	14	28
1×(135.43Hz)	0.9806	0.9678	0.9225	<u>0.7105</u>
2×(270.86Hz)	0.9237	0.8747	<u>0.7114</u>	0.1326
3×(406.29Hz)	0.8331	<u>0.7314</u>	0.4236	0.2046
4×(541.72Hz)	<u>0.7149</u>	0.5538	0.1333	0.1240

以上的实例说明，在周期截断误差存在的情况下，确定合理平均段数的方法可以使信号感兴趣成分的衰减和畸变控制在可以接受的程度。但是，控制平均段数又势必减小降噪效果。

11.3.3 时域平均处的改进算法

前面时域平均处理算法的缺陷如图 11-19 的上部所示：由于平均段数连续截取的原因，周期截断误差 ΔT 会随着平均段数的增加而累积起来，从而影响了平均结果。连续截取的第 n 段的起点距其理想起点的误差为$(n-1)\Delta T$。因此，这一起点误差应尽可能减小。

图 11-19 的下部示意了时域平均改进算法的思想。它不严格地连续截取平

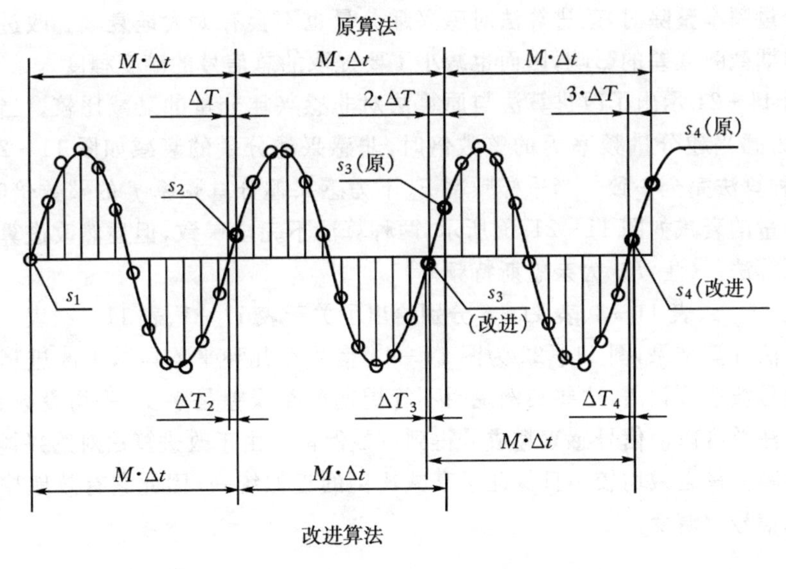

图 11-19 改进算法与原算法对照示意图

均段数，从而保证了任一段的起点误差小于采样间隔的一半即 $|\Delta T_i| \leqslant \Delta t/2$。图中从第 3 段起点开始，改进算法与原算法算法就有了差异。

设有 $x(t)$ 以 Δt 为间隔的采样序列 $x(n)$，$n=0,1,2,\cdots$，其中感兴趣分量的周期为 T，则时域平均处理改进算法如下：

$$y(n)=\frac{1}{P}\sum_{r=0}^{P-1}x(n-r\cdot m_k)\quad n=(P-1)M,(P-1)M+1,\cdots,pM-1 \tag{11-21}$$

其中，$y(n)$ 是平均后得到的新序列，长度仍然为 M，有 $M=\mathrm{round}(\frac{T}{\Delta t})$；$m_k$ 等于 $\mathrm{round}(\frac{k\cdot T}{\Delta t})$，它决定了每段截取起点位置，保证了每段起点误差小于采样间隔的一半；P 是平均段数。

式(11-21)两边取 Z 变换得到改进算法传递函数的幅频响应为：

$$|H(\omega)|=\frac{1}{P}\left|\sum_{k=0}^{P-1}\mathrm{e}^{-jm_k\omega\Delta t}\right| \tag{11-22}$$

其中，ω 为角频率，Δt 为采样间隔，$|H(\omega)|$ 为 ω 分量经改进算法平均后的衰减程度。

图 11-20 所示为改进算法对感兴趣单频分量的衰减情况。当没有周期截断误差时，改进算法对感兴趣分量不衰减；当有周期截断误差，即采样频率不能被感兴趣分量频率整除时，改进算法对感兴趣分量也不会有太大地衰减。改进算法减小了周期截断误差的影响，因而也减小了要提取的总信号的畸变程度。

图 11-21 示出了改进算法与原算法对非感兴趣分量的衰减比较。当采样频率 F_s 为感兴趣分量频率 f 的整数倍时，非感兴趣分量的衰减如图 11-21(a)所示，两种算法完全一致。当采样频率 F_s 不为感兴趣分量频率 f 的整数倍时，非感兴趣分量的衰减如图 11-21(b)所示，两种算法不完全一致，但显然改进算法明显优于原算法。(注：F_N 为奈魁斯特频率)

表 11-4、表 11-5、表 11-6 分别给出了关于表 11-1、表 11-2、表 11-3 的改进算法计算结果，图 11-22 为图 11-14 信号在几种平均段数下改进算法平均后的信号波形及频谱，这些实例说明不管周期截断误差是多少，平均段数有多大，改进算法总可以使信号感兴趣成分得到有效保留。由于改进算法对感兴趣的基频及其倍频分量衰减均较小且保证了衰减比例的近似统一，因此它有效地控制了感兴趣总信号的畸变。

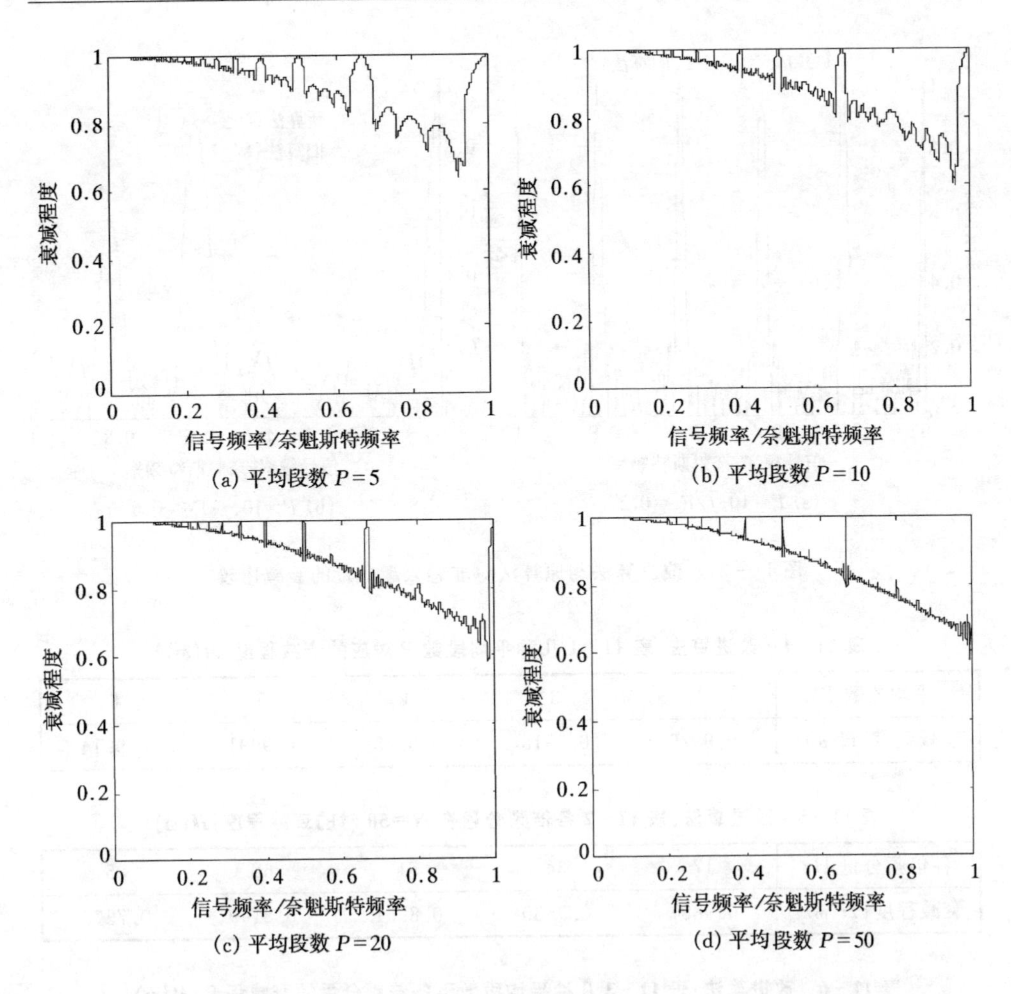

图 11-20　改进算法对感兴趣单频分量的衰减程度随其频率与奈魁斯特频率比值的变化

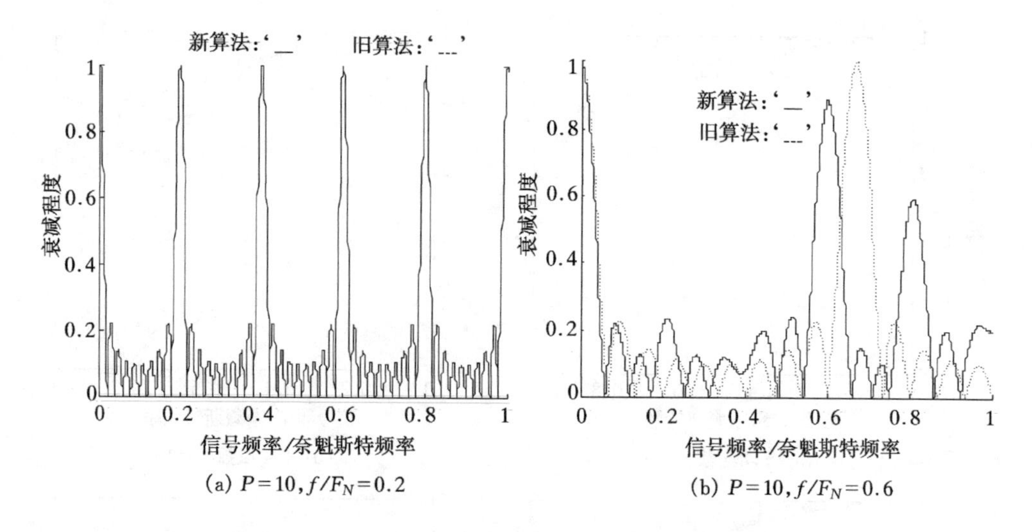

(a) $P=10, f/F_N=0.2$ (b) $P=10, f/F_N=0.6$

图 11-21 改进算法与原算法对非感兴趣分量的衰减比较

表 11-4 改进算法:表 11-1 几种平均段数 P 对应的衰减程度 $|H(\omega)|$

平均段数 P	2	3	4	5	6
衰减程度 $\|H(\omega)\|$	0.9929	0.9915	0.9923	0.9901	0.9914

表 11-5 改进算法:表 11-2 各倍频分量在 $N=50$ 时的衰减程度 $|H(\omega)|$

各倍频分量 Hz	17	34	51	68	85
衰减程度 $\|H(\omega)\|$	0.9881	0.9530	0.8961	0.8199	0.7275

表 11-6 改进算法:表 11-3 几种平均段数下各倍频分量的衰减程度 $|H(\omega)|$

	衰减程度 $\|H(\omega)\|$			
截取的平均段数	7	9	14	28
1×(135.43Hz)	0.9944	0.9930	0.9931	0.9929
2×(270.86Hz)	0.9775	0.9723	0.9728	0.9719
3×(406.29Hz)	0.9499	0.9384	0.9394	0.9375
4×(541.72Hz)	0.9121	0.8920	0.8938	0.8906

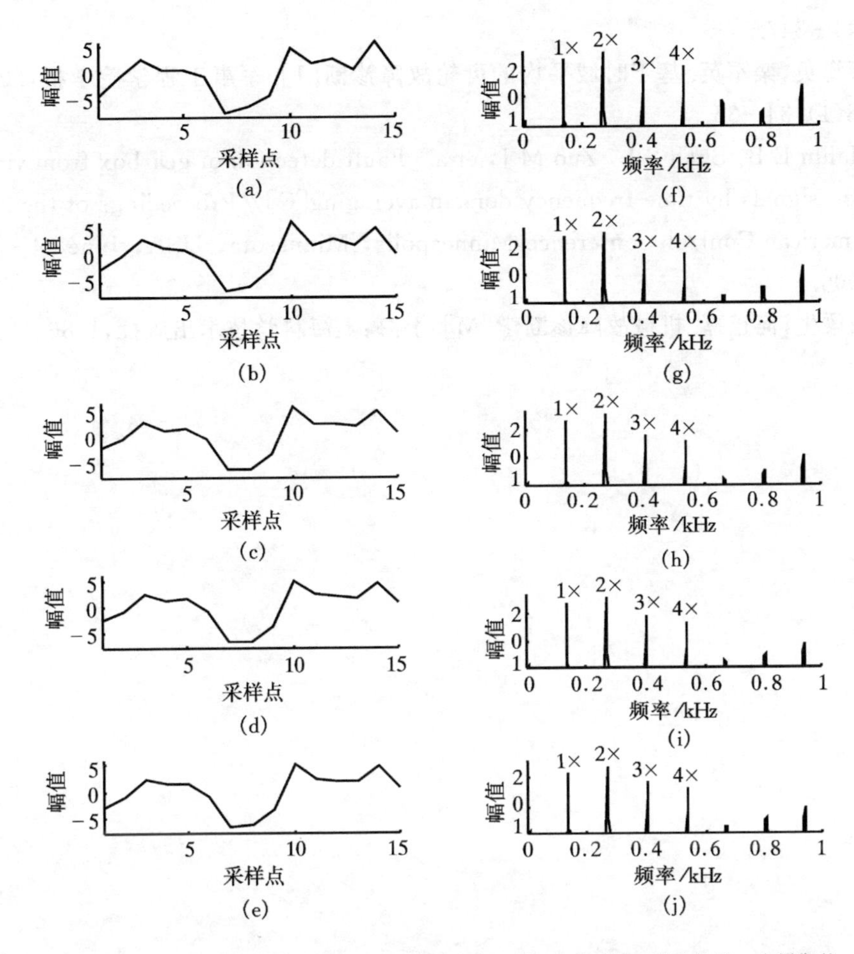

(a)(b)(c)(d)(e)分别为信号经1段(不平均)、7段、9段、14段或28段平均后一个周期的波形;(f)(g)(h)(i)(j)分别为信号以上五种波形对应的频谱。

图11-22　图11-14信号几种平均段数下改进算法平均后的信号波形及频谱

参考文献

1. 刘红星.振动加速度信号中的诊断信息提取与集成[D].西安:西安交通大学,1997.
2. 刘红星,林京.信号时域平均处理中的若干问题探讨[J].振动工程学报,1997,10(4):446-450.
3. 刘红星,屈梁生.信号时域平均处理的新算法[J].振动工程学报,1999,12(3):

344 - 347.

4. 康海英,栾军英.基于时域平均的齿轮故障诊断[J].军事工程学院学报,2006,18(1):34 - 36.
5. Halim E B, Shah S L, Zuo M J, et al. Fault detection of gearbox from vibration signals by time-frequency domain averaging[C]//Proceedings of the 2006 American Control Conference Minneapolis, Minnesota, USA, June 14 - 16, 2006.
6. 屈梁生,何正嘉.机械故障诊断学[M].上海:上海科学技术出版社,1986.

第12章　支持向量机

用人类的思维揭示学习的秘密是一个历史性的难题。由于信息技术的迅猛发展和计算机的广泛应用,学习问题,特别是机器学习问题已成为广大研究、技术人员所必须面对的实际问题。传统的学习理论主要是基于经验风险最小化原则。所谓经验风险,是指在训练集上的风险,通常用平均平方误差表示。理论表明,当训练数据趋于无穷多时,经验风险收敛于实际风险。因此经验风险最小化原则隐含的使用无穷多训练样本的假设。但在现实中可用的训练样本数量总是有限的。虽然人们知道这一点,但传统上仍然基于经验风险最小化原则来推导各种算法。因此实际应用中这些算法遇到了许多困难,如小样本问题、高维问题、学习器结构问题和局部极值问题等。

统计学习理论从控制学习机器复杂度的思想出发,提出了结构风险最小化原则。该原则使得学习机器在可容许的经验风险范围内,总是采用具有最低复杂度的函数集。支持向量机是在统计学习理论基础上发展起来的一种性能优良的学习器。其基本的思想是,将原始模式空间映射到高维特征空间,并在该特征空间中寻找最优分类超平面。支持向量机利用一些具有特殊性质的核函数,将特征空间中的内积运算转化为低维空间中的非线性运算,从而巧妙地避免了高维空间中的计算问题。本章在简要介绍传统的经验风险最小化机器学习方法的基础上,介绍了统计学习中的相关概念,以及基于结构风险最小化的支持向量机原理,并阐述了支持向量机用于分类和回归的方法。最后介绍了支持向量机在滚动轴承以及汽车发动机故障诊断中的应用。

12.1　机器学习的基本方法

12.1.1　问题的表示

机器学习的目的是根据给定的训练样本,求系统输入输出之间的依赖关系,使之能够尽可能准确地预测系统的未知输出。在训练过程中输入与输出组成训练样本(x,y)供给学习器学习;在测试过程中训练后的学习器对于输入 x 给出预测的输出 $\hat{y}$。

假定变量 x 与 y 之间存在某种未知依赖关系,即遵循某一未知的联合概率

$F(x,y)$，机器学习问题就是根据 l 个独立同分布观测样本 $(x_1,y_1),\cdots,(x_i,y_i),\cdots,(x_l,y_l)$，在一组函数 $\{f(x,w)\}$ 中求一个最优的函数 $f(x,w_0)$，对其依赖关系进行估计，使得如下的期望风险最小：

$$R(w)=\int L(y,f(x,w))\mathrm{d}F(x,y) \tag{12-1}$$

其中，$\{f(x,w)\}$ 称作预测函数集，w 为函数的广义参数，$L(y,f(x,w))$ 称为损失函数。对于两类模式识别问题，$y_i\in\{1,-1\}$；而在回归估计中，$y_i\in R$。

12.1.2 经验风险最小化原则

上述的学习目标在于使期望风险最小化。学习中我们可以利用的信息只有观测样本，(12-1)式的期望风险无法计算。传统的学习方法中采用了所谓的经验风险最小化(ERM)原则，即用样本定义的经验风险：

$$R_{\mathrm{emp}}(w)=\frac{1}{l}\sum_{i=1}^{l}L(y_i,f(x_i,w)) \tag{12-2}$$

作为对(12-1)式的估计，设计学习算法使它最小化。

然而，用经验风险代替期望风险最小化的方法并没有经过充分地理论论证，这也仅仅是一种直观上合理的做法。一直以来，将经验风险最小化原则作为解决模式识别等机器学习问题的基本思想，几乎统治了这个领域内的所有研究。大部分的研究者把注意力集中在如何更好地逼近最小化经验风险的最优解上。

12.1.3 复杂性与推广能力

ERM 准则不成功的一个例子是神经网络的过学习(overfitting)问题。起初人们的注意力都集中在如何使 $R_{\mathrm{emp}}(w)$ 更小，但很快就发现 $R_{\mathrm{emp}}(w)$ 小并不总能导致好的预测效果。在某些情况下训练误差过小反而会导致推广能力下降，即真实风险增加，这就是过学习问题。

出现这种现象的原因，一是因为样本不充分，二是学习器设计不合理。举一个简单的例子，假设有一组实数样本 $\{x,y\}$，y 取值在 $[0,1]$ 之间，那么无论样本是依据什么模型产生的，只要用函数 $f(x,\alpha)=\sin(\alpha x)$ 去拟合它们，总能找到一个 α 使训练误差为零。显然，由此得到的“最优”函数并不能正确代表真实模型。究其根本原因在于，试图用一个十分复杂的模型去拟合有限的样本，导致丧失了推广能力。

例如在有噪声条件下用模型 $y=x^2$ 产生 10 个样本，分别用一个一次函数和一个二次函数根据 ERM 准则去拟合。结果显示，虽然真实模型是二次，但由于样本数有限且受噪声的影响，用一次函数预测的结果更好。因此，在有限样本情况下经验风险最小并不一定意味着期望风险最小；学习器的复杂性应与所研究的系统有关，且要和有限数目的样本相适应。我们需要一种在小样本情况下能进行有效学习和推广的方法。

12.2　统计学习理论

与传统统计学相比，统计学理论(Statistical Learning Theory, SLT)是建立在一套较坚实的理论基础上的。它是一种专门研究小样本情况下机器学习规律的理论。Vapnik 等人从 20 世纪六七十年代开始致力于此方面的研究，到 90 年代中期，随着其理论的不断发展和成熟，也由于神经网络等学习方法在理论上缺乏实质性进展，统计学习理论开始受到越来越广泛地重视。

任何学习器都可以看成是一组函数的集合，机器学习问题就是从函数集合中选择合适的逼近函数并进行参数化的过程。所谓学习器的容量也就是它所对应的函数集的容量，或者叫做复杂度。容量代表了函数集实现从输入到输出的映射能力，对学习器来说，叫做学习能力。容量越大，机器学习能力就越强。在模式识别问题中，学习能力强的机器能够得到更加复杂的分类面。然而，越复杂的分类面，就越依赖于训练数据分布的细节，这就往往会导致学习器的推广能力不足。

统计学习理论用 VC 维来描述学习器的容量，并从控制学习器容量的思想出发，结合经验风险和训练样本数据，导出了期望风险在不同情况下的一组分析上界。在实际的训练过程中，可以通过最小化风险上界，实现对学习机器的优化。由此所得到的学习器的复杂度受到了很好地控制，即使在小样本情况下也同样具有比较高的推广能力。

12.2.1　VC 维

为了研究学习过程中一致收敛的速度和推广性，统计学习理论定义了一系列有关函数集学习性能的指标，其中最重要的就是 VC 维(Vapnik-Chervonenkis Dimension)。模式识别中 VC 维的直观定义是：如果存在 h 个样本能够被函数集中的函数按所有可能的 2^h 种形式分开，则称该函数集能够把 h 个样本打散；函数集的 VC 维就是它能打散的最大样本数目 h。若对任意数目的样本都有函数集能将它们打散，则函数集的 VC 维是无穷大。

举一个具体的例子：假定模式空间是二维平面 R^2，所要考察的函数集是由带方向的直线组成。直线方向由其法线方向表示，法线的箭头所指的一面标记为 1，另一面标记为 0。该直线可以看作一个学习器(分类函数)。图 12－1 表明，平面中的直线可以将三个任意给定的点按照所有可能的方式(2^3 种)划分。根据 VC

维的定义,二维平面中直线(分类函数)的 VC 维是 3。

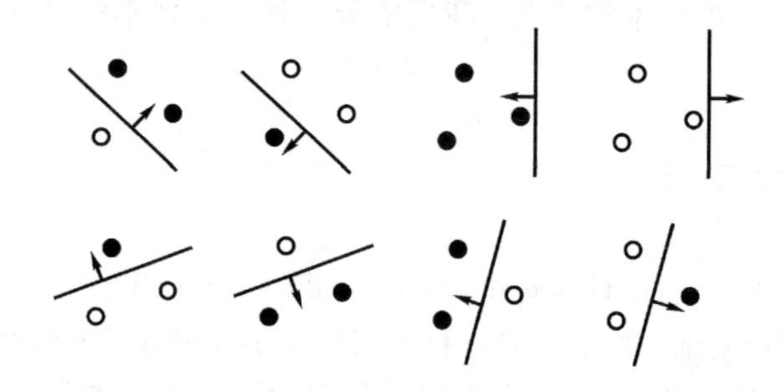

图 12-1 平面上三点被有向直线任意划分的方式

12.2.2 推广性的界

对于各种类型的函数集,统计学习理论系统地研究了经验风险和实际风险之间的关系,即推广性的界。对于两类分类问题的结论是:对指示函数集中的所有函数,经验风险 $R_{emp}(w)$和实际风险 $R(w)$之间以至少 $1-\eta$ 的概率满足以下关系:

$$R(w) \leqslant R_{emp}(w) + \sqrt{\frac{h(\ln(2l/h)+1)-\ln(\eta/4)}{l}} \tag{12-3}$$

其中 h 是函数集的 VC 维,l 是样本数。式中右边的第一部分为经验风险,第二部分称作置信范围。(12-3)式可以简单的表示为:

$$R(w) \leqslant R_{emp}(w) + \Phi(l/h) \tag{12-4}$$

置信范围随 l/h 的变化趋势如图 12-2 所示。当 l/h 较小时,置信范围较大,此时用经验风险代替期望风险就会出现较大的误差。如果样本数较多,使得 l/h 较大,则置信范围就会较小,经验风险最小化的最优解就会接近真正的最优解。

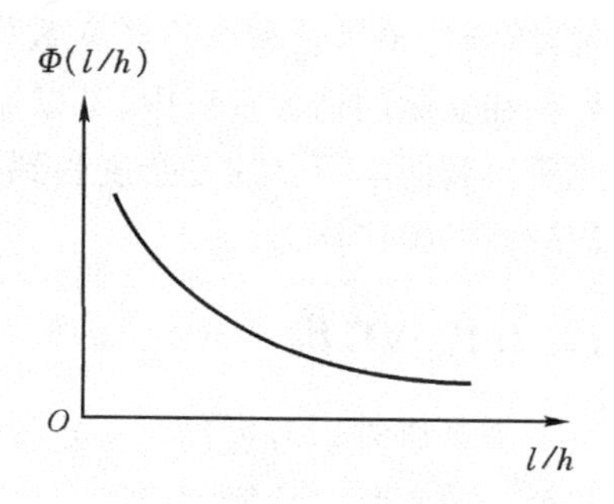

图 12-2 置信范围变化趋势

12.2.3 结构风险最小化原则

基于前面的论述,我们发现 ERM 准则在样本有限时是不合理的。为了使经验风险近似代替真实风险,统计学习理论提出了一种新的策略,即把函数集构造为一个函数子集序列,使各个子集按照 VC 维的大小排列。在每个子集中折中考虑经验风险和置信范围,取得实际风险最小,如图 12-3 所示。这种思想称作结构风险最小化(Structural Risk Minimization),即 SRM 准则。

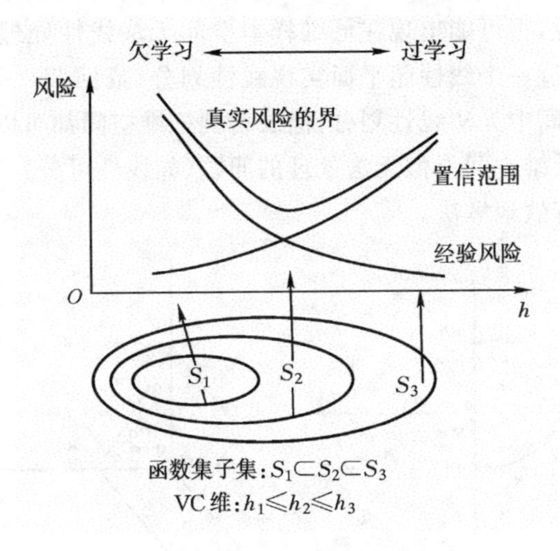

图 12-3　结构风险最小化示意图

实现 SRM 原则有两种思路:一是在每个子集中求最小经验风险,然后选择使最小经验风险和置信范围之和最小的子集。显然这种方法比较费时,当子集数目很大甚至无穷时不可行。二是设计函数集的某种结构使每个子集都能取得最小经验风险,然后只需选择适当的子集使置信范围最小,则这个子集中使经验风险最小的函数就是最优函数。支持向量机实际上就是这种思想的具体实现。

12.3　支持向量机

基于 Vapnik 等人提出的统计学习理论的支持向量机(Support Vector Machines, SVM)方法,为解决小样本分类,非线性问题提供了一个新的思路。

12.3.1　SVM 的基本思想

SVM 的基本思想是升维和线性化:定义最优线性超平面,并把寻找最优线性超平面的算法归结为求解一个凸规划问题。进而基于 Mercer 核展开定理,通过非线性映射 φ,把样本空间映射到一个高维乃至于无穷维的特征空间(Hilbert 空间),使在特征空间中可以应用线性学习机的方法解决样本空间中的高度非线性分类和回归等问题。

降维(即把样本空间向低维空间做投影)是人们处理复杂问题常用的简化方法之一。这样做可以降低计算的复杂性。而升维是把样本向高维空间做映射,一般只会增加计算的复杂性，甚至会引起“维数灾”，因而人们很少问津。但是作为分类、回归等问题来说，很可能出现在低维样本空间无法线性处理的样本集，在高维特征空间却可以通过一个线性超平面实现线性划分(或回归)。例如，图 12－4 给出了一个在二维空间中无法线性划分，但映射到三维空间却可以线性划分的例子。由图可知，很多在低维空间看似无法处理的问题(如线性可分)，通过映射到高维空间，往往可以得到有效地解决。

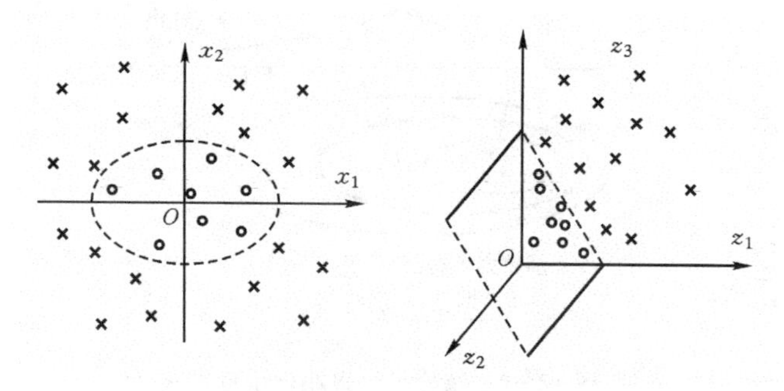

图 12－4 线性不可分通过升维变成线性可分

支持向量机正是基于上述基本原理，而这又产生了两个问题：①如何求得非线性映射 φ；②怎样解决算法的复杂性。针对上述两个问题，支持向量机方法应用了核函数的展开定理，所以根本不需要知道非线性映射的显示表达；同时，由于支持向量机方法是在高维特征空间中应用线性学习机的方法，所以与线性模型相比几乎不增加计算的复杂性，这在某种程度上避免了“维数灾”。

12.3.2 最优超平面与支持向量机

给定训练样本集$(\boldsymbol{x}_1,\boldsymbol{y}_1),(\boldsymbol{x}_2,\boldsymbol{y}_2),\cdots,(\boldsymbol{x}_l,\boldsymbol{y}_l)$，其中 $\boldsymbol{x}_i\in R^N$，为 N 维向量，$\boldsymbol{y}_i\in\{-1,1\}$或 $\boldsymbol{y}_i\in\{1,2,\cdots,k\}$或 $\boldsymbol{y}_i\in R$。通过训练学习寻求模式 $M(\boldsymbol{x})$，使其不但对于训练样本集满足 $\boldsymbol{y}_i=M(\boldsymbol{x}_i)$，且对于预报数据集 $\boldsymbol{x}_{l+1},\boldsymbol{x}_{l+2},\cdots,\boldsymbol{x}_m$，同样能得到满意的对应输出值 $\boldsymbol{y}_i$。

当 $\boldsymbol{y}_i\in\{-1,1\}$时为最简单的二类划分；当 $\boldsymbol{y}_i\in\{1,2,\cdots,k\}$时为多类($k$ 类)划分；当 $\boldsymbol{y}_i\in R$ 时为函数估计，即回归分析。如果分类器 $\boldsymbol{M}(\boldsymbol{x})$为线性函数(直线或线性超平面)时对应线性划分；否则为非线性分类。线性划分的理想情况是训练样本集可以完全线性分离。当不能线性分离(训练样本有重叠现象)时，可以通过引入松弛变量而转化为可线性分离的情况。对于非线性划分，需要通过核函数将样本空间映射到高维特征空间，在特征空间中进行线性划分。

对于给定训练样本集的线性二类划分问题，设寻求的函数为：

$$y = f(\boldsymbol{x}) = \mathrm{Sgn}((\boldsymbol{w} \cdot \boldsymbol{x}) + b) \tag{12-5}$$

使对于 $i=1,2,\cdots,l$ 满足条件

$$y_i = f(\boldsymbol{x}_i) = \mathrm{Sgn}((\boldsymbol{w} \cdot \boldsymbol{x}_i) + b) \tag{12-6}$$

其中 $\boldsymbol{x}_i \in R^N, b \in R, \boldsymbol{w}, b$ 为待定系数。显然 $(\boldsymbol{w} \cdot \boldsymbol{x}) + b = 0$ 为划分超平面，$\boldsymbol{w}$ 为其法线方向向量。条件(12-6)又可写成等价形式：

$$y_i((\boldsymbol{w} \cdot \boldsymbol{x}_i) + b) > 0 \tag{12-7}$$

对于线性可分离问题，满足条件(12-5)的线性决策函数是不唯一的。图12-5给出了二维情况下满足条件的划分直线的分布区域图，落在深色区域内的任一直线都可作为决策函数。那么，哪一个决策函数最优？

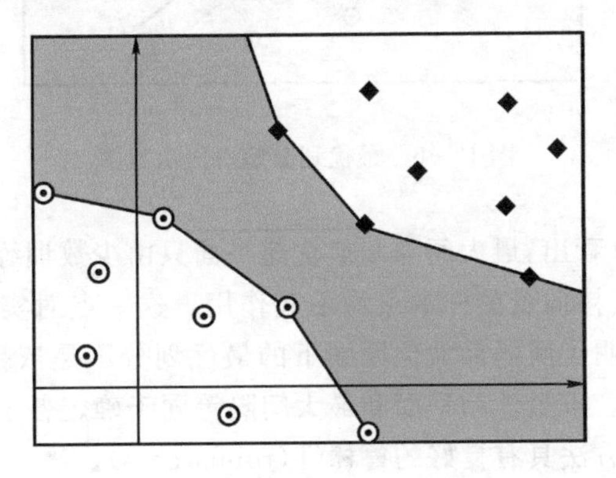

图 12-5　划分直线的分布区域图

判断决策函数优劣通常采用误差最小化原则，即寻求使对训练样本集的分类误差"总和"最小的决策函数。按照此原则，落在虚线区域内的任一直线都是最优决策函数，因为它们都使总分类误差为零。

Vapnik 提出了一个最大边际化(maximal-margin)原则。所谓边际又称间隔，是指训练样本集到划分超平面的距离，它是所有训练样本点到划分超平面(垂直)距离中的最小者：

$$\mathrm{Min}(\| \boldsymbol{x} - \boldsymbol{x}_i \| : x \in R^N, (\boldsymbol{w} \cdot \boldsymbol{x}) + b = 0, i = 1, \cdots, l) \tag{12-8}$$

所谓最大边际化原则是指寻求使间隔达到最大的划分为最优，即是对 w,b 寻优，求得最大间隔：

$$\mathop{\mathrm{Max}}_{\boldsymbol{w},b}(\mathrm{Min} \| \boldsymbol{x} - \boldsymbol{x}_i \| : x \in R^N, (\boldsymbol{w} \cdot \boldsymbol{x}) + b = 0, i = 1, \cdots, l) \tag{12-9}$$

对应最大间隔的划分超平面称为最优划分超平面，简称最优超平面。如图12-6中两条平行虚线 l_1, l_2(称为边界)距离的一半就是最大间隔。可以证明最大间隔是唯一的，但达到最大间隔的最优超平面可能不唯一。

最大间隔和最优超平面只由落在边界上的样本点完全确定，我们称这样的样本点为支持向量，如图 3－3 中的 $\boldsymbol{x}_1, \boldsymbol{x}_2, \boldsymbol{x}_3$。

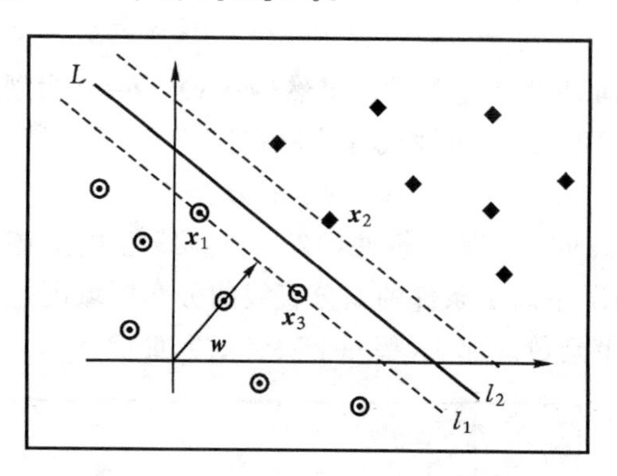

图 12－6 最优划分超平面示意图

至此，我们可以看出：最大间隔和最优超平面只由少数训练样本点（支持向量）来确定，而其余非支持向量的样本点均不起作用。这一点对实际中模式识别具有重要的意义。它表明了间隔最大化原则下的最优划分不是依赖于所有点，而只是由支持向量所决定。求最优超平面和最大间隔等同于确定各个样本点是否为支持向量。这预示着该方法具有良好的鲁棒性(robustness)。

12.3.3 线性支持向量机

1. 线性可分离情况

对于给定的训练样本集，如果样本是线性可分的，建立线性支持向量机如下：

设图 12－6 中的划分超平面 L 的方程为$(\boldsymbol{w} \cdot \boldsymbol{x})+b=0$，两条边界 l_1, l_2 的方程（经过恒等变形）为$(\boldsymbol{w} \cdot \boldsymbol{x})+b=\pm 1$，设 x_1 在 l_1 上，x_2 在 l_2 上，即$(\boldsymbol{w} \cdot \boldsymbol{x}_1)+b=-1$，$(\boldsymbol{w} \cdot \boldsymbol{x}_2)+b=+1$。两式相减得 $\boldsymbol{w} \cdot (\boldsymbol{x}_2-\boldsymbol{x}_1)=2$，进而有：

$$\frac{\boldsymbol{w}}{\|\boldsymbol{w}\|} \cdot (\boldsymbol{x}_2-\boldsymbol{x}_1)=\frac{2}{\|\boldsymbol{w}\|} \tag{12-10}$$

上式左边恰好就是连接 x_1, x_2 的向量在划分超平面法向上的投影，它是最大间隔的 2 倍。求最大间隔等价于求 $\|\boldsymbol{w}\|$ 或 $\|\boldsymbol{w}\|^2$ 或 $\frac{1}{2}\|\boldsymbol{w}\|^2$ 的最小值。考虑到要使所有训练样本点正确分类，应满足$(\boldsymbol{w} \cdot \boldsymbol{x}_i)+b \geqslant 1$，若 $y_i=1$；$(\boldsymbol{w} \cdot \boldsymbol{x}_i)+b \leqslant -1$，若 $y_i=-1$，两式可以合并为：

$$y_i((\boldsymbol{w} \cdot \boldsymbol{x}_i)+b) \geqslant 1 \tag{12-11}$$

这样，建立线性支持向量机的问题转化为求解如下一个二次凸规划问题

$$\begin{cases}\min \frac{1}{2}\|\boldsymbol{w}\|^2 \\ \text{约束条件}: y_i((\boldsymbol{w}\cdot\boldsymbol{x}_i)+b)\geqslant 1\end{cases} \tag{12-12}$$

由于目标函数和约束条件都是凸的，根据最优化理论，这一问题存在唯一的全局最小解。应用 Lagrange 乘子并考虑满足 KKT 条件(Karush-Kuhn-Tucker)：

$$\alpha_i(y_i((\boldsymbol{x}\cdot\boldsymbol{x}_i)+b)-1)=0 \tag{12-13}$$

可求得最优超平面决策函数为

$$M(x)=\mathrm{Sgn}((\boldsymbol{w}^*\cdot\boldsymbol{x})+b^*)=\mathrm{Sgn}(\sum_{S.V.}\alpha_i^* y_i(\boldsymbol{x}\cdot\boldsymbol{x}_i)+b^*) \tag{12-14}$$

其中 α_i^*，b^* 为确定最优划分超平面的参数，$(\boldsymbol{x}\cdot\boldsymbol{x}_i)$ 为两个向量的点积。由(12-13)可知：非支持向量对应的 α_i 都为 0，求和只对少数支持向量进行。

2. 线性不可分情况

对于线性不可分情况，通过引入松弛变量 $\xi_i\geqslant 0$，修改目标函数和约束条件，应用完全类似的方法求解。与(12-12)类似的新的凸规划问题为：

$$\begin{cases}\min \frac{1}{2}\|\boldsymbol{w}\|^2+C\sum_i \xi_i \\ \text{约束条件}: y_i((\boldsymbol{w}\cdot\boldsymbol{x}_i)+b)\geqslant 1-\xi_i\end{cases} \tag{12-15}$$

若 ξ_i 都为 0，上式就变成了线性可分问题(12-12)。式(12-15)中大于 0 的 ξ_i 对应错分的样本，表示容许一定的错分情况。容许错分的分类超平面称作软间隔分类超平面。参数 C 为惩罚系数，表示在分类间隔和错误率之间的折中。

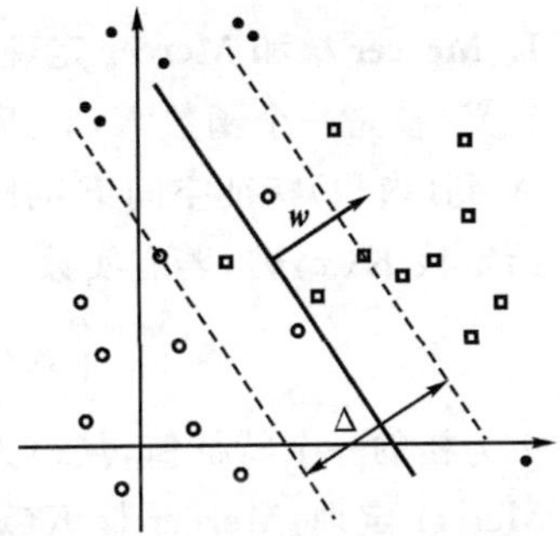

图 12-7　线性不可分情况下的软间隔分类超平面

图 12-7 表示训练数据不可分的情况下，由于允许错分，因此相当于在刨除那些错分样本的情况下，最大化分类间隔超平面。

12.3.4　非线性支持向量机

支持向量机真正有价值的地方是用来解决非线性问题。它是通过一个非线性映射 φ，把样本空间映射到一个高维乃至于无穷维的特征空间，使在特征空间中可以应用线性支持向量机的方法解决样本空间中的高度非线性分类和回归等问题。图 12-8 对此给出了二维样本数据的直观示意图。

在特征空间 F 中应用线性支持向量机的方法，分类决策函数(12-14)变为

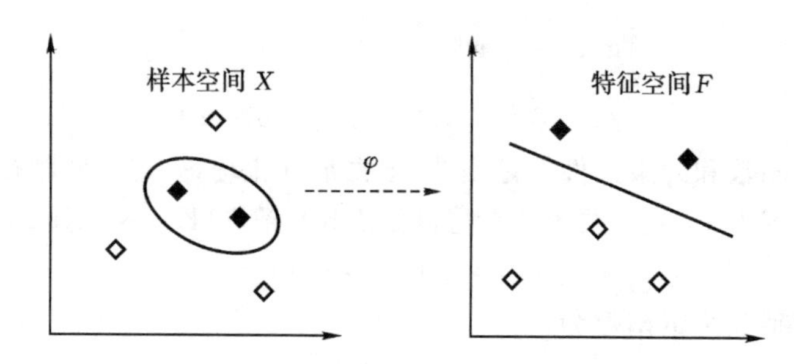

图 12-8 样本空间到特征空间的非线性映射

$$M(x) = \mathrm{Sgn}((\boldsymbol{w}^* \cdot \boldsymbol{\varphi}(\boldsymbol{x})) + b^*) = \mathrm{Sgn}(\sum_{S.V.} \alpha_i^* y_i (\varphi(\boldsymbol{x}) \cdot \varphi(\boldsymbol{x}_i)) + b^*) \tag{12-16}$$

与(12-14)式相比，这里只是用 $\boldsymbol{\varphi}(\boldsymbol{x})$ 和 $\boldsymbol{\varphi}(\boldsymbol{x}_i)$ 代替了 x 和 x_i。为了避开非线性映射 $\boldsymbol{\varphi}$ 的显式表达式，必须借助 Mercer 定理。

1. Mercer 核和 Mercer 定理

定义：核是一个函数 K，对所有 $\boldsymbol{x},\boldsymbol{y} \in X$，满足：$K(\boldsymbol{x},\boldsymbol{y}) = \boldsymbol{\varphi}(\boldsymbol{x}) \cdot \boldsymbol{\varphi}(\boldsymbol{y})$，这里 $\boldsymbol{\varphi}$ 是从 X 到(内积)特征空间 F 的映射。

给定核 $K(x,y)$，若有实数 λ 和非零函数 $\boldsymbol{\phi}(\boldsymbol{x})$ 使成立：

$$\int_a^b K(\boldsymbol{x},\boldsymbol{y})\boldsymbol{\phi}(\boldsymbol{x})\mathrm{d}\boldsymbol{x} = \lambda\boldsymbol{\phi}(\boldsymbol{y}) \tag{12-17}$$

则称 λ 为核的一个特征值，$\boldsymbol{\phi}(\boldsymbol{x})$ 为核关于特征值 λ 的一个特征函数。

Mercer 定理：Mercer 核 $K(\boldsymbol{x},\boldsymbol{y})$ 可以展开成一致收敛的函数项级数：

$$K(\boldsymbol{x},\boldsymbol{y}) = \sum_i \lambda_i \boldsymbol{\phi}_i(x)\boldsymbol{\phi}_i(y) \tag{12-18}$$

其中 λ，$\boldsymbol{\phi}_i(\boldsymbol{x})$ 分别为核 $K(\boldsymbol{x},\boldsymbol{y})$ 的特征值和特征向量，它们的个数可能有限或无穷。

核的使用使得将数据隐式表达为特征空间，并在其中训练一个线性学习器成为可能，从而越过了本来需要的计算特征映射的问题。核函数的确定比较容易，满足 Mercer 条件的任意对称函数都可作为核函数，常用的核函数：

(1) 高斯核函数(RBF)：$K(\boldsymbol{x},\boldsymbol{x}_i) = \exp\left(-\frac{\|\boldsymbol{x}-\boldsymbol{x}_i\|^2}{\sigma^2}\right)$

(2) 多项式核函数：$K(\boldsymbol{x},\boldsymbol{x}_i) = ((\boldsymbol{x} \cdot \boldsymbol{x}_i)+1)^d, d \in N$

(3) Sigmoid 核函数：$K(\boldsymbol{x},\boldsymbol{x}_i) = \tanh(v(\boldsymbol{x}\boldsymbol{x}_i)+c), v>0, c<0$

下面给出几种从现有的核函数中构造核函数的方法。

令 K_1 和 K_2 是在 $X \times X$ 上的核，$X \subseteq R^n$，$a \in R^+$，$f(\cdot)$ 是 X 上的一个实值函数，$\boldsymbol{\varphi}: X \to R^m$，$K_3$ 是 $R^m \times R^m$ 上的核，且 B 是一个对称半正定 $n \times n$ 矩阵。那么下

面的函数是核函数：

(1) $K(\boldsymbol{x},\boldsymbol{y})=K_1(\boldsymbol{x},\boldsymbol{y})+K_2(\boldsymbol{x},\boldsymbol{y})$

(2) $K(\boldsymbol{x},\boldsymbol{y})=aK_1(\boldsymbol{x},\boldsymbol{y})$

(3) $K(\boldsymbol{x},\boldsymbol{y})=K_1(\boldsymbol{x},\boldsymbol{y})K_2(\boldsymbol{x},\boldsymbol{y})$

(4) $K(\boldsymbol{x},\boldsymbol{y})=f(\boldsymbol{x})f(\boldsymbol{y})$

(5) $K(\boldsymbol{x},\boldsymbol{y})=K_3(\boldsymbol{\varphi}(\boldsymbol{x}),\boldsymbol{\varphi}(\boldsymbol{y}))$

(6) $K(\boldsymbol{x},\boldsymbol{y})=\boldsymbol{x}'B\boldsymbol{y}$

2. 特征空间与非线性支持向量机

如果我们作如下样本空间 X 到特征空间 F 的非线性映射 $\boldsymbol{\varphi}$：

$$\boldsymbol{\varphi}(\boldsymbol{x}) = (\sqrt{\lambda_1}\boldsymbol{\phi}_1(\boldsymbol{x}),\sqrt{\lambda_2}\boldsymbol{\phi}_2(\boldsymbol{x}),\cdots,\sqrt{\lambda_k}\boldsymbol{\phi}_k(\boldsymbol{x}),\cdots)$$

则显然有：

$$K(\boldsymbol{x},\boldsymbol{y}) = \sum_i \lambda_i \boldsymbol{\phi}_i(\boldsymbol{x})\boldsymbol{\phi}_i(\boldsymbol{y}) = \boldsymbol{\varphi}(\boldsymbol{x}) \cdot \boldsymbol{\varphi}(\boldsymbol{y}) \qquad (12-19)$$

由此可以看出，当我们把样本空间通过非线性映射映入特征空间时，如果只用到映象的点积，则可以用相对应的核函数来代替，而不需要知道映射的显式表达式。这是从线性支持向量机到非线性支持向量机关键的一步。

在特征空间 F 中应用线性支持向量机的方法，分类决策函数变为式(12－16)。考虑到 Mercer 定理和式(12－19)，式(12－16)可以简化为：

$$M(\boldsymbol{x}) = \mathrm{Sgn}(\sum_{S.V.} \alpha_i^* \boldsymbol{y}_i K(\boldsymbol{x},\boldsymbol{x}_i) + b^*) \qquad (12-20)$$

这就是非线性支持向量机的最终分类决策函数。虽然用到了特征空间及非线性映射，但实际计算中并不需要知道它们的显式表达，只需求出支持向量机及其支持的“强度”和阈值，通过核函数的计算，即可得到原来样本空间的非线性划分输出值。

这样我们就通过核函数和线性支持向量机方法解决了非线性支持向量机问题。而线性支持向量机的算法归结为一个凸约束条件下的二次凸规划问题，对此已有许多成熟的算法和应用软件可资使用。

12.3.5　支持向量机的多类算法

支持向量机理论最初是针对两类分类问题提出来的，目前已有许多算法将它推广到多类分类问题。下面简要介绍三种常见的多类算法。

1. 一对一(one-against-one)算法

一对一算法由 Kressel 提出。该算法在 k 类样本中构造所有可能的两类分类器，每个两类分类器只用 k 类中的两类训练样本进行训练，这样就构造出

$k(k-1)/2$个两类分类器。在对测试数据的分类中,采用"投票法"。将测试样本 x 输入给由 k 类中第 m 类样本和第 n 类样本构造的两类分类器。如果分类函数的输出结果判定 x 属于第 m 类,则给第 m 类加一票;如果属于第 n 类,则给第 n 类加一票。所有 $k(k-1)/2$ 个两类分类器对测试样本 x 分类后,k 类中的哪一类得票最多(Max Wins),就判定测试样本属于哪一类。

它的主要缺点是:

(1) 两类分类器的数目 $k(k-1)/2$ 随着类别 k 的增加而急剧增加,这样需要很大的运算量,导致在训练和测试时速度很慢,不能实现在线实时分类。

(2) 在测试过程中,当某两类所得的票数相同时,无法判定属于哪一类,可能造成错分,如图 12-9。

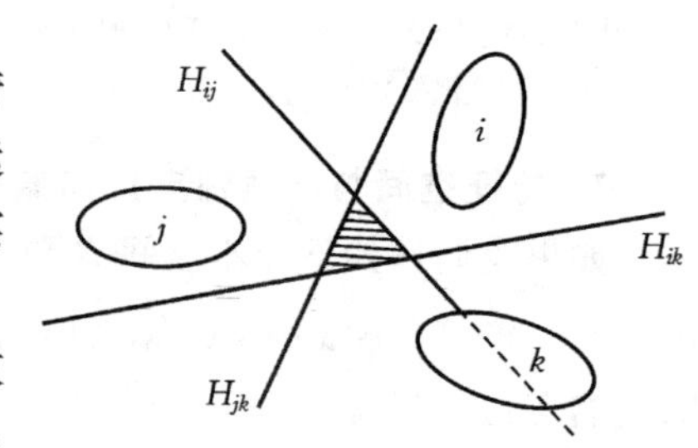

图 12-9 一对一算法中不可分情况

(3) 当测试样本不属于 k 类中的任何一类,而属于其它类别时,会出现错分。因为按照"投票法",k 类中总有某一类得票最多,这样就会将不属于 k 类中任何一类的测试样本误分为某一类。

2. 一对多(one-against-all)算法

一对多算法由 Vapnik 提出。该算法针对 k 类训练样本数据可以构造 k 个两类分类器。在构造 k 个分类器中第 m 个分类器时,将第 m 类的训练样本作为一类,决策函数输出为正数;其它所有样本作为另一类,决策函数输出为-1。在测试过程中,采用"比较法"。将测试样本分别送入 k 个两类分类器,比较决策函数的输出值,输出为最大的分类器序号即为该测试样本所属的类别号。

它的主要缺点是:

(1) 在构造每个两类分类器时,所有的训练样本都要参加运算;在测试分类时,k 个两类分类器都对测试样本分类后,才能判定测试样本的类别。因此,当训练样本数和类别数较大时,训练和测试分类的速度较慢。

(2) 当测试样本不属于 k 类中的任何一类,而属于其它类别时,会出现错分。因为按照"比较法",k 个分类器中总有一个的输出最大,这样就会将不属于 k 类中的任

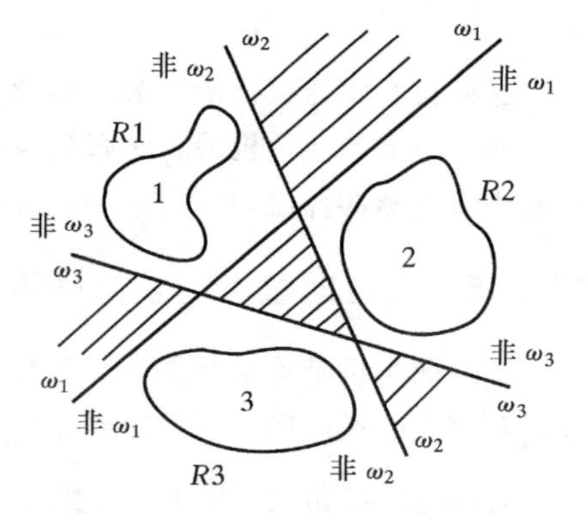

图 12-10 一对多算法中不可分情况

何一类的测试样本误判为输出最大的分类器所对应的类别，如图 12-10。

3. DAGSVM 算法(Decision directed acyclic graph)

DAGSVM 算法由 Platt 提出。该方法构造了一个有 $m(m-1)/2$ 个内节点和 m 个叶节点的树图(如图 12-11)，每个内节点为一个两类 SVM。给定一个未知样本 x，从根节点出发，由该节点的决策函数决定下一个访问的是哪个子节点。如果决策函数的输出为正，则访问左子节点；否则访问右子节点。这样一直判断到一个叶节点，即为样本 x 所属的类。

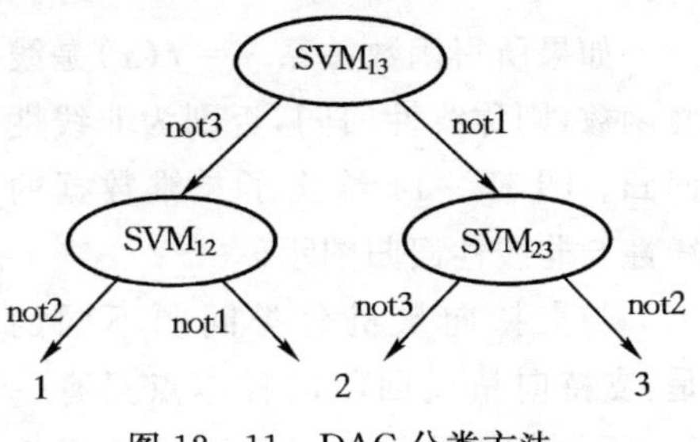

图 12-11　DAG 分类方法

表面上看这种方法不存在不可分区域，实际上不可分区中的待检测样本 x 最终被盲目的分到一类(如图 12-12)，当内节点排列顺序不同时，x 将被分到不同的类中。另外，内节点的排列顺序还会影响 DAG 的输出结果，使得算法运行不稳定，降低分类准确度。

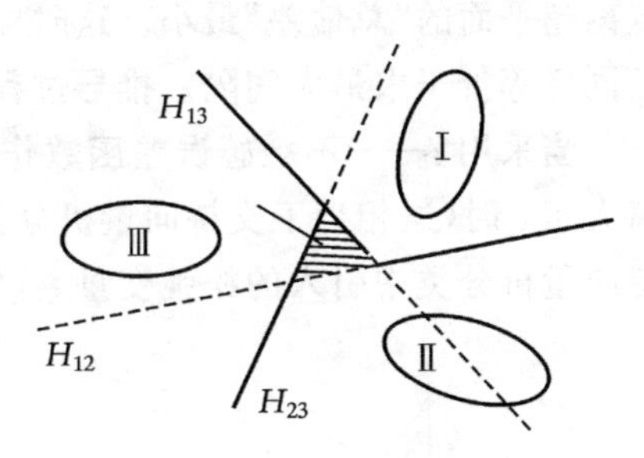

图 12-12　DAG 分类结果

12.3.6　支持向量机用于回归

回归分析在应用中又称为函数估计，它要解决的问题是根据给定的样本数据集 $\{(\boldsymbol{x}_i,\boldsymbol{y}_i)\mid i=1,\cdots,k\}$(其中 $\boldsymbol{x}_i$ 为输入因子值，$\boldsymbol{y}_i$ 为输出值)，寻求一个反映样本数据输出输入的最优函数关系 $\boldsymbol{y}=f(\boldsymbol{x})$。

这里的“最优”是指按某一确定的误差函数来计算，所得的函数关系对样本数据拟合得“最好”(累积误差最小)。图 12-13 中的(a)、(b)、(c)为多元统计分析中常用的误差函数，(d)为 SVM 回归中常用的 ε——不敏感误差函数：

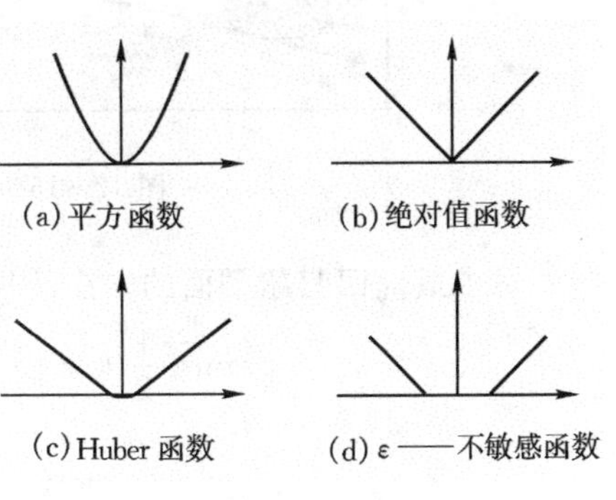

图 12-13　误差函数

$$L_\varepsilon(\boldsymbol{y})=\begin{cases}0, & |f(\boldsymbol{x})-\boldsymbol{y}|<\varepsilon \\ |f(\boldsymbol{x})-\boldsymbol{y}|-\varepsilon, & \text{其它}\end{cases} \tag{12-21}$$

其含义为：当误差小于 ε 时，误差忽略不计；当误差超过 ε 时，误差函数的值为实际误差减去 ε。或者说，这种误差函数中间有一个宽度为 2ε 的不敏感带。当 $\varepsilon=0$ 时，d 等同于 b。

如果所得函数关系 $y=f(x)$ 是线性函数，则称线性回归，否则为非线性回归。图 12－14 给出了二维数据的线性与非线性回归图示。

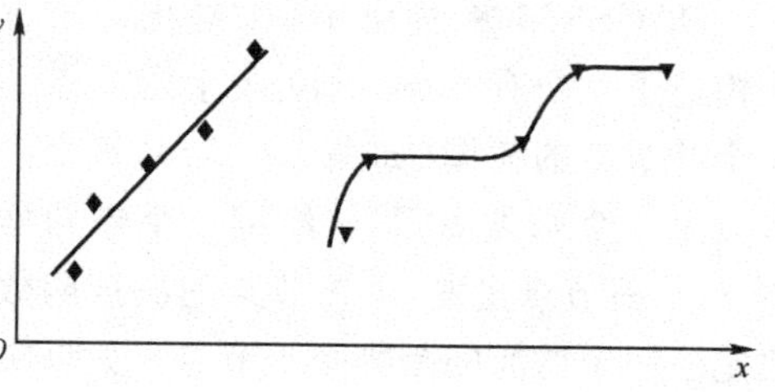

图 12－14 线性与非线性回归图示

与支持向量机分类问题不同的是：支持向量机回归的样本点只有一类，所寻求的最优超平面不是使两类样本点分得“最开”，而是使所有样本点离超平面的“总偏差”最小。这时样本点都在两条边界线之间，求最优回归超平面同样等价于求最大间隔。推导过程与支持向量机分类情况相同，这里略去。

当采用 ε——不敏感误差函数作为误差函数，个别样本点到所求超平面的距离大于 ε 时（这相当于支持向量机分类中的不可分情况），ε 使超出的偏差相当于支持向量机分类中引入的松弛变量 ξ_i，如图 12－15 所示。

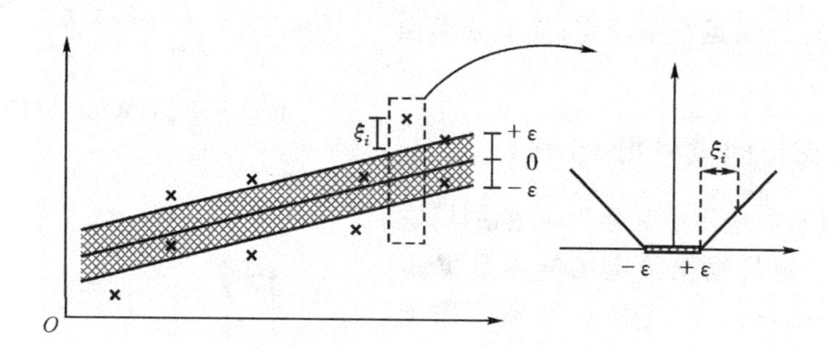

图 12－15 ε——不敏感误差函数

寻求最优回归超平面的二次凸规划问题变成：

$$
\begin{cases}
\min \dfrac{1}{2}\|\boldsymbol{w}\|^2+C\sum\limits_i(\xi_i+\xi_i^2) \\
\text{约束条件：}\begin{cases}
y_i-(\boldsymbol{w}\cdot\boldsymbol{x}_i)-b\leqslant\varepsilon+\xi_i \\
(\boldsymbol{w}\cdot\boldsymbol{x}_i)+b-y_i\leqslant\varepsilon+\xi_i^* \\
\xi_i,\xi_i^*\geqslant 0
\end{cases}
\end{cases}
\tag{12-22}
$$

对于最优化问题(12－22)，类似于支持向量机分类方法，可求得最优超平面线性回归函数为：

$$f(x) = (\boldsymbol{w} \cdot \boldsymbol{x}) + b = \sum_{S.V.} (\alpha_i - \alpha_i^*)(\boldsymbol{x} \cdot \boldsymbol{x}_i) + b \qquad (12-23)$$

α_i，α_i^* 和 b 通过约束条件求得，为确定最优超平面的参数。最后的结果表明：最优回归超平面也只由作为支持向量的样本点完全确定。

式(12－23)中出现的点积提示我们可以同样引入核函数从而实现非线性回归。将样本空间中的点 $\boldsymbol{x}$ 和 $\boldsymbol{x}_i$ 用映射的象 $\boldsymbol{\varphi}(\boldsymbol{x})$ 和 $\boldsymbol{\varphi}(\boldsymbol{x}_i)$ 代替，再应用 $K(\boldsymbol{x},\boldsymbol{x}_i)=\boldsymbol{\varphi}(\boldsymbol{x}) \cdot \boldsymbol{\varphi}(\boldsymbol{x}_i)$，可得到：

$$f(\boldsymbol{x}) = (\boldsymbol{w} \cdot \boldsymbol{\varphi}(\boldsymbol{x})) + b = \sum_{S.V.} (\alpha_i - \alpha_i^*) K(\boldsymbol{x} \cdot \boldsymbol{x}_i) + b \qquad (12-24)$$

这就是支持向量机方法最终确定的非线性回归函数。

12.4　支持向量机在机械故障诊断中的应用

为了进一步检验和说明支持向量机在模式判别和故障分类方面的应用效果，我们分别采用支持向量机对滚动轴承和发动机故障进行了诊断。通过支持向量机对提取的特征向量进行了识别。结果检查和验证了支持向量机的判别和分类效果。作为支持向量机在机械故障诊断的两个具体应用，从中可以看出了支持向量机在故障诊断上有着良好的应用效果。

12.4.1　支持向量机在滚动轴承故障诊断中的应用

滚动轴承实验选用了四种已知状态的 308＃轴承：正常轴承、内圈剥落、外圈剥落及滚动体剥落。实验分别采集了滚动轴承的振动加速度信号和声音信号。信号采样频率选为 20kHz，采样长度为 8192 点。图 12－16 给出了滚动轴承实验框图。

图 12－17 给出了滚动轴承外圈剥落时的实验测试的振动和声音信号。从实验测试的轴承加速度信号和声音信号的时域波形中可以看出，正常轴承的信号比较平稳、冲击少，而故障轴承的信号具有不同周期性的冲击，时域信号特征明显，因此可以提取时域特征进行故障诊断。

我们选取轴承在四种不同状态下共 100 个特征矢量作为训练样本。再另外选取 200 个特征矢量作为测试样本。采用了无量纲指标：波形指标、峰值指标、脉冲指标、裕度指标、峭度指标、歪度指标，作为支持向量的特征矢量。根据对实验测量的振动和声音信号无量纲指标的计算结果，对支持向量机进行学习和分类。这里支持向量机核函数选择为径向基核函数 $K(x_i,x_j)=\exp\{-\gamma \| x_i - x_j \|^2\}$，相应的参数 $\gamma=0.3$，$C=100$。

表 12－1 和表 12－2 分别是训练和测试的结果。从表 12－1 可看出外圈剥落

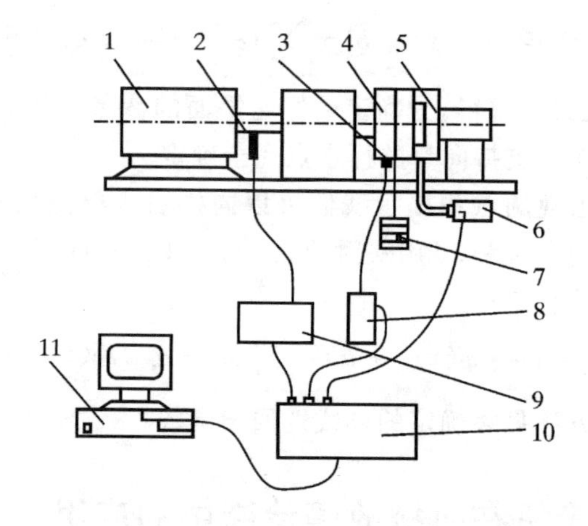

1——电机；2——涡流传感器；3——加速度传感器；4——轴承座；5——轴向加力装置；6——套有隔音套管的声级计；7——径向加力装置；8——测振仪；9——稳压电源；10——数据采集板；11——计算机

图 12-16 实验框图

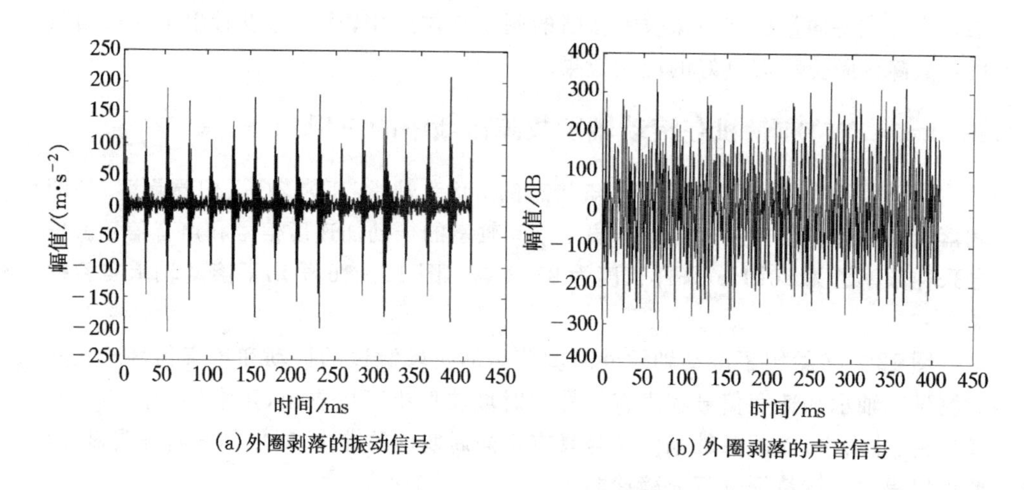

(a)外圈剥落的振动信号　(b)外圈剥落的声音信号

图 12-17 轴承外圈剥落时的振动信号和声音信号时域波形

有 2%被误识别为内圈剥落，其余 98%正确识别为外圈剥落。从表 12-1 和 12-2 中可以看出，采用振动信号对支持向量机进行学习和测试，学习和测试结果中滚动轴承正常状态的识别率最高，其次是外圈剥落，内圈剥落和滚动体剥落的识别率最差。从时域波形上看，滚动体剥落与内圈剥落容易混淆，反映在支持向量机的测试结果上，滚动体剥落的约 20%被误诊为内圈剥落。

表 12-1　振动信号训练结果

轴承状态	正常轴承	外圈剥落	内圈剥落	滚动体剥落	支持向量的个数
正常轴承	1.0	0	0	0	7
外圈剥落	0	0.98	0.02	0	58
内圈剥落	0.02	0	0.88	0.10	77
滚动体剥落	0	0	0.18	0.82	51

表 12-2　振动信号分类结果

轴承状态	正常轴承	外圈剥落	内圈剥落	滚动体剥落
正常轴承	0.99	0	0.01	0
外圈剥落	0	0.90	0.08	0.02
内圈剥落	0.01	0.11	0.76	0.12
滚动体剥落	0.06	0.02	0.20	0.72

将计算出的声音信号的无量纲指标送入支持向量机学习和分类。表 12-3 和表 12-4 分别是声音信号训练和分类的结果。从表 12-3 和 12-4 中可以看出，采用声音信号识别率仍依次为正常信号、外圈剥落、滚动体剥落和内圈剥落。同时可以看出，声音信号识别中的内圈剥落和滚动体剥落都容易被误识别为外圈剥落。与表 12-1 和 12-2 相比可看出，利用声音信号的识别率要低于振动信号。这一点与声音信号中存在有反射、折射及外界干扰等噪声成分有关。

表 12-3　声音信号训练结果

轴承状态	正常轴承	外圈剥落	内圈剥落	滚动体剥落	支持向量的个数
正常轴承	0.92	0.04	0	0.04	27
外圈剥落	0.02	0.79	0.05	0.14	83
内圈剥落	0	0.34	0.63	0.03	67
滚动体剥落	0.01	0.18	0	0.81	49

表 12-4　声音信号分类结果

轴承状态	正常轴承	外圈剥落	内圈剥落	滚动体剥落
正常轴承	0.88	0.08	0	0.04
外圈剥落	0.16	0.71	0.02	0.11
内圈剥落	0.02	0.31	0.60	0.07
滚动体剥落	0.14	0.21	0	0.65

12.4.2 支持向量机在发动机故障诊断中的应用

发动机异响诊断法具有很长的历史。机器运行时当某些零部件或者机器的工艺参数出现异常时，机器的声音往往会发生一定程度的变化，即所谓的“异响”。经验丰富的人员可以从嘈杂的机器声音辨别出异响，并据此判断机器的运行状态。本节将以图 12-18 所示的解放 CA141 型汽车发动机为例，采用支持向量机对发动机常见的八种异响：活塞敲缸响、活塞销响、连杆轴承响、曲轴轴承响、汽缸漏气响、气门脚响、气门挺杆响和正时齿轮响进行识别。

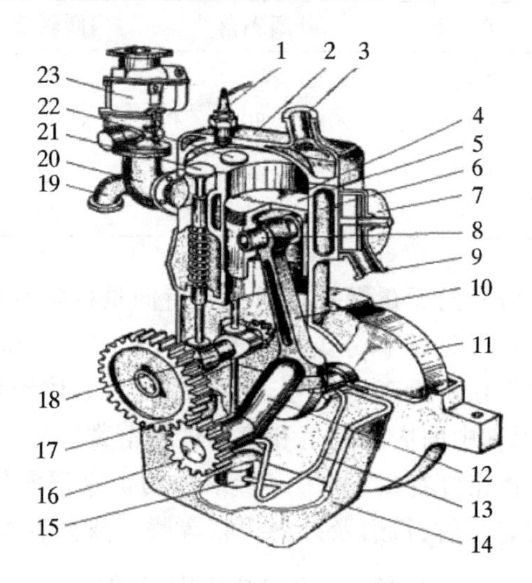

1——火花塞；2——汽缸盖；3——出水口；4——汽缸；5——活塞；6——水套；7——水泵；8——活塞销；9——进水口；10——连杆；11——飞轮；12——曲轴；13——机油管；14——曲轴箱；15——机油泵；16——曲轴正时齿轮；17——凸轮轴正时齿轮；18——凸轮轴；19——排气管；20——进气管；21——进气门；22——排气门；23——化油器

图 12-18 单缸汽油机的结构简图

实验时对发动机的声音信号的采样频率是 6 000Hz，低通抗混滤波频率为 3 000Hz 的。实验测取的声音信号长度为 4096 个数据点。在声音信号特征提取之前，对声音信号进行了消噪。为了保证实验结果的公正性和有效性，我们将总文件中的 70%数据文件作为训练数据文件，将 30%的测试数据作为测试文件。数据处理时从训练数据文件和测试数据文件中随机地抽取出一个个长度为 512 的短时段，并将这些短时段信号作为训练样本和测试样本。总的文件数、训练样本数和测试样本数如表 12-5 所示。

表 12-5 数据准备

	数据文件总数	训练用数据文件数	测试用数据文件数	训练样本数	测试样本数
正常	20	14	6	3375	1125
活塞敲缸响	20	14	6	3375	1125
活塞销响	20	14	6	3375	1125
连杆轴承响	20	14	6	3375	1125
曲轴轴承响	14	10	4	2625	875
汽缸漏气响	20	14	6	3375	1125
气门脚响	20	14	6	3375	1125
气门挺杆响	20	14	6	3375	1125
正时齿轮响	20	14	6	3375	1125

各种无量纲时域指标是机械故障诊断中广泛采用的诊断指标。根据对发动机各种故障对应的无量纲时域指标的计算结果,本节选择了峰值指标、脉冲指标、裕度指标以及信号的功率谱特征作为故障诊断的特征。信号功率谱特征的个数为25。根据选择的诊断特征,对训练和测试样本进行了计算。将计算的特征矢量送入分类器中进行训练或测试。这里支持向量机的核函数采用了径向基核函数。

表 12-6 和表 12-7 列出了以功率谱作为特征矢量的情况下,支持向量机分类器的训练结果和测试结果。表 12-6 和表 12-7 中的字母表示类别(下同),即机器的运行状态:a——正常状态;b——活塞敲缸响;c——活塞销响;d——连杆轴承响;e——曲轴轴承响;f——汽缸漏气响;g——气门脚响;h——气门挺杆响;i——正时齿轮响。表中列对应着输入样本的类别,行对应着分类器输出样本的类别,表中最后一行表示正检率,用百分数表示。正检率是正确识别的样本数与输入样本总数的比值,训练样本数和测试样本数均列于表 12-5。表 12-6 中的 h 列(第九列)表示:在所有输入的气门挺杆响样本(3750 个)中,有 1 个样本被误识别为曲轴轴承响故障,有 10 个样本被误识别为气门脚响故障,其余 3739 个样本全部识别正确,正检率为99.7%。

表 12-6 支持向量机训练结果

机器状态	a	b	c	d	e	f	g	h	i
a	3375	0	0	0	0	0	0	0	0
b	0	3750	0	0	0	0	0	0	0
c	0	0	3750	0	0	0	0	0	0
d	0	0	0	3748	0	0	0	0	0
e	0	0	0	2	2620	0	0	1	0
f	0	0	0	0	0	3750	0	0	0
g	0	0	0	0	0	0	3745	10	1
h	0	0	0	0	5	0	5	3739	0
i	0	0	0	0	0	0	0	0	3749
正检率(%)	100	100	100	99.9	99.8	100	99.9	99.7	100

表 12-7 支持向量机测试结果

机器状态	a	b	c	d	e	f	g	h	i
a	1125	0	0	0	0	0	0	0	0
b	0	1235	0	92	0	0	0	0	0
c	0	13	1250	0	0	0	0	0	0
d	0	0	0	799	0	0	0	0	0
e	0	0	0	276	852	0	140	1	0
f	0	0	0	0	0	1250	0	0	0
g	0	0	0	2	4	0	943	82	15
h	0	2	0	81	19	0	167	1165	2
i	0	0	0	0	0	0	0	2	1233
正检率(%)	100	98.8	100	63.9	97.4	100	75.4	93.2	98.6

从表 12-7 可见，识别率最高的是正常信号(a)、活塞销响信号(c)和汽缸漏气响信号(f)，这三种信号的识别准确率为百分之百。其次是活塞敲缸响(b)、曲轴轴承响(e)、正时齿轮响(i)和气门挺杆响(h)，分别有少量的识别错误。识别效果最差的是连杆轴承响(d)，正检率为 63.9%，以及气门脚响(g)，正检率为 75.4%。在所有 1250 个连杆轴承响的测试样本中，有 276 个样本被识别为曲轴轴承响，这是因为曲轴轴承与连杆轴承具有相同的转动频率，其特征比较接近。另外在实际诊

断中，气门脚响故障也容易与气门挺杆响故障相混淆，这一点在我们的测试结果中也有所反映，如表 12-7 中的 g 列，气门脚响故障的 1250 个样本中有 167 个样本被识别为气门挺杆响。

表 12-8 和表 12-9 给出了将选择的时域无量纲指标与功率谱特征一起作为特征矢量情况下，支持向量机的训练和测试结果。使用支持向量机得到的训练误差为 0.01%，测试误差为 7.86%，结果比只使用功率谱指标有所提高。

表 12-8 支持向量机训练结果

机器状态	a	b	c	d	e	f	g	h	i
a	3375	0	0	0	0	0	0	0	0
b	0	3750	0	0	0	0	0	0	0
c	0	0	3750	0	0	0	0	0	0
d	0	0	0	3750	0	0	0	0	0
e	0	0	0	0	2625	0	0	2	0
f	0	0	0	0	0	3750	0	0	0
g	0	0	0	0	0	0	3750	1	1
h	0	0	0	0	0	0	0	3747	0
i	0	0	0	0	0	0	0	0	3749
正检率(%)	100	100	100	100	100	100	100	99.9	100

表 12-9 支持向量机测试结果

机器状态	a	b	c	d	e	f	g	h	i
a	1125	0	0	0	0	0	0	0	0
b	0	1248	0	123	0	0	0	0	0
c	0	1	1250	0	0	0	0	0	0
d	0	0	0	831	0	0	0	0	0
e	0	0	0	208	856	0	172	2	0
f	0	0	0	0	0	1250	0	1	0
g	0	0	0	5	0	0	928	58	16
h	0	1	0	83	19	0	150	1183	0
i	0	0	0	0	0	0	0	6	1234
正检率(%)	100	99.8	100	66.5	97.8	100	74.2	94.6	98.7

比较表 12-7 和表 12-9 发现，增加了时域无量纲指标后，除了对气门脚响故障的正检率有一点下降(由 75.4%下降到 74.2%)外，对其它故障样本(如活塞敲缸响、连杆轴承响、曲轴轴承响、气门挺杆响和正时齿轮响)的正检率都有所提高。

12.4.3 支持向量机应用总结

支持向量机是一种有坚实理论基础的新颖小样本学习方法。它基本上不涉及概率测度及大数定律等，因此不同于现有的统计方法。从本质上看，它避开了从归纳到演绎的传统过程，实现了从训练样本到预报样本的"转导推理"(transductive inference)，大大简化了通常的分类、回归问题。

支持向量机的最终决策函数只由少数支持向量所确定，计算的复杂性取决于支持向量的数目，而不是样本空间的维数，这在某种意义上避免了"维数灾"。少数支持向量决定了最终结果，这不但可以帮助我们抓住关键样本、"剔除"大量冗余样本，而且注定了该方法不仅算法简单，而且具有较好的"鲁棒"性，主要体现在：

①增、删非支持向量样本对模型没有影响；

②支持向量样本集具有一定的鲁棒性；

③在有些成功的应用中，支持向量机方法对核的选取不敏感。

由于有较为严格的统计学习理论做保证，应用支持向量机方法建立的模型具有较好地推广能力。支持向量机方法可以给出所建模型推广能力的严格的界，这是目前其它学习方法所不具备的。建立任何一个数据模型，人为干预越少越客观。与其它方法相比，建立支持向量机模型所需要的先验干预较少。目前，支持向量机核函数的选定及相关参数的优化仍是尚未解决的问题。

参考文献

1. Rich C, Steve L, Giles C L. Overfitting in Neural Networks: Backpropagation, Conjugate Gradient, and Early Stopping[C]//Neural Information Processing Systems, Cambridge, MA: MIT Press, 2001: 402-408.
2. Lawrence S, Giles C L, Tsoi A C. Lessons in Neural Network Training: Overfitting May be harder than expected[C]//Proceedings of the Fourteenth National Conference on Artificial Intelligence, California: AAAI Press, 1997: 545-550.
3. Cherkassky V, Mulier F. Learning from Data: Concepts, Theory and Methods[M]. New York: John Wiley & Sons, 1997.
4. Vapnik V N. Estimation of Dependencies Based on Empirical Data[R]. Ber-

lin: Springer Verlag, 1982.

5. Vapnik V N. The Nature of Statistical Learning Theory[M]. New York: Springer-Verlag, 1995.
6. Cristianini N, Shawe-Taylor J. An Introduction to Support Vector Machines and Other Kernel-based Learning Methods[M]. Cambridge, Eng.: Cambridge University Press, 2000.
7. Burges C J C. A Tutorial on Support Vector Machines for Pattern Recognition [J]. Data Mining and Knowledge Discovery, 1998,2(2):121-167.
8. 边肇祺,张学工,等. 模式识别[M]. 北京:清华大学出版社,2000.
9. Vapnik V N. Statistical Learning Theory[M]. New York: John Wiley & Sons, 1998.
10. Schölkopf B, Burges C J C, Smola A J. Advances in Kernel Methods: Support Vector Learning[M]. Cambridge, MA: MIT Press, 1999.
11. Smola J, Schölkopf B. A Tutorial on Support Vector Regression[R]. NeuroCOLT TR NC—98—030, Royal Holloway College, University of London, UK, 1998.
12. Jeffreys S H. Methods of Mathematical Physics[M]. Cambridge University Press, 2000.
13. Aronszajn N. Theory of Reproducing Kernels[J]. Transactions of the American Mathematical Society, 1950, 68: 337-404.
14. Schölkopf B, Mika S, Burges C, et al. Input Space versus. Feature Space in Kernel-based Methods[J]. IEEE Transactions on Neural Networks, 1999, 10(5): 1000-1017.
15. Shawe-Taylor J, Cristianini N. Kernel Methods for Pattern Analysis[M]. Cambridge, Eng.: Cambridge University Press, 2004.
16. Girosi F. On Some Extensions of Radial Basis Functions and Their Applications in Artificial Intelligence[J]. Computers Math Applic, 1992, 24(12): 61-80.
17. Schölkopf B, Sung K K, Burges C J C, et al. Comparing Support Vector Machines with Gaussian Kernels to Radial Basis Function Classifiers[J]. IEEE Transactions on Signal Processing, 1997, 45(11): 2758-2765.
18. Kressel U. Pairwise Classification and Support Vector Machines[C]// Advances in Kernel Methods-Support Vector Learning. Cambridge, MA: MIT Press, 1999.

19. Friedman J. Another Approach to Polychotomous Classification[D]. Stanford, CA:Stanford University, CA, 1996.
20. Bottou L C, Cortes C, Denker J. Comparison of Classifier Methods: A Case Study in Handwriting Digit Recognition[C]// International Conference on Pattern Recognition, IEEE Computer Society Press, 1994(2): 77-87.
21. Platt J C, Cristianini N, Shawe-Taylor J. Large Margin DAGs for Multiclass classification[C]// Advances in Neural Information Processing Systems, Cambridge, MA: MIT Press, 2000, 12: 547-553.
22. Vapnik V, Golowich S, Smola A. Support Vector Method for Function Approximation, Regression Estimation, and Signal Processing[J]. Advances in Neural Information Processing Systems, 1996,9:281-287.
23. Muller K R, Smola A, Ratsch G, et al. Predicting Time Series with Support Vector Machines[C]//Proceedings of ICANN '97, Springer Lecture Notes in Computer Science, 1997: 999-1005.
24. Drucker H, Burges C J C, Kaufman L, et al. Support vector regression machines[J]. Advances in Neural Information Processing Systems, Cambridge, MA:MIT Press, 1997.
25. 张金泽,单甘霖. 改进的SVM算法及其在故障诊断中的应用研究[J]. 电光与控制,2006,13(6):97-100.
26. 陈永义,俞小鼎,高学浩,等. 处理非线性分类和回归问题的一种新方法:支持向量机方法简介[J]. 应用气象学报,2004,15(3):345-354.
27. 张学工. 关于统计学习理论于支持向量机[J]. 自动化学报,2000,26(1):32-42.
28. 张周锁,李凌均,何正嘉. 基于支持向量机的多故障分类器及应用[J]. 机械科学与技术,2004,23(5):536-538.
29. 陈永义. 支持向量机方法与模糊系统[J]. 模糊系统与数学,2005,19(1):1-11.
30. 王小平. 支持向量机在机械智能诊断中的应用[D]. 西安:西安交通大学,2004.
31. 祝海龙. 统计学习理论的工程应用[D]. 西安:西安交通大学,2002.

第13章 进化计算及其应用

机械故障诊断技术作为一门多学科交叉的综合技术，其中涉及到许多的优化问题，例如特征选择、神经网络的结构设计和权值训练问题、小波消噪技术中的消噪阈值设置问题等等。由于机械设备结构以及工作环境复杂，许多优化问题无法用确切的数学模型表达，或者所建立的数学模型不满足连续、可导等条件的限制，而且很多优化问题具有多个局部极值等。如果用传统的基于梯度的优化方法，有时达不到理想的效果。

遗传算法(Genetic Algorithm，GA)是上世纪六七十年代由 J. H. Holland 提出的一种模拟生物进化过程中自然选择机制的优化方法。进化编程(Evolutionary Programming，EP)或称遗传编程(Genetic Programming，GP)作为另一种优化方法，除了在个体表达上与遗传算法存在差异外，它在进化思路上与遗传算法基本相同。以上两种方法均借鉴了生物的进化思想，采用计算机模拟物种繁殖过程中父代遗传基因的重新组合与“优胜劣汰”的自然选择机制，来解决各种优化问题。与其它优化方法相比，遗传算法具有全局、并行搜索的特点，不易陷入局部最优，同时搜索不依赖于问题的梯度信息，因此尤其适用于处理传统搜索方法难以解决的复杂和非线性问题。目前遗传算法已经在复杂函数优化、结构设计、系统控制、机器学习、图像处理以及机器零部件的监测诊断等领域取得了广泛的应用。本章介绍了遗传算法和进化编程的原理、特点和实现，通过实例阐明了在机械监测诊断中的应用。

13.1 遗传算法的产生与发展现状

生物进化过程就是生物对环境逐步适应的一种优化过程。从某种意义上讲，达尔文的生物进化论“物竞天演，适者生存”实际上就描述了一种强壮的搜索、竞争与优化机制。生物个体为了生存就需要寻找适于其生存的环境，在此环境中需要与同种族的其它个体或不同种族的生物个体进行竞争，结果是有些个体由于适应环境而得以生存下来，有些则被淘汰。在生物的每一个层面，如细胞、组织、个体和群体，其进化过程都极其复杂，要用数学方式完全描述其过程并发展相应的优化理论与方法是不现实的。人们只能对进化过程进行简单模拟，从中抽象出其本质特征，并用适当的方式来描述。根据达尔文的进化论，生物进化发展来源于三种动力：

遗传、变异和选择。在对生物进化过程进行模拟时,主要针对的就是这三个过程。

上世纪60年代,Holland开始意识到了生物进化过程中蕴含的朴素的进化思想,他借鉴了达尔文的生物进化论和孟德尔的遗传定律的基本思想,并将其进行提取、简化与抽象,提出了第一个进化计算模型——遗传算法。Bagley首先提出了“遗传算法”一词,并发表了第一篇关于遗传算法应用的论文。在他的论文中采用双倍体编码,并提出了与目前类似的遗传、杂交、变异、倒位等遗传操作,他还敏锐地观察到防止早熟收敛的机理,并提出了自组织遗传算法的概念。此后,Cavicchip,Weinberg等一些学者也加入到遗传算法研究的行列中。1975年是遗传算法发展史上重要的一年,Holland出版了经典著作《自然与人工系统的自适应》(*Adaptation in Natural and Artificial Systems*),详细阐述了遗传算法的理论,并为其奠定了数学基础。De Jong也于这一年完成了具有指导意义的博士论文《一类遗传自适应系统的行为分析》(*An Analysis of the Behavior of a Class of Genetic Adaptive System*),他深入分析了模式定理并作了大量严格的计算实验,给出了明确的结论。同时建立了著名的De Jong五函数测试平台,定义了性能评价标准,并以函数优化为例对遗传算法的几种方案的性能及机理进行了详细实验和分析。他的工作成为后继者的范例,并为以后的广泛应用奠定了坚实的基础。

遗传算法在20世纪六七十年代并未受到广泛的关注,其主要原因一是因为当时遗传方法本身还不够成熟;二是由于遗传方法需要较大的计算量,而当时的计算机还不够普及,且速度也跟不上要求;三是由于当时基于符号处理的人工智能方法正处在其顶峰状态,使得人们难以认识到其它方法的有效性和适应性。到了80年代,随着基于符号处理的传统人工智能研究陷入困境,并且由于计算机速度的提高以及并行计算机的普及,遗传算法、神经网络和机器学习等一些新的人工智能技术重新复活并获得繁荣。Goldberg在遗传算法的研究中起着继往开来的作用,他在他的博士论文中第一次将遗传算法用于实际的工程系统——煤气管道的优化,从此,遗传算法的理论研究更为深入丰富,应用研究也更为广泛和完善。

除了遗传算法外,Fogel提出的进化编程、Schwefel提出的进化策略(Evolution Strategies,简称ES)等也是模拟生物进化机制的优化算法,它们统称为“进化计算(Evolutionary Computation,简称EC)”。这三种算法之间既有许多相似之处,同时也有很大的不同。进化编程和进化策略都把变异作为主要的搜索算子,而在遗传算法中,变异只处于次要地位;另一方面,杂交在遗传算法中起着重要作用,而在进化编程中被完全省去。另外,遗传算法和进化编程都强调随机选择机制的重要性,而从进化策略的角度看,选择是完全确定的,没有合理的根据表明随机选择原则的重要性。目前,没有证据表明哪一种算法更优越,但是,以遗传算法的研究和应用最为广泛和深入。

13.2　遗传算法

13.2.1　遗传算法的原理

遗传算法以达尔文的“适者生存”进化机制为基础，采用简单的编码技术来表示各种复杂的结构，并通过对一组编码表示进行简单的遗传操作和优胜劣汰的自然选择来指导学习和制定搜索的方向。根据编码方式的不同，遗传算法可以分为：二进制型、实数型、序列型三种，不同的编码方式对应于不同的遗传操作方式。本书以最典型、最简单的二进制遗传算法为例，介绍遗传算法的基本原理和应用。

遗传算法的基本流程见图 13-1，其中符号 M 表示群体规模。

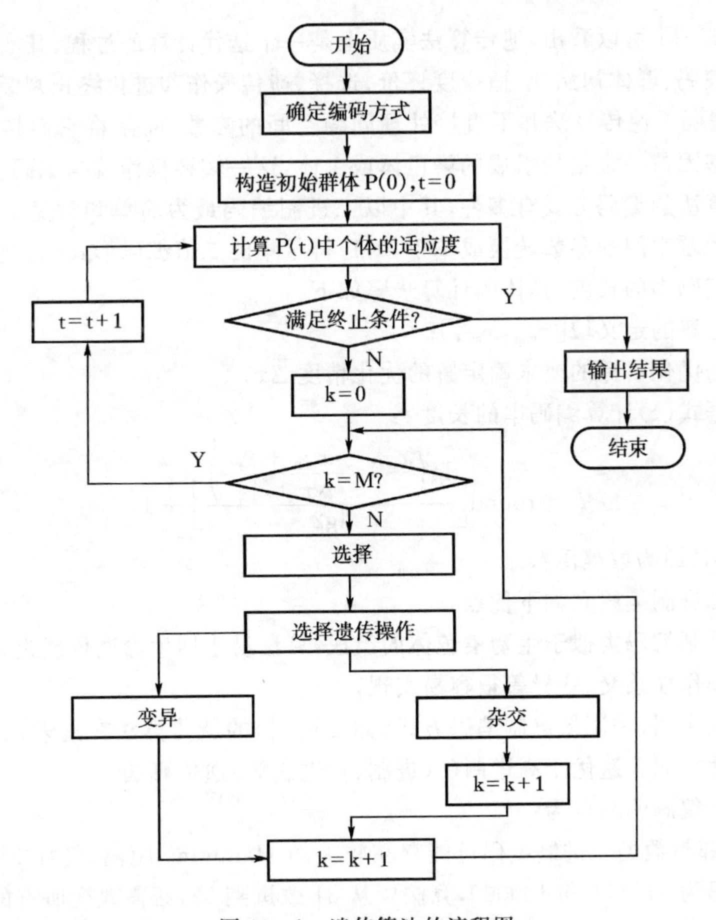

图 13-1　遗传算法的流程图

由于遗传算法在很多表述上直接借鉴了生物学中的术语，为了更好地理解这些术语，表 13－1 给出了生物学术语在遗传算法中的具体含义。

表 13－1 生物学术语在遗传算法中的具体含义

生物学	遗传算法
染色体	字符串
基因	字符位
基因型	字符串结构
表现型	字符串含义
杂交	字符串片断的交换
变异	字符位的改变

从图 13－1 可以看出，遗传算法实质上是一个迭代计算的过程，其实施的主要步骤包括编码、群体初始化、适应度评价、选择、遗传操作和进化终止判断等六步。

(1) 编码　遗传算法并不直接处理问题空间的参数，而是将它们转换成遗传空间的由基因按一定结构组成的染色体或个体，这一转换操作就叫编码。

遗传算法的编码方式有多种，其中以二进制编码最为简单和常见。二进制编码就是将问题空间的参数转换成基于{0,1}符号集的二值编码形式的过程，其关键在于确定编码串的长度，具体的计算步骤如下：

①确定解的定义域$[x_{\min}, x_{\max}]$；

②根据优化目标的要求确定解的优化精度 Δx；

③根据式(1)计算编码串的长度 l：

$$l = \text{round}\left[\frac{\lg\left(\dfrac{x_{\max} - x_{\min} + \Delta x}{\Delta x}\right)}{\lg 2}\right] + 1 \qquad (13-1)$$

式中，round(x)为取整函数。

采用二进制编码有如下优点：

①二进制编码类似于生物染色体的组成，算法易于用生命遗传理论来解释，并使得遗传操作如杂交、变异等很容易实现；

②研究表明，采用低进制编码方式(如二进制)的遗传算法在搜索性能和优化结果鲁棒性方面普遍优于高进制(八进制、十进制等)遗传算法。

二进制编码的缺点为：

① 相邻整数的二进制编码可能存在较大的 Hamming 距离，例如 31 和 32 的二进制编码为 011111 和 100000，算法要从 31 改进到 32，必需改变所有的基因位，这种现象会降低遗传算子的搜索效率；

②当二进制编码串的长度确定后,无法对算法实行微调;

③在求解高维优化问题时,二进制编码串将非常长。

(2) 群体初始化 不同于传统优化方法,遗传算法是对多个个体同时进行处理,这些个体组成了群体。群体初始化就是产生进化的起点群体。

在对种群初始化前,首先需要确定群体规模 M,它影响遗传优化的最终结果以及遗传算法的执行效率。群体规模越大,群体中个体的多样性越丰富,算法陷入局部解的危险就越小。但种群规模过大,适应度评估次数会随之增加,影响算法的效率。在实际应用中,群体规模的取值范围一般为几十至几百。

遗传算法中初始群体大多是随机产生的,通过随机产生一组长度为 l 的基因串作为一个初始个体,其中每个基因位上取 1 或 0 的概率相等;重复生成 M 次,即可形成规模为 M 的初始群体。

除了采用随机方式产生初始群体外,还可以采用其它的策略。例如先随机生成一定数目的个体,然后从中挑出最好的个体加到初始种群中,这种过程不断迭代,直到初始群体中个体数达到了预先确定的规模。

(3) 适应度评价 适应度函数是遗传算法进行自然选择的唯一依据,是遗传算法与优化目标联系的关键纽带。适应度函数不受连续、可微等条件的约束,唯一的要求是针对输入可计算出能加以比较的非负适应度值。

在进行适应度评价前,首先需要将遗传空间的基因型个体还原到问题空间的表现型个体,这一过程也叫解码。对二进制编码$[b_1 b_2 \cdots b_l]$来说,解码就是按下式将二进制串转换为十进制数的过程:

$$x = x_{\min} + \frac{x_{\max} - x_{\min}}{2^l - 1} x' \tag{13-2}$$

其中 x' 为:

$$x' = \sum_{i=1}^{l} b_i * 2^{i-1} \tag{13-3}$$

优化问题通常可以分为两类。一类是极大化情形即求解目标函数的最大值。对这种问题,可以直接用目标函数作为适应度函数。但若目标函数不满足非负条件,适应度函数需用:

$$f(x) = F(x) - F_{\min} \tag{13-4}$$

其中,$f(x)$为个体 x 的适应度值,$F(x)$为相应的目标函数值,$F_{\min}$是目标函数的下界。若 $F_{\min}$ 未知,可用当前群体中或目前为止进化过程中 $F(x)$的最小值来代替。

另一类是极小化情形即求解目标函数的最小值。这种情况需要对目标函数作适当的变化以转化成极大化情况,并且满足适应度值非负:

$$f(x) = F_{\max} - F(x) \tag{13-5}$$

其中，F_{max}是目标函数的上界，若 F_{max}未知，可用当前群体中或目前为止进化过程中 $F(x)$的最大值来代替。

（4）选择　从群体中保留优胜个体，淘汰劣质个体的过程叫选择。选择目的在于把优胜的个体直接遗传到下一代，或通过杂交变异产生新的个体再遗传到下一代。

遗传算法的选择机制可分为三类：基于适应度比例的选择，基于排名的选择和基于局部竞争机制的选择。

基于适应度比例的选择机制是最基本也是最常见的选择方法。以最经典的赌轮选择为例，在该方法中个体的选择概率与适应度值成比例：

$$p_{si} = \frac{f_i}{\sum_{j=1}^{M} f_j} \tag{13-6}$$

其中，p_{si}为第 i 个个体被选择的概率，f_i 是它的适应度函数值。赌轮选择策略可以直观地解释为：根据选择概率的大小将一个圆盘分为 M 份，如图 13－2 所示。选择时假设随机转动赌轮，若某参照物落入第 i 个扇形区域，则第 i 个个体被选中。赌轮选择的实现方式为：生成一个[0,1]内的随机数 r，若 $p_{s1}+\cdots+p_{si-1}<r<p_{s1}+\cdots+p_{si}$，则第 i 个个体被选出。

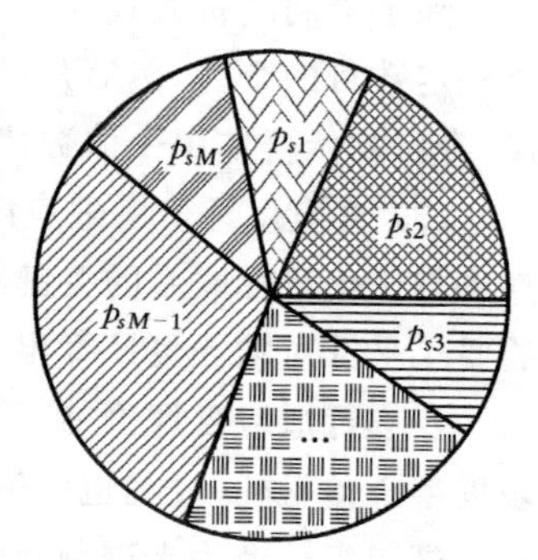

图 13－2　赌轮选择

在遗传进化初期，常常会出现一些超常个体，它们的适应度 f_i 大大超过群体的平均适应度值。这时如果采用基于适应度比例的选择机制，超常个体会很快在群体中占据绝对的比例，进而导致算法过早的收敛于某个局部最优点，这种现象称为早熟收敛。在进化后期，群体内的个体适应度彼此非常接近，基于适应度比例的选择会趋向于随机选择，从而导致进化过程陷于停滞。此外，当群体规模较小时，赌轮选择可能会产生较大的抽样误差，适应度高的个体也有可能被淘汰。为避免这种现象，就要求群体规模足够大，但这样又会降低算法的效率。

为了避免上述现象发生，可采用基于排名的选择方法。该方法根据个体适应度值在群体中的排名分配其选择概率，然后再根据这个概率使用赌轮选择。这样个体适应度值不直接影响后代的数量，可以有效地避免早熟收敛和停滞现象。该方法仍然存在抽样误差的缺点，因此对群体规模的要求较高。

最简单的选择概率分配方案为线性排名选择，即将群体成员按适应度从好到坏依次排列为 $x_1, x_2, \cdots, x_M$，则个体 x_i 的选择概率为：

$$p_{si} = (a - bi/(M+1))/M,\ i = 1,2,\cdots,M \tag{13-7}$$

其中，a，b 为常数，$1\leqslant a\leqslant 2$，$b=2(a-1)$。

另一种选择方法是基于局部竞争的方法。其实现过程是，从群体中任意选择 k 个个体进行比较，适应度最高的个体保留到下一代。反复执行这一过程，直到保留个体数达到种群规模为止。这种选择方法的优点在于计算量小，对群体规模没有要求，且个体选择概率与适应度值没有直接的关系，降低了早熟收敛的可能。

(5) 遗传操作　遗传操作是遗传算法的核心，它直接影响和决定着遗传算法的优化能力。针对各种不同类型的问题可相应地选择遗传操作算子，杂交和变异是最常用的遗传操作算子。

杂交操作是把两个父代个体的部分结构加以替换重组而生成新个体的操作。它体现了不同个体间的信息交换，是遗传算法的主要算子，实现算法在全局范围的搜索。杂交方式有很多种，如二点杂交、多点杂交、一致均匀杂交等，最基本的杂交方式是一点杂交。一点杂交的实现过程为：从父代染色体中随机选择一点作为杂交点，将两个父代在杂交点后的结构互换，生成两个新个体，如图 13-3 所示。

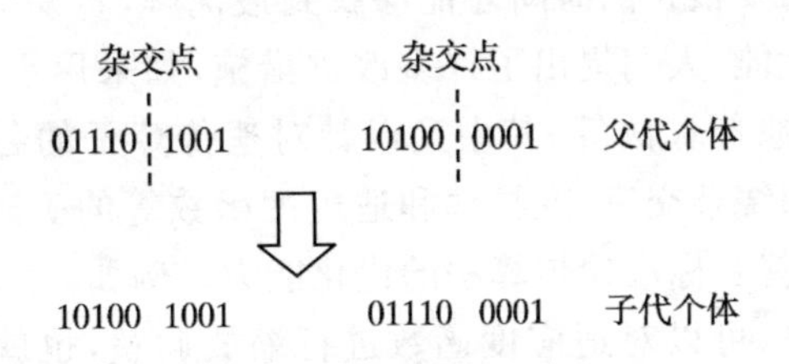

图 13-3　一点杂交过程

杂交操作的关键在于杂交点的选择和杂交率 p_c 的确定。杂交点大多情况下是通过等概率随机选择的方式产生的。杂交率 p_c 反映了杂交操作进行的频度，大的杂交率可以增强遗传算法在全局范围的搜索能力，但优秀个体遭到破坏的概率会随之加大；相反，杂交率若太低，遗传算法可能会陷入进化停滞状态。作为遗传算法的主要算子，p_c 一般在 0.6～0.95 之间取值。

变异在遗传算法中属于辅助算子，它的主要作用在于维持种群的多样性，防止早熟收敛，以及使遗传算法具有局部搜索能力。变异发生的概率由变异率 p_m 控制，小的变异率可以防止破坏群体中重要的、单一的模式。大的变异率有助于维持群体的多样性，但同时可能会导致遗传算法趋于随机搜索。通常情况下变异率在 0.001～0.1 之间取值。

二进制编码的变异操作非常简单，只是以一定的概率将所选个体的某个基因位进行取反操作。以个体 0111001 为例，当 $p_m=0.1$ 时，变异操作实现过程如下：

①产生 7 个[0,1]间的随机数:0.51,0.11,0.82,0.40,0.04,0.37,0.95;

②将随机数与变异率相比较,记录小于变异率的随机数所在的位置 L,此处 $L=[5]$;

③将处在位置 L 上的基因取反,其它位保持不变,生成新的个体为 0111101。

杂交和变异是一对既相互配合又相互竞争的操作,如何有效地配合使用这两种操作是遗传算法实际应用中需要探讨的重要内容之一。

(6) 进化终止准则　由于遗传算法没有利用目标函数的梯度等信息,所以在进化过程中无法确定个体在解空间的位置,从而无法用传统的方法来判断算法收敛与否以终止计算。常用的方法是预先根据经验设定一个最大的进化代数。此外,当算法在连续若干代中个体的适应度值无明显改进时,也可以认为算法已收敛,应终止进化。

遗传算法可以实现均衡的搜索,在求解许多复杂问题时能够得到满意的结果。但是如同其它方法一样,标准的遗传算法也同样存在着诸多缺陷,如:局部搜索能力差,收敛性能差,需要很长的时间才能够找到最优解,容易陷入局部最优等。为了提高遗传算法的性能,人们提出了许多改进措施,如采用小生境聚类技术、最优个体保留法、自适应遗传算法等,其中又以针对遗传算子的各种改进策略最为普遍。这些改进算法围绕杂交率、变异率和适应度函数等的确定提出了各种改进措施,在一定程度上改善了标准遗传算法的优化能力。例如,为了防止进化过程早熟收敛或随机漫游现象,可以对适应度函数进行缩放调整,也就是对适应度函数定标。常见的定标方式有线性定标和乘幂定标等。

13.2.2 遗传算法的特点

与传统优化算法(主要包括共轭梯度法和以牛顿法为主的下降方向类算法)相比,遗传算法的特点主要集中在以下几个方面:

①遗传算法不直接对参数本身进行处理,而是对参数编码后的个体处理。采用不同的编码方式,遗传算法可用来优化各种对象,如集合、序列、矩阵、图、树、链和表等各种一维或多维结构形式的对象。

②不同于传统的单点搜索算法,遗传算法同时对群体中的多个个体进行处理。这一特点使遗传算法在处理多峰问题时,具有较好的全局搜索能力,减少了陷于局部最优的风险。

③遗传算法寻优不依赖于问题的梯度信息,而仅用适应度函数值来评价个体。由于适应度不受连续可微等条件的限制,而且定义域可以任意设定,因此遗传算法的适用面更广。遗传算法尤其适合于处理复杂的非线性问题,例如目标函数为高维、不可导、不连续或带有噪声的优化问题。这些优化问题都是传统基于梯度的优

化方法所不能解决的。

④进化过程具有有向随机性,这是遗传算法与穷举发的本质区别。同时,遗传算法的搜索结果具有非稳定性。与传统优化方法相比,优化效率相对较低。

⑤简单通用,鲁棒性强。

13.2.3　遗传算法的实现

将基因算法用于解决实际问题时需要解决基因编码、遗传算子确定、适应度函数选择、终止条件选择等问题。下面以基因算法在机器诊断特征选择上的应用为例,介绍遗传算法的实现。

1. 确定编码方式

设 x 为二进制编码染色体位串,如果 x 的第 i 位为1,则表示该特征被选中;如果为0,则表示该特征未被选中,其中,x 的位数为总的特征数。例如,设某一个二进制编码串 x 为01001110,则表示原始特征集中共有8个特征,其中第2、5、6、7位特征被选中,其余特征被剔除。

2. 确定遗传算子

遗传算法中典型遗传算子包括选择、杂交和变异。

(1) 选择　由于各种遗传选择机制均有其优缺点,在应用中可以结合实际选择一种,也可以同时采用两种选择机制。例如采用联赛选择方法,这样个体的选择概率与适应度值之间没有直接的关系,降低了早熟收敛的可能。同时,为了防止最优个体在进化过程中被破坏或丢失,可以结合使用最优个体保护(Elitist)策略,将每代中的最优个体直接复制到下一代。

(2) 杂交　杂交算子是遗传算法的主要算子,影响着算法在全局范围的搜索能力。基本的杂交算子有一点杂交、二点杂交、多点杂交、一致均匀杂交等。其中,多点杂交较少采用,因为多点杂交不能有效地保证重要的模式。对于杂交率,一般赋予一个较大的值。

(3) 变异　变异算子是遗传算法的辅助算子,主要影响算法在局部范围的搜索能力。最基本也是最常用的变异算子是基本变异算子,另外比较常用的变异算子还有逆转算子和自适应变异算子。变异率一般在0.01～0.1之间取值。

3. 适应度函数的选择

适应度评价函数是对选择的特征分类能力优劣的评价准则。实际中有很多的准则都可用来作为适应度评价函数。例如类内类间距离、分类误差、概率距离度量、概率依赖度量、熵度量等。其中,类内类间距离判据是应用最广泛的一种类别可分离性判据。

类内类间距离判据基于这样一个事实：各类样本可以分开是因为它们位于特征空间的不同区域。如果不同区域之间距离越大，类别可分性就越大。直观上，我们希望在特征空间中同一类样本尽可能聚集在一起，而属于不同类别的样本应分布在特征空间的不同区域。即各类的类间离散度应尽量大，而类内离散度应尽量小。因此，可以用类间距与类内距的比值作为衡量特征有效性的准则。

设样本属于 c 个不同的类别，$\boldsymbol{x}_k^{(i)}$，$k=1,2,\cdots,n_i$ 为属于 ω_i 类的样本，n_i 为属于 ω_i 类的样本数，P_i 为相应类别的先验概率，由于各个类别的先验概率一般较难获得，这里不妨简单地赋予 $P_i=1/c$。我们用 $\boldsymbol{M}_i$ 表示第 i 类的均值向量

$$\boldsymbol{M}_i = \frac{1}{n_i}\sum_{k=1}^{n_i}\boldsymbol{x}_k^{(i)} \tag{13-8}$$

M 表示所有各类样本集的总平均向量

$$\boldsymbol{M} = \sum_{i=1}^{c} P_i \boldsymbol{M}_i \tag{13-9}$$

则第 i 类类内散布矩阵 $\boldsymbol{S}_i$ 为

$$\boldsymbol{S}_i = E\{(\boldsymbol{x}^{(i)} - \boldsymbol{M}_i)(\boldsymbol{x}^{(i)} - \boldsymbol{M}_i)^{\mathrm{T}}\} \tag{13-10}$$

总体类内散布矩阵

$$\boldsymbol{S}_W = \sum_{i=1}^{c} P_i \boldsymbol{S}_i = \sum_{i=1}^{c} P_i E\{(\boldsymbol{x}^i - \boldsymbol{M}_i)(\boldsymbol{x}^i - \boldsymbol{M}_i)^{\mathrm{T}}\} \tag{13-11}$$

总体类间散布矩阵

$$\boldsymbol{S}_B = \sum_{i=1}^{c} P_i (\boldsymbol{M}_i - \boldsymbol{M})(\boldsymbol{M}_i - \boldsymbol{M})^{\mathrm{T}} \tag{13-12}$$

类内类间距离判据 J 为

$$J = \ln\left[\frac{|\boldsymbol{S}_B|}{|\boldsymbol{S}_W|}\right] \tag{13-13}$$

显然，J 越大则在对应特征空间中类间距与类内距的比值越大，特征的分类能力越强。可以直接采用式(13-13)作为特征分类能力的判据，或者可将它作为特征提取的优化目标。

4. 进化终止条件的判定

最常用的方法是预先设定一个最大的进化代数，它的设定较大的依靠经验和运行结果。此外，当算法在连续若干代中个体的适应度值无明显改进时，也可以认为算法已收敛，应终止进化。

13.3　遗传编程

13.3.1　遗传编程的原理

遗传编程是由遗传算法发展演变而来的。遗传算法用定长的线性字符串表达问题，个体的表示形式需要事先确定，而工程中许多复杂问题往往不能用简单的字符串表达所有的性质，因此有必要对遗传算法进行改进。为此，斯坦福大学的Koza于上世纪 90 年代初提出了遗传编程的思想，此后短短的几年中，该方法得到了迅猛地发展，并在许多领域得到了成功应用。

遗传编程与遗传算法在基本思想与操作流程上存在许多相似之处。同遗传算法相类似，遗传编程借助达尔文进化论中适者生存的理论，模拟自然界生物体的自然选择和进化过程，从一个随机产生的群体出发，用适应度来衡量群体中各个个体解决特定问题的好坏，并以此为依据从群体中选择个体进行杂交、变异等操作，形成新的群体，如此循环，直至找到最优解或近似最优解。

遗传算法和遗传编程之间也存在许多不同之处：

①遗传编程与遗传算法最主要的区别在于所采用编码方式：遗传编程采用层次树型结构来表达个体，而遗传算法采用固定长度的染色体串来表达个体。由于采用了不同的编码方式，导致两者的杂交和变异操作的实现方式完全不同。

②由于采用了层次结构来表达个体，遗传编程的编码长度是可变的，其结构与大小都是动态自适应变化的，而遗传算法的编码长度是固定不变的。

③遗传编程的每个个体均为一个可直接计算的表达式，遗传算法则不具备这个特点。

遗传编程同遗传算法的计算流程基本相同，实施的主要步骤包括编码、群体初始化、适应度评价、选择、遗传操作和进化终止判定等六步。其中，适应度评价、选择、进化终止判定准则与遗传算法基本相同，这里不再赘述，只对与遗传算法不同的几个步骤进行简单介绍。

(1) 编码　在编码方式上遗传编程的每个个体都是一个以树型结构来表示的程序或表达式，具有分层结构，且结构中的元素之间存在着一对多的关系，属于典型的非线性结构。从图 13 - 4 中可以清楚地看出遗传算法与遗传编程在编码方式上的区别。其中，遗传编程树型结构所表示的个体是表达式$(a*b)/(x-4)$。

(2) 群体初始化　遗传编程初始群体的构造比遗传算法复杂得多，主要是由于层式树形的个体的构造比线性基因串的构造复杂。在构造初始群体以前，要做好遗传编程树型结构的结点的构造，即终止符的构造和运算符的构造。终止符和

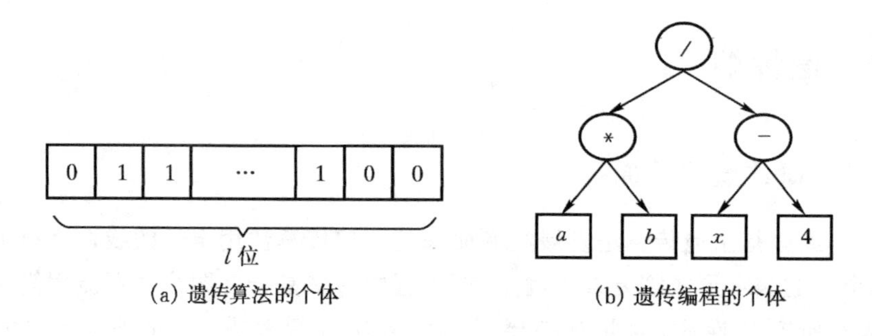

(a) 遗传算法的个体　　(b) 遗传编程的个体

图 13 - 4　遗传算法与遗传编程的编码方式

运算符共同构成了遗传编程的初始元素集合。位于树型结构末端的叶子结点称为终止符，通常由常量、变量等组成，可以看作是对遗传编程所产生的程序或表达式的输入。图 13 - 4(b)中的 a,b,x 和 4 均为终止符。由终止符组成的集合称为终止符集。

位于树型结构内部的结点称为运算符，它表示了一个或多个终止符之间的操作。常见的运算符主要有算术运算符(+，−，×，/等)、标准数学函数(sin，cos，exp，log 等)、布尔运算符(and，or，not 等)以及条件运算符(if-then-else，case 等)。此外，还可以设计适用于具体问题的运算符。

遗传编程的初始化步骤是：首先根据具体问题选择恰当的终止符集和运算符集，然后从初始元素集合中选择一个元素，如果该元素是终止符，则结束；如果是运算符，则作为根结点，并根据运算符的目数，确定从该运算符引出的线数。每条线终端的元素从初始元素集合中随机选取，如线段的元素仍为运算符，则继续向下辐射延伸，直至所有叶子结点均为终止符为止，形成一个具有层次结构的初始个体。

(3) 遗传算子　由于采用了与遗传算法完全不同的编码方式，遗传编程中的遗传算子(主要是杂交和变异)具有完全不同的实现方式。

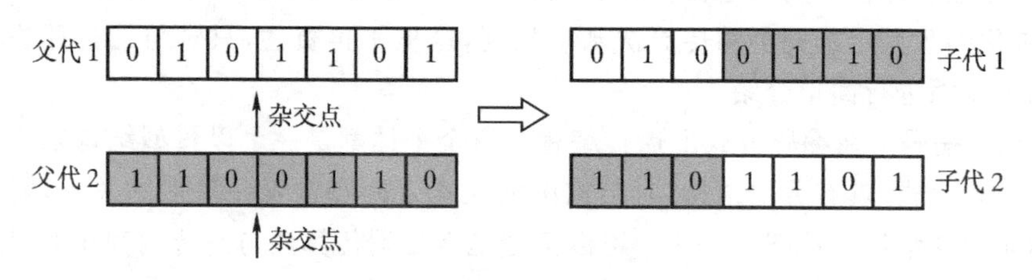

图 13 - 5　遗传算法的杂交算子

①杂交　遗传算法的杂交仅需要编码串的复制操作，如图 13 - 5 所示。遗传编程的杂交操作相对复杂一些：分别在每个父代树中随机选择一个结点作为杂交

点，将以杂交点为根的整个子树作为杂交段，对应交换两个父代树的杂交段，产生两棵新的树，如图 13－6 所示。

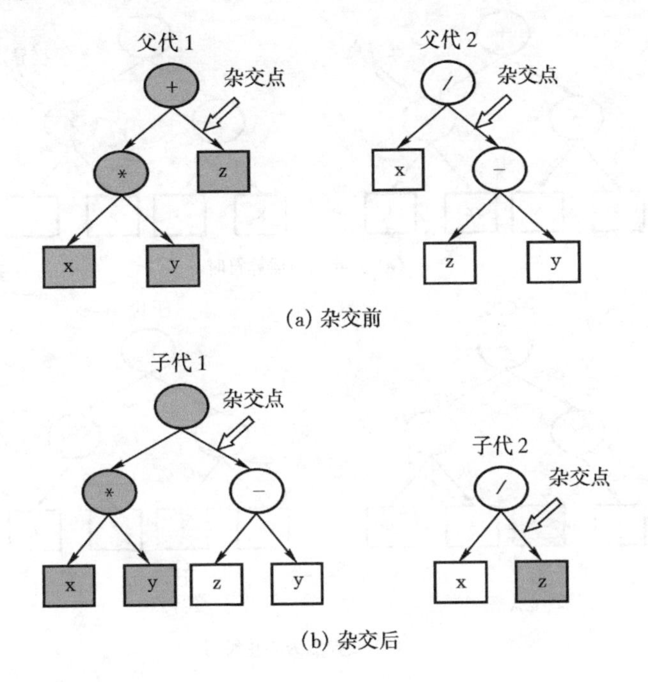

图 13－6　遗传编程的杂交算子

显然，对于遗传算法，如果参加杂交操作的两个父代个体完全相同，则不会产生新个体；而遗传编程的杂交子体与父代一般是不同的，除非两个父体的杂交点恰好也相同。因此，遗传编程的杂交操作更有利于维持种群的多样性。

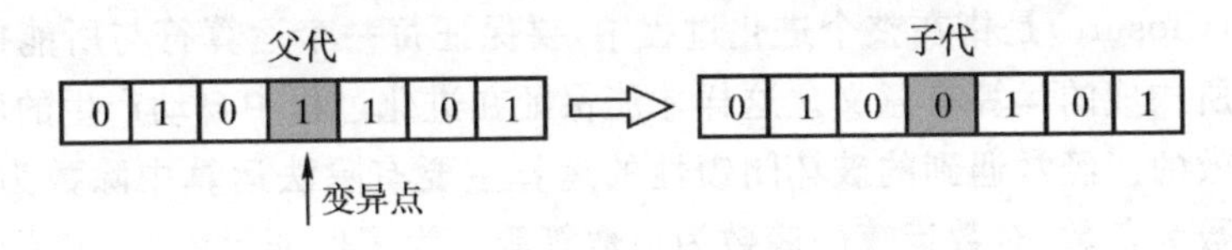

图 13－7　遗传算法的变异操作

②变异　遗传算法的变异只需对所选择的基因位进行置反操作，如图 13－7 中所示。遗传编程的变异方式为：在父代树型结构中随机选择一个结点作为变异点，为了保证变异后产生的个体在语法上的合法性，首先需要判断变异点是运算符还是终止符，然后，根据判断的结果，在相应的集合中随机选取一个元素代替原来的元素，如果是运算符，还要注意变异前后的“运算目数”相同。遗传编程的变异操

作如图 13－8 所示。

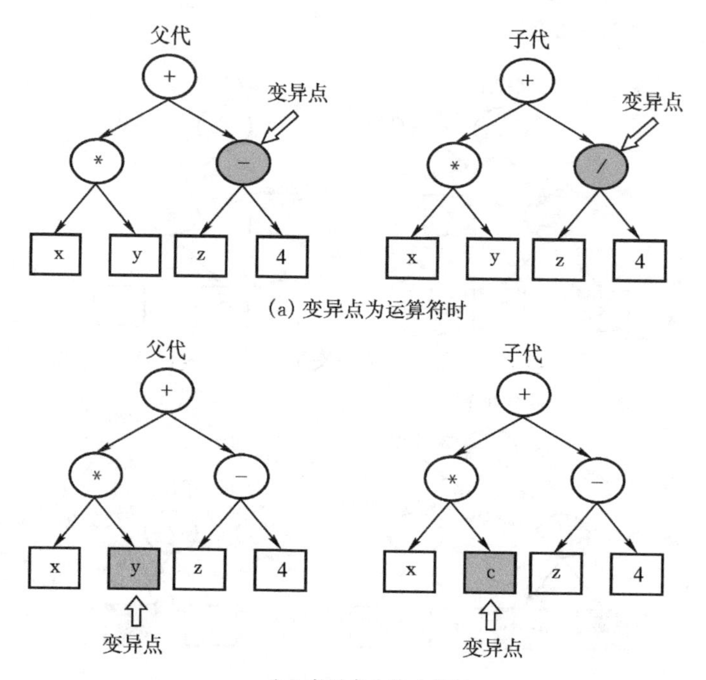

图 13－8　遗传编程的变异操作

13.3.2　遗传编程节点的闭锁性与自满性

在遗传编程中终止符集和运算符集需要满足"闭锁性"和"自满性"的要求。所谓闭锁性(Closure)是指在整个进化过程中，要保证每一个运算符与所能接纳的所有终止符所构成的运算有意义。这样才能保证在进化过程中自动产生的所有表达式总是有效的。经常遇到的破坏闭锁性的运算主要有除法运算中除数为零、偶次方根的底数为负数、对数运算的底数为负数等等。为了保证闭锁性，需要对这些运算作特殊处理，以保证遗传编程的顺利进行。

对于除法运算，可用"保护性除法"$p_{\text{div}}(a,b)$来代替常规除法，例如：

$$p_{\text{div}}(a,b)=\begin{cases}a/b, & \text{abs}(b)\geqslant 0.001\\ 1, & \text{abs}(b)<0.001\end{cases} \tag{13-14}$$

用图形表示如图 13－9 所示。

对于开偶次方运算和对数运算，增加了绝对值操作以保证底数为正，从而可以保证优化过程中生成的所有表达式满足闭锁性的要求。

$$p_{\text{sqrt}}(a) = \sqrt{|a|} \tag{13-15}$$

$$p_{\ln}(a) = \ln(|a|) \tag{13-16}$$

所谓自满性(Sufficiency),是指遗传编程所选择的运算符集和终止符集能够解决问题,如果缺少了某一元素,就不足以表达问题解的结构。例如,如果终止符集仅使用行星的直径,或运算符仅使用“加”和“减”,就无法得到开普勒第三行星运动定律的表达式。但是在实际中很难判断所选择的初始元素集合是否满足自满性。因此,通常要为遗传编程提供尽可能多的运算符和终止符,而后在进化中剔除那些用处不大的运算符和终止符。

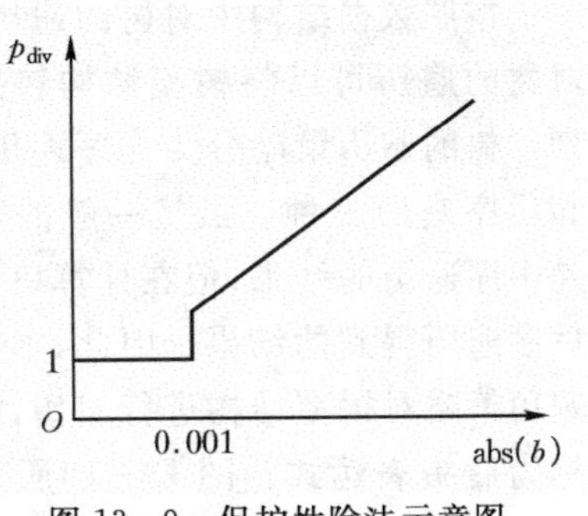

图 13－9　保护性除法示意图

13.3.3　遗传编程的主要特点

遗传编程在求解问题时具有以下几个特点:

①遗传编程是一种全局并行搜索寻优技术,其搜索速度快,效率高,搜索结果为全局最优解,而不是局部最优解;

②不需要事先确定最终解的结构或大小,随着进化的进行,个体不断朝问题答案的方向发展;

③产生的结果是一个可在计算机上运行的实体(表达式、程序等);

④不同于遗传算法的被动式编码,遗传编程的个体的结构在进化时能主动改变结构和大小,进化到新的、更优的状态。

13.3.4　遗传编程的实现

与遗传算法相比,遗传编程的程序实现要复杂得多。因为计算机的存储是线性结构,而遗传编程采用树型结构表达个体,属于典型的非线性结构;个体的长度不定,导致存储空间的大小不确定;同时遗传编程的杂交算子涉及到子树结构的拆、合操作,在程序实现上难度较大。

借用数据结构中“树的遍历”的思想,将遗传编程树型结构转换为线性序列进行处理,是一种很好的方法。它解决了实现遗传编程中的关键问题,使遗传编程不再依赖于特定的编程语言和指针操作,能够方便地移植到其它的软件平台上。

1. 非线性结构线性化

树型结构是数据结构中的一种很重要的结构形式。它与遗传编程中的树型结构非常相似，当遗传编程的运算符全部采用双目运算符时，得到的个体具有典型的二叉树结构。

按照数据结构中对树的遍历方法，通过对树的遍历可以将树型结构转换为线性序列。树的遍历策略分为先序遍历、中序遍历和后序遍历三种。虽然一般的数学表达式是中序遍历的结果，但在计算机中习惯采用后序遍历得到的结果。因此，本文采用后序遍历策略对树型结构进行遍历，得到的结果称为后缀表达式。图 13－10所表示的个体(X＊Y＋Z)/(X－Z)，其后序遍历的结果为：XY＊Z＋XZ－/。

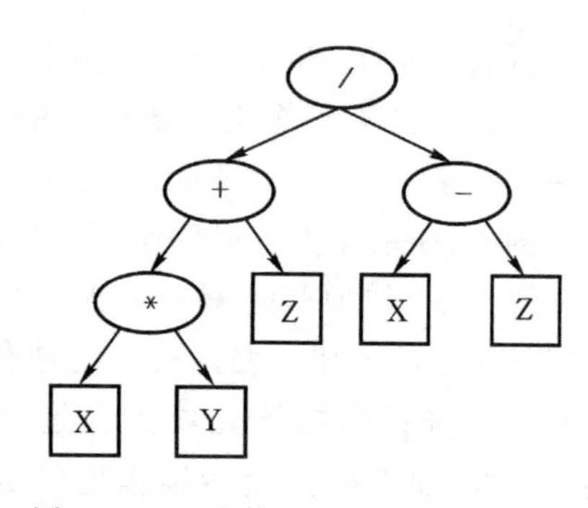

图 13－10　个体$(X*Y+Z)/(X-Z)$

通过后序遍历，可以实现从树型结构到线性序列的转换。再进一步借助堆栈技术，可实现初始个体生成算法、杂交操作实现算法、表达式个体求解。

2. 初始个体生成算法

遗传编程中的树型结构初始化步骤是：从初始元素集合(终止符集和运算符集)中随机选择一个元素，如果该元素是终止符，则结束；如果是运算符，则作为根节点，同时给运算符目数计数器 op 赋初值 2，继续从初始元素集合中随机选择元素，如果是运算符，则 op 加 1，如果是终止符，则 op 减 1，重复从初始元素集合中选择元素，直至 op 值为 0，表明树中各分支都选择终止符作为叶子节点，一个完整的二叉树已形成。为了限制初始个体的长度，Max_ope 定义了个体最多所能包含的运算符数，一旦个体中运算符数大于 Max_ope，则强制结束对运算符的选择。

3. 杂交操作的实现算法

遗传编程杂交操作的关键是找到整棵子树，并将其完整地提取出来，其基本策略是：如果杂交点是终止符，说明是叶子结点，过程结束；如果杂交点是运算符，则给运算符目数记数器赋初值 2，然后从杂交点从右到左依次读取，遇到终止符，运算符目数记数器减 1，遇到运算符，运算符目数记数器加 1，直至运算符目数记数器为 0，过程结束。

4. 表达式个体求值

遗传编程优化过程中需要反复对产生的表达式个体求值，以计算其适应度。由于个体采用后缀表达形式，在计算时无需对整个表达式进行分析，只要使用堆栈技术，顺序读入表达式，就可以计算出表达式的结果。其实现过程是：从左到右顺序读入表达式，如果是终止符，则压入堆栈；如果是运算符，从堆栈中弹出若干终止符(单目运算符弹出一个终止符,双目运算符弹出两个终止符,依次类推),将运算结果压入堆栈,依此类推,直至读完表达式。

5. 适应度函数的选择

遗传编程在实际应用中,应根据具体问题选择合适的适应度函数。如果对于特征构造一类问题,遗传编程仍然可选择计算简单、物理意义明确的类内类间距离准则。

13.4 遗传算法的应用

遗传算法的实质是一种智能的随机优化搜索算法,其智能化主要表现在它能够在搜索过程中自动获取和积累有关搜索空间的信息,并自适应地控制搜索过程摆脱局部最优解的陷阱,以求获得全局最优解。由于遗传算法具有使用简单、鲁棒性强、全局性优化、不依赖于目标函数的梯度信息等优点,以及生物对环境的适应程度与工程方案对工程技术、经济要求的满意程度之间的相似性,遗传算法在实践中得到了广泛的应用。机械故障诊断中的许多问题均可简化为优化问题,这些问题常常难以用精确的数学模型表达,正好适合于采用遗传算法求解此类问题。只要能够定量地刻划优化目标,就能比较容易地应用遗传算法求解。这方面典型的应用,如采用遗传算法实现神经网络的训练、基于遗传算法的特征提取等。下面是一个采用遗传算法提取回转机械故障特征的应用实例。

转子不平衡、不对中和动静碰磨是回转机械常见的三类故障。这三类故障在二维全息谱图上的表现如图 13－11 所示。二维全息谱先对转子测量截面水平和垂直方向的振动信号进行改进傅里叶变换,在获得准确的幅值、频率、相位信息后,可将相应的频率分量合成为一系列的椭圆。将二维全息谱图中的 1～5 倍频椭圆的长轴长、短轴长、偏心率、长轴倾角和初相角进行归一化处理,其中长轴长和短轴长按工频椭圆进行归一化处理,可得到 23 个特征量。如果直接按照这些特征量进行分类,很难得到理想的分类效果。因此,可采用基于遗传算法对上面得到的 23 个特征量进行选择。

图 13－12 为进化过程中最优个体的适应度变化趋势,可见遗传算法有较好的寻优性能。图 13－13 为进化过程中,最优个体染色体码的变化规律。不难看出,在迭代至 100 代时,最优个体包含了 8 个特征,相应的特征集包含了 2～5 倍频椭圆的长轴长,1、2、3 和 5 倍频椭圆的偏心率。遗传算法选择以上特征参数与人们对倍频类故障的分析是吻合的,可见该方法拥有较强的去除冗余特征的能力。

为了检验该方法的特征选择效果,采用多层前馈神经网络分类器进行检验。神经网络的拓扑结构相同,隐层节点数为 10,输出层节点数为 3,采用尺度共轭梯

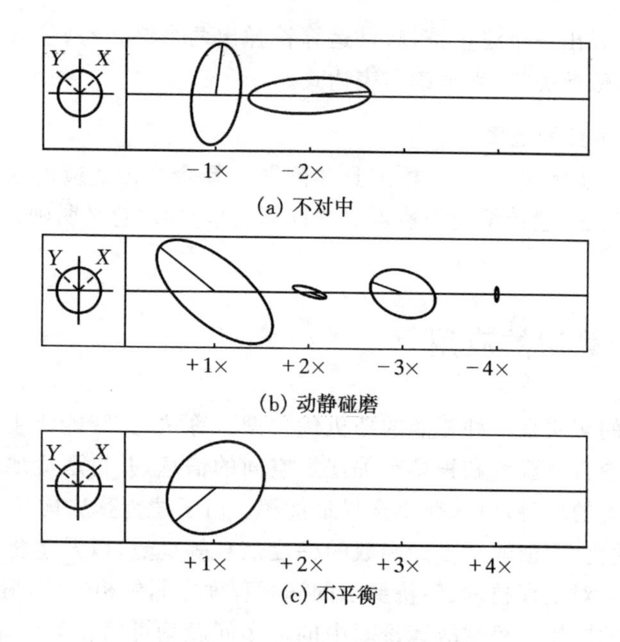

图 13－11　同步类故障的二维全息谱图

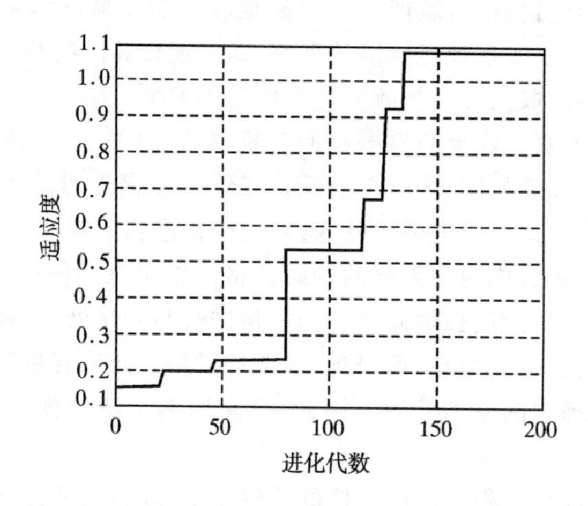

图 13－12　进化中最优个体的适应度变化趋势

度算法进行训练，迭代次数为 400，分类结果如表 13－2 所示。不难看出，原始特征集的适应度为 0，表明它是极度冗余的，相应的训练误差最大，识别精度最低。而特征集 0001000010000100010100 的适应度最高，表明它包含了最优的分类特征，因而训练误差最低，识别精度最高。

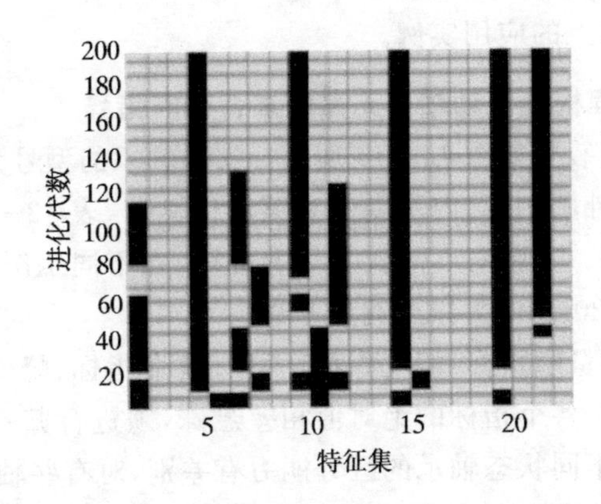

图 13－13　最优个体在进化过程中的染色体码

表 13－2　各特征集的分类效果比较

染色体	特征个数	适应度	识别精度(%)	训练误差
00100000100001000010100	5	1.08	94.74	0.105
00101001000001000010100	6	0.94	94.74	0.144
00101001010001000010100	7	0.68	89.21	0.158
10101001010001000010100	8	0.54	84.21	0.262
11111111111111111111111	23	0.00	78.9	0.688

13.5　遗传编程的应用

无量纲指标诊断是一种常用的机械故障诊断方法。在已有的无量纲指标基础上利用初始特征和预定义运算符来构造新指标，可以形成更优的优的复合诊断指标。因此，构建无量纲指标属于典型的特征构造问题。现有的特征构造方法基本上是试探方式，需经反复试验，直至产生有效的特征参数。构造过程费时、费力，有时产生的特征参数也不一定理想。遗传编程作为一种智能的层次结构优化算法，在特征构造中具有明显的优势：

- 遗传编程可以较容易的构造大规模的特征集；
- 遗传编程可以产生新的特征集，适于特征构造；
- 遗传编程可以根据分类效果自动的进行良莠特征选择，最后获得最佳或近似最佳特征，适于特征构造。

以下是遗传编程方法在滚动轴承无量纲复合诊断指标构造及在柴油机供油系

统复合诊断指标构造上的应用实例。

1. 利用遗传编程构造滚动轴承无量纲复合诊断指标

实验所用的实验装置如图 13－14 所示。实验轴承的型号为 308 球轴承，轴承的状态分别为正常、外圈剥落、内圈剥落和滚动体剥落，表 13－3 对其中三种故障类型给出了故障说明。实验对不同状态下的轴承，在不同工况下采集了振动加速度信号，采样频率为 20kHz，采样点数为 8192。

通过对常用的无量刚指标：峭度指标、歪度、波形指标、峰值指标、脉冲指标和裕度指标的计算发现，各个指标的绝对值相差悬殊，须进行归一化处理到 0～1 之间。此外，各指标对不同状态轴承的区分能力有差别，对有些轴承状态有较强的区分能力，对有些轴承状态存在比较严重的交叉和重叠，用单个指标难以出轴承的状态。

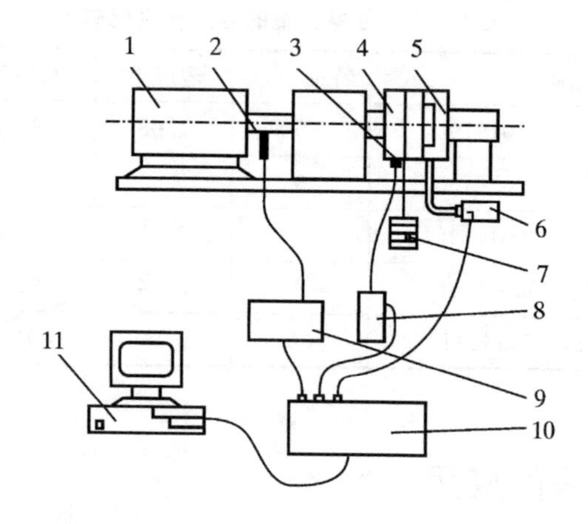

1——电机；2——涡流传感器；3——加速度传感器；4——轴承座；5——轴向加力装置；6——套有隔音套管的声级计；7——径向加力装置；8——测振仪；9——稳压电源；10——数据采集板；11——计算机

图 13－14 轴承试验台装置图

表 13－3 滚动轴承故障说明

故障类型	故障大小
外圈剥落	故障面积约 $7mm^2$，位于滚道中央，深约 0.2mm 左右
内圈剥落	故障面积约 $3.80mm^2$，位于滚道中央，深约 0.1mm
滚动体剥落	故障面积约 $3mm^2$，位于滚道中央，深约 0.1mm

在用遗传编程实现无量纲指标构建时，需要解决好两个关键技术问题：初始元素集合的选取和适应度函数的设计。新诊断指标构造过程中遗传编程各参数的设置如下。

(1) 运算符集和终止符集　根据无量纲指标的定义，由多个无量纲指标通过加、减、乘、除等基本算术运算组合生成的复合指标仍是无量纲指标。因此，本例中选用了常用的无量纲指标构成初始特征集：峭度指标、歪度、波形指标、峰值指标、脉冲指标和裕度指标。另外，还加入了一个由标准差与平均幅值定义的无量纲指标：改进二阶原点矩。改进二阶原点矩对轴承状态的识别能力见图 13－15。运算符集由 4 种基本数学运算构成：＋、－、×、/。

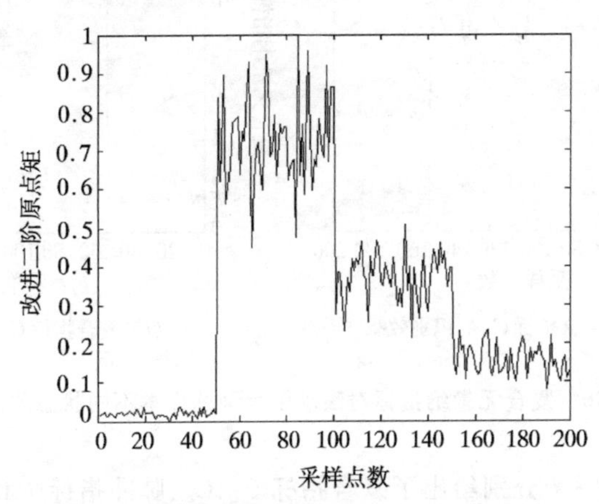

图 13－15　改进二阶原点矩对轴承状态的识别能力

(2) 其它一些控制参数　分别设置为：群体规模为 50，最大进化代数为 60，杂交概率 $p_c=0.9$，变异概率 $p_m=0.18$，采用了基于局部竞争机制的选择策略。

(3) 适应度参数　本例中适应度函数仍然选择类内类间距离，它直接依靠样本计算，直观简洁，物理概念清晰。

每经过一次遗传编程优化，均可获得一组复合无量纲指标，选择其中两组指标如下：

$$C_1 = 5I + 5F + 3N + 2K + 2C + 2L + S \tag{13-17}$$

$$C_2 = 4F + 4I + 4L + 3N + 3C + S + K \tag{13-18}$$

可以看出，复合无量纲指标中既包含了所有的原始无量纲指标，又有所选择的强调了某几个指标(如 I、F 和 N)的识别能力。虽然单一的无量纲指标只对信号的某一种变化比较敏感，但是复合指标通过综合各个指标的信息，能够更加清晰和准确地反映机器状态的各种变化。

图 13-16 为两组复合无量纲指标对滚动轴承状态的识别效果图。其中,点 1～50对应于正常状态,51～100 点对应外圈剥落,101～150 点对应内圈剥落,151～200点对应滚动体剥落。复合无量纲指标可以很好地将滚动轴承的四种状态区分开来,不同状态的指标值之间没有重合和交叉,而且类间距较大。对于特定的轴承状态,虽然轴承转速在 588 转/分到 1758 转/分之间变化,径向承载也从空载到重载变化,但复合指标的取值却保持在一个很小的范围变化。

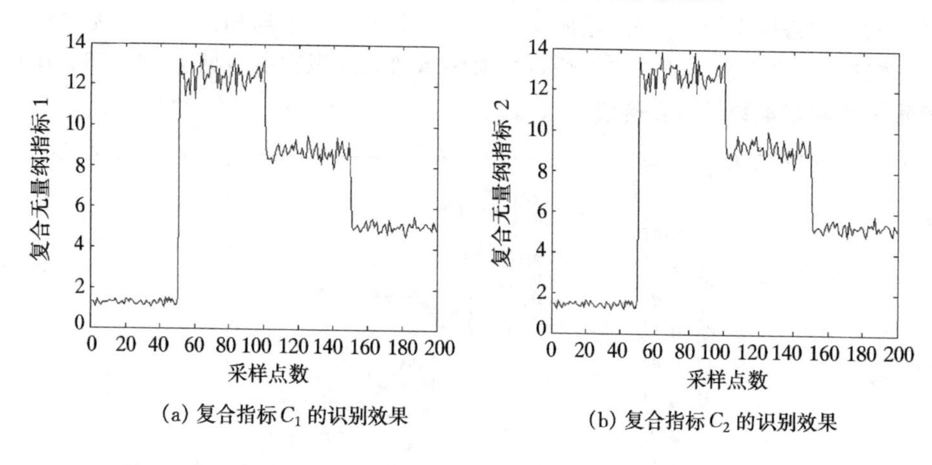

(a) 复合指标 C_1 的识别效果　(b) 复合指标 C_2 的识别效果

图 13-16　复合无量纲指标对滚动轴承训练样本不同状态的识别效果

表 13-4～13-7 分别给出了复合指标 C_1、C_2、脉冲指标 I 和峰值指标 C 在轴承不同状态下的平均值和标准差,以及 95%置信区间。为了便于比较,C_1 和 C_2 的值进行了归一化处理。复合指标在不同状态下的平均值差异很大,说明各状态间的类间距较大。复合指标在不同状态下的标准差较小,说明各类的类内距很小。在不同状态下的置信区间没有重叠,说明复合指标能够完全区分轴承的四种状态。原始无量纲指标在各个状态下的标准差比较大,指标在不同状态下的置信区间存在重叠现象,说明它们无法完全区分轴承的各种状态。另外,复合无量纲指标的标准差明显低于原始无量纲指标,这说明复合指标对工况的变化并不敏感。因此,复合无量纲指标对轴承状态的识别能力明显优于原始无量纲指标。

表 13-4　C_1 在轴承不同状态下的取值

	正常	外圈剥落	内圈剥落	滚动体剥落
平均值	0.0191	0.9137	0.6160	0.3214
标准差	0.0098	0.0422	0.0290	0.0164
95%置信范围	[0.0008, 0.0371]	[0.8212, 0.9987]	[0.5465, 0.6819]	[0.2823, 0.3633]

表 13－5　C_2 在轴承不同状态下的取值

	正常	外圈剥落	内圈剥落	滚动体剥落
平均值	0.0190	0.9056	0.6236	0.3281
标准差	0.0081	0.0410	0.0301	0.0153
95%置信范围	[0.0010，0.0344]	[0.8097，0.9899]	[0.5719，0.6887]	[0.2966，0.3684]

表 13－6　脉冲指标 I 在轴承不同状态下的取值

	正常	外圈剥落	内圈剥落	滚动体剥落
平均值	0.0101	0.7197	0.3764	0.1422
标准差	0.0046	0.0949	0.0423	0.0256
95%置信范围	[0.0004，0.0216]	[0.4500，0.9968]	[0.3096，0.4628]	[0.0891，0.1932]

表 13－7　峰值指标 C 在轴承不同状态下的取值

	正常	外圈剥落	内圈剥落	滚动体剥落
平均值	0.0624	0.8910	0.7917	0.4935
标准差	0.0304	0.0494	0.0651	0.0412
95%置信范围	[0.0053，0.1170]	[0.7878，0.9856]	[0.6220，0.9068]	[0.3964，0.5746]

2. 利用遗传编程构造柴油机供油系统诊断指标

柴油机供油系统直接影响着燃烧过程和柴油机动力性能、噪声及环境污染等，

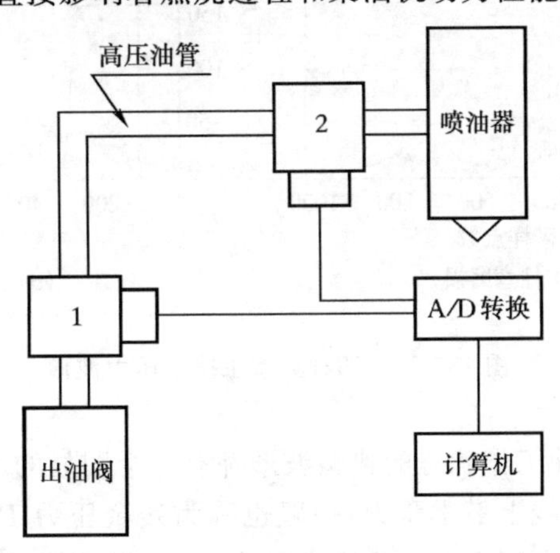

图 13－17　柴油机供油系统的压力检测图

约有30%的柴油机故障发生在供油系统。传统的诊断方法是依靠人工经验，根据故障的外部特征来判断。以下介绍利用遗传编程方法构造柴油机故障诊断复合特征，实现柴油机供油系统故障的诊断。

实验用的高压油泵和喷油器是一台大修的6135柴油机高压供油系统。对该高压供油系统的典型故障状况，以不同凸轮轴转速在油泵实验台上进行了测试。每组数据中包含了不同转速下的测试结果。实验用的压力检测如图13－17所示，在喷油器入口和出油阀出口安装两个压力传感器1,2来检测油压波动。图13－18是四种典型的工作状态下柴油机供油系统的压力波形。

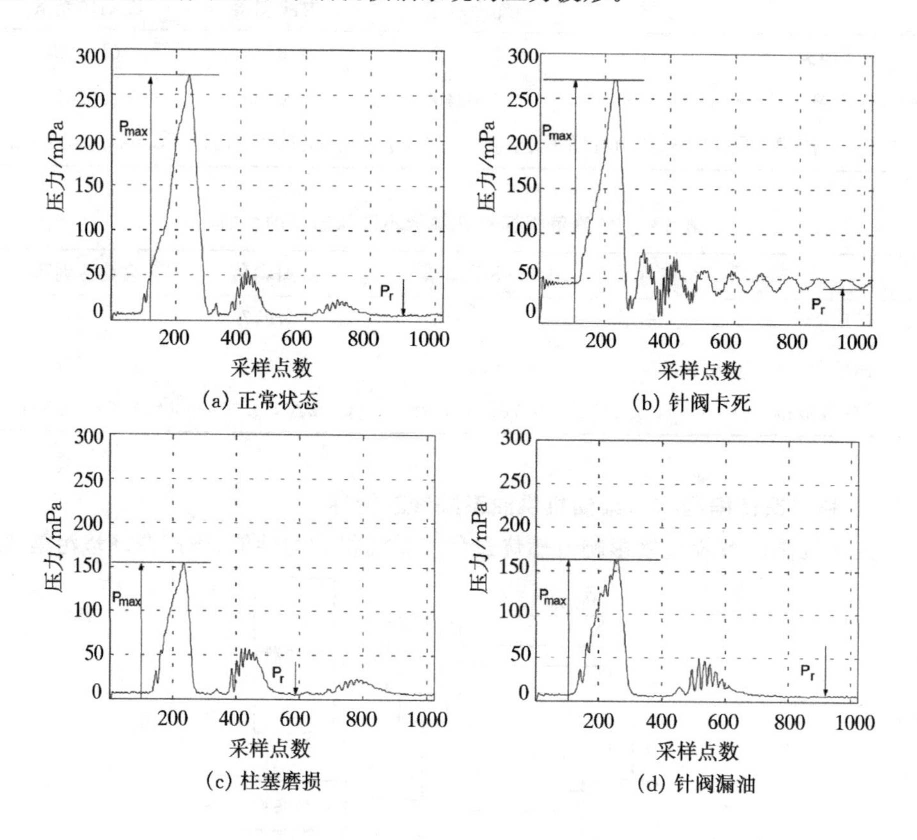

图13－18 四种典型工况下压力波形

图13－18中四种工作状态的典型波形都有一个明显的压力峰值，一般称为最大喷油压力 P_{max}。曲线上最小压力，一般也称为残余压力 P_r。从图中可看出，仅用最大压力和残余压力不足以将柴油机供油系统的四种状态区分开来。如何能够找到新的特征，以充分区分四种不同的工作状态，是应用基于遗传编程的特征构造

和特征选择的目标。

经过遗传编程的优化，获得的最佳复合特征为

$$C_f = \sqrt{P_{\max} \times S_x} + \sqrt{D_x \times C_x} \tag{13-19}$$

其中，C_f 为最佳复合特征，$P_{\max}$为最大喷油压力(mPa)，S_x 为偏斜度指标，D_x 为二次原点矩，C_x 为峭度指标。

复合特征 C_f 综合了压力波形信号的最大值、二次、三次和四次矩信息，比其中任何一个单一特征识别能力都强。图 13-19(a)是复合特征值，(b)是复合特征和最大压力值。复合特征 C_f 可以很好地将柴油机供油系统的四种状态区分开来，不同状态的 C_f 值所在的区间没有重合和交叉，且类间距较大。如果将 C_f 和 $P_{\max}$组成二维特征，则在二维平面内，区分更为清楚。不同状态的分散性不同，正常状态分散性很小，针阀漏油分散性最大，针阀卡死与柱塞磨损介于两者之间。

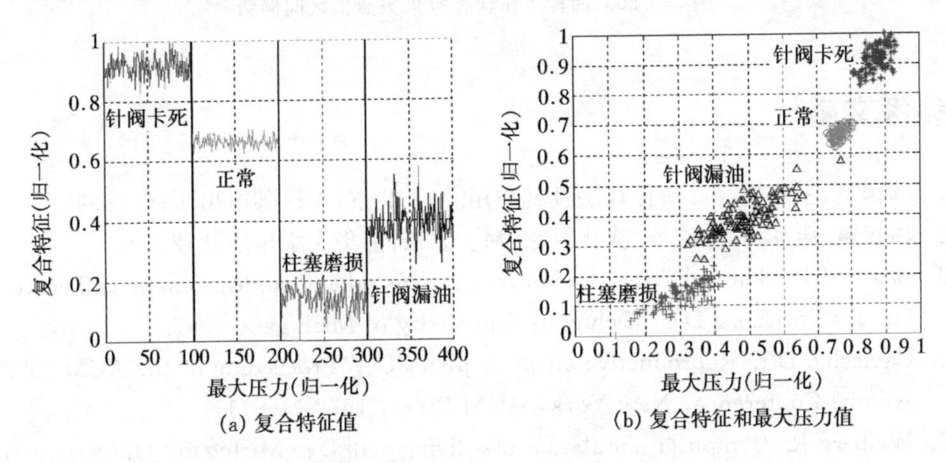

(a) 复合特征值　　(b) 复合特征和最大压力值

图 13-19　用复合特征识别四种工作状态压力波形信号

图 13-20 给出了四种工作状态的 95％置信区间椭圆。正常状态下的椭圆面积最小，分散性最小。这是由于柴油机在正常工作时运行平稳，不同时刻的压力波形变化很小。对于针阀漏油，由于在柴油机的整个工作循环中针阀并不总是处于打开状态，漏油时断时续，因此分散性明显增强且为最大。从图 13-20(a)、(b)的对比中可看出，正常工作状态的平均压力完全嵌入针阀漏油状态的平均压力范围中，只有借助最大压力将特征控件由一维扩大到二维，才能将二者区分开来。而对于复合特征 C_f，能将二者明显第区分开来。图 13-20(b)中椭圆中心近似分布在一条直线上，因此复合特征与最大压力是密切相关的，仅用复合特征就足以区分柴油机供油系统的四种不同工作状态。

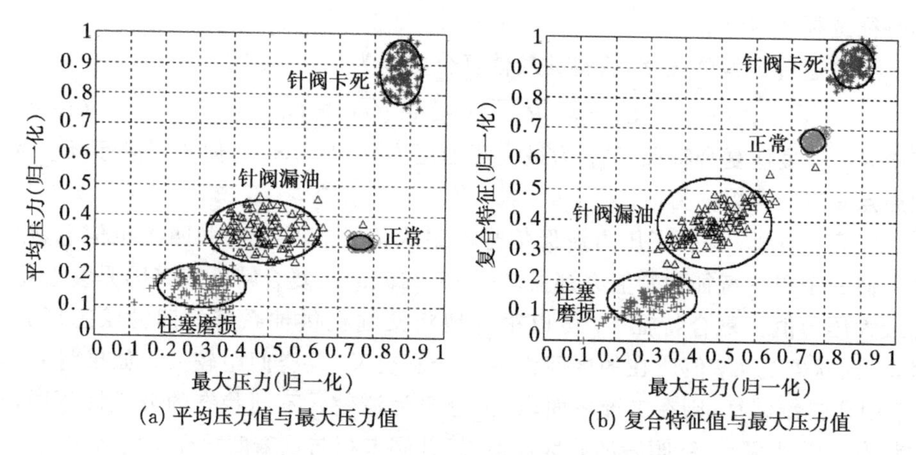

图 13-20 四种工作状态的 95%置信区间椭圆

参考文献

1. 陈国良,王煦法,等. 遗传算法及其应用[M]. 北京:人民邮电出版社,1999.
2. 潘正君,康立山,陈琉屏. 演化算法[M]. 北京:清华大学出版社,2000.
3. Bagley J D. The behavior of adaptive systems which employ genetic and correlation algorithms[D]. Michigan: University of Michigan, 1967.
4. Cavicchio D J. Reproductive adaptive plans[C]//Proceeding of the ACM 1972 Annual Conference, New York: ACM Press, 1972: 1-11.
5. Weiberg R. Computer simulation of a living cell[D]. Michigan: University of Michigan, 1970.
6. Holland J H. Adaptation in natural and artificial systems[M]. Ann Arbor: University of Michigan Press, 1975.
7. De Jong K A. An analysis of the behavior of a class of genetic adaptive systems[D]. Michigan: University of Michigan, 1975.
8. Zurada J. Introduction to artificial neural systems[M]. USA: West Publishing Company, 1992.
9. Goldberg D E. Computer-aided gas pipeline operation using genetic algorithms and rule learning [D]. Michigan: University of Michigan, 1983.
10. Fogel L J, Owens A J, Walsh M J. Artificial intelligence through simulated evolution[M]. New York: John Wiley & Sons, 1966.
11. Fogel L J. System identification through simulated evolution: a machine

learning approach to modeling[M]. Massachusetts: Ginn Press, 1991.
12. 刘曙光,费佩燕,侯志敏.生物进化论与人工智能中的遗传算法[J].自然辩证法研究,1999,15(12):20-24.
13. Fogel D E. Evolutionary computation: toward a new philosophy of machine intelligence[M]. New Jersey: IEEE Press,1995.
14. 张晋,李冬黎,李平.遗传算法编码机制的研究[J].中国矿业大学学报,2002,31(6):637-640.
15. 徐金捂,刘纪文.基于小生境技术的遗传算法[J].模式识别与人工智能,1999,12(1):104-107.
16. Kreinovich V, Quintana C, Fuentes O. Genetic algorithms-what fitness scaling is optimal[J]. Cybernetics and Systems, 1993, 24(1): 9-26.
17. 史东锋,屈梁生.遗传算法在故障特征选择中的应用研究[J].振动、测试与诊断, 2000,20(3):171-176.
18. 史东锋.大型回转机械的全息诊断技术研究[D].西安:西安交通大学,1999.
19. Fukunaga K, Koontz W L G. Application of the Karhunen-Loeve expansion of feature selection and ordering[J]. IEEE Transactions on Computers, 1970, 19(4): 311-318.
20. Lee C, Landgrebe D A. Feature extraction based on decision boundaries[J]. IEEE Transactions on Pattern Analysis & Machine Intelligence, 1993, 15(4): 388-400.
21. Lee C, Landgrebe D A. Decision boundaries feature extraction for neural networks[J]. IEEE Transactions on Neural Networks, 1997, 8(1): 75-83.
22. 徐光华.概率神经网络及其大机组智能诊断技术[D].西安:西安交通大学,1995.
23. Sklansky J, Wassel G N. Pattern classifiers and trainable machines[M]. New York: Springer-Verlag, 1981.
24. 边肇祺,张学工,等.模式识别[M].北京:清华大学出版社,2000.1.
25. Batti R. Using mutual information for selection features in supervised neural net learning[J]. IEEE Transactions on Neural Networks,1994,5(4):537-540.
26. Kapur J N, Kesaven H K. Entropy optimization principles with application[M]. New York: Academic Press, 1992.
27. 温熙森,胡茑庆,邱静.模式识别与状态监控[M].长沙:国防科技大学出版社,1997.
28. Narendra P M. A branch and bound algorithm for feature subset selection

[J]. IEEE Transactions on Computers, 1997, 26: 917-922.

29. Jain A, Zongker D. Feature selection: evaluation, application and small sample performance[J]. IEEE Transactions on Pattern Analysis & Machine Intelligence, 1997, 19(2): 153-158.
30. Qu Liangsheng, Chen yuedong, Liu Xiong. A new approach to computer-aided vibration surveillance of rotating machinery[J]. Int J Of Computer Application in Technology, 1989, 2(2): 108-117.
31. 陈大光,刘福生.燃气涡轮发动机故障诊断的神经网络法[J].航空动力学报,1994,9(4):344-348.
32. 杨世锡,焦卫东,吴昭同.基于独立分量分析特征提取的复合神经网络故障诊断法[J].振动工程学报,2004,17(4):438-442.
33. 陆爽,杨斌,李萌,等.基于小波和径向基函数神经网络的滚动轴承故障模式识别[J].农业工程学报,2004,20(6):102-105.
34. 徐文,王大忠,周存泽,陈珩.结合遗传算法的人工神经网络在电力变压器故障诊断中的应用[J].中国电机工程学报,1997,17(2):109-112.
35. 虞和济.机械设备故障诊断的人工神经网络识别法[J].机械强度,1995,17(2):48-54.
36. Ferentions K P, Albright L D. Fault detection and diagnosis in deep-trough hydroponics using intelligent computational tools[J]. Biosystems Engineering, 2003,84(1): 13-30.
37. 彭志刚,张纪会,徐心和.基于遗传算法的知识获取及其在故障诊断中的应用研究[J].信息与控制,1999,28(5):391-395.
38. 张纪会,吴庆洪,徐心和.基于GA的知识获取方法及在故障诊断中的应用[J].系统工程与电子技术,1999,21(10):78-81.
39. 孙瑞祥.进化计算与智能诊断[D].西安:西安交通大学,2000.
40. Chen P, Nasu M, Toyota T. Self-reorganization of symptom parameters in frequency domain for failure diagnosis by genetic algorithms[J]. Journal of intelligent and fuzzy systems, 1998, 6: 27-27.
41. 李良敏,屈梁生.遗传编程在无量纲指标构建中的应用[J].西安交通大学学报,2002,36(7):736-739.
42. 高毅龙.数据挖掘及其在工程诊断中的应用[D].西安:西安交通大学,1999.